Go 语言与云原生系列

Go Concurrency
and Microservice in Action

Go语言

高并发与微服务实战

朱荣鑫　黄迪璇　张天◎编著

中国铁道出版社有限公司
CHINA RAILWAY PUBLISHING HOUSE CO., LTD.

内 容 简 介

近年来云原生技术发展迅猛，帮助开发者在云上快速和频繁地构建、发布和部署应用，以提高开发效率和快速定位故障。

微服务作为开展云原生技术落地的核心，它将复杂的单体应用按照业务划分并进行有效地拆分，每个微服务都可以进行独立部署和开发，大大提升了应用开发效率。Go语言作为新生代的编译型编程语言，具备语法简单、高并发性能良好和编译速度快等特点，是微服务架构落地实践的绝妙利器。

本书围绕云原生、微服务和 Go 语言，介绍如何通过 Go 语言进行微服务架构开发与实践。旨在帮助读者深入理解微服务架构并使用 Go 语言快速加入到微服务开发中。

图书在版编目（C I P）数据

Go 语言高并发与微服务实战 / 朱荣鑫，黄迪璇，张天编著.—北京：中国铁道出版社有限公司，2020.4（2022.2 重印）

ISBN 978-7-113-26662-2

Ⅰ．①G… Ⅱ．①朱… ②黄… ③张… Ⅲ．①程序语言－程序设计 Ⅳ．①TP312

中国版本图书馆 CIP 数据核字 (2020) 第 029901 号

书　　名：Go 语言高并发与微服务实战
GO YUYAN GAOBINGFA YU WEIFUWU SHIZHAN

作　　者：朱荣鑫　黄迪璇　张 天

责任编辑：荆　波　　　　编辑部电话：(010) 51873026　　　　邮箱：the-tradeoff@qq.com
封面设计：MXK DESIGN STUDIO
责任印制：赵星辰

出版发行：中国铁道出版社有限公司（100054，北京市西城区右安门西街 8 号）
印　　刷：国铁印务有限公司
版　　次：2020 年 4 月第 1 版　2022 年 2 月第 5 次印刷
开　　本：787 mm×1 092 mm　1/16　印张：25.5　字数：574 千
书　　号：ISBN 978-7-113-26662-2
定　　价：89.00 元

推荐序一

其实年前我就已经收到这本书的样稿，但是因为种种原因，一直没能抽出较为完整的时间细读。2020 的这个春天可谓多事之秋，作为一名普通教师，在教师与"主播"角色的切换当中，益发感受到知识传播的价值。正是在这样的背景之下，我非常欣喜地看到《Go 语言高并发与微服务实践》一书即将出版，并受作者委托，为该书写序。

我认为这本书有两条主线：其一，该书从 Go 编程语言的角度，系统介绍了该语言的发展渊源和特性，并结合大量实例，详细介绍了该语言在实际软件开发中的应用；其二，该书从微服务架构的角度介绍了这种当前最流行的架构方式的技术背景并完整阐述了微服务架构的关键概念、实践和方法。让人惊喜的是，作者对上述两条主线的处理非常有匠心，使得全书结构紧凑，详略得当，可读性非常好。

这些年来，随着软件发展服务化和网络化的深入发展，DevOps 以及围绕 DevOps 相关的一些方法、工具和实践的重要性获得了越来越多实践者的认同。然而，如何适应这样的发展趋势以及如何对现有 IT 系统以及设施进行 DevOps 化的改造，这些问题仍然困扰着很多软件从业人员。本书由易及难，非常详细地给出了上述问题的解答。

综上所述，本书既适合在校学生阅读学习，也适合作为技术人员的参考用书。感谢本书作者为知识传播而付出的努力。

荣国平　博士
南京大学　副研究员
《DevOps：原理、方法与实践》主编

推荐序二

Go 语言是一种编译型程序设计语言，支持并发、垃圾回收机制以提升应用程序性能。它既具有像 C 这种静态编译型语言的高性能，又具备像 Python 这种动态语言的高效性。目前已经越来越重要，几乎已经成为云原生时代的主流语言，像 Kubernetes、Docker 等一些基础设施的开源系统都是基于 Go 语言实现的。因为 Go 语言的高性能和高效性，其在基础组件领域也大放异彩，如分布式数据库 TiDB、服务网格 Istio、微服务框架 Go-kit 与 Go Micro 等。

微服务是近些年非常流行的软件架构模式，也是老生常谈的互联网技术之一。从架构模式的发展历史来看，我们经历了传统单体应用架构、面向服务架构 SOA 以及火热的微服务架构 MSA 等这几个架构模式；本质上来说，每次架构模式的转变，都是为了解决随着软件复杂度的上升，如何有效提升研发效率的问题。

然而，微服务架构并不是"银弹"。微服务架构提升了研发效率，解决了系统扩展能力的同时，也增加了系统的复杂性，例如，跨进程通信、分布式事务、系统协调测试、分布式问题排查等诸多方面的问题。因此，在考虑是否使用微服务架构时，需要详细思考以上问题、业务需求以及团队自身的能力等，不能为了微服务而微服务。除此之外，还面临着开发语言和技术栈选型上的问题。目前，虽然微服务方面的书籍如雨后春笋一般，但基于 Go 语言的微服务实战的书籍可谓凤毛麟角。而本书恰好补充了这块的不足。它从微服务和 Go 语言的基础讲起，又介绍了当前主流的热门微服务框架，还详细拓展了微服务相关的网关、配置中心、注册中心、鉴权、容错、负载均衡以及分布式链路追踪等相关的内容。并且难能可贵的是几乎在每章节中都有大量的 Go 语言相关的实战部分。整本书从基础概念到高级话题，从理论到实践都有涉及，面面俱到，实属架构师案头不可或缺的参考书。

我们生活在这高速发展的时代，互联网技术与产品日新月异，我们非常有幸能够参与和见证时代的发展。在此，感谢本书作者花了大量的时间，分享了宝贵的知识。

殷 琦

微信公众号"涤生的博客"作者

美团点评技术专家，主要负责服务框架、服务治理相关的研发工作

推荐序三

很荣幸能第一时间阅读到书稿，在云原生（Cloud Native）时代，Go 语言的并发、性能、安全性、易于部署等特性，使它很容易成为"云原生语言"。为什么如今 Go 语言如此流行？Go 语言的厉害之处在于它抓住了程序员的痛点，简单直接、高效地解决了编程中的高并发和高性能问题，将程序员从这些繁琐的问题中解放出来，Go 语言使用简单，上手快，编码规范统一，和 Python 等语言相比，开发效率并没有明显降低。业界大名鼎鼎的 Docker，Kubernetes 等软件都是用 Go 语言实现的。

这本书在前半部分讲解了 Go 语言基础和进阶知识，以及 Go 语言在 Web 开发领域的应用，让读者快速入门 Go 语言，了解 Go 语言的特性，掌握 Go 语言相关的并发、锁等进阶知识。书籍也讲解了 Go Web 开发的内容，让读者对于 HTTP 协议、Web 开发等方面的知识有比较深入的了解。

本书的后半部分，讲解了 Go 语言在微服务中的实践，包含了分布式配置中心、服务注册与发现、通信机制与负载均衡等内容，全面并且深入地讲解了微服务涉及的各个组件，让读者能全面了解各种组件和同类组件的对比；整本书讲解由浅入深，娓娓道来，让读者能迅速了解主流做法的同时也能明白选择每个组件的背后原因。

这本书是朱荣鑫、黄迪璇、张天三位同学工作实践的总结，书籍的最后使用一个完整的商品秒杀平台，整合各个组件进行综合讲解，可以让读者从实践中获取不少灵感和经验。相信这本书能帮助不少想在微服务方面深入发展的读者。总之，这本书比较适合想实践或正在实践微服务的个人或团队，能从中收获到不少宝贵的经验，少走很多弯路，提升工作上的开发效率。

涂伟忠

一线大型互联网公司高级研发工程师

《Django 开发从入门到实践》作者

前 言

写作背景

Go 语言在云计算时代大放异彩。

进入互联网时代，尤其是移动互联网时代之后，这个大环境面临新的挑战，一方面在功能性方面要求越来越高：除了简单功能快速实现之外，还有对性能、安全、稳定性、高可用和可扩展性的诸多要求，而且越来越苛刻；另一个方面，更多的需求来自对效率的追求：包括开发、测试、部署、维护和迭代变更的效率，以及对成本的要求。

快速迭代是传统企业的硬伤，这不是通过加班就能解决的。在满足各种功能性的前提下，易用性的提升不仅仅满足了企业的需求，也极大地改善了开发体验。

对效率的追求，推动了云计算的产生和发展，以及云原生理念和架构的产生，我们熟知的容器技术、微服务架构以及新生的 Service Mesh 架构都由此诞生，不可变基础设施和声明式 API 的理念也在实践中被总结出来，并为后续的云原生架构提供理论指导。云计算的发展以及云原生的推出，为云和云上产品带来了除功能性之外的易用性特征。由于大部分维护工作由云承担，因此降低了对于维护的工作量，开发人员和应用服务更加关注于业务实现，而非业务实现的内容应该由云和云上产品提供。

对效率的追求，催生了云和云原生架构，带来了易用性的提升，改善了开发体验，从而进一步提升了效率。这个过程会持续发生，架构的演进不是一蹴而就的，而是一个长期发展的过程，因此云原生架构也会持续演进。在过去几年间，云原生架构中的容器/微服务等架构都是在这个循环中不断完善和普及的。

技术背景

微服务架构是云原生架构中的关键技术点，也是本书主要的关注点。微服务的话题，近几年一直很热门，微服务是 SOA 架构的一种具体实践。除了微服务以外，Go 语言也很热门，越来越受到开发人员的青睐。Go（又称 Golang）是 Google 开发的一种静态强类型、编译型、并发型且具有垃圾回收功能的编程语言。

Go 语言自 2009 年开源以来，持续受到关注。Go 语言之所以厉害，是因为它在服务端的开发中，能抓住程序员的痛点，以最直接、简单、高效和稳定的方式来解决问题。基于 Go 语言实现的微服务，更好地体现微服务和 Go 语言的优势。

人类对于技术进步的追求从未停歇。热门的技术组合在一起，能不能发挥各自的优势，变得更加高效？其实不然，在逐渐发展的环境和技术演化的过程中，存在着技术人员对主流技术趋势的理解参差不齐现象。当然架构没有绝对的对与错，本书将会带读者走进基于 Go 语言的高并发与微服务实战世界，在这个世界里不停地探索和汲取经验。

本书内容以当前流行的微服务架构和 Go 语言的高并发特性为主线，介绍 Go 语言

微服务的各个组件和并发实战。本书包含四个部分的内容:

（1）第一部分浅谈云原生与微服务,涉及云原生架构的全貌介绍和微服务的概述。

（2）第二部分介绍 Go 语言基础,侧重于介绍 Go 语言的一些特性。

（3）第三部分深入 Go 语言的微服务实践,介绍微服务架构中涉及的基础组件,如分布式配置中心、服务注册与发现、轻量级通信机制与负载均衡、微服务的容错处理和分布式链路追踪等组件,在熟悉组件原理的基础上进行并发实践。

（4）最后一部分为综合实战,将会结合 Go 语言微服务框架 Go-kit 实现一个完整的商品秒杀系统,涉及本书介绍的各个微服务组件,并将这些组件进行整合。

读者对象

本书比较适合架构师和有一定基础的技术人员阅读,特别是正在实践或准备实践微服务的架构师和开发人员,以及转型到 Go 语言微服务开发的技术团队。希望本书能给读者在微服务和 Go 语言开发实践中获取一些经验和灵感,少走一些弯路,最终的目的是提升技术人员的开发体验和企业产品迭代的效率。

源码及勘误

本书提供源代码下载,下载地址为 https://github.com/ longjoy/micro-go-book。

读者在实践时,需要注意组件下载的版本,建议相关开发环境与本书一致,或者不低于本书所列的配置。不同版本之间存在兼容性问题,而且不同版本的软件所对应的功能有的也是不同的。

书中的内容大多来自编者的工作经验,不免存在遗漏及错误,欢迎指正。读者可以直接发送邮件到邮箱（aoho002@gmail.com）,在此提前表示感谢。

作者团队与致谢

本书由朱荣鑫、黄迪璇、张天共同完成。具体章节的分工,其中第 1、5、8、9、12 章由朱荣鑫编写;第 3、4、6、10、11 章由黄迪璇编写;第 2、7、13 章由张天编写;全书由朱荣鑫统稿。

本书的完成需要感谢很多朋友和同行的倾力帮助,感谢 Go 语言社区的热心小伙伴在本书撰写前后提供了很多内容组织方面的建议,他们牺牲不少休息时间帮忙审稿,给了笔者很多实质性的指导;感谢笔者所在的公司为笔者提供的良好平台,帮助笔者积累了大量 Go 语言高并发与微服务架构实践的经验。

写书是一件枯燥的事情,一本书从想法、策划到出版非常不易,编辑老师给了编者很大的信心和帮助。在内容和结构组织上,编者也是同本书策划编辑荆波老师反复进行了讨论和校正,因此特别感谢中国铁道出版社有限公司的荆波编辑和其他工作人员为本书的出版所做的努力。

编　者
2021 年 4 月

目　录

Contents

第一篇　云原生与微服务

云原生与微服务分别是什么，它们之间有什么关系呢？本部分围绕云原生与微服务的概念展开介绍，我们透过云计算的历史和系统架构的演进，具体了解这两个概念的意义及其背后的技术发展。

第二篇　Go 语法基础与特性功能

　　在正式进入微服务组件的学习之前，我们要巩固一下 Go 语言的基础，包括容器、原生数据类型、函数与接口、结构体和方法等常用的语法基础；其次是 Go 语言的特性功能：反射与并发模型，介绍 Go 语言协程、通道、多路复用和同步的具体实践；最后是 Golang Web 的相关介绍，一起构建一个完整的 Go Web 服务器。

第 3 章　Go 语言基础

第 4 章　进阶——Go 语言高级特性

第 5 章 构建 Go Web 服务器

第三篇　微服务核心组件

本部分是全书的核心，介绍微服务中各个核心组件的原理和实践应用，包括分布式配置中心、服务注册与发现、微服务网关、微服务的容错、微服务中的通信与负载均衡、统一认证与授权、微服务中的链路追踪。通过组件原理的介绍、组件的选型对比以及组件的实践应用，吃透每一个微服务组件。

第6章　服务注册与发现

第 7 章 远程过程调用 RPC

第 8 章 分布式配置中心

第 11 章　统一认证与授权

第 12 章　分布式链路追踪

第四篇　综合实战

本部分是商品秒杀系统的实战项目，综合难度相对较高，我们通过分析业务系统的领域设计，将系统划分成具体的微服务，整合各个微服务组件，最终实现一个高并发的商品秒杀系统。

第 13 章　综合实战：秒杀系统的设计与实现

第1章　云原生架构

在云原生架构之前（即传统非云原生应用），底层平台负责向上提供基本运行资源，而应用需要满足业务需求和非业务需求。为了更好地使代码复用，通用性好的非业务需求的实现，往往会以类库和开发框架的方式提供。在 SOA、微服务时代，部分功能会以后端服务的方式存在，在应用中被简化为对其客户端的调用代码，然后应用将这些功能连同自身的业务实现代码一起打包。而云的出现，可以在提供各种资源之外，还提供各种能力（如基础设施，以及基础设施的中间件等），从而帮助应用，使得应用可以专注于业务需求的实现。

随着云原生技术理念在行业内进一步实践发展，云原生架构完成了 IT 架构在云计算时代的进化升级。以 CI/CD、DevOps 和微服务架构为代表的云原生技术，以其高效稳定、快速响应的特点引领企业的业务发展，帮助企业构建更加适用于云上的应用服务。对企业而言，新旧 IT 架构的转型与企业数字化的迫切需求也为云原生技术提供了很好的契机，云原生技术在行业的应用持续深化。

本章将会围绕云原生的相关概念，首先介绍云计算的历史，然后介绍云原生出现的背景、背后的诉求以及云原生的定义，最后介绍云原生基础架构中的关键技术。

1.1　云计算的历史

在介绍云原生之前，先看看过去几十年间，云计算领域的发展演进历程。总的来说，云计算的发展分为三个阶段：虚拟化的出现、虚拟化在云计算中的应用以及容器化的出现。云计算的高速发展，则集中在近十几年。

1.1.1　云计算的基础：虚拟化技术

云计算的历史，事实上需要追溯到 60 多年前，与计算机发展史相伴而生，直到 2000年前后，虚拟化技术才逐渐发展成熟，如图 1-1 所示。

- 1955 年，MIT 的 John McCarthy（人工智能之父、1971 年图灵奖获得者）提出了通过 time-sharing（分时）技术来满足多人同时使用一台计算机的诉求。
- 1959 年 6 月，Christopher Strachey 在国际信息处理大会上发表了《Time Sharing in Large Fast Computer》论文，提出了虚拟化概念。该文被公认为虚拟化技术的最早论述。虚拟化是云计算基础架构的基石。

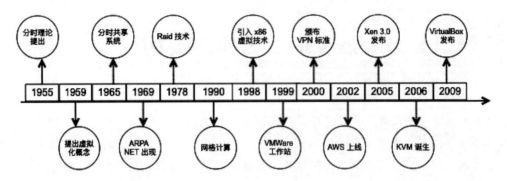

图 1-1 云原生的历史

- 1965 年 8 月，IBM 推出 System/360 Model 67 和 TSS 分时共享系统（Time Sharing System，通过虚拟机监视器（Virtual Machine Monitor，VMM）虚拟所有的硬件接口，允许多个用户共享同一高性能计算设备的货源，也就是最原始的虚拟机技术。
- 20 世纪 60 年代中期，美国计算机科学家 JCR Licklider 提出计算机互联系统（an interconnected system of computers）的想法。在 JCR Licklider 革命性创意的帮助下，Bob Taylor 和 Larry Roberts 开发了互联网的前身 ARPANET（Advanced Research Projects Agency Network），允许不同物理位置的计算机进行网络连接和资源共享。
- 1978 年，IBM 获得了独立磁盘冗余阵列（Redundant Arrays of Independent Disks，RAID）概念的专利。该专利将物理设备组合为池，然后从池中切出一组逻辑单元号（Logical Unit Number，LUN）并将其提供给主机使用。虽然直到 1988 年 IBM 才与加利福尼亚州立大学伯克利分校联合开发了该技术的第一个实用版本，但该专利第 1 次将虚拟化技术引入存储之中。

自此，云计算所依赖的底层技术全部出现了：操作系统，管理物理计算资源；虚拟化技术，把资源分给多人同时使用；互联网，远程接入。

自从计算机被发明以来，人们对计算的需求便没停止过。在这之后的十余年中，计算机商业一片繁荣，大型机、小型机、X86 服务器相继出现，而 Utility Computing（公共计算，John McCarthy 于 1961 年提出）进入了休眠期。

- 1990 年，Utility Computing 概念复苏，又叫网格计算（Grid Computing），其目标是把大量机器整合成一个虚拟的超级机器，给分布在世界各地的人们使用，总体而言还是公共计算服务的范畴。
- 1998 年，VMware 成立并首次引入 X86 的虚拟技术，通过运行在 Windows NT 上的 VMware 来启动 Windows 95。
- 1999 年，VMware 推出可在 X86 平台上流畅运行的第一款 VMware Workstation，从此虚拟化技术走下了只在大型机上运行的神话。之后，研发人员和发烧友开始在普通 PC 和工作站上大量使用该虚拟化解决方案。

- 2000 年，IEEE 颁布了虚拟专用网（Virtual Private Network，VPN）标准草案，从而使得私有网络可以跨公网进行建立。
- 2002 年，Amazon 上线 AWS（Amazon.com Web Service），本意是把自己的商品目录以 SOAP 接口的方式开放给开发者。IBM 在自己的 E-Business 基础上，综合网络服务（Web Service）、开放标准（Open Standard）、Grid Computing，进一步提出 E-business on-demand 的概念。
- 2005 年，Xen 3.0 发布，该版本可以在 32 位服务器上运行，同时该版本开始正式支持 Intel 的 VT 技术和 IA64 架构，从而使得 Xen 虚拟机可以运行完全没有修改的操作系统，该版本是 Xen 真正意义上可用的版本。
- 2006 年 10 月，以色列的创业公司 Qumranet 在完成了虚拟化 Hypervisor 基本功能、动态迁移以及主要的性能优化之后，正式对外宣布了 KVM 的诞生。同年 10 月，KVM 模块的源代码被正式接纳进入 Linux Kernel，成为内核源代码的一部分。
- 2009 年 4 月，VMware 推出业界首款云操作系统 VMware vSphere。

在 2000 年前后虚拟化技术成熟之前，市场处于物理机时代。当时如果要启用一个新的应用，需要购买一台或者一个机架的新服务器。云计算的重要里程碑之一是在 2001 年，VMware 带来的可用于 X86 的虚拟化计划。通过虚拟机，可以在同一台物理机器上运行多个虚拟机，这也意味着虚拟化技术可以降低服务器的数量，而且速度和弹性也远超物理机。

1.1.2 基于虚拟机的云计算

在虚拟化技术成熟之后，云计算市场才真正出现。一般认为，亚马逊 AWS 在 2006 年公开发布 S3 存储服务、SQS 消息队列及 EC2 虚拟机服务，正式宣告了现代云计算的到来。2008 年，AWS 证明了云是可行业务之后，越来越多的行业巨头和玩家注意到这块市场并开始入局，因此从行业视角来看，2008 年可以作为另一个意义上的云计算元年。AWS 是目前商业上最成功的云计算公司之一，也是业界的一个标杆。

- 2006 年，AWS 推出首批云产品 Simple Storage Service（S3）和 Elastic Compute Cloud（EC2），使企业可以利用 AWS 的基础设施构建自己的应用程序。
- 2007 年，IBM 发布云计算商业解决方案，推出 Blue Cloud 计划。
- 2008 年，Google App Engine 发布（Google 应用引擎），是 Google 管理的数据中心中用于 Web 应用程序开发和托管的平台。
- 2009 年，Heroku 推出第一款公有云 PaaS（Platform-as-a-Service）。
- 2010 年，微软发布 Microsoft Azure（意为蓝天）云平台服务。Rackspace Hosting 和 NASA 联合推出了一项名为 OpenStack 的开源云软件计划。

- 2011 年，Pivotal 推出了开源版 PaaS Cloud Foundry，作为 Heroku PaaS 的开源替代品，并于 2014 年底推出了 Cloud Foundry Foundation。
- 2013 年，Docker 发布，其使用了 LXC，同时封装了一些新的功能，是一种成功的组合式创新。
- 2014 年，AWS 推出 Lambda，允许在 AWS 中运行代码而无需配置或管理服务器，即 Faas/Serverless。FaaS 可以简单理解为功能服务化（Function as a Service）。FaaS 提供了一种比微服务更加服务碎片化的软件架构范式。FaaS 可以让研发只需要关注业务代码逻辑，而不再关注技术架构。

在这期间，云计算的多个重要里程碑：IaaS、PaaS、SaaS、开源 PaaS 和 FaaS 相继出现。云服务提供商出租计算资源有 3 种模式，满足云服务消费者的不同需求，分别是 IaaS、SaaS 和 PaaS。

（1）IaaS（Infrastructure as a Service），即基础设施即服务，IaaS 是云服务的最底层，主要提供一些基础资源。

（2）SaaS（Software-as-a-service）软件服务，提供商为企业搭建信息化所需要的所有网络基础设施及软件、硬件运作平台，并负责所有前期的实施，后期的维护等一系列服务。SaaS 是软件的开发、管理、部署都交给第三方，不需要关心技术问题，可以拿来即用。

（3）PaaS：平台服务，Platform-as-a-service 是软件即服务（Software as a Service, SaaS）的延伸。PaaS 提供软件部署平台（runtime），抽象硬件和操作系统细节，可以无缝地扩展（scaling）。开发者只需要关注自己的业务逻辑，不需要关注底层。

需要注意的是，云服务提供商只负责出租层及以下各层的部署、运维和管理，而租户自己负责更上层次的部署和管理，两者负责的"逻辑层"加起来刚好就是一个完整的四层 IT 系统，如图 1-2 所示。

2006~2009 年，云服务尚处于推广阶段，只有少数大公司有基础和资本在做。2008 年金融危机爆发后，Salesforce 公司在 2009 年初公布的 2008 财年年度报告显示 Salesforce 公司云服务收入超过 10 亿美元。当 AWS 证明了云是可行业务之后，越来越多的行业巨头和玩家注意到这块市场并开始入局。于是在 2009~2014 年，世界级的供应商都无一例外地参与到了云市场的竞争中。IBM、VMware、微软和 AT&T 等公司作为第二梯队出现。他们大都是传统的 IT 企业，由于云计算的出现不得不选择转型。亚马逊的商业成功也带动了中国的互联网公司对云计算的投入，众所周知，国内的云计算标杆阿里云也是从 2008 年开始筹办和起步，云计算的时代大幕逐步拉开，开始形成一个真正的多元化市场，并随着众多巨头的加入开始良性竞争。阿里云、腾讯云、华为云等在中国市场逐渐成长起来，并开始向海外探索。

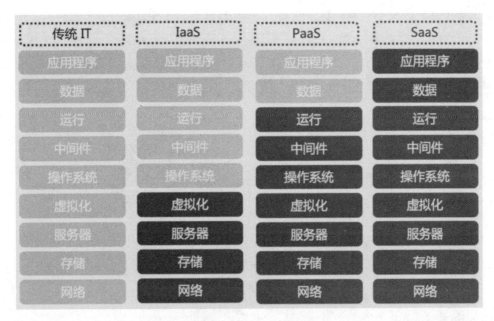

图 1-2　四层 IT 系统

1.1.3　容器的横空出世和容器编排大战

在上一小节提到了 PaaS，PaaS 的开源产品 Docker 对云计算领域产生了深远的影响，从虚拟机到容器，整个云计算市场发生了一次重大变革。

容器化本质上是虚拟化的改进版本，这种技术允许多个应用程序驻留在同一个服务器中。两者之间的主要区别在于虚拟化在硬件级别分离应用程序，而容器化则在操作系统级别分离硬件程序。这意味着虚拟化使用一种称为 Hypervisor 的硬件，将应用程序从物理上分离出来，并为每个应用程序提供自己的操作系统，而容器化则将它们与软件分离开来，并允许它们共享服务器的操作系统。这消除了虚拟机低效利用资源的问题，降低了存储成本并提高了可扩展性和可移植性。基于容器方法的一个缺点是安全性，因为应用程序在服务器内没有被物理隔离。

Docker 自 2013 年发布开始，就带动着容器技术的热度。其实在 Docker 之前，已经有 LXC（Linux Container），但是 LXC 更多侧重于容器运行环境的资源隔离和限制（类似于一个进程沙箱），而没有涉及容器镜像打包技术，这使得 LXC 并没有得到普及，LXC 是 Docker 最初使用的具体内核功能实现。Docker 在 LXC 的基础上更进一步，规范并建设了一套镜像打包和运行机制，将应用程序和其所依赖的文件打包到同一个镜像文件中，从而使其在转移到任何运行 Docker 的机器中时都可以运行，并能保证在任何机器中该应用程序执行的环境都是一样的。Docker 所提出的 "Build, Ship and Run" 的概念迅速得到了认可，Docker 也逐渐成为容器技术的领导者，甚至让很多人误认为容器就是 Docker。

随着 Kubernetes 的成熟，以及它和 Docker 的融合，基于容器技术的容器编排市场，则经历了 Mesos、Swarm、Kubernetes 三家的一场史诗大战，Kubernetes 最终赢得了容器编排的胜利，云计算进入 Kubernetes 时代。PaaS 技术的主流路线逐渐过渡到 Kubernetes + Docker，并于 2018 年左右开始占据统治地位，如图 1-3 所示。

图 1-3   Docker + Kubernetes

2015 年 7 月，Google 联合 Linux 基金会成立了 CNCF 组织如图 1-4 所示，紧接着就把 Kubernetes 1.0 版本的源代码捐献给 CNCF。Kubernetes 成为 CNCF 管理的首个开源项目。

图 1-4   CNCF

CNCF 力推 Cloud Native，完全基于开源软件技术栈，Cloud Native 的重要理念是：以微服务的方式部署应用，每个应用都打包为自己的容器并动态编排这些容器以优化资源利用。2018 年 3 月，Kubernetes 从 CNCF 毕业，成为 CNCF 第一个毕业项目。在容器编排大战期间，以 Kubernetes 为核心的 CNCF Cloud Native 生态系统也得以迅猛发展，云原生成为云计算市场的技术新热点。

1.1.4   云计算演进总结

云计算背后的理念由来已久，虽然目前流行的云计算形式直到 20 世纪 90 年代末才开始兴起，但是在 20 世纪 60 年代，当大型机开始流行起来时，共享计算的概念就开始出现。大型计算机被发明为一个可以从"dumb"终端访问的集中式集线器。这些终端依靠主机进行存储和计算。尽管大型机计算和云计算之间存在明显的差异（特别是大型计算机不能通过互联网访问并托管在一个物理位置），但是大型机是第一种将信息和应用程序存储在中央集线器中的计算方法，并且可以远程访问。这为未来的云基础架构提供了早期模型。

在这个时期出现的另一个重大突破是虚拟化技术的发展。最初创建虚拟化技术是为了允许单个计算机同时运行多个应用程序，但后来发展允许多个用户共享一个服务器，每个服务器都有自己的操作系统。虽然这些早期的突破很重要，但直到 20 世纪 90 年代互联网的普及，现代云才出现。

自从 Salesforce 和亚马逊在 2000 年初创建 IaaS、PaaS 和 SaaS 以来，已经有大量的云计算公司出现在各种行业中。在 SaaS 方面，许多主要软件供应商已经转向云交付方式，包括 Oracle、SAP 和 Microsoft。在 IaaS 和 PaaS 方面，有许多竞争对手试图蚕食亚马逊巨大的市场份额（但收效甚微）。最突出的竞争对手是 Microsoft Azure 和 Google Cloud。Docker 和 Kubernetes 的出现是云计算的里程碑。

在这过去的二十年间，云计算几乎重新定义了整个行业的格局，越来越多的企业开始降低对 IT 基础设施的直接资本投入，不再倾向于维护自建的数据中心，而是开始通过上云的方式来获取更强大的计算和存储能力，并实现按时按需付费。这不仅仅降低 IT 支出，同时也降低了整个行业的技术壁垒，使得更多的公司尤其是初创公司可以更快地实践业务想法并迅速推送到市场。

1.2 云原生是什么

云原生是云计算的下半场，是否上云已经很少被提及，因为它已经成为一个热门话题，渗透到了各行各业。进入到 2017 年之后，云计算已经不再是"新兴行业"了，换句话说，对于企业用户来说，云计算技术成为企业发展"战术"的一部分了。

近几年，云原生火了起来，云原生一词已经被过度消费，很多软件都号称是云原生。云原生本身甚至不能称为是一种架构，它首先是一种基础设施，运行在其上的应用称作云原生应用，只有符合云原生设计哲学的应用架构才叫云原生应用架构。在了解关于云原生的具体定义之前，我们首先介绍下云原生出现的背景和背后的诉求。

1.2.1 云原生出现的背景

移动互联网时代是业务高速发展的时期，不同于传统的应用，移动互联网提供了新的用户体验，即以移动端为中心，通过软件对各行各业的渗透和对世界的改变。移动互联网时代巨大的用户基数下快速变更和不断创新的需求对软件开发方式带来的巨大推动力，传统软件开发方式受到巨大挑战。面对业务的快速迭代，团队规模不断扩大降低沟通协作成本并加快产品的交付速度，为用户呈现更好的体验是各个互联网公司都在努力的方向。

这样的背景下，微服务和云原生的概念开始流行。康威定律是微服务架构的理论基础，组织沟通的方式会在系统设计上有所表达，通过服务的拆分，每个小团队服务一个服务，增加了内聚性，减少了频繁的开会，提高了沟通效率；快速交付意味着更新的频次也高了，更新也容易造成服务的故障问题，更新与高可用之间需要权衡。云原生通过工具和方法减少更新导致的故障问题，保证服务的高可用。

企业在数字化转型中普遍面临 IT 系统架构缺乏弹性，业务交付周期长，运维效率低，高可靠性低等痛点和挑战。将软件迁移到云上是应对这一挑战的自然演化方式，在过去二十年间，从物理机到虚拟机到容器，从 IaaS 诞生到 PaaS、SaaS、FaaS 一路演进，应用的构建和部署变得越来越轻，越来越快，而底层基础设施和平台则越来越强大，以不同形态的云对上层应用提供强力支撑。所以企业可以通过云原生的一系列技术，例如基于容器的敏捷基础设施、微服务架构等解决企业面临的这些 IT 痛点。

1.2.2　云原生的定义

自从云原生提出以来，云原生的定义就一直在持续地更新。这也说明了云原生的概念随着技术的发展而不断地被深刻认知。

Pivotal 是云原生应用的提出者，并推出了 Pivotal Cloud Foundry 云原生应用平台和 Spring 开源 Java 开发框架，成为云原生应用架构中的先驱者和探路者。早在 2015 年，Pivotal 公司的 Matt Stine 写了一本叫做《迁移到云原生应用架构》的小册子，其中探讨了云原生应用架构的几个主要特征：符合 12 因素应用、面向微服务架构、敏捷架构、基于 API 的协作和抗脆弱性。而在 Pivotal 的官方网站（https://pivotal.io/cloud-native）上，对云原生（Cloud Native）的介绍包括 4 个要点，包括：DevOps、持续交付、微服务架构和容器化如图 1-5 所示。

图 1-5　云原生的 4 个要点

云原生计算基金会（CNCF）最开始（2015 年成立之初）对云原生的定义则包含以下 3 个方面：

（1）应用容器化

（2）面向微服务架构

（3）应用支持容器的编排调度

到了 2018 年，随着云原生生态的不断壮大，加入 CNCF 的企业和组织越来越多，且从 Cloud Native Landscape 中可以看出云原生项目涉及领域也变得很大，CNCF 基金会中的会员以及容纳的项目越来越多。CNCF 给出的云原生景观图，其中包括云原生的各种层次的提供者和应用：

- IaaS 云提供商（公有云、私有云）；
- 配置管理，提供最基础的集群配置；
- 运行时，包括存储和容器运行时、网络等；
- 调度和管理层，协同和服务发现、服务管理；
- 应用层。

之前的定义已经限制了云原生生态的发展，CNCF 为云原生进行了重新定位：

云原生技术有利于各组织在公有云、私有云和混合云等新型动态环境中，构建和运行可弹性扩展的应用。云原生的代表技术包括容器、服务网格、微服务、不可变基础设施和声明式 API。

这些技术能够构建容错性好、易于管理和便于观察的松耦合系统。结合可靠的自动化手段，云原生技术使工程师能够轻松地对系统作出频繁和可预测的重大变更。

云原生计算基金会（CNCF）致力于培育和维护一个厂商中立的开源生态系统，来推广云原生技术。我们通过将最前沿的模式民主化，让这些创新为大众所用。

云原生实际上是一种理念或者说是方法论，云原生应用就是为了在云上运行而开发的应用。

1.2.3　云原生与 12 因素

Heroku（HeroKu 于 2009 年推出公有云 PaaS）于 2012 年提出 12-Factors（一般翻译为 12 因素，网址：https://12factor.net/）的云应用设计理念，指导开发者如何利用云平台提供的便利来开发更具可靠性和扩展性、更加易于维护的云原生应用。

1．方法论和核心思想

12 因素适用于任何语言开发的后端应用服务，它提供了很好的方法论和核心思想。12 因素为构建如下的 SaaS 应用提供了方法论：

（1）使用声明式格式来搭建自动化，从而使新的开发者花费最少的学习成本加入这个项目。

（2）和底层操作系统保持简洁的契约，在各个系统中提供最大的可移植性。

（3）适合在现代的云平台上部署，避免对服务器和系统管理的额外需求。

（4）最小化开发和生产之间的分歧，实现持续部署以实现最大灵活性。

（5）可以在工具、架构和开发实践不发生重大变化的前提下实现扩展。

2．编码、部署和运维原则

12 因素理论适用于以任意语言编写，并使用任意后端服务（数据库、消息队列、缓存等）的应用程序。12 因素最终是关于如何编码、部署和运维的原则。这些是软件交付生命周期里最常见的场景，为多数开发者和 DevOps 整合团队所熟知。

（1）编码有关：Codebase、Build, release, run、Dev/prod parity 与源码管理相关。

（2）部署有关：Dependencies、Config、Processes、Backing services、Port binding 与微服务该如何部署以及如何处理依赖相关。

（3）运维原则：Concurrency、Disposability、Logs、Admin processes 与如何简化微服务的运维相关。

3．12 因素的具体内容

（1）Codebase：基准代码，一份基准代码，多份部署。用一个代码库进行版本控制和应用程序的多次部署，配置、初始化数据都应该纳入版本管理，在统一的代码库中为代码配置、测试和部署脚本都建立独立的项目和模块。

（2）Dependencies：依赖，显式声明依赖关系。应用程序通过适当的工具（如：Maven、Bundler、NPM）隔离依赖性，目的是不依赖于部署环境。

（3）Config：配置，在环境中存储配置。通过操作系统级的环境变量将配置信息或其他可能存在的不同信息（如：开发环境、预生产环境、生产环境）应用到各个部署环境中。

（4）Backing services：后端服务，把后端服务当作附加资源。数据库、消息队列、邮件发送服务或缓存系统等均被当作附加资源在不同环境中被同等地调用，每个不同的后端服务都是一份资源。

（5）Build, release, run：构建，发布，运行。严格分离构建和运行；基准代码转化为部署（非开发环境）需要以下三个阶段：

- 构建阶段，是指将代码仓库转化为可执行包的过程。构建时会使用指定版本的代码，获取和打包依赖项，编译成二进制文件和资源文件；
- 发布阶段，会将构建的结果和当前部署所需的配置相结合，并能够立刻在运行环境中投入使用；
- 运行阶段，是指针对选定的发布版本在执行环境中启动一系列应用程序的进程。

注：以上所有阶段都是严格分离。

（6）Processes：进程，以一个或多个无状态进程运行应用。在运行环境中，应用程序作为一个或多个无共享的无状态进程（如：master/workers）来执行，任何需要持久化的数据都要存储在后端服务内（例如：缓存、对象存储等）。

（7）Port binding：端口绑定，通过端口绑定提供服务。具有 12 因素的应用能够实现完全自我加载，不依赖于任何网络服务器就可以创建基于网络的服务。互联网应用可以通过端口绑定来提供服务并随时监听所有发送至该端口的请求。

（8）Concurrency：并发，通过进程模型进行扩展，一般而言，由水平向外扩展应用程序进程（必要时进程也可通过内部管理线程多路传输工作）来实现。

（9）Disposability：易处理，快速启动和优雅终止可最大化健壮性。这包括了快速而有弹性的扩展、对变更的部署以及宕机恢复能力。

（10）Dev/prod parity：开发环境与线上环境等价，尽可能的保持开发，预发布，线上环境的相似性来实现持续交付与部署。

（11）Logs：日志，把日志当作事件流，允许执行环境通过集中式服务来收集、聚合、检索和分析日志，而非仅仅管理日志文件。

（12）Admin processes：管理进程，后台管理任务当作一次性进程运行。当环境等同于应用程序长时间运行的进程时，管理任务（如：数据库迁移）会被作为一次性进程而执行。

12 因素创作于 2012 年左右，是对 Web 应用程序或 SaaS 平台的建立非常有用的指导原则。12 因素提出已有七年多，有些细节可能已经跟不上时代的发展，在有些方面并不适合微服务体系，也有人批评 12 因素的提出从一开始就有过于依赖 Heroku 自身特性的倾向。但不管怎么说，12 因素依旧是目前最为系统的云原生应用开发指南，我们在开发时可以参考，却不用拘泥于教条规则。

1.3　云原生的基础架构

云原生是一系列云计算技术体系和企业管理方法的集合，既包含了实现应用云原生化的方法论，也包含了落地实践的关键技术。云原生应用利用微服务、服务网格、容器、DevOps 和声明式 API 等代表性技术，来构建容错性好、易于管理和便于观察的松耦合系统。下面具体介绍这几个关键技术。

1.3.1　微服务

为了解决单体的复杂度问题，我们引入微服务架构。在单体应用（也称为巨石应用）的时代，虽然开发简单，但随着业务复杂度的提升，单体应用的益处逐渐减少。它们变得更难理解，而且失去了敏捷性，因为开发人员很难快速理解和修改代码。

对付复杂性的最好方法之一是将明确定义的功能分成更小的服务，并让每个服务独立迭代。微服务是指将大型复杂软件应用拆分成多个简单应用，每个简单应用描述着一个小业务，系统中的各个简单应用可被独立部署。各个微服务之间是松耦合的，这样就可以独立地对每个服务进行升级、部署、扩展和重新启动等，从而实现频繁更新而不会对最终用户产生任何影响。相比传统的单体架构，微服务架构具有降低系统复杂度、独立部署、独立扩展和跨语言编程等优点。

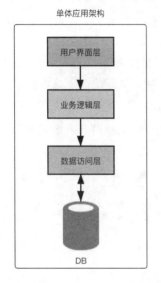
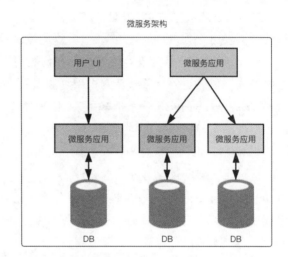

图 1-6　单体应用与微服务

但是，从另一个角度来看，微服务架构的灵活、开发的敏捷也带来了运维的挑战和分布式系统的复杂性。单体应用可能只需部署至一小片应用服务器集群，而微服务架构则需要构建/测试/部署/运行数十个独立的服务，并可能需要支持多种语言和环境；微服务还引入了分布式系统的复杂性，如网络延迟、容错性、消息序列化、不可靠的网络、异步机制、版本化和差异化的工作负载等，开发人员需要考虑以上这些分布式系统问题。其他的问题，如微服务的可测试性、异步机制、调用链过长等，也需要在架构设计时考虑。

1.3.2　容器

为了解决微服务架构下大量应用部署的问题，我们引入容器。容器是一种轻量级的虚拟化技术，能够在单一主机上提供多个隔离的操作系统环境，通过一系列的 namespace 进行进程隔离，每个容器都有唯一的可写文件系统和资源配额。容器技术分为运行时和编排两层，运行时负责容器的计算、存储、网络等，编排层负责容器集群的调度、服务发现和资源管理。

容器服务提供高性能、可伸缩的容器应用管理能力，容器化应用的生命周期管理可以提供多种应用发布方式。容器服务简化了容器管理集群的搭建工作，整合了调度、配置、存储、网络等，打造云端最佳容器运行环境。

Docker 是一个开源的应用容器引擎，使用容器技术，用户可以将微服务及其所需的所有配置、依赖关系和环境变量打包成容器镜像，轻松移植到全新的服务器节点上，而无需重新配置环境，这使得容器成为部署单个微服务的最理想工具。

仅仅有容器还是不够的，因为人力运维部署成本太大，为了解决容器的管理和调度问题，又引入了 Kubernetes。Kubernetes 是 Google 开源的容器集群管理系统，可以实现容器集群的自动化部署、自动扩缩容和维护等功能。

我们用 Kubernetes 去管理 Docker 集群，可以将 Docker 看成 Kubernetes 内部使用的低级别组件。另外，Kubernetes 不仅仅支持 Docker，还支持 Rocket 等其他容器技术。

1.3.3　服务网格

微服务技术架构实践中主要有侵入式架构和非侵入式架构两种实现形式。侵入式架构是指服务框架嵌入程序代码，开发者组合各种组件，如 RPC、负载均衡、熔断等，实现微服务架构。非侵入式架构则是以代理的形式，与应用程序部署在一起，接管应用程序的网络且对其透明，开发者只需要关注自身业务即可，以服务网格为代表。为了解决微服务框架的侵入性问题，引入 Service Mesh。

Service Mesh 产品的存在和具体工作模式，对于运行于其上的云原生应用来说是透明无感知的，但是在运行时这些能力都动态赋能给了应用，从而帮助应用在轻量化的同时依然可以继续提供原有的功能，如图 1-7 所示。

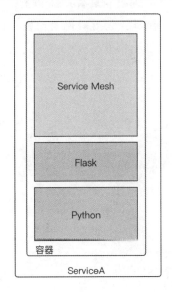
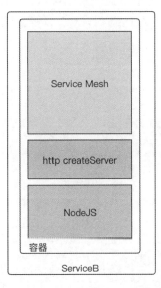
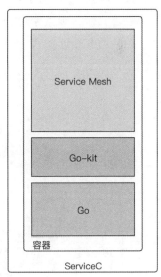

图 1-7　Service Mesh 与微服务

Service Mesh 使得系统架构的技术栈下移，降低了整个微服务入门的门槛，对于开发者更加友好。Service Mesh 提供了一个方案，就是将整个服务间通信的解决方式以及整个中间件层的技术栈全部下移。从应用当中下移到底层的基础设施，通过加强基础设施的方式提供一个统一的解决方案。

Service Mesh 处理服务间请求/响应的可靠传递，并可用于服务治理、遗留系统的零侵入接入以及异构框架开发的微服务。Service Mesh 作为服务间通信的基础设施层，是应用程序间通信的中间层，实现了轻量级网络代理，对应用程序透明，解耦了应用程序的重试/超时、监控、追踪和服务发现。

除此之外，Service Mesh 提供了专业化的解决方案，其中所涉及的服务通信、容错、认证等功能，都是专业度极高的领域，这些领域应该出现工业级成熟度的制成品，这对于中小企业来说是一个降低成本的选择。

Service Mesh 的开源软件包括 Istio、Linkerd、Envoy、Dubbo Mesh 等。同时，为了让 Service Mesh 有更好的底层支撑，我们又将 Service Mesh 运行在 Kubernetes 上。

1.3.4　DevOps

DevOps 是一组过程、方法与系统的统称，用于促进开发（应用程序/软件工程）、技术运营和质量保障（QA）部门之间的沟通、协作与整合。目前对 DevOps 有太多的说法和定义，不过它们都有一个共同的思想：解决开发者与运维者之间曾经不可逾越的鸿沟，增强开发者与运维者之间的沟通和交流。

DevOps 的出现是由于软件行业日益清晰地认识到：为了按时交付软件产品和服务，开发和运营工作必须紧密合作。市场瞬息万变，同时机会转瞬即逝。互联网公司要实现生存，必须拥有快速试错和迭代产品的能力。那我们有没有办法快速交付价值、灵活响应变化呢？答案就是 DevOps，它是面向业务目标，助力业务成功的最佳实践。DevOps 其实包含了三个部分：开发、测试和运维，如图 1-8 所示。

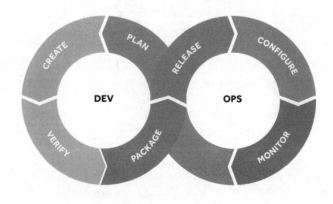

图 1-8　Dev 与 Ops

与敏捷一样，DevOps 将软件程序分解成更小的部分，以提高软件交付速度和质量。DevOps 的一个标志是"持续"实践，包括持续集成、持续测试、持续交付和持续部署，所有这些都有助于软件产品和软件相关实践的持续改进。DevOps 的目标是缩短开发周期，增加部署频率，更可靠的发布。用户可通过完整的工具链，深度集成代码仓库、制品仓库、项目管理、自动化测试等类别中的主流工具，实现零成本迁移，快速实践 DevOps。

DevOps 帮助开发者和运维人员打造了一个全新空间，构建了一种通过持续交付实践去优化资源和扩展应用程序的新方式。微服务使 DevOps 团队能够并行开发独立的功能片段，跨功能团队协作构建、测试、发布、监控和维护应用程序。DevOps 和云原生架构的结合能够实现精益产品开发流程，适应快速变化的市场，更好地服务企业的商业目的。

1.4　小结

本章从云原生的发展史开始介绍云计算、虚拟化、容器化等技术，随后结合云原生出现的背景介绍云原生的定义。云原生的定义也在不断变化，总得说来，云原生可以理解为应用原生被设计为在云上以最佳方式运行，充分发挥云的优势。最后介绍了云原生架构中涉及到的几个关键技术。

云原生应用可充分利用云平台服务优势，并快速构建部署到平台上，平台提供了简单快捷的扩展能力并与硬件解耦，提供了更大的灵活性、弹性和跨云环境的可移植性。云原生将云计算作为竞争优势，原生云意味着将云目标从 IT 成本节约转向业务增长引擎。

第2章 微服务概述

在上一章，我们介绍了云原生架构的相关概念，并了解到微服务架构在云原生中占据着较为关键的位置，这一章我们聚焦到微服务上面。

Martin Fowler 在 2014 年首次提出了微服务（Microservices Architecture Pattern）架构设计，其理念是将单体应用转化为多个可以独立开发、独立部署、独立运行和独立维护的服务或者应用的集合，从而满足业务快速变化以及多团队并行开发的需求。

微服务架构由多个相对独立的服务或者应用组成，所以具备独立开发、独立部署、技术选型灵活、容错和方便横向扩展等优势，当然也带来了一系列部署和服务间交互等方面的复杂度问题。这些内容在上一章中都有过简单提及，本章将会介绍系统架构的演进、微服务架构的相关概念、常用的微服务框架、Go 语言与微服务以及微服务的设计原则等内容。

2.1 系统架构的演进

事情总在发展，大型软件系统架构也随着软件开发技术、基础配套设备和硬件性能等因素的改变而不断演化。一般来说，早期的软件大多数是单体架构，接着使用分层技术演化为垂直架构，然后 SOA 面向服务架构和微服务架构相继登场，最终随着云技术的应用和推广，孕育出云原生架构的思想。下面将会一一介绍这些架构设计的基础理念和优缺点。

2.1.1 单体架构

在 Web 应用程序发展的早期，大部分项目将所有的服务端功能模块打包成单个巨石型（Monolith）应用，譬如很多企业的 Java 应用程序打包为 war 包，最终会形成如图 2-1 所示的单体架构。

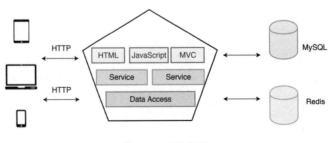

图 2-1 单体架构

单体架构具有易于搭建开发环境、易于测试和部署等优势。但其缺陷也非常明显，进行局部改动就需要重新部署，而且编译时间过长。单体架构的技术栈也不易扩展，只能不断地在原有基础上进行局部优化，比如说应用的某一部分场景需要处理高并发，使用 Go 语言较为合适，但是单体架构并不支持多语言技术栈，也就只好作罢。

2.1.2　垂直分层架构

当访问量逐渐增大，单体架构使用增加机器的方法带来的性能优化效用越来越小，单体架构不同业务部分所需要的机器数量和性能差异也越来越大，为了提升机器利用率和性能，单体架构往往会演化为垂直架构。垂直架构就是以单体架构规模的项目为单位进行垂直划分，将大应用拆分成一个个单体结构的应用。但是，拆分后的单体架构之间存在数据冗余，耦合性较大等问题。垂直分层架构中项目之间的接口多为数据同步功能，如：不同项目之间的数据库，通过网络接口进行数据库同步。

垂直架构就是彼此存在依赖关系的组件组成的架构，比如分层：界面表示层依赖业务逻辑，而业务逻辑依赖数据库访问，如图 2-2 所示。

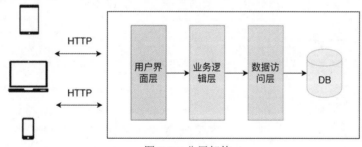

图 2-2　分层架构

分层是一个典型的对复杂系统进行结构化思考和抽象聚合的通用性方法。MVC 则是一种常见的三层结构架构模式。它将应用分为标准的三层：数据访问层、服务层和 Web 层。

（1）数据访问层用于定义数据访问接口，实现对真实数据库的访问；

（2）服务层用于对应用业务逻辑进行处理；

（3）Web 层用于处理异常、逻辑跳转控制和页面渲染模板等。

垂直分层架构的优点，首先是项目架构简单，前期升发成本低并且周期短，是小型项目的首选；其次通过垂直拆分，原来的单体项目不至于无限扩大。除此之外，不同的项目可采用不同的技术。但是垂直分层架构也存在全部功能集成在一个工程中的问题，对于大型项目不易开发、扩展及维护；系统性能扩展只能通过扩展集群结点来实现，成本高并且有瓶颈。

2.1.3　SOA 面向服务架构

当垂直架构拆分的应用越来越多，就会出现多个应用都依赖的业务逻辑组件，并且各个应用进行交互的需求越来越频繁。此时，就需要将部分通用的业务组件独立出来，并定义好服务间交互的接口，向外提供能力，让其他服务调用。恰巧这时出现了大型的网络服务提供商，这些企业依靠出售自身软件能力来赚取盈利，其他小型企业可以使用这些企业的对外服务，所以 SOA 面向服务架构应运而生。它带来了模块化开发、分布式扩展部署和服务接口定义等相对宽泛的概念。

SOA 是一个组件模型，它将应用程序的不同功能单元（称为服务）通过这些服务之间定义良好的接口和契约联系起来。SOA 中的接口独立于实现服务的硬件平台、操作系统和编程语言，采用独立的方式进行定义。这使得构建在各种各样系统中的服务可以以一种统一和通用的方式进行交互。

实施 SOA 的关键目标是实现企业 IT 资产的最大化作用，也就是建立企业服务总线，外部应用通过企业总线调用服务。要实现这一目标，就要在实施 SOA 的过程中牢记以下特征：可从企业外部访问、随时可用、粗粒度的服务接口分级，松散耦合、可重用的服务、服务接口设计管理、标准化的服务接口、支持各种消息模式和精确定义的服务契约，如图 2-3 所示。

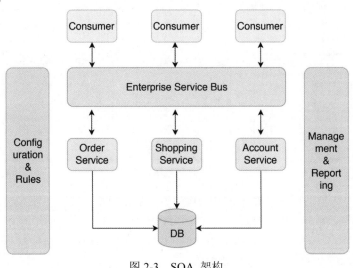

图 2-3　SOA 架构

SOA 服务架构都具有平台独立的自我描述 XML 文档，例如 Web 服务描述语言（WSDL，Web Service Description Language）。每个服务都使用该语言描述自身提供的能力，并将自身注册到服务登记中心（Registry）上。服务消费者（Service Consumer）则从服务登记中心寻找并调用某一服务。统一定义和集成（UDDI，Universal Description，Definition，and Integration）是服务登记的标准。

在图 2-3 中，服务消费者可以通过发送消息来调用服务，这些消息由一个服务总线（Enterprise Service Bus）转换后发送给适当的服务实现。这种服务架构可以提供一个业务规则引擎（Business Rules Engine），该引擎容许业务规则被合并在一个服务里或多个服务里。这种架构也提供了一个服务管理基础架构（Service Management Infrastructure），用来管理服务，提供类似审核、列表（billing）、日志等功能。此外，该架构给企业提供了灵活的业务流程，更好地处理控制请求（Regulatory Requirement），例如 Sarbanes Oxley（SOX），并且可以在不影响其他服务的情况下更改某项服务。

SOA 架构的优点：

（1）将重复的功能抽取为服务，提高开发效率，提高系统的可重用性和可维护性。

（2）可以针对不同服务的特点制定集群及优化方案。

（3）采用 ESB 减少系统中的接口耦合。

（4）借助现有的应用来组合产生新服务的敏捷方式，提供给企业更好的灵活性来构建应用程序和业务流程。

SOA 架构适用于大型软件服务企业对外提供服务的场景，对于一般业务场景并不适用，其服务的定义、注册和调用都需要较为繁琐的编码或者配置实现，并且业务总线也容易导致系统的单点风险并拖累整体性能。

2.1.4　微服务架构

随着互联网浪潮的来临，越来越多的中小微企业推出面向普通大众的网站或者应用。这些企业不同于大型软件服务企业，没有能力也无需构建 SOA 所依赖的 ESB 企业服务总线。于是继承 SOA 众多优点和理念的微服务架构于 2014 年由 Matrin Fowler 提出，其理念是将业务系统彻底地组件化和服务化，形成多个可以独立开发、独立部署和独立维护的服务或者应用的集合，以应对更快的需求变更和更短的开发迭代周期。

1．微服务架构特点

微服务是一种架构模式，它提倡将单一应用程序划分成一组小的服务，服务之间互相协调、互相配合，为用户提供最终价值。

微服务也是一种架构风格，它提倡大型复杂软件应用由一个或多个微服务组成。系统中的各个微服务可独立部署，各个微服务之间是松耦合的。每个微服务仅关注于完成单一职责。在一般情况下，每个职责代表着一个小的高内聚的业务能力。

如康威定律所言，任何组织在设计一套系统（广义概念）时，所交付的设计方案在结构上都与该组织的通信结构保持一致，微服务不仅仅是技术架构的变化，还包含了组织方式和沟通方式的变化，开发团队需要形成适合微服务开发的组织架构和沟通方式。

微服务与面向对象设计中的原理同样相通，都是遵循单一职责、关注分离、模块化与分而治之等基本的原则，如图 2-4 所示为微服务的架构。

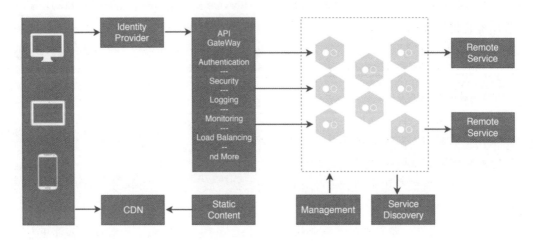

图 2-4　微服务架构

总得来说，微服务架构有如下的特点：

（1）系统服务层完全独立出来，并将服务层抽取为一个一个的微服务。

（2）微服务遵循单一原则。

（3）微服务之间采用 RESTful 等轻量协议通信。

（4）微服务一般使用容器技术部署，运行在自己的独立进程中，合理分配其所需的系统资源。

（5）每个微服务都有自己独立的业务开发活动和周期。

微服务架构下服务拆分粒度更细，有利于资源重复利用，提高开发效率；开发者可以更加方便地制定每个服务的优化方案，提高系统可维护性。除此之外，微服务架构采用去中心化思想，服务之间采用 RESTful 等轻量协议通信，相比 ESB 更轻量。这种架构设计，更适用于互联网时代的产品敏捷迭代开发。

但是，微服务架构拆分的服务实例如果过多，服务治理成本会极大升高，不利于系统维护；服务之间相互依赖，有可能形成复杂的依赖链条，往往单个服务异常，其他服务都会受到影响，出现服务雪崩效应；服务实例之间交互需要处理分布式事务、调用幂等和重试等问题，开发成本高，对团队挑战大。

2．微服务与 SOA 的区别

正如前文所说，微服务继承了 SOA 的众多优点和理念，两种架构都属于典型的、包含松耦合分布式组件的系统结构。在围绕着服务的概念构建架构这一方面，微服务提供了一种更清晰、定义更良好的方式。但是不能简单地说一种架构比另一种架构更好，主要是取决于构建的应用程序。有些应用程序适合使用微服务架构，有些则适合 SOA。

SOA 更适合与许多其他应用程序集成的大型复杂企业应用程序环境，小型的应用程序或许并不适合使用 SOA 架构，因为它不需要使用消息中间件组件，而微服务架构更适合于较小和良好的分割式 Web 业务系统。

微服务不再强调 SOA 架构中比较重要的 ESB 企业服务总线，而是通过轻量级通信机制相互沟通。SOA 的 ESB 企业总线太过于复杂，大大增加了系统的复杂性和可维护性。所以微服务架构中采用了像 Restful API 这样更加轻量级的通信机制。

SOA 注重的是系统集成，而微服务关注的则是完全分离。两者之间最关键的区别在于微服务专注于以自治的方式产生价值。两种架构背后的意图是不同的：SOA 尝试将应用集成，一般采用中心化管理来确保各应用能够协同运作。微服务尝试部署新功能，快速有效地扩展开发团队，它着重于分散管理、代码再利用与自动化执行。

2.1.5　云原生架构

在第一章中，本书介绍了云原生的相关概念。Pivotal 和 Google 是云原生应用的早期贡献者和推广者，推出了相应的书籍并成立了云原生计算基金会（CNCF）。

云原生的架构如图 2-5 所示。

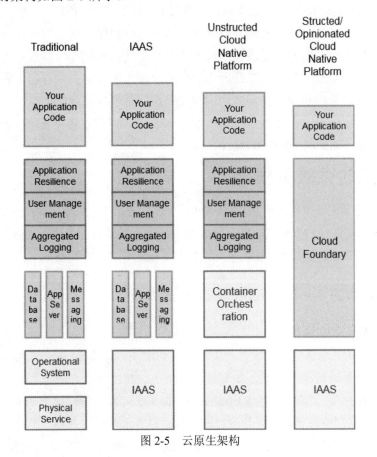

图 2-5　云原生架构

云原生应用程序可以简单地定义为完全为云计算架构而构建的应用程序。这意味着，如果应用程序最终部署在云上，并且依赖云服务提供的分布式或者其他基础架构，它就是云原生的。CNCF 也对云原生进行了重新定义：云原生技术有利于各组织在公有云、私有云和混合云等新型动态环境中，构建和运行可弹性扩展的应用；云原生的代表技术包括容器、服务网格、微服务、不可变基础设施和声明式 API；云原生的四要素是微服务、容器化、DevOps 和持续交付。

云原生架构所依托的 PaaS 产品可以为整个服务开发、发布和运维过程提供支持，分别是 Codeless、Applicationless 和 Serverless。

- Codeless 对应的是服务开发，实现了源代码托管，工程师只需要关注代码实现，而不需要关心代码在哪，因为在整个开发过程中工程师都不会感受到代码库和代码分支的存在。
- Applicationless 对应的是服务发布；在服务化框架下，工程师的服务发布不再需要申请应用发布权限，也不需要关注他的应用如何发布。
- Serverless 对应的则是服务运维；有了 Serverless 化能力，工程师不再需要关注机器资源，Servlerless 会帮开发者搞定机器资源的弹性扩缩容。

这些技术组合搭配，能够构建容错性好、易于管理和便于观察的松耦合系统；再结合可靠的自动化手段，云原生技术能够使工程师轻松地对系统作出频繁和可预测的重大变更。由此可见，云原生是保障系统能力的有效手段；云原生技术有利于各组织在公有云、私有云和混合云等新型动态环境中，构建和运行可弹性扩展的应用。但是，云原生同样存在着一定的限制，云原生 API 不是跨云平台的，应用在各大公用云提供商之间切换存在迁移成本，比如说 AWS 和微软的 Azure。

2.2　常见的微服务框架

近几年，随着微服务架构的火热，也诞生了很多微服务框架，如 Java 语言的 Spring Cloud，Go 语言的 Go Kit 和 Go Micro 以及 NodeJS 的 Seneca。几乎每一种语言都有其对应的微服务框架，这充分说明了微服务架构的火热态势。下面小节将会介绍这些主流的框架。

2.2.1　Java 中的 Spring Cloud 与 Dubbo 框架

1．Spring Cloud 框架

Spring Cloud 是一系列框架的有序集合。它利用 Spring Boot 的开发便利性巧妙地简化了分布式系统基础设施的开发，如服务发现注册、配置中心、消息总线、负载均衡、断路器和数据监控等，都可以用 Spring Boot 的开发风格做到一键启动和部署。Spring Cloud 并没有重复制造轮子，它只是将目前各家公司开发的比较成熟、经得起实际考验的服务框架组合起来，通过 Spring Boot 风格进行再封装，屏蔽掉了复杂的配置和实现原理，最终给开发者留出了一套简单易懂、易部署和易维护的分布式系统开发工具包。

Spring Cloud 的子项目大致可分成两类，一类是对现有成熟框架 Spring Boot 化的封装和抽象，也是数量最多的项目，如 Netflix Eureka、Netflix Hystrix、Netflix Zuul 等；第二类是开发了一部分分布式系统的基础设施的实现，如统一配置管理中心 Spring Config。

2．Dubbo 框架

Dubbo 是一个分布式服务框架，致力于提供高性能和透明化的 RPC 远程服务调用方案，以及 SOA 服务治理方案。简单的说，Dubbo 就是个远程服务注册、调用和管理的分布式框架。Dubbo 自 2008 年开始在阿里内部使用，2011 年开源，2014 年开始停止更新，直至 2017 年重新开始更新。

如图 2-6 所示，Dubbo 框架由 5 个部分组成：Provider 是暴露服务的服务提供方；Consumer 是调用远程服务的服务消费方；Registry 是服务注册与发现的注册中心；Monitor 为统计服务的调用次数和调用时间的监控中心；Container 为服务运行容器。

Dubbo 的特点，主要可以总结为以下 3 个方面：

（1）远程通信：提供对多种基于长连接的 NIO 框架的统一抽象封装，支持非阻塞 I/O 的通信库（比如 Mina、Netty 和 Grizzly），包括多种线程模型、序列化（Hessian2/ProtoBuf）以及请求-响应模式的信息交互方式。

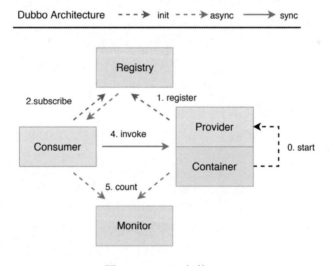

图 2-6　Dubbo 架构

（2）集群容错：提供基于接口方法的透明远程过程调用（RPC），包括多协议支持（自定义 RPC 协议）以及软负载均衡（Random/RoundRobin）、失败容错（Failover/Failback），地址路由和动态配置等集群支持。

（3）自动发现：基于注册中心目录服务，使服务消费方能动态地查找服务提供方，使地址透明，使服务提供方可以平滑增加或减少机器。

从如上的介绍就可以知道，Dubbo 和 Spring Cloud 的关注点并不相同，Dubbo 更专注于 RPC 领域，而 Spring Cloud 是一个微服务的全方位框架。

一些文章在谈到微服务的时候总是拿 Spring Cloud 和 Dubbo 来对比，需要强调的是 Dubbo 未来的定位并不是要成为一个微服务的全面解决方案，而是专注在 RPC 领域，其官网上也将其定义为 A High performance Java PRC framework。所以，Dubbo 应该是微服务生态体系中的通信机制的重要组件之一。

2.2.2　Go 语言中的 Go Kit 与 Go Micro 框架

虽然微服务架构的实践落地独立于编程语言，但是 Go 语言在微服务架构的落地中仍有其独特的优势。因此，Go 语言的微服务框架也相继涌现，各方面都较为优秀的有 Go-kit 和 Go Micro 等。

1．Go 语言的独特优势

Go 语言本身十分轻量级，运行效率极高，同时对并发编程有着原生的支持，从而能更好地利用多核处理器。内置 net 标准库对网络开发的支持也十分完善。Go 语言相对其他语言具有以下几点的优势：

（1）语法简单，上手快，简单易学。Go 语言的作者推崇 C 语言的简单而强大，所以 Go 语言提供的语法一般都十分简洁。Go 语言关键字只有 25 个，但是表达能力很强大，几乎支持大多数现代语言常见的特性：比如继承、重载和对象等。

（2）强类型的静态语言，却又具备有动态语言的开发效率和优势。静态类型的语言可以在编译的时候检查出来隐藏的大多数问题，但是 Go 语言提供了类型推导机制，解决了强类型的静态语言在开发效率上的问题。

（3）原生支持并发，协程模型是非常优秀的服务端模型，同时也适合网络调用。这是 Go 语言最大的特色，天生地支持并发，Go 语言就是基因里面支持并发，可以充分的利用多核。

（4）丰富的标准库，Go 语言目前内置了大量的库，开箱即用，方便开发者。

（5）部署方便，编译包小，可直接编译成机器码，不依赖其他库。

（6）Go 语言提供了很多开发工具链，包括代码格式 format 工具、包管理系统、测试框架等，方便进行团队化开发。

因此用 Go 语言实现微服务，在性能、易用性和生态等方面都拥有优势。

2．Go-kit 框架

Go-kit（gokit.io）是 Go 语言工具包的集合，可帮助工程师构建强大、可靠和可维护的微服务。Go-kit 提供了用于实现系统监控和弹性模式组件的库，例如日志记录、跟踪、限流和熔断等，这些库协助工程师提高微服务架构的性能和稳定性，Go-kit 框架分层如图 2-7 所示。

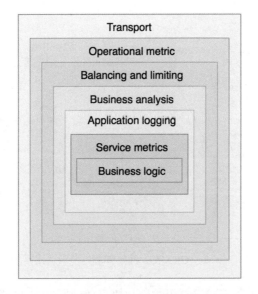

图 2-7　Go-kit 分层示意图

除了用于构建微服务的工具包之外，Go-kit 为工程师提供了良好的架构设计原则示范。Go-kit 提倡工程师使用 Alistair Cockburn 提出的 SOLID 设计原则、领域驱动设计（DDD）。所以 Go-kit 不仅仅是微服务工具包，它也非常适合构建优雅的整体结构。

基于 Go-kit 的应用程序架构由三个主要部分组成：传输层、接口层和服务层。

（1）传输层用于网络通信，服务通常使用 HTTP 或 gRPC 等网络传输方式，或使用 NATS 等发布订阅系统相互通信。除此之外，Go-kit 还支持使用 AMQP 和 Thrift 等多种网络通信模式。

（2）接口层是服务器和客户端的基本构建块。在 Go-kit 服务中的每个对外提供的接口方法都会定义为一个端点（Endpoint），以便在服务器和客户端之间进行网络通信。每个端点使用传输层通过使用 HTTP 或 gRPC 等具体通信模式对外提供服务。

（3）服务层是具体的业务逻辑实现。服务层的业务逻辑包含核心业务逻辑，它不会也不应该进行 HTTP 或 gRPC 等具体网络传输，或者请求和响应消息类型的编码和解码。

Go-kit 在性能和扩展性等各方面表现优异。本书介绍的大部分微服务组件，都将基于 Go-kit 框架进行实例讲解。

3．Go Micro 框架

Go Micro 是基于 Go 语言实现的插件化 RPC 微服务框架，提供了服务发现、负载均衡、同步传输、异步通信以及事件驱动等机制，它尝试去简化分布式系统间的通信，让开发者可以专注于自身业务逻辑的开发。

Go Micro 框架的请求处理机制如图 2-8 所示。

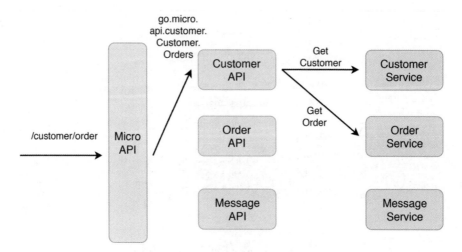

图 2-8　Go Micro 框架请求处理示意图

Go Micro 是组件化的框架，每一个基础功能都有对应的接口抽象，方便扩展。同时，组件又是分层的，上层基于下层功能继续向上提供服务，整体构成 Go Micro 框架。Go Micro 框架中的组件如下表 2-1 所示。

表 2-1

组件名称	描　　述
Registry	服务发现组件，提供服务发现机制：解析服务名字至服务地址。目前支持的注册中心有 Consul、Etcd、Zookeeper、dns 和 Gossip 等
Selector	基于 Registry 的客户端负载均衡组件，Client 组件使用 Selector 组件从 Registry 返回的服务列表中进行负载均衡选择
Broker	发布和订阅组件，服务之间基于消息中间件的异步通信方式，线上通常使用消息中间件，如 Kafka、RabbitMQ 等
Transport	服务之间同步通信方式
Codec	服务之间消息的编码和解码组件
Server	服务主体，该组件基于上面的 Registry、Selector、Transport 和 Broker 组件，对外提供一个统一的服务请求入口
Client	提供访问微服务的客户端。类似 Server 组件，它也是通过 Registry、Selector、Transport 和 Broker 组件实现查找服务、负载均衡、同步通信、异步消息等功能

Go Micro 的设计哲学是可插拔的架构理念，提供了可快速构建系统的组件，并且可以根据自身的需求对 Go Micro 提供的默认实现进行定制。所有插件可在仓库 github.com/micro/go-plugins 中找到。

4．Go-kit 与 Go Micro 的对比

Go-kit 是一个微服务的标准库。像 Go 语言一样，Go-kit 提供独立的包，通过这些包，

开发者可以用来组建自己的应用程序。微服务架构意味着构建分布式系统，这带来了许多挑战。Go-kit 为多数业务场景下实施微服务软件架构提供指导和解决方案。

Go Micro 则是一个面向微服务的可插拔 RPC 框架，它是只在特殊细分领域上努力的框架，它尝试简化分布式系统之间的通信，所以开发者可以花更多的时间在需要关注的业务逻辑上。

2.3 微服务设计的六大原则

微服务架构是一种流行的趋势，它不仅带来了软件基础架构上的革新，也带来了一系列良好的设计理念和原则（如图 2-9 所示），这些原则不仅适用于实现最佳的微服务架构的场景，也适用于所有的架构设计场景。下面我们看一下这些微服务的设计原则。

图 2-9　微服务设计的六大原则

1．高内聚，低耦合

紧密关联的事物应该放在一起，每个服务是针对一个单一职责的业务能力的封装，专注做好一项职责，也只会因为该职责的变化而进行修改。服务之间通过轻量级的通信方式进行通信，使得服务间相对独立，处于低耦合的状态。

2．高度自治

（1）服务独立部署运行和扩展，每个服务能够独立部署并运行在独立的进程内。这种运行和部署方式能够赋予系统灵活的代码组织方式和发布节奏，使得快速交付和应对变化成为可能。

（2）独立开发和演进，且技术选型灵活，不受遗留系统技术栈的约束。合适的业务问题可以选择合适的技术栈，可以独立的演进。服务与服务之间采取与语言无关的网络通信进行交互。

（3）独立的团队和自治，团队对服务的整个生命周期负责，工作在独立的上下文中，工程师负责项目的整个周期，不需要相互了解。

3．以业务为中心

每个服务代表了特定的业务逻辑，有明显的边界上下文。围绕业务组织团队，能快速地响应业务的变化。隔离实现细节，让业务领域可以被重用。

4．弹性设计

设计可容错的系统，预防异常，为已知的错误而设计。设计具有自我保护能力的系统。服务之间相互隔离，限制使用资源，防止级联的服务雪崩错误。

5．日志与监控

当线上环境服务出错时，需要快速的定位问题，检测可能发生的异常和故障。日志与监控是快速定位和预防的不二选择，是微服务架构中至关重要的组成部分。监控主要包括服务可用状态、请求流量、调用链、错误计数，结构化的日志和服务依赖关系可视化等内容，以便发现问题并及时修复。全面的监控也可以进行实时调整系统负载，必要时进行服务降级，过载保护等等，从而让系统和环境提供高效稳定的服务。

6．自动化

传统的手工运维方式必然要被淘汰，微服务的实施是有一定先决条件的：那就是自动化。当服务规模化后需要更多自动化和标准化的手段来提升效能和降低成本。自动化运维必不可少，因为对比单体架构，确保大量的微服务正常运行是一个更复杂的过程。

微服务的目标是为了提供快速的业务变更响应能力，它围绕业务能力进行构建。让一切去中心化是微服务的最高宗旨，在设计微服务的时候，是需要具备一定前提条件的，上面六条基本的设计原则，是我们在设计微服务架构时所需要注意的。

2.4 领域驱动设计

微服务设计的六大原则为工程师设计微服务架构提供了指导原则，但真正落地实践过程中，工程师往往会遇到微服务的粒度与边界划分等实践问题，领域驱动设计是解答这些问题关键点的之一。

2.4.1 设计微服务的困境

在微服务架构诞生之前，几乎所有的软件系统都是采用单体架构来构建的，因此大部分软件工程师最为熟悉的开发模式就是单体架构模式。在这样的背景下，根据路径依赖法则，即使这些工程师是基于新的技术想要把原来的大单体应用拆分成多个服务实例，也会因为自身思维惯性习惯性地采用自己最熟悉的单体架构来设计每个服务实例。

路径依赖法则是指人类社会中的技术演进或制度变迁均有类似于物理学中的惯性，

即一旦进入某一路径（无论是好还是坏）就可能对这种路径产生依赖。人们的一切选择都会受到路径依赖的可怕影响，人们过去做出的选择决定了他们现在可能的选择，人们关于习惯的一切理论都可以用路径依赖来解释。

理解了这个法则，我们就可以很容易地理解，已经在单体架构下开发了多年的软件工程师，当被要求使用微服务架构来进行设计和开发的时候，本能的反应方式肯定是：这不就是把原来的单体做小了嘛。用这样的想法开发出来的"微服务"不但无法给我们带来微服务架构的优势，也无法提高开发团队应对业务变化响应的速度。

不断变化的软件需求和效率低下的软件开发模式一直都是互联网行业里最难解决的顽疾，从瀑布到敏捷，都是在尝试找到完全解决这个顽疾的方法，领域驱动设计（Domain Driven Design）也是其中一种尝试，而且随着十多年的不断实践，领取驱动设计已经证明其具有独特地优势和可取之处。

2.4.2　解困之法：领域驱动设计（DDD）

领域驱动设计概念出现在 2003 年，彼时软件开发还处在从客户端服务端到浏览器服务端转换的时期，敏捷宣言也才发表 2 年。但是 Eric Evans 作为开发和维护大型企业级应用多年的技术顾问，敏锐地发现了在软件开发业界内（尤其是企业级应用）开始涌现的一股思潮，他把这股思潮归纳总结为领域驱动设计，同时还出版了一本书，在书中分享了自己在设计软件项目时采用的建模方法，为设计决策者提供了一个分析和建模框架。

DDD 在提出之后并没有和敏捷一样顿时变得流行。究其原因是因为这套方法包含了有很多的新名词和新概念，比如说聚合、限界上下文和值对象等等，要理解这些抽象概念本身就比较困难，所以学习和应用 DDD 的初期阶段是较为困难的。除此之外，Eric Evans 的《领域驱动设计》一书在内容组织上经常会出现跳跃，导致读者阅读体验不佳，一定程度上阻碍了部分希望了解 DDD 的工程师阅读和学习。但是在小范围群体内，逐渐有一批工程师开始能够掌控这种建模方法，并使用 DDD 来指导设计具有较高业务复杂性的软件应用。

2013 年后，随着各种分布式的基础设施逐渐成熟，微服务架构兴起，软件工程师们发现将单体应用采用微服务架构进行划分需要大量的实践经验和理论基础指导，否则无法完全获得微服务架构的优势。于是早期熟悉 DDD 方法的工程师发现，DDD 可以有效地从业务视角对软件系统进行拆解，并且 DDD 特别契合微服务的围绕业务能力构建这一核心理念。所以用 DDD 拆分出来的微服务架构是一种可行并且可以复制的方式。由此，DDD 迎来了它的高速发展和推广时期。

领域驱动设计是一种处理高度复杂域的设计方法，试图分离技术实现的复杂性，围绕业务概念构建领域模型来控制业务的复杂性，以解决软件难以理解和演化的问题。团队应用它可以成功地开发复杂业务软件系统，使系统在演进时仍然保持敏捷。

DDD 总体结构分为 4 层：Infrastructure（基础实施层），Domain（领域层），Application（应用层）和 Interfaces（表示层，用户界面层或是接口层），领域分层如图 2-10 所示。

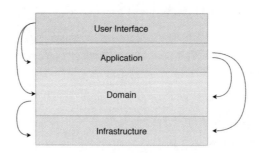

图 2-10　领域分层

各个层面的作用如下表 2-2 所示。

表 2-2

层级名称	描　述
用户界面（表现层）	负责给用户展示信息，并解释用户命令
应用层	负责协调应用程序的活动。不包括任何业务逻辑，不保存业务对象的状态，但能保存应用程序任务过程的状态
领域层	负责业务领域的信息和状态的保存和维护。业务对象的持久化和它们的状态可能会委托给基础设施层
基础设施层	负责支持其他层次，提供基础的消息传递、数据持久化等功能。它提供层之间的信息传递，实现业务对象的持久化，包含对用户界面层的支持性库等

DDD 不是语言，不是框架，不是架构，而是一种思想，一种方法论，它可以分离业务复杂度和技术复杂度，DDD 也并不是一个新的事物，它是面向对象的提升，最终目标还是高内聚和低耦合。

2.4.3　DDD 的应用领域

DDD 主要用于合理地划分业务系统以及保持业务架构和系统架构的一致性这两个领域。

DDD 为微服务的划分提供了方法论，可以解决微服务的粒度问题。在微服务刚兴起时，很多企业或者架构师对微服务架构划分的粒度都没有统一且明确的定义，往往采用诸如代码行数、职责的划分、披萨原则和组织结构等规则进行判断，无一例外，这些规则都无法准确的对粒度进行判定。而 DDD 中的界限上下文可以很好的判定微服务划分的粒度，这也是 DDD 最近几年借微服务的东风变得流行的原因之一。

与传统的系统相比，DDD 里面强调领域专家和技术团队的合作，建立统一语言，聚焦在领域、域逻辑和业务流程上，使整体团队对同一个业务术语有统一的认识，避免理解的偏差，然后这些领域术语映射到代码中，随着系统的演进变迁保持一致性。

2.4.4　DDD 领域划分

DDD 概念理解起来有点抽象，而且不容易应用于实践中。就像设计模式一样，感觉很有用，但是在真正实践中做到拿来就用却很困难。虽然如此，正确并且深入的了解 DDD 的概念仍然是十分必要的。DDD 中根据问题域，将问题划分为领域/子域、通用语言、限界上下文和架构风格等概念。

1．领域和子域

领域（domain），广义的领域即是一个组织所做的事情以及其中所包含的一切。每个组织都有自己的业务范围和做事方式，这个业务范围以及在其中所进行的活动便是领域。放到软件设计来说，一个业务范围以及这个业务范围内的软件活动，就是领域。

一个组织有一个大的业务范围，然后划分为组织部门，也会划分为子业务，这就是子域的概念。相应的，对于软件设计，就是把一个大的系统划分为多个模块，即多个子域。

如图 2-11 所示，业务领域中所有东西构成了这个业务的领域概念，也就是说它是唯一的，你开发什么业务系统，首先需要明确你业务系统的领域是什么。比如说本书第 13 章要介绍的商品秒杀系统项目，这个项目的领域就是秒杀活动领域，这个项目是围绕秒杀活动进行的。活动领域是一个大概念，它包含了这个消息项目中所有的业务领域概念，当然它也会包含很多其他概念，比如说，项目中会有用户鉴权模块，它只不过是活动领域内部的一部分。

我们还是来看看图 2-11，领域中有一个核心域（Core Domain）的概念。它是领域中最重要的一块，你可以把它看作是人体中的心脏，也就是说是最核心的东西，开发者和领域专家花费最多的精力在它上面。一个业务系统一般有且只有一个核心域，但是一般核心域的精炼工作是需要花费很多的时间和精力，而且也很容易出错；如果业务系统中核心域的精炼出现了问题，那么这个业务系统注定是失败的，因为当一个核心域确定下来之后，开发者和领域专家剩余的工作，都是围绕着这个核心域进行展开的。

比如商品秒杀项目的活动领域中的核心域就是秒杀操作了，这是活动领域中最为重要的一个业务操作。

子域也是领域的一部分，只不过它的重要性没有核心域那么大。子域拆分成了支撑子域（Generic Subdomain）和通用子域（Common Subdomain）。对于领域来说，除了核心域，用来支撑核心域的子域，就可以称之为支撑子域，在整个领域中，可以被公用的子域，称之为通用子域。比如说，在商品秒杀项目中，秒杀是核心域，活动管理域用来支撑秒杀核心域，只有创建秒杀活动，并且查询秒杀活动详情后才可以进行秒杀，所以它是支撑子域，而通用的用户鉴权领域则是通用子域。

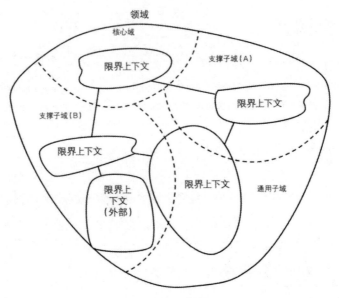

图 2-11　领域示意图（一）

2. 限界上下文和通用语言

限界上下文是领域的显式边界，领域模型便存在于这个边界之内。在边界内通用语言中的所有术语和词组都有特定的含义，而模型需要准确地反映通用语言。

如下图 2-12 所示，限界上下文和子域是一一对应的，比如通用身份和访问子域对应于身份与访问上下文。但严格来说，二者也有差异，图中虚线表示的是核心域和子域的界限，但限界上下文中很多都是空白的，比如通用子域除了包含身份与访问上下文，还可以包含消息与通知上下文、日志记录上下文等等，同样，支撑子域也是如此。

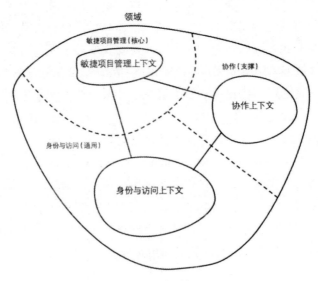

图 2-12　领域示意图（二）

将一个限界上下文中的所有概念，包括名词、动词和形容词全部集中在一起，我们便为该限界上下文创建了一套通用语言。通用语言是一个团队所有成员交流时所使用的语言，业务分析人员、编码人员和测试人员都应该使用通用语言进行直接交流。

限界上下文和通用语言的关系就是：在一个特定的限界上下文只使用一套通用语言，并且保证它的清晰性和简洁性。

理想情况下，界限上下文与微服务可以一一对应，在实际项目中，有些调整，比如根据业务的相关度和变化频率，有时候我们会将多个界限上下文进行合并。

2.4.5　微服务架构中的团队组织和管理

一个系统的架构，反应了组织的沟通结构。这就要求企业应该将服务的所用权和团队对齐，当两者不一致的时候，我们会发现很多的摩擦点。

Amazon 是一个拥有多个团队的大型组织的完美示例。正如发表于 API Evangelist 的一篇文章中所提到的，Jeff Bezos（贝索斯）向所有员工发布一项要求，告知他们公司内的每个团队都必须通过 API 进行沟通。任何不这样做的人都会被解雇。

这样，所有数据和功能都通过该接口公开。Bezos 还设法让每个团队解耦，定义他们的资源，并通过 API 提供。Amazon 正在从头建立一个系统。这使得公司内的每一支团队都能成为彼此的合作伙伴。

他还提出了双披萨规则：一支团队开会时应该不需要点多于两个比萨饼的食物进行充饥。

随着微服务架构风格的流行，组织内部不可避免地产生了许多小规模团队，原来一个几十上百人的产品团队被拆分成了类似 Amazon 这样的 2 pizza（6~10 人）小团队。组织结构上也由层级化职能团队设置变成了扁平的小团队集群，如图 2-13 所示。每个做这样调整的企业都希望借助小团队的灵活性在这个科技时代跟上市场变化和创新的脚步。

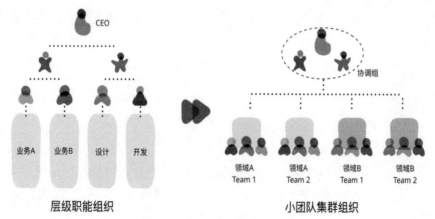

图 2-13　团队层级转变示意图

服务化小团队管理并不是"银弹"，管理不当，反而会使管理更为复杂，导致工作效率下降。为了管理和组织好适应微服务架构的服务化小团队，我们应该改变原有的组织、管理、合作的原则以及思维观念，忽略任何一个方面最终都会造成转型的失败。以下建议供大家参考：

（1）在组织结构上，团队划分要面向业务能力，持续提供市场价值。

（2）在企业管理上，管理者要拥抱不确定性，持续提升管理适应力。

（3）在团队合作上，考虑跨团队领域模型的耦合，持续简化集成关系。

2.5　小结

技术在不断演进，当遇到问题时，会有相应的解决方案或者技术框架出现。为了解决单体的复杂度问题，我们引入微服务架构；为了解决微服务架构下大量应用部署和运维问题，我们引入容器技术；为了解决容器的管理和调度问题，我们引入 Kubernetes；为了解决微服务框架的侵入性问题，我们引入 Service Mesh；为了让 Service Mesh 有更好的底层支撑，我们又将 Service Mesh 运行在 Kubernetes 上。从单体到垂直架构，再到 SOA 架构和微服务架构。微服务架构是当前的主流架构之一，其中涉及到的软件工程的思想以及各个分布式组件的使用，是我们实践微服务的重点，下面的章节将会带领大家逐一了解和使用各个微服务组件。

第 3 章　Go 语言基础

在前面的章节中我们对云原生架构和微服务框架做了系统的概述性介绍，从中了解了云原生的概念、发展历史和基础架构以及微服务框架的发展和设计原则等。在接下来的第 3 章和第 4 章中，我们会对 Go 语言的基础语法和常用的高级特性做简单地讲解，第 5 章讲解 Go Web 的相关知识点和实践。如果读者已经掌握 Go 语言的相关语法与开发技巧，可以选择性阅读这两章的内容；如果读者是 Go 语言开发的初学者，通过这 3 章的学习，将有助于大家更好地阅读接下来的章节。

本章主要对 Go 语言的语言基础进行介绍，包括数据类型、容器、函数与接口以及结构体等。我们会通过一些简单的例子演示上述语言基础的使用，希望读者和我们一起学习丰富自己的 Go 语言开发经验。

3.1　Go 语言介绍

由 Google 于 2007 年开发，并于 2009 年开源的 Go 语言，至今已经走过了将近 10 个年头。自 2012 年 Go 1.0 稳定版本发布以来，Go 语言凭借其独特的魅力在全球范围内吸引了众多的开发者并发展了数量庞大的活跃社区。

Go 语言在多核并发上拥有原生的设计优势，充分利用现代硬件性能又兼顾开发效率，设计的目标是为了既发挥类似 Python 等动态语言的开发速度，又可在此基础上提供 C/C++ 等编译型语言的性能和安全。

Go 语言具备很强的语言表达能力，支持静态类型安全，能够快速编译大型项目；同时也允许开发人员访问底层操作系统，极力挖掘计算机 CPU 资源，还提供了强大的网络编程和并发编程支持。

Go 语言具备以下特性：

- 从底层支持协程并发，无需第三方库支持，对开发者的编程技巧和开发经验要求低；
- 支持自动垃圾回收，避免内存泄露；
- 支持函数多返回值；
- 支持匿名函数和闭包；
- 支持反射；
- 提供强大的标准库支持；
- 快速、静态类型的编译型语言，同时提供动态语言特性。

Go 语言简单、高效、并发的特性吸引了众多开发人员加入到 Go 语言开发的大家庭中，目前已经涌现出大量通过 Go 语言原生开发的大型开源项目，并在软件行业中发挥重要作用，其中包括 Docker、Kubernetes 和 Etcd 等。

3.2　环境安装

"工欲善其事，必先利其器"，想要用好 Go 语言这门开发利器，首先需要安装好 Golang 的相关开发环境。Go 语言自带编译器，所以我们仅需要安装 Go 语言开发包即可。

3.2.1　Go 开发包安装

Go 语言开发包可以从以下两个网址中获取：

（1）Go 语言中文网 https://studygolang.com/dl

（2）Go 语言官网　https://golang.google.cn/dl/

Go 语言官网下载界面如图 3-1 所示。

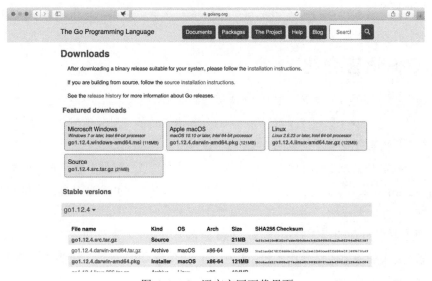

图 3-1　Go 语言官网下载界面

在 Mac OS 和 Windows 系统上的安装由读者自行完成，仅需要下载对应版本的安装器一路安装即可完成。接下来我们重点介绍 Linux 上的 Go 语言开发包安装。

（1）下载 Go 语言开发包

```
wget -c https://studygolang.com/dl/golang/go1.12.4.linux-amd64.tar.gz
```

以上下载的 Go 语言版本为 1.12.4，读者可以根据当前最新版本进行下载。

（2）解压开发包

```
tar -C /home/ -xzf go1.12.4.linux-amd64.tar.gz
```

根据个人的需要，我们可以将开发包放置到指定的目录下。此处将开发包解压到"/home/"目录下。解压后的目录概要如下，它严格遵守 GOPATH 规则。GOPATH 目录下约定有 src、pkg、bin 三个子目录，分别用来存放源代码、编译时生成的中间文件和编译后生成的可执行文件。在第 4 章我们会对 GOPATH 规则和相关目录命名进行更为详细地介绍，它是 Go 语言编译的核心规则。

```
├──── api     //每个版本的 api 变更差异
├──── AUTHORS
├──── hin     //go语言 源码包编译出的编译器(go)、文档工具(godoc)、格式化工具(gofmt)
├──── CONTRIBUTING.md
├──── CONTRIBUTORS
├──── doc     //Go 文档
├──── favicon.ico
├──── lib     // 引用的库依赖
├──── LICENSE
├──── misc
├──── PATENTS
├──── pkg     //各个操作系统平台编译好的中间文件
├──── README.md
├──── robots.txt
├──── src     //标准库的源码
├──── test    //测试用例
└──── VERSION
```

（3）将 go/bin 添加到 PATH 环境变量中：

```
export PATH=$PATH:/home/go/bin
```

为了避免每次都执行上述命令，我们可以将命令添加到.bashrc 文件中，bash 在每次启动时都会加载.bashrc 文件的内容，执行命令如下（需要使用 vim）：

```
vim ~/.bashrc
// 在最后一行添加
export PATH=$PATH:/home/go/bin
// wq 保存退出后 source 一下
source ~/.bashrc
```

（4）验证 Go 语言开发包是否安装成功

```
go version
```

如果安装顺利的话，命令行将输出对应的 Go 语言版本，如下所示：

```
go version go1.12.4 linux/amd64
```

（5）配置 GOPROXY

由于国内网络问题，我们在使用 go get 等 Go 命令获取 Go 依赖时可能会失败。对此我们需要配置对应的 GOPROXY，方便我们更好地复用 Go 生态系统中的一些优秀开发包。目前常用的 GOPROXY 地址有以下两个：

```
https://goproxy.cn
https://goproxy.io
```

其中第一个 GOPROXY 部署在国内服务器中，是目前国内最可靠的 GOPROXY。我们可以通过以下命令配置 GOPROXY：

```
export GOPROXY=https://goproxy.cn
```

同样为了避免重复执行该命令，我们可以选择将命令追加到.bashrc 文件中，执行命令如下：

```
echo "export GOPROXY=https://goproxy.cn" >> ~/.bashrc && source ~/. bashrc
```

安装完 Go 语言开发环境后，我们即将进入到 Go 语言的开发世界中。Go 语言官方提供一份标准的编程指南，其中涵盖了 Go 语言中大部分的重要特性，中文版地址为 https://tour.go-zh.org/welcome/1，读者可以结合我们书中的讲解和官网指南一同学习 Go 语言的基本编程技巧。

关于集成开发环境，读者可以按照自己的喜好自行选择相关的集成开发环境。如果可能的话，我们在此推荐 Jetbarins 公司的 Go 语言集成开发环境，相关地址为：https://www.jetbrains.com/go/。在代码演示中，我们将尽量通过命令行的方式对程序进行编译和调试，减少对开发环境的依赖。

3.2.2　第一个 Go 语言程序

相信大多数读者的第一个可运行的程序都是简单的"Hello World"输出，这代表了我辈程序员对计算机世界无尽的探索热情和激情。同时有些读者也许会对这个简单的 HelloGo 小程序表示不屑，因为它并不能体现太多的语法和语言特性。

因此我们决定稍微提高一下第一个 Go 语言程序的编程难度，HelloGo.go 将会是一个简单的命令行聊天机器人，它将展示部分 Go 语言特性，让读者对 Go 语言有一个大致的了解。即使第一次没有读懂代码也并没有关系，随着我们对 Go 语言知识点的逐渐展开与深入，相信再回头时读者能够轻易读懂以下代码。

```go
// 每一个可执行的 Go 语言程序必定具备一个 main 包，并在该 main 包下具有执行函数 main
的 go 文件
package main
// HelloGo.go
// 基于图灵 API 一个简单的聊天机器人
// 引入相关依赖
import (
 "bytes"
 "encoding/json"
 "fmt"
 "io/ioutil"
 "math/rand"
 "net/http"
)
// 请求体结构体
type requestBody struct {
 Key string `json:"key"`
 Info string `json:"info"`
 UserId string `json:"userid"`
}
// 结果体结构体
type responseBody struct {
 Code int `json:"code"`
```

```go
    Text string `json:"text"`
    List []string  `json:"list"`
    Url string  `json:"url"`
}
// 请求机器人
func process(inputChan <-chan string, userid string)  {
 for{
     // 从通道中接受输入
     input := <- inputChan
     if input == "EOF"{
         break
     }
     // 构建请求体
     reqData := &requestBody{
         Key: "792bcf45156d488c92e9d11da494b085",
         Info : input,
         UserId: userid,
     }
     // 转义为 json
     byteData,  := json.Marshal(&reqData)
     // 请求聊天机器人接口
     req, err := http.NewRequest("POST",
         "http://www.tuling123.com/openapi/api",
         bytes.NewReader(byteData))
     req.Header.Set("Content-Type", "application/json;charset=UTF-8")
     client := http.Client{}
     resp, err := client.Do(req)
     if err != nil {
         fmt.Println("Network Error!",err)
     }else {
         // 将结果从 json 中解析并输出到命令行
         body, _ := ioutil.ReadAll(resp.Body)
         var respData responseBody
         json.Unmarshal(body, &respData)
         fmt.Println("AI: " + respData.Text)

     }
     if resp != nil {
         resp.Body.Close()
     }
 }
}
func main()  {
 var input string
 fmt.Println("Enter 'EOF' to shut down: ")
 // 创建通道
 channel := make(chan string)
 // main 结束时关闭通道
 defer close(channel)
 // 启动 goroutine 运行机器人回答线程
 go process(channel, string(rand.Int63()))
  for {
     // 从命令行中读取输入
     fmt.Scanf("%s", &input)
     // 将输入放到通道中
     channel <- input
     // 结束程序
     if input == "EOF"{
         fmt.Println("Bye!")
         break
```

```
        }
    }
}
```

我们来简单梳理一下这段代码。

在上述这段长长的 HelloGo 程序中，我们通过 import 关键字引入了诸多的依赖包。在 Go 语言中，主要通过 import 引入外部依赖。

可以注意到代码位于 main 包下，Go 语言中规定可执行程序必须具备 main 包，具备可以执行函数 main 的 go 文件必须位于该包下；而且 Go 语言中的代码通过换行符分割，不需要在每行代码后加上 ";" 等结束符。

我们还定义了两个结构体和两个函数。两个结构体分别代表请求体和响应体的 JSON 格式。process 函数执行了从通道（channel）中获取输入消息并发送到聊天机器人 API，从而获取返回结果的逻辑。main 函数启动了这个程序，从命令行中等待输入，并把输入放入到通道中，同时通过 goroutine 启动了一个新的协程执行 process 函数。通道可以理解为 main 函数协程和 process 函数协程信息传递的工具。

我们的聊天机器人的逻辑很简单，即从命令行中读取用户输入，然后调用远程聊天机器人的 API 进行分析，使用 API 中返回的结果反馈给用户。需要注意的是，请求结构体 requestBody 中的请求密钥 key 是笔者从图灵机器人官网（http://www.turingapi.com）申请获得，请读者在验证 HelloGo.go 代码时预先从官网申请私人的机器人使用密钥。

3.2.3 编译工具

为了使 HelloGo 聊天机器人运行起来，我们还需要掌握一些简单 Go 语言编译工具和命令。

（1）go run 命令

go run 命令将直接编译和执行源码中的 main 函数，但是并不会留下任何可执行文件（可执行文件被放在临时文件中执行，执行结束后将被自动删除）。go run 命令后可以添加参数，这部分参数会作为代码可以接受的命令行输入提供给程序，这部分语法我们将在实例 3-2 中进行演示。

来到 HelloGo.go 文件的目录下，执行如下命令：

```
go run HelloGo.go
```

就能够在命令行中愉快地启动我们的聊天机器人并与其进行聊天。

```
Enter 'EOF' to shut down:
你好
AI：你陪我玩我就好啦
今天天气真好
AI：是很好。没太阳
```

（2）go build 命令

通过 Go 语言的并发特性对代码进行函数粒度的并发编译，Go 语言的编译速度非常快。go build 命令会将源码编译为可执行文件，默认将编译该目录下的所有的源码。也可以在命令后添加多个文件名，go build 命令将编译这些源码，输出可执行文件。

同样来到 HelloGo.go 文件的目录下，执行如下命令，其中-o 选项的作用是指定生成的可执行文件的文件名：

```
go build -o HelloGo HelloGo.go
```

或者：

```
go build HelloGo.go
```

都将在当前目录下生成一个 HelloGo 的可执行文件，直接运行，也可以与聊天机器人交流。

3.3 基本语法

对于任何一门编程语言，基础和语法是首先需要掌握的。Go 语言在语法上与 C 语言有很多相似之处，但是比 C 语言更加简约。如果读者有一定的 C 语言基础，阅读起来就得心应手，即使没有也没关系，因为 Go 语言的语法非常易于理解。

3.3.1 变量的声明与初始化

变量是程序运行过程中存储数据的抽象概念，它的值是允许改变的；与之相对的是常量，它的值在程序运行过程中是不允许变化的。

在 HelloGo 中，我们已经声明了不少的变量，样式如下所示：

```
var input string
```

上述代码中我们使用 var 关键字声明了一个类型为"string"，名称为"input"的变量。var 是 Go 语言中声明变量的关键字。Go 语言在声明变量时，会自动把变量对应的内存区域进行初始化操作，每个变量会被初始化为其类型的默认值。变量声明样式如下所示：

```
var name T
```

一些常见的变量声明样式如下：

```
var a int              //声明一个 int 类型的变量
var b string           //声明一个 string 类型的变量
var c []float          //声明一个 float 类型的切片
var d struct{          // 声明一个匿名结构体，该结构体有一个 int 类型的字段
 x int
}
var e func() bool      //声明一个函数变量

var (
 f int
 g string
)
// 同时声明多组变量
```

在 Go 语言中，每一个声明的变量都必须被使用，否则会编译不通过。

对变量进行声明之后，还需要对变量空白的内存区域进行初始化，也就是赋值。与其他的语言一致，通过赋值符号（=）初始化，如下所示：

```
var a int = 100
```

上述代码中，声明了一个 int 类型的 a 变量，并将其赋值为 100。变量初始化的样式为：

```
var name T = 表达式
```

当然也可以利用 Go 语言提供的类型推导语法糖特性，精简为以下的样式：

```
var a = 100
b := "Hello"
```

在省略了类型属性后，编译器会尝试根据等号右边的表达式推导出变量的类型。注意在使用":="短变量声明初始化时，左值中的变量最少有一个变量必须是未定义过的变量，否则会出现编译错误。同时":="不能出现在全局变量的声明和初始化中。

```
var a = 100
a := 100 //编译报错
a, b := 100, "OK"    //无异常
```

在上述代码中，"a := 100"会在编译过程中抛出"no new variables on left side of :="的报错；而"a, b := 100，OK"则不会。

如下，我们可以尝试运行 Variable 中的代码，看一下编译器的类型推导结果。

```
// Variable.go
package main
import "fmt"
func main()  {
var a int = 100
var b = "100"
c := 0.17
fmt.Printf("a value is %v, type is %T\n", a, a)
fmt.Printf("b value is %v, type is %T\n", b, b)
fmt.Printf("c value is %v, type is %T\n", c, c)

}
```

输出结果如下：

```
a value is 100, type is int
b value is 100, type is string
c value is 0.17, type is float64
```

从上述表示结果可以看到，变量都被赋予了正确的变量类型。需要注意的是，为了提高精度，浮点数类型会被默认推导为 float64。

与 C 语言相比，除了类型推导的语法糖特性，Go 语言还提供了多重赋值和匿名变量的语法糖特性。

在过去的编程语言中，如果我们想要交换变量的值，就需要借助一个第三方临时变量来实现，如下例子所示：

```
var a int = 1
var b int = 2
var tmp int

tmp = a
a = b
b = tmp
```

而在 Go 语言中，我们可以通过多重赋值的特性轻松实现类似的变量交换任务，如下所示：

```
var a int = 1
var b int = 2

b, a = a, b
```

在多重赋值的过程中，变量的左值和右值按照从左往右的顺序赋值。

Go 语言支持函数多返回值和上面所说的多重赋值，但是有些时候我们不需要使用某些左值，可以使用匿名变量处理，具体例子如下面的 Anonymous.go 所示：

```
//package main
import "fmt"

// 返回一个人的姓和名
func getName() (string, string){
return "王", "小二"
}

func main() {
surname, _ := getName()          // 使用匿名变量
_, personalName := getName()     // 使用匿名变量

fmt.Printf("My surname is %v and my personal name is %v", surname,
personalName)
}
```

通过在不需要的变量声明的地方使用 "_" 代替变量名，我们就可以忽略部分不需要的左值。匿名变量不占用命名空间，不会分配内存。匿名变量与匿名变量之间也不会因为多次声明而无法使用。

3.3.2 原生数据类型

Go 语言中具备丰富的数据类型，基本类型有整型、浮点数、布尔型、字符串型等，除此之外，还有切片、结构体、指针、通道、map 和数组等其他类型。本小节中我们主要介绍 Go 语言的基本类型。

1．整型

整型中主要有两大类，分别是：
- 按照整型的长度划分：int8、int16、int32、int64
- 按照有无符号划分：uint8、uint16、uint32、uint64

除此之外，Go 语言中还提供了平台自匹配长度的 int 类型和 uint 类型。

整型类型之间可以相互转换，高长度类型向低长度类型转换会发生长度截取，仅会保留高长度类型的低位值，造成转换错误，实际使用时需要注意。如下例子所示：

```
var e uint16 = math.MaxUint8 + 1
fmt.Printf("e valud(unit16) is %v\n", e)
var d = uint8(e)
```

```
fmt.Printf("d valud(unit8) is %v\n", d)
```

输出如下所示：

```
e valud(unit16) is 256
d valud(unit8) is 0
```

因为 256 在 "uint16" 底层的存储方式为 "00000001 00000000"，转换为 "uint8" 之后，只截取后 8 位，导致 d 变为 "00000000"，即 0。

2. 浮点型

浮点型主要有两种：

- float32，最大范围为 3.40282346638528859811704183484516925440e+38
- float64，最大范围为 1.797693134862315708145274237317043567981e+308

打印浮点型精度与 C 语言一致，可以配合 "%f" 使用，如下例子所示：

```
fmt.Printf("%f\n", math.E)      //按照默认宽度和精度输出
fmt.Printf("%.2f\n", math.E)    //按照默认宽度和 2 位精度输出
```

float32 和 float64 之间也可以进行类型转换，仍然需要注意转换期间精度的损失。

3. 布尔型

Go 语言的布尔型即我们常见的 true 和 fasle。与 C 语言不同，Go 语言的布尔型不可与整型进行强转，也无法参与数值运算。

4. 字符串型

在 Go 语言中，字符串型以原生数据类型出现，地位等价于其他的基本类型（整型、布尔型等），它基于 UTF-8 编码实现，所以在遍历字符串型时，我们需要区分 byte 和 rune。看一下下面这个例子。

【实例 3-1】分别以 byte 和 rune 的方式遍历字符串

```
f := "Golang 编程"
fmt.Printf("byte len of f is %v\n", len(f))
fmt.Printf("rune len of f is %v\n", utf8.RuneCountInString(f))
```

上述例子的输出为：

```
byte len of f is 12
rune len of f is 8
```

第一种方式，统计的是 byte 的长度，它的类型为 "uint8"，代表了一个 ASCII 字符。第二种方式统计的是 rune 类型，它的类型为 "int32"，代表了一个 UTF-8 字符，它可以类比为 Java 中的 char 类型。由于中文字符在 UTF-8 中占用了 3 个字节，所以使用 len 方法时获得的中文字符的长度为 6 个字节，而 utf8.RuneCountInString()方法统计的是字符串的 Unicode 字符数量。

在遍历字符串的每个字节时，我们可以采用以下手段：

```
f := "Golang 编程"
//按字节遍历字符串
```

```
for _, g := range []byte(f){
fmt.Printf("%c", g)
}
```

输出的结果为：

```
Golangç¼ç¨
```

在进行字节遍历时，因为中文字符的 Unicode 字符会被截断，导致中文字符输出乱码。为了保证每个字符正常输出，可以通过遍历 rune 的方式遍历字符串中的每个字符，如下所示：

```
//按字符遍历字符串
for _, h := range f{
fmt.Printf("%c", h)
}
```

此时输出的结果就是我们期望的"Golang 编程"字符串。在本质上，byte 和 rune 的底层类型分别为 uint8 和 int32。由于 int32 能够表达更多的值，可以更容易处理 Unicode 字符，所以 rune 能够处理一切的字符，而 byte 仅仅局限于处理 ASCII 字符。

3.3.3 指针

在 C/C++语言中，指针直接操作内存的特性使得 C/C++具备极高的性能，开发人员通过它直接操作和管理大块内存数据。但与此同时，指针偏移、运算和内存释放可能引发的错误也让指针编程饱受诟病。

Go 语言限制了指针类型的偏移和运算能力，使得指针类型具备了指针高效访问的特性，但又不会发生指针偏移，避免了非法修改敏感数据的问题。同时 Go 语言中提供的自动垃圾回收机制，也减少了对指针占用内存回收的复杂性。

在 Go 语言中，指针包含以下三个概念：

- 指针地址
- 指针类型
- 指针取值

在程序运行的过程中，每一个变量的值都保存在内存中，变量对应的内存有其特定的地址。假设某一个变量的类型为 T，在 Go 语言中，我们可以通过取址符号&获取该变量对应内存的地址，生成该变量对应的指针。此时，变量的内存地址即生成的指针的值，指针类型即"*T"，称为 T 的指针类型，"*"代表指针。

我们可以运行一下 Pointer.go 程序，查看它的执行结果。

```
//Pointer.go
package main
import "fmt"

func main()  {
//声明一个 string 类型
str := "Golang is Good!"
```

```
//获取 str 的指针
strPrt := &str

fmt.Printf("str type is %T, and value is %v\n", str, str)
fmt.Printf("strPtr type is %T, and value is %v\n", strPrt, strPrt)
}
```

执行结果如下：

```
str type is string, and value is Golang is Good!
strPtr type is *string, and value is 0xc0000621c0
```

可以看到 str 的类型为 string，它的指针 strPtr 的类型为*string，指针的值为 0xc0000621c0，即为变量 str 内存中的地址。

当然我们可以继续对指针 strPtr 进行取址操作，如下所示：

```
strPtrPtr := &strPrt
fmt.Printf("strPtrPtr type is %T, and value is %v\n", strPtrPtr, strPtrPtr)
```

它的输出结果为：

```
strPtrPtr type is **string, and value is 0xc00007a018
```

我们此时获取了 strPtr 对应内存的地址，并保存到 strPtrPtr 指针中。

除了提供对变量进行取址操作获取变量指针的&操作，Go 语言中也提供了根据指针获取变量值的取值操作（*），通过取值操作（*）可以获取指针对应变量的值和对变量进行赋值操作，具体代码如下所示：

```
package main
import "fmt"

func main() {
 str := "Golang is Good!"
 strPrt := &str

 fmt.Printf("str type is %T, value is %v, address is %p\n", str, str, &str)
 fmt.Printf("strPtr type is %T, and value is %v\n", strPrt, strPrt)

 newStr := *strPrt   //获取指针对应变量的值
 fmt.Printf("newStr type is %T, value is %v, and address is %p\n", newStr,
newStr, &newStr)

    *strPrt = "Java is Good too!"   //通过指针对变量进行赋值
 fmt.Printf("newStr type is %T, value is %v, and address is %p\n", newStr,
newStr, &newStr)
 fmt.Printf("str type is %T, value is %v, address is %p\n", str, str, &str)

 }
```

输出的结果为：

```
str type is string, value is Golang is Good!, address is 0xc0000621c0
strPtr type is *string, and value is 0xc0000621c0
newStr type is string, value is Golang is Good!, and address is 0xc0000621f0
newStr type is string, value is Golang is Good!, and address is 0xc0000621f0
```

```
str type is string, value is Java is Good too!, address is 0xc0000621c0
```

在上述代码中，我们通过 strPtr 指针获取 str 的值赋予给 newStr 变量。可以观察到 str 和 newStr 是两个不同的变量，它们对应的内存地址不一样，赋值过程中发生了值拷贝。值拷贝会创建新的内存空间，然后将原有变量的值复制到新的内存空间中，形成两个独立的变量。通过指针修改 str 变量的值并不会影响到 newStr，因为这两个变量对应的内存地址不　样。

除了使用&对变量进行取址操作创建指针，还可以使用 new 函数直接分配内存，并返回指向内存的指针，此时内存中的值会被初始化为类型的默认值。如下例子所示：

```
str := new(string)
*str = "Golang is Good!"
```

在上述代码中，通过 new 函数创建了一个*string 指针，并通过指针对其进行赋值。

在 Go 语言的 flag 包中，命令行参数一般以指针的返回，下面我们执行一个读取命令行参数的例子。

【实例 3-2】使用 flag 从命令行中读取参数

代码如下所示：

```
package main
import (
"flag"
"fmt"
)

func main() {
//定义一个类型为 string，名称为 surname 的命令行参数
//参数依次是命令行参数的名称，默认值，提示
surname := flag.String("surname", "王", "您的姓")
//定义一个类型为 string，名称为 personalName 的命令行参数
//除了返回指针类型结果，还可以直接传入变量地址获取参数值
var personalName string
flag.StringVar(&personalName, "personalName", "小二", "您的名")
//定义一个类型为 int，名称为 id 的命令行参数
id := flag.Int("id", 0, "您的 ID")
//解析命令行参数
flag.Parse()
fmt.Printf("I am %v %v, and my id is %v\n", *surname, personalName, *id)

}
```

在上述代码中可以看到，除了直接获取指针类型的返回结果，还可以将参数变量的指针传递给 flag.*Val 方法，获取命令行参数的值。输入以下的执行参数：

```
go run Flag.go -surname="苍" -personalName="小屋" -id=100
```

Go 语言中 flag 支持多种样式的命令行参数，包括：

```
-id=100
--id=100
```

```
-id 100
--id 100
```

输出结果如下：

```
I am 苍 小屋, and my id is 100
```

3.3.4　常量与类型别名

相对于变量运行时可变的特点，常量的值在声明之后是不允许变化。通过 const 关键字可以声明常量，声明常量的样式与声明变量非常相似，如下例子所示：

```
const str string = "Golang is Good!"
```

上述代码中声明了一个类型为 string 的 str 常量，同样可以使用 Go 语言的类型推导省略常量声明时的类型和同时声明多个常量，如下例子所示：

```
const name = "Golang is Good!"
const (
 surname = "王"
 personalName = "小二"
)
```

Go 语言中同样提供了类型别名的语法特性。类型别名本质上与原类型是属于同一个类型的，它相当于原类型的一个别称。定义一个类型别名的样式如下：

```
type name = T
```

与之相对的，类型定义的样式如下：

```
type name T
```

类型定义将会创建一种新的类型，新建的类型将具备原类型的特性。我们通过以下例子理解类型别名和类型定义之间的区别：

```
package main
import "fmt"

type aliasInt = int // 定义一个类型别名
type myInt int // 定义一个新的类型

func main() {

 var alias aliasInt
 fmt.Printf("alias value is %v, type is %T\n", alias, alias)

 var myint myInt
 fmt.Printf("myint value is %v, type is %T\n", myint, myint)
}
```

输出的结果为：

```
alias value is 0, type is int
myint value is 0, type is main.myInt
```

从输出结果中，我们可以看出通过类型别名 aliasInt 声明的 alias 变量还是 int 类型，而重新定义的 myInt 属于新的类型，但是通过它声明的变量 myint 和 alias 一样都为 0。

3.3.5 分支与循环控制

Go 语言的分支控制与其他语言相似，但是更为简略，简单的表达样式如下：

```
if expression1 {
branch1
} else if expression2 {
branch2
} else {
branch3
}
```

Go 语言中规定与 if 匹配的"{"必须与 if 和表达式位于同一行，否则会发生编译错误。同样的，else 也必须与上一个分支的"}"位于同一行。表达式两边可以省略"()"。

除了 if 关键值，Go 语言中还提供了 switch 语句对大量的值和表达式进行判断。为了避免人为错误，switch 中的每一个 case 都是独立的代码块，不需要通过 break 关键字跳出 switch 选择体，如果需要继续执行接下来的 case 判断，需要添加 fallthrough 关键字对上下两个 case 进行连接。除了支持数值常量，Go 语言的 switch 还能对字符串、表达式等复杂情况进行处理。一个简单的例子如下所示：

```
// 根据人名分配工作
name := "小红"
switch name {
case "小明":
 fmt.Println("扫地")
case "小红":
 fmt.Println("擦黑板")
case "小刚":
 fmt.Println("倒垃圾")
default:
 fmt.Println("没人干活")
}
```

在上面的代码中，每一个 case 都是字符串样式，且无需通过 break 控制跳出。

如果我们需要在 case 中判断表达式，在这种情况下 switch 后面不需要指定判断变量，这种形式就和 if-else 相似，如下例子所示：

```
// 根据分数判断成绩程度
score := 90
switch {
case score < 100 && score >= 90:
 fmt.Println("优秀")
case score < 90 && score >= 80:
 fmt.Println("良好")
case score < 80 && score >= 60:
 fmt.Println("及格")
case score < 60 :
```

```
fmt.Println("不及格")
default:
fmt.Println("分数错误")
}
```

Go 语言的循环体仅提供了 for 关键字，没有其他语言中提供的 while 或者 do-while 形式，基本样式如下：

```
for init;condition;end{
    循环体代码
}
```

这其中，初始语句、条件表达式、结束语句都可以不写。如果三者都缺省，这将变成一个无限循环语句，可以通过 break 关键字跳出循环体，或者使用 continue 关键字继续下一个循环。

3.4　Go 中常用的容器

当我们在程序中操作大量同类型变量时，为了方便数据的存储和操作，我们需要借助容器的力量。Go 语言中提供了常用的容器实现，原生容器类型主要有固定大小的数组、可以动态扩容的切片以及 key-value 方式存储的字典等；标准库方式提供实现的主要有双向列表等。基本能够满足我们日常开发的需要。

3.4.1　数组

数组是一段存储固定类型固定长度的连续内存空间，它的大小在声明的时候就已经固定下来了。虽然数组的大小不可变化，但数组的成员可以修改。数组的声明样式如下所示：

```
var name [size]T
```

数组大小必须指定，可以是一个常量或者表达式，但必须在静态编译时就确定其大小，不能动态指定。T 表示数组成员的类型，可为任意类型。

在 Go 语言中，对数组的初始化和使用与其他语言类似，可以在声明时使用初始化列表对数组进行初始化，也可以通过下标对数据成员进行访问和赋值，如下所示：

```
func main() {
var classMates1 [3]string
classMates1[0] = "小明"
classMates1[1] = "小红"
classMates1[2] = "小李" // 通过下标为数组成员赋值
fmt.Println(classMates1)
fmt.Println("The No.1 student is " + classMates1[0]) // 通过下标访问数组成员

classMates2  := [...]string{"小明", "小红", "小李"} // 使用初始化列表初始化列表
fmt.Println(classMates2)
}
```

在使用初始化列表初始化数组时，需要注意[]内的数组大小需要和{}内的数组成员的数

量一致，上述例子中我们使用了"..."让编译器为我们根据{}内成员的数量确定数组的大小。

除此之外，我们还可以使用指针操作数组，如下例子所示：

```
classMates3 := new([3]string)
classMates3[0] = "小明"
classMates3[1] = "小红"
classMates3[2] = "小李"
fmt.Println(*classMates3)
```

输出结果为：

```
[小明 小红 小李]
```

在上述代码中，我们通过 new 函数申请了[3]string 的内存空间，并返回了其对应的指针。需要注意的是，该指针无法支持偏移和运算，这是 Go 语言对指针类型的限制。我们可以通过指针直接操作数组，这与 C 语言中的指针功能无异。

3.4.2　切片

切片是对数组一个连续片段的引用，它是一个容量可变的序列。我们可以简单将切片理解为动态数组，它的内部结构包括底层数组指针、大小和容量，它通过指针引用底层数组，把对数据的读写操作限定在指定的区域内。

切片的结构体由 3 部分组成，如图 3-2 所示。

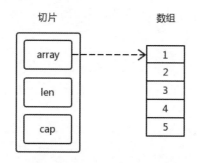

图 3-2　切片的结构体示意图

（1）array 是指向底层存储数据数组的指针。

（2）len 指当前切片的长度，即成员数量。

（3）cap 指当前切片的容量，它总是大于等于 len。

1．从原生数组中生成切片并修改切片成员

我们可以从原有数组中生成一个切片，那么生成的切片指针即指向原数组，生成的样式如下：

```
slice := source[begin:end]
```

样式中 source 表示生成切片的原有数组，begin 表示切片的开始位置，end 表示切片的结束位置，但是不包含 end 索引指向的原有数组成员。具体效果如下例子所示：

```
source := [...]int{1,2,3}
sli := source[0:1]

fmt.Printf("sli value is %v\n", sli)
fmt.Printf("sli len is %v\n", len(sli))
fmt.Printf("sli cap is %v\n", cap(sli))
```

输出的结果为：

```
sli value is [1]
sli len is 1
sli cap is 3
```

在这个切片内，我们仅能访问长度内的值，如果访问的下标超过了切片的长度，编译器将会抛出下标越界的异常。如果此时我们对切片内的成员进行修改，因为切片作为指向原有数组的引用，对切片进行修改就是对原有数组进行修改，如下例子所示：

```
sli[0] = 4
fmt.Printf("sli value is %v\n", sli)
fmt.Printf("source value is %v\n", source)
```

结果如下所示：

```
sli value is [4]
source value is [4 2 3]
```

上面例子中我们修改了切片中的值，直接导致原数组中的值也发生了变化。

2．动态创建切片

我们也可以通过 make 函数动态创建切片，在创建过程中指定切片的长度和容量，样式如下所示：

```
make([]T, size, cap)
```

T 即切片中的成员类型，size 为当前切片具备的长度，cap 为当前切片预分配的长度，即切片的容量。例子如下所示：

```
sli = make([]int, 2, 4)
fmt.Printf("sli value is %v\n", sli)
fmt.Printf("sli len is %v\n", len(sli))
fmt.Printf("sli cap is %v\n", cap(sli))
```

输出的结果如下：

```
sli value is [0 0]
sli len is 2
sli cap is 4
```

从上述输出可以看到 make 函数创建的新切片中的成员都被初始化为类型的初始值。

3．声明新的切片

直接声明新的切片类似于数组的初始化，但是不需要指定其大小，否则就变成了数组，样式如下所示：

```
var name []T
```

此时声明的切片并没有分配内存，我们可以在声明切片的同时对其进行初始化，如下例子所示：

```
ex := []int{1,2,3}
fmt.Printf("ex value is %v\n", ex)
fmt.Printf("ex len is %v\n", len(ex))
fmt.Printf("ex len is %v\n", cap(ex))
```

结果如下所示：

```
ex value is [1 2 3]
ex len is 3
ex cap is 3
```

此时声明的切片大小和容量都为 3。

4．向切片添加元素

Go 语言中提供了 append 内建函数用于动态向切片添加元素，它将返回新的切片。如果当前切片的容量可以容纳更多的元素，即 size 小于 cap，添加操作将在切片指向的原有数组上进行，这将会覆盖掉原有数组的值；如果当前切片的容量不足以容纳更多的元素，那么切片将会进行扩容，具体的扩容过程为：申请一个新的连续内存空间，空间大小一般是原有容量的两倍，然后将原来数组中的数据复制到新的数组中，同时将切片中的指针指向新的数组，最后将新的元素添加到新的数组中。我们将通过下面的例子来进行演示。

【实例 3-3】切片的动态扩容

代码如下所示：

```
package main
import "fmt"

func main()  {

arr1 := [...]int{1,2,3,4}
arr2 := [...]int{1,2,3,4}

sli1 := arr1[0:2] // 长度为 2，容量为 4
sli2 := arr2[2:4] // 长度为 2，容量为 2

fmt.Printf("sli1 pointer is %p, len is %v, cap is %v, value is %v\n", &sli1,
len(sli1), cap(sli1), sli1)
fmt.Printf("sli2 pointer is %p, len is %v, cap is %v, value is %v\n", &sli2,
len(sli2), cap(sli2), sli2)

newSli1 := append(sli1, 5)
fmt.Printf("newSli1 pointer is %p, len is %v, cap is %v, value is %v\n",
&newSli1, len(newSli1), cap(newSli1), newSli1)
fmt.Printf("source arr1 become %v\n", arr1)

newSli2 := append(sli2, 5)
fmt.Printf("newSli2 pointer is %p, len is %v, cap is %v, value is %v\n",
&newSli2, len(newSli2), cap(newSli2), newSli2)
fmt.Printf("source arr2 become %v\n", arr2)
```

```
    }
```

上述例子的结果为：

```
sli1 pointer is 0xc00000c040, len is 2, cap is 4, value is [1 2]
sli2 pointer is 0xc00000c060, len is 2, cap is 2, value is [3 4]
newSli1 pointer is 0xc00007c020, len is 3, cap is 4, value is [1 2 5]
source arr1 become [1 2 5 4]
newSli2 pointer is 0xc00007c060, len is 3, cap is 4, value is [3 4 5]
source arr2 become [1 2 3 4]
```

通过上面的例子，我们可以发现，容量足够的 sli1 直接将 append 添加的新元素覆盖到原有数组 arr1 中，而容量不够的 sli2 进行了扩容操作，申请了新的底层数组，不在原数组的基础上进行操作。在实际使用的过程中要记住这两种区别。

如果原有数组可以添加新的元素，即切片指向的数组后还有空间，但切片自身的容量已经饱和，此时进行 append 操作，同样会进行扩容，申请新的内存空间，如下例子所示：

```
arr3 := [...]int{1,2,3,4}
sli3 := arr3[0:2:2] // 长度为 2，容量为 2
fmt.Printf("sli3 pointer is %p, len is %v, cap is %v, value is %v\n", &sli3,
len(sli3), cap(sli3), sli3)

newSli3 := append(sli3,5)
fmt.Printf("newSli3 pointer is %p, len is %v, cap is %v, value is %v\n",
&newSli3, len(newSli3), cap(newSli3), newSli3)
fmt.Printf("source arr3 become %v\n", arr3)
```

对应的输出结果为：

```
sli3 pointer is 0xc00008e080, len is 2, cap is 2, value is [1 2]
newSli3 pointer is 0xc00006e0a0, len is 3, cap is 4, value is [1 2 5]
source arr3 become [1 2 3 4]
```

在上述代码中，我们指定了创建切片的第三个参数 cap，cap 必须大于 end，生成切片的容量将为 cap - begin，限定了 sli3 的容量为 2。当进行 append 操作时，即使原有数组存在足够的空间，newSli3 还是指向新的数组空间。

为了方便切片的数据快速复制到另一个切片中，Go 语言提供了内建的 copy 函数，它的使用样式如下：

```
copy(destSli, srcSli []T)
```

它的返回结果为实际发生复制的元素个数。如果要保证来源切片的数据都复制到目标切片，需要保证目标切片的长度不小于来源切片的长度，否则将按照目标切面的长度大小进行复制。

3.4.3 列表与字典

Go 语言中的列表有一个更通俗的名称：链表，它适合用于存储需要经常进行元素插入和删除操作的元素集合；而字典用于存储键值对，其中每一个键都会映射到一个值。

1．列表

Go 语言的列表通过双向链表的方式实现，能够高效地进行元素的插入和删除操作。双向链表中每个元素都持有其前后元素的引用，在链表进行向前或者向后遍历时会非常方便；但是注意，进行元素的插入和删除时需要同时修改前后元素的持有引用，结构如图 3-3 所示。

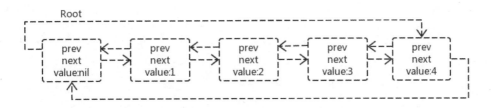

图 3-3　列表结构示意图

我们需要注意的是，Go 语言的 list 是一个带头结点的链表，头结点中并不存储数据。列表的初始化样式如下所示：

```
var name list.List
// or
name := list.New()
```

我们可以直接声明初始化列表，也可以使用 container/list 包中的 New 函数初始化列表，后者将返回列表对应的指针。可以注意到，列表没有限制其内保存成员的类型，即任意类型的成员都可以同时存在列表中。

下面我们将通过一个简单的例子演示列表的插入、删除和遍历操作，代码如下所示：

```
package main
import (
"container/list"
"fmt"
)

func main() {
tmpList := list.New()

tor i:= 1 ; 1 <= 10 ; i++ {
    tmpList.PushBack(i)
}

first := tmpList.PushFront(0)
tmpList.Remove(first)

for l := tmpList.Front(); l != nil; l = l.Next(){
    fmt.Print(l.Value, " ")
}
```

```
    }
```

通过上面的代码可以看出，列表的每次插入操作都会返回一个*list.Element 结构，用以指向当前插入值所在的节点，如果要对列表中的成员进行删除、移动或者指定插入操作，需要配合指定的*list.Element 的进行，如 Remove 函数。遍历列表的方式与其他容器稍微不同，需要配合 Front 函数获取列表的头元素，再使用其 Next 函数依次往下遍历。

2．字典

Go 语言中提供的映射关系容器为字典，即 map，其内部通过散列表的方式实现。定义一个 map 的样式如下所示：

```
name := make(map[keyType]valueType)
```

map 需要使用 make 函数进行初始化，其中 keyType 即键类型，valueType 即键对应的值类型。我们将通过一个简单的例子演示 map 的使用方式，代码如下所示：

```
package main
import "fmt"

func main() {

classMates1 := make(map[int]string)

// 添加映射关系
classMates1[0] = "小明"
classMates1[1] = "小红"
classMates1[2] = "小张"

// 根据 key 获取 value
fmt.Printf("id %v is %v\n", 1, classMates1[1])

// 在声明时初始化数据
classMates2 := map[int]string{
    0 : "小明",
    1 : "小红",
    2 : "小张",
}

fmt.Printf("id %v is %v\n", 3, classMates2[3])

}
```

如上代码所示，我们可以使用 make 函数构造好对应的 map 之后，再为 map 一一添加键值对映射关系，也可以直接在声明时通过类 JSON 格式添加键值对映射关系，在 map 中可以通过键直接查询对应的值，如果不存在这样的键，将会返回值类型的默认值。可以采用以下的方式来查询某个键是否存在于 map 中：

```
mate,ok := classMate2[1]
```

如果键存在于 map 中，布尔型 ok 将会是 true。

3.4.4　容器遍历

遍历对于很多 Go 语言的内置容器来说，形式都是基本一致的，主要通过 for-range 语法，我们将通过以下的例子分别展示数组、切片和字典的遍历过程。

【实例 3-4】对给出的数组 nums、切片 slis 和字典 tmpMap 分别进行遍历

代码如下所示：

```go
package main
import "fmt"
func main()  {

    // 数组的遍历
    nums := [...]int{1,2,3,4,5,6,7,8}
    for k, v:= range nums{
        // k 为下标，v 为对应的值
        fmt.Println(k, v, " ")
    }

    fmt.Println()

    // 切片的遍历
    slis := []int{1,2,3,4,5,6,7,8}
    for k, v:= range slis{
        // k 为下标，v 为对应的值
        fmt.Println(k, v, " ")
    }

    fmt.Println()

    // 字典的遍历
    tmpMap := map[int]string{
        0 : "小明",
        1 : "小红",
        2 : "小张",
    }

    for k, v:= range tmpMap{
        // k 为键值，v 为对应值
        fmt.Println(k, v, " ")
    }

}
```

通过 for-range 可以对数组、切片和字典以相同的方式进行遍历。如果仅需要遍历值，可以将不需要的键改为匿名变量形式，如下所示：

```go
for _, v := range nums {
```

仅遍历键时，可以直接省略掉值的赋值。在 for-range 遍历的过程中，因为键和值都是通过复制的方式进行赋值，对它们进行修改并不会影响到容器内成员的变化，这点需要我们在实际开发中多加注意。如果需要在遍历过程中对容器内的成员进行修改，建议使用一个新的容器来记录修改的变化。

3.5　函数与接口

函数是一段封装好、可重复使用、针对单一功能的代码片段，它有利于程序的模块化和提高代码的可重用性。接口中定义了一系列将要被实现的函数，它代表了调用方和实现方共同遵守的协议，调用方通过接口了解可使用的方法而无需了解具体实现，实现方通过接口对外提供能使用的特性。

3.5.1　函数声明和参数传递

函数首先要进行声明，Go 语言中函数声明包括函数名、参数列表和返回参数列表，具体样式如下所示：

```
func name(params)(return params){
function body
}
```

Go 语言中函数以 func 作为标识，我们在之前的例子中声明的 main 函数也是其中一种。函数名可以由字母、数字和下画线组成，但是函数名第一位不能是数字，在同一个包内，函数名不可重名。一个函数如果希望被包外代码访问，函数名的首字母需要为大写。

参数列表中的每个参数由参数变量名和参数类型组成，它们将作为函数的局部变量被使用。在参数列表中，多个参数之间通过逗号分隔。如果相邻的参数的类型是相同的，则可以省略类型，如下例子所示：

```
func cal(a, b int) int {
return a + b;
}
```

在上面例子中，参数 a 和 b 都是 int 类型，因此可以省略 a 的类型说明。

Go 语言中函数不仅支持多返回值，还支持对返回值进行命名，此时返回参数列表与参数列表类似，如下例子所示：

```
func div(dividend, divisor int)(quotient, remainder int) {
quotient = dividend/divisor
remainder = dividend%divisor
return
}
```

在上面正整数除法的函数中，我们对返回值分别命名为 quotient 和 remainder，于是可以直接在函数体内对它们进行赋值。需要注意的是，在使用命名返回值的函数中，在函数结束前我们需要显式使用 return 语句进行返回。命名返回值和非命名返回值不能混合使用，两种形式只能二选一，否则会出现编译错误。

Go 语言中函数参数的传递方式都是值传递，在实际开发中为了减少复制时产生的性能损耗，我们可以在参数中使用指针或者引用来减少内存复制的操作。

3.5.2　匿名函数和闭包

匿名函数是一种没有函数名的函数，即定义即使用；闭包作为一种携带状态的函数，我们可以简单地将它理解为"对象"，因为它同时具备状态和行为。

1. 匿名函数

匿名函数没有函数名，只有函数体，它只有在被调用的时候才会被初始化。匿名函数一般被当作一种类型赋值给函数类型的变量，经常被用作回调函数。

Go 语言的匿名函数的声明样式如下所示：

```
func(params)(return params){
 function body
 }
```

匿名函数的声明与普通函数的定义基本一致，只是没有名字。我们可以在匿名函数声明之后直接调用它，如下例子所示：

```
func (name string){
 fmt.Println("My name is ", name)
 }("王小二")
```

在声明匿名函数之后，在其后加上调用的参数列表，即可对匿名函数进行调用。除此之外，我们还可以将匿名函数赋值给函数类型的变量，用于多次调用或者求值，如下例子所示：

```
currentTime := func() {
 fmt.Println(time.Now())
 }
// 调用匿名函数
currentTime()
```

上述例子中，通过匿名函数实现了一个简单的报时器，并赋值给 currentTime，我们每次调用 currentTime 都能知道当前系统的最新时间。

匿名函数一个比较常用的场景是用作回调函数。在接下来的例子中定义这样一个函数：它接受 string 和匿名函数的参数输入，然后使用匿名函数对 string 进行处理。

【实例 3-5】使用回调函数处理字符串

代码如下所示：

```
package main
import "fmt"

func proc(input string, processor func(str string)) {
 // 调用匿名函数
```

```
    processor(input)
}

func main() {
proc("王小二", func(str string) {
    for _, v := range str{
        fmt.Printf("%c\n", v)
    }
})
}
```

上面代码中的匿名函数被作为回调函数用于对传递的字符串进行处理，用户可以根据自己的需要传递不同的匿名函数实现对字符串进行不同的处理操作。

2．闭包

闭包是携带状态的函数，它是将函数内部和函数外部连接起来的桥梁。通过闭包，我们可以读取函数内部的变量。我们也可以使用闭包封装私有状态，让它们常驻于内存当中。

闭包能够引用其作用域上部的变量并进行修改，被捕获到闭包中的变量将随着闭包的生命周期一直存在，函数本身是不存储信息的，但是闭包中的变量使闭包本身具备了存储信息的能力。我们通过一个例子了解一下闭包的特性。

【实例3-6】用闭包的特性实现一个简单的计数器

使用闭包特性实现的简单计数器代码如下所示：

```
package main
import "fmt"
func createCounter(initial int) func() int {

if initial < 0{
    initial = 0
}

// 引用 initial，创建一个闭包
return func() int{
    initial++
    // 返回当前计数
    return initial;
}

}

func main() {

// 计数器 1
c1 := createCounter(1)

fmt.Println(c1()) // 2
fmt.Println(c1()) // 3

// 计数器 2
```

```
c2 := createCounter(10)

fmt.Println(c2()) // 11
fmt.Println(c1()) // 4

}
```

createCounter 函数返回了一个闭包，该闭包中封装了计数值 initial，从外部代码根本无法直接访问该变量。不同的闭包之间变量不会互相干扰，c1 和 c2 两个计数器都是独立进行计数。

3.5.3　接口声明和嵌套

接口是调用方和实现方约定的一种合作协议。调用者不关心接口的实现方式，而实现者通过接口暴露自己的内在功能。每个接口由一个或者多个方法组成，其样式如下所示：

```
type interfaceName interface {
method1(params)(return params)
method2(params)(return params)
method3(params)(return params)
...
}
```

定义接口需要配合使用 type 和 interface 关键字。当接口名的首字母和方法名的首字母皆为大写时，表示该方法是公开的，它可以被包外的代码调用访问。Go 语言中的代码以包的方式进行组织，只有公开的变量、方法、接口定义和结构体定义才能在包外被访问，否则这些代码块只能被包内的文件调用。关于包的相关概念我们将在第 4 章节详细介绍。

我们可以定义一个坦克的接口，它可以行走，也可以开炮，如下所示：

```
type Tank interface {
Walk()  // 行走
Fire()  // 开炮
}
```

除了坦克，我们还可以定义一个飞机的接口，飞机的功能比较简单，仅仅能够飞行，如下所示：

```
type Plane interface {
Fly()       // 飞行
}
```

假如我们现在定义了一种新型武器，它既可以像坦克一样行走和开炮，也可以像飞机一样飞行，那我们可以使用 Go 语言的接口嵌套特性，将 Tank 和 Plane 接口进行嵌套创造出新的接口，如下代码所示：

```
type PlaneTank interface {
Tank
Plane
}
```

PlaneTank 嵌套了 Tank 和 Plane 接口，它的实现者就同时具备坦克和飞机的功能。通过

Go 语言的接口嵌套特性,可以实现类似面向对象中的接口继承特性,从而创造出新的接口。

3.5.4 函数体实现接口

仅有接口是不够的,我们还需要具体接口的实现者。Go 语言中的所有类型都可以实现接口,函数作为 Go 语言中的一种类型,当然也不例外,下面我们将实践一个通过函数实现接口的例子。更多关于接口和实现的关系我们将会在下一小节详细展开。

首先定义一个简单的接口,代码如下:

```
type Printer interface {
// 打印方法
Print(interface{})
}
```

接口的功能很简单,基本上就是将输入的参数直接打印到命令行中。

由于函数不能直接实现接口,需要将函数定义为类型后,再使用定义好的函数类型实现接口,如下代码所示:

```
// 函数定义为类型
type FuncCaller func(p interface{})

// 实现 Printer 的 Print 方法
func (funcCaller FuncCaller) Print(p interface{}) {
// 调用 funcCaller 函数本体
funcCaller(p)
}
```

如上代码所示接口的实现由直接调用定义好的函数类型来完成。在具体使用时,我们需要先定义好 FuncCaller 函数类型用于提供具体逻辑处理,然后就可以将任意匹配函数强转为 FuncCaller。我们看一下如何通过一个匿名函数实现 FuncCaller,代码如下所示:

```
func main() {
var printer Printer
// 将匿名函数强转为 FuncCaller 赋值给 printer
printer = FuncCaller(func(p interface{}) {
    fmt.Println(p)
})
printer.Print("Golang is Good!")
}
```

通过函数类型实现接口,可以将函数作为接口来使用,在运行时可以通过替换具体的实现函数,实现类似多态的效果。

3.6 结构体和方法

与 C 语言类似,Go 语言提供结构体类型。结构体作为一种复合类型,由多个字段组成,每个字段都具备自己的类型和值,结构体和字段可以理解为实体和实体对应的属性。在 Go 语言中,不仅结构体可以拥有方法,每一种自定义类型也可以拥有方法。

3.6.1　结构体的定义

配合使用 type 和 struct 关键字，可以自定义结构体。Go 语言的 type 关键字可以将各种基本类型定义为自定义类型，结构体中可以复合多种基本类型和结构体，更便于使用。结构体的定义样式如下所示：

```
type structName struct{
value1 valueType1
value2 valueType2
...
}
```

结构体的名称在同一个包内不能重复，如果希望结构体在包外也能够被访问，结构体的首字母需要大写。结构体中字段名必须唯一，如果字段是公开的，字段名的首字母同样需要大写。

我们尝试定义一个简单的结构体 Person，它具备姓名、生日和身份证号等字段，代码如下所示：

```
type Person struct {
Name string // 姓名
Birth string    // 生日
ID int64    // 身份证号
}
```

3.6.2　结构体的实例化和初始化

在使用结构体之前需要对其进行实例化和初始化。实例化是为我们创建的结构体在内存中分配具体的内存进行存储；而初始化则是为刚刚实例化好的结构体内的字段赋予初始值，用于特例化该结构体。

1. 实例化

实例化将为结构体分配具体的内存用于存储字段，结构体必须在实例化之后才能够使用。实例化会根据结构体的定义为结构体在内存中创建一份样式一致的内存区域用于存储结构体，每个结构体实例之间的内存区域是相互独立的。

实例化结构体的方式有很多，比如说我们可以像声明基本类型一样直接实例化结构体，实例化之后可以对其字段进行赋值，以上一小节中定义的 Person 结构体为例，如下所示：

```
// 声明实例化
var p1 Person
p1.Name = "王小二"
p1.Birth = "1990-12-11"
```

也可以使用 new 函数为结构体申请对应的内存区域，这样将返回结构体对应的指针类型，之后我们同样可以使用 "." 对结构体的字段进行赋值，代码如下所示：

```
// new 函数实例化
```

```
p2 := new(Person)
p2.Name = "王二小"
p2.Birth = "1990-12-22"
```

除此之外，还可以使用 "&" 对结构体进行取址，这将被视为使用了一次 new 实例化操作，同样将返回指针类型，代码如下所示：

```
// 取址实例化
p3 := &Person{}
p3.Name = "王三小"
p3.Birth = "1990-12-23"
```

2．初始化

在结构体实例化的过程中，我们就可以对结构体内的字段进行初始化，使用类似 JSON 的键值对表示方式可以对结构体的字段进行填充。字段的初始化是可选的。依然使用 Person 结构体作为例子，代码如下所示：

```
// 初始化
p4 := Person{
Name:"王小四",
Birth: "1990-12-23",
}
```

当结构体内的所有字段都需要初始化，并且字段的填充顺序与它们在结构体内定义的顺序一致时，可以将键值对中的键省略，代码如下所示：

```
// 初始化
p5 := &Person{
"王五",
"1990-12-23",
5,
}
```

在上述例子中，我们初始化 p5 时并没有将键值一一对应填充给 Person 结构体，仅把对应的值按照结构体内定义的顺序填充给了 Person 结构体，而省略了其中的键。初始化 p5 使用的是取址实例化，返回的 p5 类型为 Person 结构体的指针类型，即*Person。

3.6.3　方法与接收器

在 Go 语言中，方法是有特定接收器的函数，接收器可以是任意类型而不仅仅是结构体，换句话说，Go 语言的任何类型都可以拥有自己的方法。

方法的定义样式如下所示：

```
func (recipient recipientType) methodName(params)(return params){
function body
}
```

与普通函数相比，方法的定义中多了一个接收器的设定，每一个方法只能有一个接收器，接收器的概念就类似于面向对象语言中的 this 或者 self，我们可以直接在方法中使用接收器的相关属性。

接收器有两种类别，分别是指针类型的接收器和非指针类型的接收器，它们在使用时会产生不同的效果，会被使用在不同的应用场景中。指针类型的接收器传递的是类型的指针，通过该指针可以在方法中操作接收器内的成员属性，操作结果在方法结束后依然存在于接收器中，因为指针操作的是接收器的内存区域；而非指针类型的接收器传递的是方法调用时接收器的一份值拷贝，对该接收器的成员属性进行操作并不会影响到原接收器。当接收器占用内存较大或者需要对原接收器的成员属性进行修改时，建议使用指针类型接收器；如果接收器占用内存较小，且方法对其仅需要只读功能，可以采用非指针接收器。

同样以我们前面定义的 Person 结构体为例，我们可以为 Person 结构体添加两个简单的方法，一个接收器为指针类型的方法，它的功能是修改 Person 的姓名；另一个接收器为非指针类型的方法，它的功能是输出 Person 的个人信息。

【实例 3-7】为 Person 结构体添加修改姓名和输出个人信息两个方法

代码如下所示：

```go
package main
import "fmt"

type Person struct {
Name string // 姓名
Birth string   // 生日
ID int64    // 身份证号
}

// 指针类型，修改个人信息
func (person *Person) changeName(name string) {
person.Name = name
}

// 非指针类型，打印个人信息
func (person Person) printMess() {
fmt.Printf("My name is %v, and my birthday is %v, and my id is %v\n",
    person.Name, person.Birth, person.ID)

// 尝试修改个人信息，但是对原接收器并没有影响
// person.ID = 3

}

func main() {
    p1 := Person{
        Name:"王小二",
        Birth: "1990-12-23",
        ID:1,
    }

    p1.printMess()
```

```
    p1.changeName("王老二")
    p1.printMess()

}
```

输出的结果为：

```
My name is 王小二, and my birthday is 1990-12-23, and my id is 1
My name is 王老二, and my birthday is 1990-12-23, and my id is 1
```

从输出结果可以看出，changeName 方法确实将 p1 中的名字字段进行修改。读者还可以尝试将 printMess 方法中 person.ID = 3 的代码恢复过来，用以观察非指针类型接收器在方法内的修改是否对其有影响。

3.6.4　结构体实现接口

Go 语言的接口设计是非侵入式的。对于接口编写者来说，他无需关心接口是被什么类型实现的；对于接口实现者来说，他仅需知道实现的接口具备什么样的方法，而无需指定具体实现哪一个接口。这种低耦合度的接口和实现之间的关联关系给了 Go 语言很大的灵活性。

在 Go 语言中，要实现一个接口，需要满足以下两个条件：

（1）在实现接口的类型中添加的方法签名和接口签名完全一致，包括名称、参数列表、返回参数等。

（2）接口的所有方法均被实现。

我们将通过以下一个例子来进行说明。首先我们定义了两个接口 Cat 和 Dog，它们分别具备自己的功能。

【实例 3-8】使用一个结构体同时实现 Cat 和 Dog 接口

代码如下所示：

```
// Cat 接口
type Cat interface {
 // 抓老鼠
 CatchMouse()
}

// Dog 接口
type Dog interface {
 // 吠叫
 Bark()
}
```

我们来定义一个新的物种，它既能够像猫一样抓老鼠，也可以像狗一样吠叫，我们将定义为 CatDog 结构体，它将同时实现 Cat 和 Dog 两个接口，代码如下所示：

```
type CatDog struct {
 Name string
}
```

```
// 实现 Cat 接口
func (catDog *CatDog) CatchMouse()  {
 fmt.Printf("%v caught the mouse and ate it!\n", catDog.Name)
}

// Dog 接口
func (catDog *CatDog) Bark()  {
 fmt.Printf("%v barked loudly!\n", catDog.Name)
}
```

接着我们试一下效果，分别将 CatDog 赋值给 Cat 和 Dog 接口，观察它（Lucy）是否能正常发挥作用，代码如下所示：

```
func main()  {
catDog := &CatDog{
    "Lucy",
}

// 声明一个 Cat 接口，并将 catDog 指针类型赋值给 cat
var cat Cat
cat = catDog
cat.CatchMouse()

// 声明一个 Dog 接口，并将 catDog 指针类型赋值给 dog
var dog Dog
dog = catDog
dog.Bark()
}
```

输出结果如下：

```
Lucy caught the mouse and ate it!
Lucy barked loudly!
```

很显然，Lucy 正常发挥了它的作用，既发挥了猫抓老鼠的作用，也能像狗一样吠叫。

3.6.5　内嵌和组合

在结构体定义时，Go 语言允许声明没有字段名的字段，这种形式的字段被称为类型内嵌或者匿名字段，此时字段名就是字段类型本身，由于结构体要求字段名称必须唯一，因此同一类型的类型内嵌在同一结构体只能存在一个。如下例子所示：

```
type temp struct{
 string
 int
}
```

如果内嵌的类型为结构体，就可以直接访问内嵌结构体中的所有成员，如下代码所示：

```
package main
import "fmt"

type Wheel struct {
```

```
  shape string
}

type Car struct {
Wheel
Name string
}

func main() {

  car := &Car {
     Wheel {
        "圆形的",
     },
     "福特",
  }
  fmt.Println(car.Name, car.shape, " ") // 福特 圆形的
}
```

在上述代码中，我们将 Wheel 结构体内嵌到 Car，就可以通过 Car 的引用直接访问到 Wheel 结构体中的成员属性。

使用结构体内嵌，可以很形象地模拟面向对象语言设计中组合的特性。结构体内嵌属于一种组合的特性，通过组合不同的基础结构体，可以构建出具备不同基础特性的复杂结构体。通过下面的例子我们来理解一下。

【实例 3-9】内嵌不同结构体表现不同行为

鸭子们可以飞行，也可以游泳，但并不是所有的鸭子都会两种行为，我们首先通过结构体定义这两种行为，代码如下所示：

```
// 游泳特性
type Swimming struct {
}

func (swim *Swimming) swim() {
 fmt.Println("swimming is my ability")
}

// 飞行特性
type Flying struct {
}

func (fly *Flying) fly() {
 fmt.Println("flying is my ability")
}
```

其中野鸭既可以飞行，也可以游泳；而家鸭只会游泳。我们可以在它们之间分别内嵌不同的结构体而体现不同的行为，代码如下：

```
// 野鸭，具备飞行和游泳特性
type WildDuck struct {
 Swimming
```

```
Flying
}

// 家鸭，具备游泳特性
type DomesticDuck struct {
Swimming
}
```

最后在 main 函数中查看它们是否具备相对应的行为特性，代码如下：

```
func main() {
// 声明一只野鸭，可以飞，也可以游泳
wild := WildDuck{}
wild.fly()
wild.swim()

// 声明一只家鸭，只会游泳
domestic := DomesticDuck{}
domestic.swim()
}
```

从上述例子中可以看出，通过 Go 语言的内嵌结构体特性可以实现对象的组合特性，为结构体添加各式各样的功能和特性，提高代码的可复用性和可扩展性。

3.7　小结

Go 语言是一门极具活力的新生代语言，它的设计就是为高并发而服务的，并集合了当前诸多优秀程序设计语言的优点，如自动垃圾回收、快速的静态类型检查和高并发性能等。

在本章中，我们主要介绍了 Go 语言的基本语法和特性，包括原生数据类型、容器、函数、结构体等，方便读者对 Go 语言的语法有基本的认知。通过这一章的学习，我们已经具备基本 Go 语言开发能力，下一章中我们会加深对 Go 语言基础的学习，进一步介绍 Go 语言中的包管理、反射和并发等高级特性，提升我们对 Go 语言的认知。

第4章　进阶——Go 语言高级特性

在上一章中，我们对 Go 语言的基础语法和特性进行介绍，如数据类型、容器等。这一章我们将对 Go 语言中的一些高级特性进行介绍，包括包管理、反射和并发等。

代码的高复用性是优秀代码必备的品质，而 Go 语言的包管理就为我们封装模块和复用代码提供了强有力的支撑。

Go 语言是一门静态强类型语言，在程序编译的过程中会把变量的反射信息如字段类型、类型信息等写入可执行文件中。在程序执行的过程中，Go 语言虚拟机会加载可执行文件中变量的反射信息，并提供接口用于在运行时获取和修改代码的能力。

Go 语言支持两种并发模型，一种是我们常见的共享内存并发模型；另一种是 Go 语言推荐使用的 CSP（顺序进程通信）并发模型。Go 语言使用了一种特殊的 MPG 线程模型，使得可以原生态支持协程并发，大大提供了程序的执行效率。

4.1　依赖管理

Go 语言的代码复用很大程度依赖于包管理，而包管理很大程度依赖于环境变量 GOPATH。Go 语言的包管理一直饱受诟病，不过 1.11 版本发布的 Go Modules 已经对其进行改善。本节我们将初步了解 Go 语言的包管理。

4.1.1　包管理

与大多数编程语言一样，Go 语言中同样存在包的定义，我们可以通过 package 关键字定义一个包。如下代码所示：

```
package main
import "fmt"
func main() {
 fmt.Println("Hello World")
}
```

我们通过 package 关键字定义了 main 包，在 Go 语言中规定主函数 main 必须位于 main 包下。引入包可以使用 import 关键字来完成，若要引入多个包可以将它们放置在括号内一起引入，如下所示：

```
import (
    "fmt"
    "os")
```

在同一个包内定义的 func、type、变量、常量，可以被包内的所有其他代码随意访问，它们属于包内公开。那么，我们在 main 目录下新建一个 hello.go 文件，在里面添加一个 sayHello 的函数，代码如下所示：

```
package main
import "fmt"
func sayHello() {
fmt.Println("Hello World")
}
```

它和 main.go 同属于 main 包下，我们就可以在 main.go 中直接使用 sayHello 函数，代码如下所示：

```
package main
func main() {
sayHello()
}
```

由于我们需要同时编译 main.go 和 hello.go 文件，在 main 目录下执行以下命令：

```
go run main.go hello.go
```

即可以在命令行输出预期的"Hello World"字段。

如果 func、type、变量、常量位于不同的包下，则需要将它们名称的首写字母大写，表示它们是公开可访问的。对结构体下的字段，如果想要在包外访问，还需要将字段变量名首字母大写。

我们在 main 目录同级创建一个新的目录 compute，在 compute 目录下新建 add.go 文件，add.go 文件的代码如下所示：

```
package compute
type AddOperator interface {

/**
 * 算术相加
 */
Add() interface{}

}

type IntParams struct{
P1 int // 加数
P2 int // 被加数
}

func (params *IntParams) Add() interface{} {
return params.P1 + params.P2
}
```

我们通过 package compute 将 add.go 归属于 compute 包下；定义了 AddOperator 接口，接口中只有一个方法 Add，用于进行算数相加操作；同时定义了 IntParams 结构体用于实现 AddOperator.Add，实现方法是将 IntParams 内包含的两个整数进行相加并返回结果。

可以注意到，add.go 中的接口、函数、结构体以及结构体下的字段的首字母都是大写，这表示它们都是公开的，可以在包外被访问。接着我们修改一下 main 包下的 main 函数，让它引入并使用 compute 包下定义的结构体和函数，代码如下所示：

```
package main

import (
 "github.com/longjoy/micro-go-book/ch4-feature/compute"
 "fmt"
)

func main() {
 params := &compute.IntParams{
     P1:1,
     P2:2,
 }
 fmt.Println(params.Add())
}
```

上述代码中，我们通过 import 引入了 ch4-feature/compute 包，接着在 main 函数中直接声明并初始化了 IntParams，最后还调用了 Add 方法计算二者的和，在 main 目录下的命令行中执行：

```
go run main.go
```

Go 语言就会为我们同时编译 main.go 和 compute 包，执行 main 函数并返回预期的结果 3。

4.1.2 GOPATH

工作目录是 Go 语言项目的开发空间，它是一个目录结构，一般由三个子目录组成：

- src，包含了组成各种包的源代码，一个目录就是一个包；
- pkg，包含了编译后的类库；
- bin，包含了编译后的可执行程序。

而 GOPATH 是 Go 语言中使用的一个环境变量，它使用绝对路径提供 Go 语言项目的工作目录。GOPATH 适合处理大量 Go 语言源码、多个包组合而成的复杂工程。一般建议一个项目使用一个 GOPATH，在编译过程中就不会编译错误的代码或者版本。

go install 命令用来编译 Go 语言项目代码。它在内部实际分为两个阶段的操作：首先编译源代码，生成对应的结果文件，比如.a 应用包或者可执行文件；接着将编译结果移到 GOPATH/pkg 或者 GOPATH/bin 目录下。如果编译的项目内带有主包和 main 函数，go install 命令将生成对应的可执行文件放入到 GOPATH/bin 目录下，可以被直接运行；如果没有，go install 命令将会生成.a 应用包放入到 GOPATH/pkg 目录下，只能被依赖调用，无法直接运行。

在不依赖第三方工具的前提下，可以使用 go get 命令远程拉取新的依赖包。go get 借助代码管理工具（Git、SVN 等）下载远程代码或者依赖到 GOPATH/src 目录下，然后自动执行 go install 完成依赖编译和安装，默认安装在当前工作目录的 GOPATH 下。go get 命令的参数为需要引入的包名。比如我们想引入 micro-go-book 库到当前的 GOPATH 下，可以执行以下命令：

```
go get github.com/longjoy/micro-go-book
```

4.1.3　Go Modules

Go Modules 于 1.11 版本初步引入，在 1.12 版本中正式支持，它是 Go 语言官方提供的包管理解决方法。通过 Go Modules，我们可以不必将项目放置到 GOPATH 上。

Go Modules 和传统的 GOPATH 不同，不需要包含固定的三个子目录，一个源代码目录，甚至空目录都可以作为 Module，只要其中包含 go.mod 文件。

我们可以通过以下命令创建一个新的 Module：

```
go mod init [module name]
```

比如我们定义一个新的 Module 为 module1，输入以下命令：

```
go mod init module1
```

将会在当前目录下生成一个 go.mod 文件，内容为：

```
module module1

go 1.12
```

Go Modules 会为我们进行包管理，并自动更新 go.mod 文件，如果希望引入新的依赖，比如说引入 micro-go-book 库，我们可以在 go.mod 中添加以下代码：

```
module module1

go 1.12

require github.com/longjoy/micro-go-book v0.0.1
```

通过 require 关键字引入 micro-go-book 依赖的 0.0.1 版本，接着我们可以通过执行以下命令，手动下载依赖关系：

```
go mod download
```

也可以使用 go mod tidy 命令更新依赖关系，该命令将拉取缺少的模块，移除不用的模块。通过 Go Modules 可以很轻易地进行一个包的依赖管理和版本控制，go build 和 go install 将自动使用 go.mod 中依赖关系，减少了 GOPATH 管理时的复杂性。

4.2　反射基础

反射是一项功能强大的工具，它给开发人员提供了在运行时对代码本身进行访问和修改的能力。通过反射，我们可以拿到丰富的类型信息，比如变量的字段名称、类型信息和结构体信息等，并使用这些类型信息做一些灵活的工作。Go 语言的反射实现了反射

的大多数功能，获取类型信息需要配合使用标准库中的词法、语法解析器和抽象语法树
对源码进行扫描。接下来我们介绍 Go 语言反射中 Type 和 Value 两个重要的概念。

我们首先定义一些简单的结构体和方法，用于我们后面的实验验证，代码如下所示，
主要位于 ch4-feature/relection/reflection.go 文件下：

```go
package main

import "fmt"

// 定义一个人的接口
type Person interface {

// 和人说hello
SayHello(name string)
// 跑步
Run() string
}

type Hero struct {
Name string
Age int
Speed int
}

func (hero *Hero) SayHello(name string) {
fmt.Println("Hello " + name, ", I am " + hero.Name)
}

func (hero *Hero) Run() string{
fmt.Println("I am running at speed",hero.Speed)
return "Running"
}
```

上述代码中我们定义了一个 Person 接口，以及定义了 Hero 结构体来实现 Person 接
口中的方法，同时 Hero 结构体中还包含 3 个成员字段。

Go 语言的反射主要通过 Type 和 Value 两个基本概念来表达。其中 Type 主要用于表
示被反射变量的类型信息，而 Value 用于表示被反射变量自身的实例信息。Go 语言反射
实现主要位于 reflect 包中。

4.2.1 reflect.Type 类型对象

通过 reflect.TypeOf 方法，我们可以获取一个变量的类型信息 reflect.Type。通过
reflect.Type 类型对象，我们可以访问到其对应类型的各项类型信息。我们可以创建一个
Hero 结构体，通过 reflect.TypeOf 来查看其对应的类型信息，代码如下所示：

```go
func main() {
// 获取实例的反射类型对象
typeOfHero := reflect.TypeOf(Hero{})
fmt.Printf("Hero's type is %s, kind is %s", typeOfHero, typeOfHero.Kind())

}
```

运行结果如下所示：

```
Hero's type is main.Hero, kind is struct
```

在 Go 语言中，存在着 type（类型）和 kind（种类）的区别，如上面结果所展示，Hero 的类型是 main.Hero，而种类是 struct。Type 是指变量所属的类型，包括系统的原生数据类型（如 int、string 等）和我们通过 type 关键字定义的类型，比如我们定义的 Hero 结构体，这些类型的名称一般就是其类型本身。而 Kind 是指变量类型所归属的品种，参考 reflect.Kind 中的定义，主要有以下类型：

```
type Kind uint

const (
Invalid Kind = iota
Bool
Int
Int8
Int16
Int32
Int64
Uint
Uint8
Uint16
Uint32
Uint64
Uintptr
Float32
Float64
Complex64
Complex128
Array
Chan
Func
Interface
Map
Ptr
Slice
String
Struct
UnsafePointer
)
```

一般我们通过 type 关键字定义的结构体都属于 Struct，而指针变量的种类统一为 Ptr，比如下面代码：

```
fmt.Printf("*Hero's type is %s, kind is %s",reflect.TypeOf(&Hero{}),
reflect.TypeOf(&Hero{}).Kind())
```

上述代码中通过 reflect.TypeOf 获取了 Hero 指针的类型对象，它的输出将会是：

```
*Hero's type is *main.Hero, kind is ptr
```

这说明&Hero{}的类型是*main.Hero，归属于种类 ptr。对于指针类型的变量，可以使用 Type.Elem 获取到指针指向变量的真实类型对象，如下例子所示：

```
typeOfPtrHero := reflect.TypeOf(&Hero{})
fmt.Printf("*Hero's type is %s, kind is %s\n",typeOfPtrHero,
typeOfPtrHero.Kind())
typeOfHero := typeOfPtrHero.Elem()
fmt.Printf(" typeOfPtrHero elem to typeOfHero, Hero's type is %s, kind is
%s", typeOfHero, typeOfHero.Kind())
```

预期输出为：

```
*Hero's type is *main.Hero, kind is ptr
 typeOfPtrHero elem to typeOfHero, Hero's type is main.Hero, kind is struct
```

通过 typeOfPtrHero.Elem，我们可以获取到*main.Helo 指针指向变量的真实类型
main.Hero 的类型对象。

4.2.2 类型对象 reflect.StructField 和 reflect.Method

如果变量是一个结构体，我们还可以通过结构体域类型对象 reflect.StructField 来获取
结构体下字段的类型属性。Type 接口提供了用于获取字段结构体域类型对象的方法，我
们主要介绍以下 3 个方法：

```
// 获取一个结构体内的字段数量
NumField() int
// 根据 index 获取结构体内的成员字段类型对象
Field(i int) StructField
// 根据字段名获取结构体内的成员字段类型对象
FieldByName(name string) (StructField, bool)
```

通过以上 3 个方法，我们可以拿到结构体变量内所有成员字段的类型对象
reflect.StructField。通过 reflect.StructField，可以知道成员字段所属的类型和种类，主要有
以下的属性：

```
type StructField struct {
// 成员字段的名称
Name string
// 成员字段 Type
Type     Type
// Tag
Tag      StructTag
// 字节偏移
Offset   uintptr
// 成员字段的 index
Index    []int
// 成员字段是否公开
Anonymous bool
}
```

StructField 中提供了 Type 用于获取字段的的类型信息，而 StructTag 一般用来描述结
构体成员字段的额外信息，比如在 JSON 进行序列化和对象映射时会被使用。StructTag
一般由一个或者多个键值对组成，一个简单的例子如下：

```
ID string 'json:"id"'
```

键与值使用（:）分隔，值用（" "）括起来，键值对之间使用空格分隔。上面例子中说明 ID 字段在 JSON 序列化时会变成 id。

接下来，我们遍历 Hero 结构体，获取其内字段的类型并输出，代码如下所示：

```
func main() {

typeOfHero := reflect.TypeOf(Hero{})

// 通过 #NumField 获取结构体字段的数量
for i := 0 ; i < typeOfHero.NumField(); i++{
    fmt.Printf("field' name is %s, type is %s, kind is %s\n",
            typeOfHero.Field(i).Name,
            typeOfHero.Field(i).Type,
            typeOfHero.Field(i).Type.Kind())
}
// 获取名称为 Name 的成员字段类型对象
nameField, _ := typeOfHero.FieldByName("Name")
fmt.Printf("field' name is %s, type is %s, kind is %s\n", nameField.Name,
nameField.Type, nameField.Type.Kind())
}
```

预期的结果如下所示：

```
field' name is Name, type is string, kind is string
field' name is Age, type is int, kind is int
field' name is Speed, type is int, kind is int
field' name is Name, type is string, kind is string
```

上述代码中先使用 Type.NumField 获取 Hero 结构体中字段的数量，再通过 typeOfHero.Field 根据 index 获取每个字段域类型对象并打印它们的类型信息。代码最后还演示了如何通过 typeOfHero.FieldByName 获取了字段名为 Name 的字段域类型对象。

除了获取结构体下的字段域类型对象，Type 还提供方法获取接口下方法的方法类型对象 Method，接口方法描述如下：

```
// 根据 index 查找方法
Method(int) Method
// 根据方法名查找方法
MethodByName(string) (Method, bool)
// 获取类型中公开的方法数量
NumMethod() int
```

获取到的方法类型描述对象 Method 描述了方法的基本信息，包括方法名、方法类型等，代码如下所示：

```
type Method struct {
// 方法名
Name    string
// 方法类型
Type  Type
// 反射对象，可用于调用方法
Func  Value
// 方法的 index
Index int
}
```

在 Method 中 Func 字段是一个反射值对象，可用于进行方法的调用。如果 Method 是来自于接口类型反射得到的 Type，那么 Func 传递的第一个参数需要为实现方法的接收器，我们将在下一节具体介绍这部分的区别。

我们可以通过 Type 中提供的方法获取接口 Person 中方法的方法类型对象，代码如下所示：

```
func main() {
// 声明一个 Person 接口，并用 Hero 作为接收器
    var person Person = &Hero{}
// 获取接口 Person 的类型对象
typeOfPerson := reflect.TypeOf(person)
// 打印 Person 的方法类型和名称
for i := 0 ; i < typeOfPerson.NumMethod(); i++{
    fmt.Printf("method is %s, type is %s, kind is %s.\n",
            typeOfPerson.Method(i).Name,
            typeOfPerson.Method(i).Type,
            typeOfPerson.Method(i).Type.Kind())
}
method, _ := typeOfPerson.MethodByName("Run")
fmt.Printf("method is %s, type is %s, kind is %s.\n", method.Name,
method.Type, method.Type.Kind())
}
```

预期的输出结果如下所示：

```
method is Run, type is func(*main.Hero), kind is func
method is SayHello, type is func(*main.Hero, string), kind is func
method is Run, type is func(*main.Hero) string, kind is func.
```

除了通过 typeOfPerson.Method 根据 index 获取方法类型对象，还可以使用 typeOfPerson.MethodByName 根据方法名查找对应的方法类型对象。从输出结果可以看出，方法的种类均为 func，而类型则为方法的声明。

4.2.3　reflect.Value 反射值对象

使用 Type 类型对象可以获取到变量的类型与种类，但是无法获取到变量的值，更无法对值进行修改，这与我们使用反射的目的还相差甚远。因此我们需要使用 reflect.ValueOf 获取反射变量的实例信息 Value，通过 Value 对变量的值进行查看和修改。获取变量 Value 的代码如下所示：

```
name := "小明"
valueOfName := reflect.ValueOf(name)
fmt.Println(valueOfName.Interface())
```

预期是输出结果如下：

```
小明
```

在上述代码中，我们通过 reflect.ValueOf 获取到了 name 变量的 Value 对象，并通过 valueOfName.Interface 获取到 name 变量的值。除了通过 Value.Interface 方法获取变量的

值，Value 中还提供了其他用于获取变量值的方法，如下：

```
func (v Value) Interface() (i interface{})
// 将值以 int 返回
func (v Value) Int() int64
// 将值以 float 返回
func (v Value) Float() float64
// 将值以 []byte 返回
func (v Value) Bytes() []byte
// 将值以 string 返回
func (v Value) String() string
// 将值以 bool 返回
func (v Value) Bool() bool
```

如果取值变量的类型与取值的方式不匹配，那么程序就会 panic，如下例子所示：

```
name := "小明"
valueOfName := reflect.ValueOf(name)
fmt.Println(valueOfName.Bytes())
```

上述代码中我们尝试将 string 类型的值以[]byte 类型取值时就会抛出以下错误：

```
panic: reflect: call of reflect.Value.Bytes on string Value
```

因此在不清楚取值变量的具体类型时，建议先使用 Value.Interface 方法取值，再通过类型推导进行赋值。

除此之外，我们可以使用 reflect.New 方法根据变量的 Type 对象创建一个相同类型的新变量，值以 Value 对象的形式返回，代码如下所示：

```
typeOfHero := reflect.TypeOf(Hero{})
    heroValue := reflect.New(typeOfHero)
        fmt.Printf("Hero's type is %s, kind is %s\n", heroValue.Type(),
heroValue.Kind())
```

预期结果为：

```
Hero's type is *main.Hero, kind is ptr
```

这相当于使用 new(Hero)构造了一个新的 Hero。

对变量的修改可以通过 Value.Set 方法实现，如下例子所示：

```
name := "小明"
valueOfName := reflect.ValueOf(&name)
valueOfName.Elem().Set(reflect.ValueOf("小红"))
fmt.Println(name)
```

代码的预期结果是 name 被修改为小红：

```
小红
```

可以注意到，上面代码中，reflect.ValueOf 获取的是 name 指针的 Value，再通过#Elem 获取指针 Value 的 Value 用于修改 name 的值。

在 Go 语言中，任何直接通过 reflect.ValueOf 获取的 Value 都无法直接进行设定变量值，因为 reflect.ValueOf 方法处理的都是值类型，即使是&name 也是处理指针的拷贝，获取到的 Value 无法对原来的变量进行取址，所以直接设定变量值会出现错误。而上述例子中通过#Elem 对 valueOfName 进行解引用获取的 Value 具备指向原有变量的指针，因此是可寻址可设定变量值的。

一个变量的 Value 是否可寻址可以通过#CanAddr 方法来判断，代码如下所示：

```
name := "小明"
valueOfName := reflect.ValueOf(name)
fmt.Printf( "name can be address: %t\n", valueOfName.CanAddr())
valueOfName = reflect.ValueOf(&name)
fmt.Printf( "&name can be address: %t\n", valueOfName.CanAddr())
valueOfName = valueOfName.Elem()
fmt.Printf( "&name's Elem can be address: %t", valueOfName.CanAddr())
```

预期输出为：

```
name can be address: false
&name can be address: false
&name's Elem can be address: true
```

从结果可以看到，只有指针类型解引用后的 Value 才是可寻址的。

对于结构体类型的变量来说，结构体内的字段不仅要能够被寻址，还需要公开才能够被设定变量值。因此可以通过 Value.CanSet 方法判断变量的 Value 是否可设置变量。Value 中同样提供了#NumField、#FieldByIndex、#FieldByName 等方法来获取结构体内字段的 Value。以下代码演示了获取结构体内字段的 Value 并通过该 Value 设置字段值：

```
hero := &Hero{
    Name: "小白",
}

valueOfHero := reflect.ValueOf(hero).Elem()

valueOfName := valueOfHero.FieldByName("Name")
// 判断字段的 Value 是否可以设定变量值
if valueOfName.CanSet() {
    valueOfName.Set(reflect.ValueOf("小张"))
}

fmt.Printf("hero name is %s", hero.Name)
```

预期的结果是：

```
hero name is 小张
```

可以看到 hero 的名字被改为小张，如果对不公开字段的 Value 设定变量值将会抛出错误。

除了取设值外，Value 还可以用以反射调用函数，使用的函数如下：

```
func (v Value) Call(in []Value) []Value
```

传递的参数列表 in []Value 表示被反射方法的参数，我们需要把方法的参数生成的 Value 按照声明的顺序传递给被调用的方法。返回的结果[]Value 是方法返回值的 Value 封装值。

接着我们演示一个如何调用接口内方法的例子。

【实例 4-1】使用反射调用接口方法

代码如下所示：

```
var person Person = &Hero{
    Name: "小红",
    Speed: 100,
}
valueOfPerson := reflect.ValueOf(person)
// 获取 SayHello 方法
sayHelloMethod := valueOfPerson.MethodByName("SayHello")
// 构建调用参数并通过 #Call 调用方法
sayHelloMethod.Call([]reflect.Value{reflect.ValueOf("小张")})
// 获取 Run 方法
runMethod := valueOfPerson.MethodByName("Run")
// 通过 #Call 调用方法并获取结果
result := runMethod.Call([]reflect.Value{})
fmt.Printf("result of run method is %s.", result[0])
```

预期的输出结果为：

```
Hello 小张 , I am 小红
I am running at speed 100
result of run method is Running.
```

上述代码中，我们首先声明了一个 Person 接口并使用 Hero 结构体来实现，接着获取了 Person 的 Value 对象，然后通过 Value.MethodByName（只能获取公开的方法）获取到对应方法的 Value，最后通过 Value.Call 反射调用方法。在使用 Value.Call 调用方法之前，我们构建一个[]reflect.Value 类型的参数列表，把方法参数的 Value 按照声明的顺序传递给被调用的方法；同时在方法调用结束后会返回一个带有调用结果的[]reflect.Value 列表，以供我们访问方法调用后的结果。

上述方法的 Value 我们是直接通过 Person 接口的 Value 获取，在方法调用时，会默认把方法的接收器 person 传递过去。如果接口方法的 Value 不是通过接口的 Value 对象获取，而是通过 Type 对象等获取，那么就会丢失方法调用的接收器，此时需要我们在调用时显式将方法的接收器放在 in []Value 参数列表的第一位，如下例子所示：

```
var person Person = &Hero{
    Name: "小红",
}
// 获取接口 Person 的类型对象
typeOfPerson := reflect.TypeOf(person)
// 打印 Person 的方法类型和名称
sayHelloMethod, _ := typeOfPerson.MethodByName("Run")
// 将 person 接收器放在参数的第一位
result:=sayHelloMethod.Func.Call([]reflect.Value{reflect.ValueOf(perso
n)})
fmt.Printf("result of run method is %s.", result[0])
```

否则将会抛出参数过少的异常，如下所示：

```
panic: reflect: Call with too few input arguments
```

一般方法的反射调用非常简单，直接使用 reflect.ValueOf 根据函数指针获取方法的 Value 即可，如下代码所示：

```
func main()  {
```

```
methodOfHello := reflect.ValueOf(hello)
methodOfHello.Call([]reflect.Value{})

}

func hello()  {
fmt.Print("Hello World! ")
}
```

使用 reflect.Value 反射值对象，我们不仅可以以反射的方式获取和设置变量的值，还可以以反射的方式调用函数，使得开发人员能够在程序运行时做一些灵活的修改工作。

4.3　并发模型

我们知道，集成电路中晶体管的数量按照摩尔定律的推测趋势已经持续增长了超过半个世纪，CPU 的性能在持续提升。但是就目前看来，"免费午餐的时代已然结束"，芯片中晶体管数量密度的增速已然放缓。为了让代码跑得更多，单纯依靠硬件的提升已经不能满足我们的需求，我们需要多核运行的支持，使程序能够并发或者并行执行。

4.3.1　并发与并行

并发和并行都是为了充分利用 CPU 多核计算资源所提出来的概念，读者基本上都有所了解：
- 并发指的是在同一时间段内，多条指令在 CPU 上同时执行；
- 并行指的是在同一时刻，多条指令在 CPU 上同时执行。

并发程序并不要求 CPU 具备多核计算的能力。在同一时间段内，多个线程会被分配一定的执行时间片，在 CPU 上被快速轮换执行。线程执行的时间片耗尽或者任务完成了，会被 CPU 调度换下，执行其他的线程任务。通过这样的方式，可以在宏观上模拟出多个线程同时执行的效果。

而并行程序则要求 CPU 提供多核并行计算的能力。在同一时刻需要多个线程在 CPU 上的多个核上同时执行指令。无论从宏观还是微观上观察，都会看到多个线程在同时执行。

并发程序的执行通常是不确定的，这种不确定来源于资源之间的相关依赖和竞态条件，这可能导致执行线程之间的相互等待，使得并发程序即使在多核环境上也无法做到真正并行执行而降级为串行执行。并行程序的每个执行模块在逻辑上是独立的，即线程执行时可以独立完成任务，从而可以做到同一时刻多个指令能够同时执行。

4.3.2　CSP 并发模型

Go 语言中实现了两种并发模型，一种是我们熟悉的线程与锁并发模型，它主要依赖于共享内存实现。线程与锁模型类似于对底层硬件运行过程的形式化，程序的正确运行很大程度依赖于开发人员的能力和技巧，程序在出错时不易排查。另一种是 Go 语言中倡导使用的 CSP（communicating sequential processes）通信顺序进程模型。

CSP 并发模型最初由 Tony Hoare 于 1977 年的论文中被提出，它倡导使用通信的手段来共享内存。CSP 模型中存在两个关键的概念：

（1）并发实体，通常可以理解为执行线程，它们相互独立且并发执行。

（2）通道，并发实体之间使用通道发送信息。

与共享内存的线程与锁并发模型不同，CSP 中的并发实体是独立的，它们之间没有共享的内存空间。并发实体之间的数据交换通过通道实现，无论在通道中放数据还是从通道中取数据，都会导致并发实体的阻塞，直到通道中的数据被取出或者通道中被放入新的数据，并发实体通过这种方式实现同步。

CSP 类似于我们常用的同步队列，它关注的是消息传输的方式，即通道，而并不关注消息的具体发送实体和具体接收实体。发送和接收信息的并发实体可能不知道对方具体是谁，它们之间是互相解耦的。通道与并发实体也不是紧耦合的，通道可以独立地进行创建和放取，并在不同的并发实体中传递使用。

CSP 通道的特性给并发编程提供了极大的灵活性，通道作为独立的对象，可以被任意创建、读取、放入数据，并在不同的并发实体中被使用。但是它也极易导致死锁，如果一个并发实体在读取一个永远没有数据放入的通道或者把数据放入一个永远不会被读取的通道中，那么它将被永远阻塞，也就是死锁。

4.3.3　常见的线程模型

线程之间的调度永远是一个复杂的话题，但是并发编程必然会涉及到操作系统对线程的调度。根据资源访问权限的不同，操作系统会把内存分为内核空间和用户空间，内核空间的指令代码具备直接调度计算机底层资源的能力，比如说 I/O 资源；用户空间的代码没有访问计算底层资源的能力，需要通过系统调用等方式切换为内核态来实现对计算机底层资源的申请和调度。

线程作为操作系统能够调度的最小单位，也分为用户线程和内核线程。

（1）用户线程由用户空间的代码创建、管理和销毁，线程的调度由用户空间的线程库完成（可能是编程语言层次的线程库），无需切换内核态，资源消耗少且高效。同一进程下创建的用户线程对 CPU 的竞争是以进程的维度参与的，这会导致该进程下的用户线程只能分时复用进程被分配的 CPU 时间片，所以无法很好利用 CPU 多核运算的优势。我们一般情况下说的线程其实是指用户线程。

（2）内核线程由操作系统管理和调度，能够直接操作计算机底层的资源，线程切换的时候 CPU 需要切换到内核态。它能够很好利用多核 CPU 并行计算的优势，开发人员可以通过系统调用的方式使用内核线程。

用户线程是无法被操作系统感知的，用户线程所属的进程或者内核线程才能被操作系统直接调度，分配 CPU 的使用时间。对此衍生出了不同的线程模型，它们之间对 CPU 资源的使用程度各有利弊。

1. 用户级线程模型

用户级线程模型中基本是一个进程对应一个内核线程，如下图 4-1 所示。

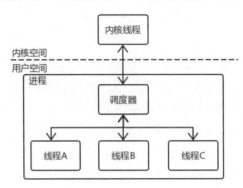

图 4-1　用户级线程模型

进程内的多线程管理由用户代码完成，这使得线程的创建、切换和同步等工作显得异常轻量级和高效，但是这些复杂的逻辑需要在用户代码中实现，一般依赖于编程语言层次。同时进程内的多线程无法很好利用 CPU 多核运算的优势，只能通过分时复用的方式轮换执行。当进程内的任意线程阻塞，比如线程 A 请求 I/O 操作被阻塞，很可能导致整个进程范围内的阻塞，因为此时进程对应的内核线程因为线程 A 的 I/O 阻塞而被剥夺 CPU 执行时间，导致整个进程失去了在 CPU 执行代码的权利！

2. 内核级线程模型

内核级线程模型中，进程中的每个线程都会对应一个内核线程，如图 4-2 所示。

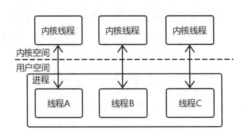

图 4-2　内核级线程模型

进程内每创建一个新的线程都会调用操作系统的线程库在内核创建一个新的内核线程与之对应，线程的管理和调度由操作系统负责，这将导致每次线程切换上下文时都会从用户态切换到内核态，产生有不小的资源消耗，同时创建线程的数量也会受限于操作系统内核可创建内核线程的数量。优点是多线程能够充分利用 CPU 的多核并行计算能力，因为每个线程可以独立被操作系统调度分配到 CPU 上执行指令，同时某个线程的阻塞并不会影响到进程内其他线程工作的执行。

3．两级线程模型

两级线程模型相当于用户级线程模型和内核级线程模型的结合，一个进程将会对应多个内核线程，由进程内的调度器决定进程内的线程如何与申请的内核线程对应，如图 4-3 所示。

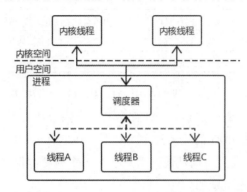

图 4-3　两级线程模型

进程会预先申请一定数量的内核线程，然后将自身创建的线程与内核进程进行对应。线程的调用和管理由进程内的调度器负责，而内核线程的调度和管理由操作系统负责。这种线程模型既能够有效降低线程创建和管理的资源消耗，也能够很好地提供线程并行计算的能力。两级线程模型也给开发人员带来较大的技术挑战，因为开发人员需要在程序代码中模拟线程调度的细节，包括但不限于：线程切换时上下文信息的保存和恢复，栈空间大小的管理等。Go 语言的 MPG 模型属于一种特殊的两级线程模型，它将 CPU、内核线程、线程的关系描述为 M、P、G 三者的关系，我们在下一小节介绍 MPG 线程模型。

4.3.4　MPG 线程模型概述

Go 语言中的 MPG 线程模型对两级线程模型进行了一定程度的改进，使它能够更加灵活地进行线程之间的调度。它由 3 个主要模块构成，如图 4-4 所示。

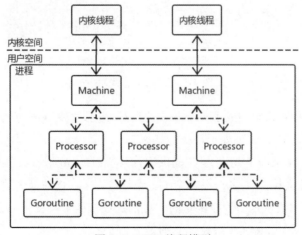

图 4-4　MPG 线程模型

MPG 的 3 个主要模块以及功能，我们通过下表 4-1 所示。

表 4-1

模 块	功 能 说 明
Machine	一个 Machine 对应一个内核线程，相当于内核线程在 Go 语言进程中的映射
Processor	一个 Prcessor 表示执行 Go 代码片段的所必需的上下文环境，可以理解为用户代码逻辑的处理器
Goroutine	是对 Go 语言中代码片段的封装，其实是一种轻量级的用户线程

为了更加形象，下面的介绍中我们会用 M、P、G 分别指代 Machine、Processor 和 Goroutine。从图 4-4 可以看出，每一个 M 都会与一个内核线程绑定，在运行时一个 M 同时只能绑定一个 P，而 P 和 G 的关系则是一对多。在运行过程中，M 和内核线程之间对应关系不会变化，在 M 的生命周期内，它只会与一个内核线程绑定，而 M 和 P 以及 P 和 G 之间的关系都是动态可变的。

在实际的运行过程中，M 和 P 的组合才能够为 G 提供有效的运行环境，而多个可执行 G 将会顺序排成一个队列挂在某个 P 上面，等待调度和执行，如图 4-5 所示。

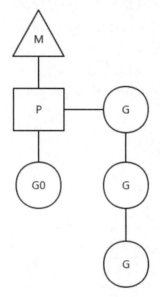

图 4-5　实际运行示意图

图 4-5 中，M 和 P 共同构成了一个基本的运行环境，此时 G0 中的代码片段处于正在运行的状态，而右边的 G 队列处于待执行状态。

当没有足够的 M 来和 P 组合为 G 提供运行环境时，Go 语言会创建新的 M。在很多时候 M 的数量可能会比 P 要多。在单个 Go 语言进程中，P 的最大数量决定了程序的并发规模，且 P 的最大数量是由程序决定的。可以通过修改环境变量 GOMAXPROCS 和调用函数 runtime.GOMAXPROCS 来设定 P 的最大值。

　　M 和 P 会适时的组合和断开，以保证待执行 G 队列能够得到及时运行。比如说图 4-5 中的 G0 此时因为网络 I/O 而阻塞了 M，那么 P 就会携带剩余的 G 投入到其他 M 中。这个新的 M（图 4-6 中的 M1）可能是新创建的，也可能是从调度器空闲 M 列表中获取的，这取决于此时的调度器空闲 M 列表中是否存在 M，这样的机制设计也是为了避免 M 过多创建。运行机制如图 4-6 所示。

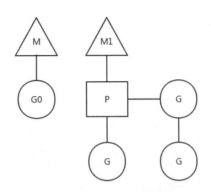

图 4-6　I/O 阻塞 M 后运行示意图

　　当 M 对应的内核线程被唤醒时，M 将会尝试为 G0 捕获一个 P 上下文，可能是从调度器的空闲 P 列表中获取，如果获取不成功，M 会把 G0 放入到调度器的可执行 G 队列中，等待其他 P 的查找。为了保证 G 的均衡执行，非空闲的 P 运行完自身的可执行 G 队列后，会周期性从调度器的可执行 G 队列中获取待执行的 G，甚至从其他的 P 的可执行 G 队列中掠夺 G。

4.4　并发实践

　　了解完 Go 语言中基本的线程模型，我们接下来正式进入到 Go 语言并发编程的实践当中，这其中我们主要介绍 goroutine 和 channel 的使用和特点，并对 sync 包中的部分并发工具进行讲解。

4.4.1　协程 goroutine

　　协程 goroutinc 在 Go 语言中属于轻量级的线程，在运行时由 runtinc 管理，我们在以前代码中编写的 main 函数也是运行在 goroutine 之上。启动一个新的 goroutine 的格式如下所示：

> go 表达式语句

　　只要在代码中出现这样一条 go 语句，就表示一个表达式被并发执行。表达式语句可以是内建函数，也可以是自定义的方法和函数（命名和匿名皆可）。我们通过以下的例子体会一下：

```
package main

import (
 "fmt"
 "time"
)

func test() {
 fmt.Println("I am work in a single goroutine")
}

func main() {
 go test()
 // 主 goroutine 休眠 1 s
 time.Sleep(time.Second)
}
```

输出的结果预期是：

```
I am work in a single goroutine
```

我们首先声明了一个简单的 test 函数，然后让 test 函数在 goroutine 上并发执行。在 go 语句后，我们还通过 time.Sleep 函数让主 goroutine 阻塞了 1 秒钟。如果我们直接执行 go 语句而不阻塞主 goroutine，则是如下代码：

```
package main

import (
 "fmt"
 "time"
)

func test() {
 fmt.Println("I am work in a single goroutine")
}

func main() {
 go test()
}
```

运行后会发现，大多数情况下 test 函数中的打印语句并不会执行。这是因为主 goroutine 在调度 go test()执行前就可能结束了。在 Go 语言中，只要主 goroutine（main 函数）结束，就意味着整个程序已经运行结束了。如果"go test()"没能在 main 函数结束之前被调度器调度执行，那么打印语句就没办法执行了。与其他编程语言一样，Go 语言不同 goroutine 间的代码次序并不能代表真正的执行顺序，这需要我们在将来的代码编写中多加关注。

我们可以举一个更复杂的例子来演示，代码如下：

```
package main
import (
 "fmt"
)
func setVTo1(v *int) {

 *v = 1
```

```
}
func setVTo2(v *int) {
*v = 2
}

func main() {
v := new(int)
go setVTo1(v)
go setVTo2(v)
fmt.Println(*v)
}
```

上述这段代码的结果有可能有多种情况，最后的"*v"输出可能是 0、1 或者 2，虽然大多数情况是 0。这取决于当时调度器的调度情况，对此，我们不能对并发执行的顺序做过多的假设，不然会造成不可预料的 bug。

go 语句除了启动命名函数，还可以启动匿名函数，代码如下所示：

```
package main

import (
"fmt"
"time"
)
func main() {

go func(name string) {
    fmt.Println("Hello " + name )
}("xuan")
// 主 goroutine 阻塞 1 s
time.Sleep(time.Second)
}
```

上述代码中，我们通过 go 语句启动了一个匿名函数的并发线程，为了保证结果的输出，我们阻塞主 goroutine 1 秒种。使用 go 关键字可以很简单地启动一个新的协程并发执行函数任务，提高程序的并行能力。

4.4.2　通道 channel

Go 语言中倡导使用 channel 作为 goroutine 之间同步和通信的手段。channel 类型属于引用类型，且每个 channel 只能传递固定类型的数据，channel 声明如下所示：

```
var channelName chan T
```

这行代码表示，我们通过 chan 关键字声明了一个新的 channel，并且声明时指定 channel 内传输的数据类型 T。

1．channel 的发送与接收

channel 作为一个队列，它会保证数据收发顺序总是遵循先入先出的原则进行；同时它也会保证同一时刻内有且仅有一个 goroutine 访问 channel 来发送和获取数据。

从 channel 发送数据需要使用"<-"符号，如下所示：

```
channel <- val
```

这行代码表示 val 将被发送到 channel 中，在 channel 被填满之后再向通道中发送将会阻塞当前 goroutine。而从 channel 读取数据也是使用符号 "<-"，只不过待接受的数据和 channel 的位置互换了，如下所示：

```
val := <- channel
```

这行代码表示从 channel 中读取一个值并赋值到 val 上，如果 channel 中没有数据，将会阻塞读取的 goroutine，直到有数据被放入 channel。我们可以在读取数据时使用一个额外的 bool 返回值判断当前 channel 是否关闭，如下所示：

```
val, ok:= <- channel
```

当 ok 为 false 时，说明该 channel 已经关闭，此时无法放入数据。如果 ok 为 true，有效的返回值将会保存到 val 中等待使用。

创建 channel 时我们需要借助 make 函数对 channel 进行初始化，形式如下所示：

```
ch := make(chan T, sizeOfChan)
```

在创建 channel 时需要指定 channel 传输的数据类型，可以选择指定 channel 的长度。如果不指定，那么往 channel 中发送数据的 goroutine 将会被阻塞，直到数据被读取；而指定了长度的 channel 将会携带 sizeOfChan 的缓冲区，在缓冲区未满时发送数据不会被阻塞。无论 channel 是否携带缓冲区，读取的 goroutine 都会被阻塞，直到 channel 中有数据可被读取。

接下来我们通过一个例子来演示一下 goroutine 和 channel 配合，我们将创建一个 channel 用于在两个 goroutine 中发送数据，其中一个 goroutine 从命令行读取输入发送到 channel 中；另一个 goroutine 循环性的从 channel 中读取数据并输出。

【实例 4-2】协程使用 channel 发送和接收数据

代码如下所示：

```
package main

import (
"bufio"
"fmt"
"os"
)

func printInput(ch chan string) {
// 使用 for 循环从 channel 中读取数据
for val := range ch{
    // 读取到结束符号
    if val == "EOF"{
        break
    }
    fmt.Printf("Input is %s\n", val)
}
}

func main() {
```

```
// 创建一个无缓冲的 channel
ch := make(chan string)
go printInput(ch)

// 从命令行读取输入
scanner := bufio.NewScanner(os.Stdin)
for scanner.Scan() {
    val := scanner.Text()
    ch <- val
    if val == "EOF"{
        fmt.Println("End the game!")
        break
    }
}
// 程序最后关闭 ch
defer close(ch)

}
```

通过 go run 运行上述代码，在命令行输入字符串，将会获取程序的反馈，如下所示：

```
Hello
Input is Hello
Hi
Input is Hi
EOF
End the game!
```

channel 作为一个具备长度的容器，也是可以被遍历的。上述例子的代码中，我们通过 for:range 语法从 channel 中循环读取数据；当 channel 中没有数据时，printInput 的 goroutine 将会被阻塞。代码的最后，我们还通过 defer close(ch)关闭了创建的 channel，需要注意的是在 channel 关闭后不允许再往通道中放入数据，不然会抛出 panic；而再从关闭的 channel 读取数据或者之前从 channel 读取数据并被阻塞的 goroutine 将会接收到零值，直接返回。

2．带缓冲区的 channel

如果我们创建 channel 时指定了 channel 的长度，那么 channel 将会拥有缓冲区。goroutine 在缓冲区未满时往 channel 发送数据将不会被阻塞，我们通过实例 4-3 演示一下。

【实例 4-3】使用带缓冲区的 channel

代码如下所示：

```
package main

import (
"fmt"
"time"
)

func consume(ch chan int)  {
// 线程休息 100s 再从 channel 读取数据
time.Sleep(time.Second * 100)
<- ch

}
```

```
func main()  {
// 创建一个长度为 2 的 channel
ch := make(chan int, 2)
go consume(ch)

ch <- 0
ch <- 1
// 发送数据不被阻塞
fmt.Println("I am free!")
ch <- 2
fmt.Println("I can not go there within 100s!")

time.Sleep(time.Second)

}
```

在 100 s 之内，输出的结果都将是：

```
I am free!
```

在缓冲区满了之后，继续往 channel 中发送数据的 goroutine 将会阻塞，直到 channel 中的数据被读取。

除了声明双向 channel，我们还可以声明单向的 channel，即只能从 channel 发送数据或者只能从 channel 中读取数据，代码如下所示：

```
ch := make(chan int)
// 声明只能发送的通道
var chInput chan <- int = ch
// 声明只能读取的通道
var chOutput int <- int = ch
```

单向 channel 一般用于在传递 channel 值时保证代码接口的严谨性，使得只需要读取或者发送数据的方法仅能进行相应的操作，避免越界的误操作而导致逻辑混乱。

如果在 goroutine 中需要接受多个 channel 中的消息时，我们可以使用 Go 语言中的 select 关键字提供的多路复用功能。select 关键字的使用方式与 switch 相类似，但是要求 case 语句后面必须为 I/O 操作，在没有 I/O 响应且没有提供 default 语句时，goroutine 将会被阻塞。我们来看一个简单的例子。

【实例 4-4】使用 select 从多个 channel 中读取数据

代码如下所示：

```
package main

import (
"fmt"
"time"
)

func send(ch chan int, begin int ) {
// 循环向通道发送数据
for i :=begin ; i< begin + 10 ;i++{
    ch <- i
```

```
    }

}
func main() {
    ch1 := make(chan int)
    ch2 := make(chan int)

    go send(ch1, 0)
    go send(ch2, 10)

    // 主 goroutine 休眠 1s，保证调度成功
    time.Sleep(time.Second)

    for {
        select {
        case val := <- ch1: // 从 ch1 读取数据
            fmt.Printf("get value %d from ch1\n", val)
        case val := <- ch2 : // 从 ch2 读取数据
            fmt.Printf("get value %d from ch2\n", val)
        case <-time.After(2 * time.Second): // 超时设置
            fmt.Println("Time out")
            return
        }
    }

}
```

由于 goroutine 调度的不确定性，一个可能的运行结果为：

```
get value 0 from ch1
get value 10 from ch2
get value 1 from ch1
get value 11 from ch2
get value 2 from ch1
get value 12 from ch2
get value 3 from ch1
get value 13 from ch2
get value 4 from ch1
get value 5 from ch1
get value 14 from ch2
get value 6 from ch1
get value 7 from ch1
get value 8 from ch1
get value 15 from ch2
get value 9 from ch1
get value 16 from ch2
get value 17 from ch2
get value 18 from ch2
get value 19 from ch2
Time out
```

上述代码中，我们通过 select 多路复用分别从 ch1 和 ch2 中读取数据，如果多个 case 语句中的 ch 同时到达，那么 select 将会运行一个伪随机算法随机选择一个 case。在最后的 case 中我们设定可接受的最大时长为 2 s，如果时间超过 2 s，将从 select 中退出。由于 channel 的阻塞是无法被中断的，所以这是一种有效地从阻塞的 channel 中超时返回的小技巧。

4.4.3　sync 同步包

在 Go 语言中，除了使用 channel 进行 goroutine 之间的通信和同步操作外，还可以使用 sync 包下的并发工具。sync 下提供了如表 4-2 所示的 7 种并发工具类。

表 4-2

并发工具类	说　　明	并发工具类	说　　明
Mutex	互斥锁	Cond	同步等待条件
RWMutex	读写锁	Once	只执行一次
WaitGroup	并发等待组	Pool	临时对象池
Map	并发安全字典		

接下来我们将讲解其中常用的 Mutex（互斥锁）、RWMutex（读写锁）、WaitGroup（并发等待组）、Map（并发安全字典）等并发工具的基本用法。

1．Mutex（互斥锁）

sync.Mutex 互斥锁能够保证在同一个时间段内仅有一个 goroutine 持有锁，这就能够保证在某一时间段内有且仅有一个 goroutine 访问共享资源，其他申请锁的 goroutine 将会被阻塞直到锁被释放，然后重新争抢锁的持有权。sync.Mutex 提供以下两个方法：

```
// 加锁
Lock()
// 释放锁
Unlock()
```

【实例 4-5】使用 sync.Mutex 控制多 goroutine 串行执行

sync.Mutex 声明即可使用，实例代码所示：

```
package main

import (
"fmt"
"sync"
"time"
)

func main() {
var lock sync.Mutex
go func() {
    // 加锁
    lock.Lock()
    defer lock.Unlock()
    fmt.Println("func1 get lock at " + time.Now().String())
    time.Sleep(time.Second)
    fmt.Println("func1 release lock " + time.Now().String())
}()

time.Sleep(time.Second / 10)
```

```
go func() {
    lock.Lock()
    defer lock.Unlock()
    fmt.Println("func2 get lock " + time.Now().String())
    time.Sleep(time.Second)
    fmt.Println("func2 release lock " + time.Now().String())
}()

// 等待 所有 goroutine 执行完毕
time.Sleep(time.Second * 4)
}
```

使用 go run 命令执行以上 main 函数，能够得到以下严格顺序的结果：

```
func1 get lock at 2019-11-20 00:50:41.348672 +0800 CST m=+0.000204423
func1 release lock 2019-11-20 00:50:42.351956 +0800 CST m=+1.003475812
func2 get lock 2019-11-20 00:50:42.352015 +0800 CST m=+1.003534087
func2 release lock 2019-11-20 00:50:43.355868 +0800 CST m=+2.007374238
```

在上述代码中，由于 func1 先申请到锁，func2 只有在 func1 释放锁之后才能够获取锁。使用 sync.Mutex 能够保证每次只有一个 goroutine 访问同步代码块中的资源，从而对资源进行原子操作。一般在使用 lock.Lock 方法之后，会使用 defer lock.Unlock 方法在函数执行结束前释放锁，避免忘记释放锁导致死锁。

2. RWMutex（读写锁）

sync.RWMutex 即我们熟知的读写锁，它将读锁和写锁的操作分离开来。为了保证在同一时间段能够有多个 goroutine 访问同一资源，它需要满足以下条件：

- 在同一时间段只能有一个 goroutine 获取到写锁。
- 在同一时间段可以有任意多个 gorouinte 获取到读锁。
- 在同一时间段只能存在写锁或读锁（读锁和写锁互斥）。

sync.RWMutex 提供以下接口：

```
// 写加锁
func (rw *RWMutex) Lock()
// 写解锁
func (rw *RWMutex) Unlock()
// 读加锁
func (rw *RWMutex) RLock()
// 读解锁
func (rw *RWMutex) RUnlock()
```

我们可以通过以下的简单例子来使用 sync.RWMutex。

【实例 4-6】sync.RWMutex 允许多读和单写

代码如下：

```
package main
import (
"fmt"
"strconv"
"sync"
"time"
)
```

```
var rwLock sync.RWMutex

func main()  {

    // 获取读锁
  for i := 0 ; i < 5 ;i ++{
      go func(i int) {
          rwLock.RLock()
          defer rwLock.RUnlock()
          fmt.Println("read func " + strconv.Itoa(i) +" get rlock at " +
time.Now().String())
          time.Sleep(time.Second)
      }(i)
  }

    time.Sleep(time.Second / 10)
      // 获取写锁
  for i := 0 ; i < 5; i++{
      go func(i int) {
          rwLock.RLock()
          defer rwLock.RUnlock()
          fmt.Println("write func " + strconv.Itoa(i) +" get wlock at " +
time.Now().String())
          time.Sleep(time.Second)
      }(i)
  }

  // 保证所有的 goroutine 执行结束
  time.Sleep(time.Second * 10)
  }
```

一种可能的执行结果为：

```
read func 3 get rlock at 2019-11-20 00:00:51.208116 +0800 CST m=+0.000245912
read func 2 get rlock at 2019-11-20 00:00:51.208116 +0800 CST m=+0.000246012
read func 1 get rlock at 2019-11-20 00:00:51.20815 +0800 CST m=+0.000280370
read func 4 get rlock at 2019-11-20 00:00:51.208149 +0800 CST m=+0.000278887
read func 0 get rlock at 2019-11-20 00:00:51.208145 +0800 CST m=+0.000274796
write func 4 get  wlock  at  2019-11-20  00:00:51.312656  +0800  CST
m=+0.104784603
write  func  0  get  wlock  at  2019-11-20  00:00:52.314156  +0800  CST
m=+1.106272285
write  func  2  get  wlock  at  2019-11-20  00:00:53.317028  +0800  CST
m=+2.109131300
write  func  1  get  wlock  at  2019-11-20  00:00:54.321968  +0800  CST
m=+3.114057950
write  func  3  get  wlock  at  2019-11-20  00:00:55.324887  +0800  CST
m=+4.116964583
```

从输出的结果可以看出，在写锁没有被获取时，所有 read goroutine 可以同时申请到读锁，如 read func 0 到 read func 4 几乎在同一时间点获取到读锁；而申请写锁的 goroutine 必须等到没有任何的读锁和其他写锁存在时才能申请成功，如 write func 4 需要等到 read func 最后一个 goroutine 释放读锁才能申请到写锁，其他申请写锁的 write func 需要等待前一个 write func 释放写锁后才能重新争抢写锁，它们获取到写锁的时间大约相差 1 秒，这刚好是每个 write func 持有写锁的时间。

3．WaitGroup（并发等待组）

使用 sync.WaitGroup 的 goroutine 会等待预设好数量的 goroutine 都提交执行结束后，才会继续往下执行代码，提供接口如下所示：

```
// 添加等待数量，传递负数表示任务减 1
func (wg *WaitGroup) Add(delta int)
// 等待数量减 1
func (wg *WaitGroup) Done()
// 使 goroutine 等待于此
func (wg *WaitGroup) Wait()
```

在 goroutine 调用 waitGroup.Wait 进行等待之前，需要保证 waitGroup 中等待数量不小于 1，即 waitGroup.Add 方法需要在 waitGroup.Wait 之前执行，否则等待就会被忽略。除此之外，还需要保证 waitGroup.Done 执行次数与 waitGroup.Add 添加的等待数量一致，过少会导致等待 goroutine 死锁，过多会导致程序 panic。

sync.WaitGroup 适用于执行批量操作，等待所有 goroutine 执行结束后统一返回结果的情况。我们用以下例子演示 sync.WaitGroup 的使用。

【实例 4-7】sync.WaitGroup 阻塞主 goroutine 直到其他 goroutine 执行结束

代码如下：

```
package main

import (
"fmt"
"strconv"
"sync"
"time"
)
func main() {
var waitGroup sync.WaitGroup
// 添加等待 goroutine 数量为 5
waitGroup.Add(5)

for i := 0 ; i < 5 ; i++{
    go func(i int) {
        fmt.Println("work " + strconv.Itoa(i) + " is done at " +
time.Now().String())
        // 等待 1 s 后减少等待数 1
        time.Sleep(time.Second)
        waitGroup.Done()
    }(i)
}
waitGroup.Wait()
fmt.Println("all works are done at " + time.Now().String())

}
```

执行后的可能结果为：

```
work 1 is done at 2019-11-20 00:52:43.664143 +0800 CST m=+0.000330029
work 2 is done at 2019-11-20 00:52:43.664161 +0800 CST m=+0.000348252
work 4 is done at 2019-11-20 00:52:43.664139 +0800 CST m=+0.000326297
work 3 is done at 2019-11-20 00:52:43.664215 +0800 CST m=+0.000402364
work 0 is done at 2019-11-20 00:52:43.664214 +0800 CST m=+0.000401084
all works are done at 2019-11-20 00:52:44.667358 +0800 CST m=+1.003532802
```

从输出结果可以发现，主 goroutine 在执行 waitGroup.Done 后，需要等待 waitGroup 中的等待数变为 0 之后才继续往后执行。

4．Map（并发安全字典）

sync.Map 即添加了同步控制的字典。Go 语言中原生的 Map 并不是并发安全的，在多个 goroutine 同时往 Map 中添加数据时，可能会导致部分添加数据的丢失，为了避免这种情况，在 Go 语言 1.9 版本之前，我们需要结合 sync.RWMutex 和 Map 实现并发安全的字典。

Go 语言 1.9 之后提供了 sync.Map，相对于原生的 Map，它只提供以下接口：

```
// 根据 key 获取存储值
func (m *Map) Load(key interface{}) (value interface{}, ok bool)
// 设置 key-value 对
func (m *Map) Store(key, value interface{})
// 如果 key 存在则返回 key 对应的 value，否则设置 key-value 对
func (m *Map) LoadOrStore(key, value interface{}) (actual interface{},
loaded bool)
// 删除一个 key 以及对应的值
func (m *Map) Delete(key interface{})
// 无序遍历 map
func (m *Map) Range(f func(key, value interface{}) bool)
```

我们通过下面这个简单的例子来演示一下 sync.Map 的使用。

【实例 4-8】使用 sync.Map 并发添加数据

代码如下：

```
package main

import (
 "fmt"
 "strconv"
 "sync"
)
var syncMap sync.Map
var waitGroup sync.WaitGroup

func main() {

 routineSize := 5
 // 让主线程等待数据添加完毕
 waitGroup.Add(routineSize)
 // 并发添加数据
 for i := 0 ; i < routineSize; i++{
     go addNumber(i * 10)
 }

 // 开始等待
```

```
waitGroup.Wait()
var size int
// 统计数量
syncMap.Range(func(key, value interface{}) bool {
    size++
    //fmt.Println("key-value pair is", key, value, " ")
    return true
})
fmt.Println("syncMap current size is " + strconv.Itoa(size))
// 获取键为 0 的值
value, ok := syncMap.Load(0); if ok{
    fmt.Println("key 0 has value", value, " ")
}

}

func addNumber(begin int)  {
// 往 syncMap 中放入数据
for i := begin ; i < begin + 3 ; i++{
    syncMap.Store(i, i)
}
// 通知数据已添加完毕
waitGroup.Done()
}
```

预期的输出结果为：

```
syncMap current size is 15
key 0 has value 0
```

在上述代码中，我们使用 goroutine 并发向 sync.Map 中填充数据，每一个 goroutine 在填充完数据后会使用 sync.WaitGroup 通知主 goroutine 数据已经填充结束。

当所有的 goroutine 填充完数据后，我们在主 goroutine 中验证 sync.Map 中的数据大小是否满足我们的预期，并得到了预想中的结果 15；这说明 sync.Map 能够有效控制并发写时引发的数据丢失现象。sync.Map 对键值的类型没有限制，在同一个 sync.Map 可以同时存储多种不同类型的键值对。

4.5　小结

作为一门新生代语言，Go 语言的一切都显得新鲜而有趣，且在不断完善。go module 的出现有效地解决了 Go 语言依赖混乱的问题；反射的能力也提供给开发者在运行时对代码进行修改的可能，方便各种框架（如依赖注入框架）的实现；独特的 MPG 线程模型和 CSP 并发理念也为 Go 语言高性能、高并发的特性增分不少。在下一章中，我们将进入 Go Web 编程的世界，掌握如何通过 Go 语言构造一个 Web 应用。

第 5 章　构建 Go Web 服务器

Web 应用程序是指可以通过 Web 访问的应用程序，Web 程序的最大好处是用户很容易访问它，只需要有浏览器即可，不需要再安装其他软件。Web 应用对于身处互联网时代的我们来说太普遍。无论哪一种语言，只要它能够开发出与人类交互的软件，就必然会支持 Web 应用开发。

和大多数语言一样，Go 语言也提供了对 Web 编程的支持。既然 Go 语言各方面都这么优异，那么使用 Go 语言编写 Web 应用会有哪些出彩之处呢？本章将会介绍 Go Web 相关的基础，包括：Web 的工作原理、使用 Go 语言构建服务器、如何接收和处理请求，Go Web 框架 gin 的使用实践，以及服务端数据存储的几种常用的方式，最后我们还将基于 Go ORM 框架 beego 进行了实践。

5.1　Web 的工作原理

Web 应用是一种对客户端发送的 HTTP 请求做出响应，并通过 HTTP 响应将 HTML 回传至客户端的计算机程序。

本小节首先会讲解 HTTP 协议，包括 HTTP Request（请求）、HTTP Response（响应）及其各自组成，然后讲解客户端和服务端交互的细节。

5.1.1　HTTP 协议详解

HTTP 是应用层协议，由请求和响应构成，是一个标准的客户端服务器模型。HTTP 协议是 Web 工作的核心，所以要了解清楚 Web 的工作方式就需要了解 HTTP 协议是如何工作的。

HTTP 是一种让 Web 服务器与浏览器（客户端）通过 Internet 发送和接收数据的协议，它建立在 TCP（即传输控制协议，是为了在不可靠的互联网上提供可靠的端到端字节流传输而设计）协议之上，一般采用 TCP 的 80 端口。客户端发出一个请求，服务器响应这个请求。在 HTTP 中，客户端总是通过建立连接并发送一个 HTTP 请求来发起一个事务。服务器不能主动去与客户端联系，也不能给客户端发出一个回调连接（反向连接方式）。客户端与服务器端都可以提前中断一个连接。例如，当浏览器下载一个文件时，我们可以通过点击"停止"键来中断文件的下载，这就关闭了与服务器的 HTTP 连接。

HTTP 协议是无状态的，同一个客户端的两次请求是没有对应关系的，对 HTTP 服务器来说，它并不知道这两个请求是否来自同一个客户端。为了解决这个问题，Web 程序引入了 Session 和 Cookie 机制来维护连接的可持续状态。

1．HTTP Request（请求）

HTTP 的请求由请求行（Request Line）、请求头部（Header）、空行和请求数据等 4 个部分组成，如图 5-1 所示。

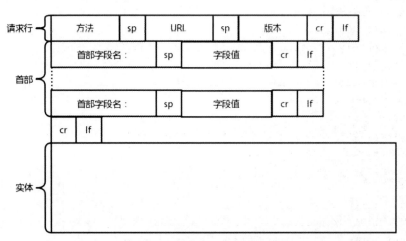

图 5-1　HTTP 的请求报文格式

我们可以使用 Wireshark、Charles 等工具辅助我们了解 HTTP 协议。访问 www.spring4all. com/common/tags/hot，我们会看到请求的部分抓包数据如图 5-2 所示。

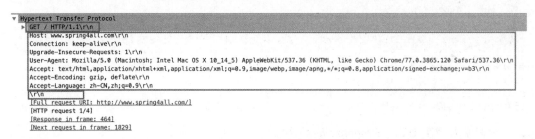

图 5-2　HTTP 请求抓包

请求访问的目标端口号为 80，下面是 HTTP Request 的具体信息。

（1）请求行：第一行为请求行，GET 为请求类型，"/common/tags/hot"为要访问的资源，"HTTP/1.1"是协议版本。

（2）请求头部：从第 2 行起为请求头部，Host 表示请求的目的地（主机域名）；User-Agent 是客户端的信息，它是检测浏览器类型的重要信息，由浏览器定义，并且由浏览器自动加到每个请求中。

（3）空行：请求头后面必须有一个空行。

（4）请求数据：请求的数据也叫作请求体，可以添加所需的其他数据。这个例子的请求体为空。

2．HTTP Response（响应）

一般情况下，服务器收到客户端的请求后，就会有一个 HTTP 的响应消息，HTTP 响应也由 4 部分组成，分别是：状态行、响应头、空行和响应体。

我们同样以访问 www.spring4all.com/common/tags/hot 为例，返回抓包的数据如下：

```
Hypertext Transfer Protocol
    HTTP/1.1 200 \r\n //状态行
    X-Content-Type-Options: nosniff\r\n      //第二行开始，响应头
    X-XSS-Protection: 1; mode=block\r\n
    Cache-Control: no-cache, no-store, max-age=0, must-revalidate\r\n
    Pragma: no-cache\r\n
    Expires: 0\r\n
    Content-Type: application/json;charset=UTF-8\r\n
    Transfer-Encoding: chunked\r\n
    Date: Fri, 03 May 2019 14:20:21 GMT\r\n
    \r\n
    [HTTP response 7/7]
    [Time since request: 0.074550000 seconds]
    [Prev request in frame: 1513]
    [Prev response in frame: 1519]
    [Request in frame: 1522]
    HTTP chunked response
    File Data: 447 bytes
//空行
    {"code":0,"message":"success","data":[{"id":436,"name":" 微        信
","score":5113},{"id":178,"name":" 服 务 器 ","score":4526},{"id":274,"name":
"Spring","score":3433},{"id":288,"name":" 源        码        ","score":2907},
{"id":340,"name":" 百        度        ","score":2584},{"id":460,"name":"Java",
"score":2044},{"id":408,"name":" 黑客 ","score":1793},{"id":33, "name":"Spring
Boot","score":1703},{"id":527,"name":"Spring             Cloud","score":
1566},{"id":470,"name":"APP","score":1371}]}//响应体
```

我们来看一下 HTTP Response 的具体信息。

（1）状态行：状态行由协议版本号、状态码和状态消息组成。

（2）响应头：响应头是客户端可以使用的一些信息，如：Date（生成响应的日期）、Content-Type（MIME 类型及编码格式）和 Connection（默认是长连接）等等。

（3）空行：响应头和响应体之间必须有一个空行。

（4）响应体：响应正文，本例中是键值对信息。

如上的 200 为状态码，用来告诉 HTTP 客户端，HTTP 服务器是否产生了预期的 Response。HTTP/1.1 协议中定义了 5 类状态码，状态码由 3 位数字组成，第一个数字定义了响应的类别。HTTP 状态码的解释、功能与举例如下表 5-1 所示。

表 5-1

状态码	解　释	功能介绍	举　例
1XX	提示信息	表示请求已被成功接收，继续处理	如 100（Continue），表示初始的请求已经接受，客户应当继续发送请求的其余部分
2XX	成功	表示请求已被成功接收和理解	如 200（OK），表示一切正常，对 GET 和 POST 请求的响应数据跟在后面
3XX	重定向	要完成请求必须进行更进一步的处理	如 302（Found），新的 URL 应该被视为临时性的替代，而不是永久性的
4XX	客户端错误	请求有语法错误或请求无法实现	如 401（Unauthorized），访问被拒绝，客户试图未经授权访问受密码保护的页面
5XX	服务器端错误	服务器未能实现合法的请求	如 500（Internal Server Error），服务器遇到了意料不到的情况，不能完成客户的请求

5.1.2　访问 Web 站点的过程

我们平时浏览网页的时候，会打开浏览器，输入网址后按下回车键，然后网页就会显示出想要浏览的内容。在这个看似简单的用户过程背后，到底隐藏了些什么呢？

对于普通的上网过程，系统其实是这样做的：浏览器本身是一个客户端，当输入 URL 的时候，浏览器首先会去请求 DNS 服务器，通过 DNS 获取域名对应的 IP；然后通过 IP 地址找到 IP 对应的服务器后，要求建立 TCP 连接；浏览器和服务端建立了 TCP 连接之后，将会向服务端发送 HTTP Request；浏览器发送完 HTTP Request（请求）包后，服务器接收到请求包之后才开始处理请求包，服务器调用自身服务，返回 HTTP Response（响应）包；客户端收到来自服务器的响应后开始渲染这个 Response 包里的主体（body），等收到全部内容后断开与该服务器之间的 TCP 连接。

一个 Web 服务器也被称为 HTTP 服务器，它通过 HTTP 协议与客户端通信。这个客户端通常指的是 Web 浏览器（移动端内部也是浏览器实现）。

Web 服务器的工作原理可以简单地归纳为：

（1）客户机通过 TCP/IP 协议建立到服务器的 TCP 连接。

（2）客户端向服务器发送 HTTP 协议请求包，请求服务器里的资源文档。

（3）服务器向客户机发送 HTTP 协议响应包，如果请求的资源包含有动态语言（运行期间才去做数据类型检查的语言）的内容，那么服务器会调用动态语言的解释引擎处理"动态内容"，并将处理得到的数据返回给客户端。

（4）TCP 连接断开，即客户机与服务器断开。由客户端解释 HTML 文档，在客户端屏幕上渲染图形结果。

一个简单的 HTTP 事务就是这样实现的，看起来很复杂，原理其实清晰明了。需要注意的是，客户机与服务器之间的通信是非持久连接的，也就是当服务器发送了响应后就与客户机断开连接，等待下一次请求。

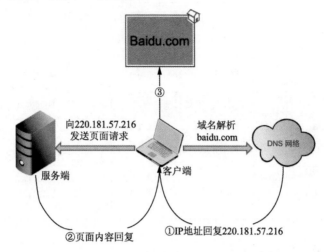

图 5-3　HTTP 请求的过程

如上图 5-3 所示，我们请求 baidu.com，首先 DNS 解析 baidu.com 对应的 IP 地址，图示中显示的是 220.181.57.216；然后客户端向 220.181.57.216 发送页面访问请求，客户端收到页面内容回复；客户端收到来自服务器的响应后开始渲染 Response 包里的主体，屏幕上显示出 Baidu 的搜索页。

5.2　使用 Go 语言构建服务器

Go 语言的标准库中提供了对 HTTP 协议的支持，使用它可以快速简单的开发一个 Web 服务器。在介绍了 Web 相关的工作过程后，我们将会通过一个简单的实例向读者演示如何搭建一个 Go 语言版本的 Web 应用程序。

【实例 5-1】快速搭建一个 Go Web 服务器

下面我们来搭建第一个 Go Web 服务器，代码如下：

```go
package main

import (
    "fmt"
    "log"
    "net/http"
    "strings"
)

func sayHello(w http.ResponseWriter, r *http.Request) {
    _ = r.ParseForm()  //3 解析参数，默认是不会解析的
    fmt.Println(r.Form) //4 输出到服务器端的打印信息
    fmt.Println("Path: ", r.URL.Path)
    fmt.Println("Host: ", r.Host)
```

```
    for k, v := range r.Form {
        fmt.Println("key:", k)
        fmt.Println("val:", strings.Join(v, ""))
    }
    _, _ = fmt.Fprintf(w, "Hello Web, %s!", r.Form.Get("name")) //5 写入到 w 的
是输出到客户端的内容
}

func main() {
    http.HandleFunc("/", sayHello)          //1 设置访问的路由
    err := http.ListenAndServe(":8080", nil) //2 设置监听的端口
    if err != nil {
        log.Fatal("ListenAndServe: ", err)
    }
}
```

如上代码实现了一个简单的 Go Web 程序。在程序中配置了 Web 监听的端口为：8080，通过访问 http://localhost:8080/hello?name=aoho，得到如下图 5-4 所示的响应结果。

同时在控制台中，输出了如下的日志信息：

```
map[name:[aoho]]
Path: /hello
Host: localhost:8080
key: name
val: aoho
```

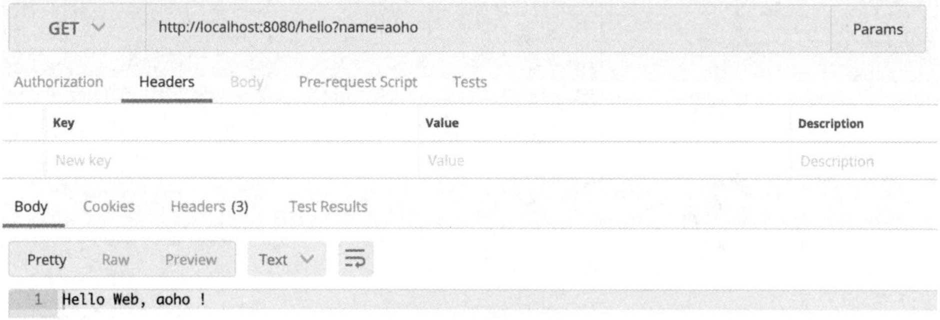

图 5-4　请求接口

我们来解析一下这个 Web 应用程序。

主函数中的注释 2 用于设置 Web 服务监听的端口号。注释 1 设置访问的路由，所有的请求都由 sayHello 处理。在 sayHello 方法中，首先会解析参数，默认是不会解析的。我们将部分信息在服务器打印出来（包括请求的路径、请求的 Host 地址和 Form 表单中的键值对），并且在注释 5 将指定的表单信息作为输出到客户端的内容，如示例中的 name 对应的值。

5.3　接收和处理请求

通过 5.2 小节中实例的讲解，我们了解到编写一个 Web 服务器其实很简单，只要调

用 http 包的两个函数就可以了。但我们学习要知其然，更要知其所以然，本章节将会深入介绍其实现原理，具体讲解 Go 语言是如何接收和处理请求。

5.3.1　Web 工作的几个概念

Go 的 net/http 标准库分为客户端和服务端两个部分，主要包括如下的几个概念：

（1）与服务端相关的有：Server、ServerMux、Handler/HandlerFunc、Header、Request 和 Cookie。

（2）与客户端相关的有：Client、Response、Header、Request 和 Cookie。

其中，Header、Request 和 Cookie 是客户端和服务端共同涉及的部分。

我们重点关注服务端的功能。服务器端的几个概念及其说明如下表 5-2 所示。

表 5-2

概　　念	说　　明
Request	用户请求，用来解析用户的请求信息，包括 post、get、cookie、url 等信息
Response	服务端需要反馈给客户端的信息
Conn	用户的每次请求链接
Handler	处理请求和生成返回信息的处理逻辑

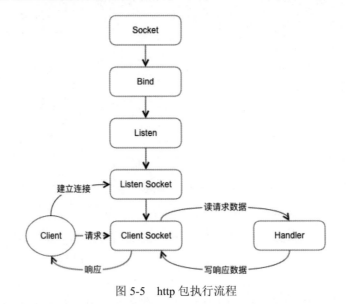

图 5-5　http 包执行流程

http 包服务端执行流程：首先创建 Listen Socket，监听指定的端口，等待客户端请求到来；然后 Listen Socket 接受客户端的请求，得到 Client Socket，接下来通过 Client Socket 与客户端通信；服务端处理客户端的请求，首先从 Client Socket 读取 HTTP 请求的协议头，如果是 POST 方法，还可能要读取客户端提交的数据，然后交给相应的 Handler

处理请求，Handler 处理完毕准备好客户端需要的数据，通过 Client Socket 写给客户端。

5.3.2　处理器处理请求

在了解了 Go http 包执行的流程后，接下来具体分析处理器处理请求的过程。

Go 语言通过函数 ListenAndServe 开始监听，处理流程大致如下：

（1）server 监听到有新连接进来，创建一个 goroutine 来处理新连接。

（2）在 goroutine 中，将请求和响应分别封装为 http.Request 和 http.ResponseWriter 对象。然后用这两个对象作为函数参数调用#server.Handler.serveHTTP，而 server.Handler 即为传入的 http.ServeMux 对象。

（3）http.ServeMux 对象的 serveHTTP 方法所实现的功能，其实就是根据 http.Request 对象中的 URL 在自己的 map 中查找对应的 Handler（这个是在上面第一步中添加），然后执行。

通过下面的 Serve 方法我们可以看到完整的 http 处理过程：

```go
func (srv *Server) Serve(l net.Listener) error {
    l = &onceCloseListener{Listener: l}
    defer l.Close()

    //...
    defer srv.trackListener(&l, false)

    var tempDelay time.Duration
    baseCtx := context.Background()
    ctx := context.WithValue(baseCtx, ServerContextKey, srv)
    for { //循环逻辑，接受请求处理
        //有新的连接
        rw, e := l.Accept()
        if e != nil {
            select {
            case <-srv.getDoneChan():
                return ErrServerClosed
            default:
            }
            if ne, ok := e.(net.Error); ok && ne.Temporary() {
                if tempDelay == 0 {
                    tempDelay = 5 * time.Millisecond
                } else {
                    tempDelay *= 2
                }
                if max := 1 * time.Second; tempDelay > max {
                    tempDelay = max
                }
                srv.logf("http: Accept error: %v; retrying in %v", e, tempDelay)
                time.Sleep(tempDelay)
                continue
            }
```

```
        return e
    }
    tempDelay = 0
    //创建 Conn 连接
    c := srv.newConn(rw)
    c.setState(c.rwc, StateNew) // before Serve can return
    //启动新的 goroutine 进行处理
    go c.serve(ctx)
    }
}
```

那么，服务端监听连接之后如何接收客户端的请求呢？我们可以看到，上面代码执行监听端口之后，调用了 srv.Serve(net.Listener)函数，这个函数就是用于处理接收客户端的请求信息。这个函数内部发起了一个 for{}循环，首先通过 Listener 接收请求，其次对于每一个请求创建一个 Conn，最后为每个请求创建了一个 goroutine，使用建立好的 Conn 处理请求中的数据并返回响应。用户的每一次请求都在一个独立的 goroutine 执行处理，相互不影响，有效地提高并发处理请求的效率。goroutine 会读取请求，调用 srv.Handler。

具体分配到相应的函数来处理请求的流程如图 5-6 所示。Conn 首先会通过#c.readRequest 方法解析 request，随后获取相应的 handler，也就是在调用函数 ListenAndServe 时传递的第二个参数，实例 5-1 中传递的是 nil，也就是为空，那么默认获取 handler。该变量是一个路由器，它用来匹配 url 跳转到其相应的 handle 函数。通过#http.HandleFunc 方法设置路由，如 http.HandleFunc("/", sayHello)，即注册了请求 "/" 的路由规则。当请求 uri 为 "/" 时，路由就会转到函数 sayHello，DefaultServeMux 会调用 ServeHTTP 方法，这个方法内部其实就是调用 sayHello 函数本身，最后通过写入 response 的信息返回给客户端。

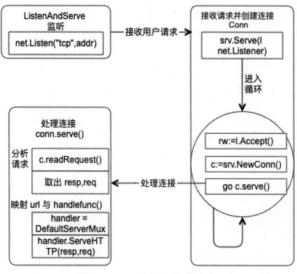

图 5-6　Go 处理器处理连接

5.3.3　解析请求体

在绝大多数情况下，POST 请求都是通过 HTML 表单发送的，表单是一个包含表单元素的区域。表单元素（比如：文本域、下拉列表、单选框、复选框等）是允许用户在表单中输入信息的元素。表单使用表单标签"<form>"定义。

表单是我们平常编写 Web 应用常用的工具，通过表单我们可以方便的让客户端和服务器进行数据的交互。

我们可以通过下面的例子来具体说明一下。

【实例 5-2】Go Web 请求体解析

如下代码所示是一个登录页表单：

```html
<html>
<head>
<title></title>
</head>
<body>
<form action="/login" method="post">
    用户名:<input type="text" name="username">
    密码:<input type="password" name="password">
    <input type="submit" value="登录">
</form>
</body>
</html>
```

我们对以上代码进行扩充，增加/login 的路由，通过登录页表单提交登录信息，在服务端进行验证登录的结果，代码如下：

```go
import (
    "fmt"
    "html/template"
    "log"
    "net/http"
    "strings"
)

func login(w http.ResponseWriter, r *http.Request) {
    fmt.Println("method:", r.Method) //获取请求的方法
    if r.Method == "GET" {
        t, _ := template.ParseFiles("login.tpl")
        log.Println(t.Execute(w, nil))
    } else {
        //请求的是登录数据，那么执行登录的逻辑判断
        _ = r.ParseForm()
        fmt.Println("username:", r.Form["username"])
        fmt.Println("password:", r.Form["password"])
        if pwd := r.Form.Get("password"); pwd == "123456" { // 验证密码是否正确
            fmt.Fprintf(w, "欢迎登陆, Hello %s!", r.Form.Get("username")) //这个
写入到 w 的是输出到客户端的
```

```
    } else {
        fmt.Fprintf(w, "密码错误，请重新输入!")
    }
    }
}

func sayHelloName(w http.ResponseWriter, r *http.Request) {
    _ = r.ParseForm() //解析url传递的参数，对于POST则解析响应包的主体（request body）
    //注意:如果没有调用ParseForm方法，下面无法获取表单的数据
    fmt.Println(r.Form)  //这些信息是输出到服务器端的打印信息
    fmt.Println("path", r.URL.Path)
    for k, v := range r.Form {
        fmt.Println("key:", k)
        fmt.Println("val:", strings.Join(v, ""))
    }
    fmt.Fprintf(w, "Hello aoho!")  //这个写入到w的是输出到客户端的
}

func main() {
    http.HandleFunc("/", sayHelloName)        //设置访问的路由
    http.HandleFunc("/login", login)
    err := http.ListenAndServe(":8080", nil) //设置监听的端口
    if err != nil {
        log.Fatal("ListenAndServe: ", err)
    }
}
```

可以看到，服务端实现时首先使用#ParseForm方法对请求进行表单的语法分析，然后访问表单的具体字段。

提交表单到服务器的/login，当用户输入信息点击登录之后，会跳转到服务器的路由login，我们首先要判断是 POST 还是 GET 方式传递过来。怎么判断呢？Http 包中提供 r.Method 方法来获取请求方式，调用后将返回字符串类型的变量，包括 GET、POST 和 PUT 等方法。

当我们在浏览器里面打开 http://127.0.0.1:8080/login 的时候，会出现如下图 5-7 所示的界面。

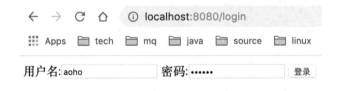

图 5-7　登录页

在 login 函数中我们根据 r.Method 来判断是显示登录界面还是处理登录逻辑（如查询数据库、验证登录信息等）。当以 GET 方式请求时显示登录界面，其他方式请求时则处理

登录逻辑。在上述的代码中，我们简单验证了密码字符串为 123456 即登录成功，并返回用户名（如图 5-8 所示）。否则，登录失败，并提示用户重新输入，如图 5-9 所示。

图 5-8　登录页跳转

图 5-9　登录失败

5.3.4　返回响应体

服务端处理完请求之后，具体是如何将指定的内容作为响应发送给客户端呢？在上一小节的示例中可以看到，是通过 ResponseWriter 接口，处理器可以通过这个接口创建 HTTP 响应。ResponseWriter 接口具有如下 3 个方法：

```
type ResponseWriter interface {

        Header() Header

        Write([]byte) (int, error)

        WriteHeader(statusCode int)

}
```

（1）通过 Header 方法可以取得一个由首部组成的映射，修改这个映射就可以修改首部，修改后的首部将被包含在 HTTP 响应里面，并随着响应一同发送给客户端。

（2）Write 方法：接收一个字节数组作为参数，并将字节数组写入 HTTP 响应的主体中，如果在使用 Write 方法执行写入操作时，没有为首部设置响应的内容类型，则响应的内容类型由被写入的前 512 字节决定。

（3）WriteHeader 方法：接受一个代表 HTTP 响应状态码的整数作为参数，并将这个整数用作 HTTP 响应的返回状态码；在调用这个方法之后，用户可以对 ResponseWriter 写入，但是不能对响应的首部做任何写入操作。如果用户在调用 Write 方法之前没有执行过 WriteHeader 方法，默认会使用 200（OK）作为响应的状态码。

下面我们通过一个具体的示例来演示如何应用 ResponseWriter 接口的三个方法组织客户端的响应。

【实例 5-3】返回响应体实践

用户注册之后，返回创建成功的用户信息，并设置状态码和自定义头部，代码如下：

```go
import (
    "encoding/json"
    "log"
    "net/http"
)

type User struct {
    Name    string
    Habits  []string
}

func write(w http.ResponseWriter, r *http.Request) {
    w.Header().Set("Content-Type", "application/json")
    w.Header().Set("X-Custom-Header", "custom") // 设置自定义的头部
    w.WriteHeader(201) // 设置创建用户的状态码
    user := &User{
        Name:   "aoho",
        Habits: []string{"balls", "running", "hiking"},
    }
    json, _ := json.Marshal(user)
    w.Write(json) // 写入创建成功的用户
}

func main() {
    http.HandleFunc("/write", write)         //设置访问的路由
    err := http.ListenAndServe(":8080", nil) //设置监听的端口
    if err != nil {
        log.Fatal("ListenAndServe: ", err)
    }
}
```

在上面的示例代码中，我们构造的是创建用户成功之后的响应结果。我们首先设置了响应的 Content-Type 头部为 application/json，并设置自定义的头部（实际应用中根据需要进行设置）；设置创建用户之后的响应状态码为 201（201 为创建成功）；构造了响应的 Body 为创建的 User 信息，包括用户名和兴趣爱好。

我们模拟 Post 请求，访问 http://127.0.0.1:8080/write，响应的状态码为 201，Body 为创建成功返回的 User 信息，如图 5-10 所示。

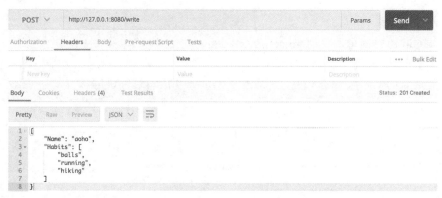

图 5-10　返回 JSON 对象

图 5-11 所示为返回的头部信息，包含了我们设定的 Content-Type 和自定义的头部，符合预期。

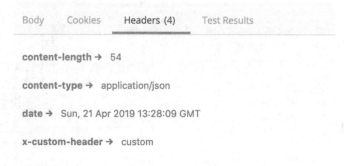

图 5-11　响应的头部

5.4　实践案例：Golang Web 框架 Gin 实践

框架更像是一些常用函数或者工具的集合。框架能更快速地帮我们构建业务，提升开发效率。其实相对于其他语言，Go 语言对 Web 框架的依赖要远比 Python、Java 等的要小。自身的 net/http 足够简单，性能也非常不错。借助框架开发，不仅可以省去很多常用的封装带来的时间，也有助于团队的编码风格和形成规范。因此 Go 语言生态中出现了很多框架，如 Gin、gorilla/mux、Echo 等。Go 语言自带的 http.SeverMux 路由实现简单，本质是一个 map[string]Handler，是请求路径与该路径对应的处理函数的映射关系。实现的功能也比较单一，只支持路径匹配，不支持按照 Method，header，host 等信息匹配，所以也就没法实现 RESTful 风格的请求路由。

Gin 是 Go 语言的一个微框架，封装比较优雅，API 友好，源码注释比较明确，已经发布了 1.0 版本。Gin 具有快速灵活，性能优异等特点。下面我们将具体介绍 Gin 的使用实践。

（1）Gin 安装

安装 Gin 比较简单，使用 go get 命令即可：

```
$ go get -u github.com/gin-gonic/gin
```

目前最新的 Gin 版本是 v1.4。笔者基于 Gin v1.4 版本进行讲解。

（2）使用方式

通过引入如下的包：

```
import (
 "github.com/gin-gonic/gin"
 "net/http" //可选，当使用 http.StatusOK 这类的常量时需引入
)
```

（3）使用 Gin 实现 HTTP 服务器

在这里我们定义一个"/ping"接口，它将响应一个 JSON 对象。

代码如下：

```
package main

import "github.com/gin-gonic/gin"

func main() {
 router := gin.Default()
 router.GET("/ping", func(c *gin.Context) {
     c.JSON(200, gin.H{
         "message": "pong",
     })
 })
 router.Run(:8000) // 默认监听 0.0.0.0:8080
}
```

运行之后，一个 Web 服务器就正常启动了，它将监听 8000 端口，我们请求/ping 接口，响应结果如图 5-12 所示。

图 5-12　Gin Web 服务器

简单几行代码，就能实现一个 Web 服务。我们来梳理一下，使用 Gin 的 Default 方法创建一个路由 handler，然后通过 HTTP 方法绑定路由规则和路由函数。不同于 net/http 库的路由函数，Gin 进行了封装，把 request 和 response 都封装到 gin.Context 的上下文环境；最后是启动路由的 Run 方法监听端口。当然，除了 GET 方法，Gin 也支持 POST、PUT、DELETE 和 OPTION 等常用的 Restful 方法。

（4）Restful API

Gin 的路由来自 httprouter 库。因此 httprouter 具有的功能（如明确的路由匹配、路径自动修正、路径中携带参数等），Gin 也具有，不过 Gin 不支持路由正则表达式，如下代码所示：

```
router.GET("/user/:name", func(c *gin.Context) {
    name := c.Param("name")
    c.String(http.StatusOK, "Hello %s", name)
})
```

冒号 ":" 加上一个参数名组成路由参数。可以使用 c.Params 的方法读取其值。当然这个值是字符串类型。诸如/user/aoho、/user/world 都可以被处理器匹配，而/user、/user/和/user/aoho/不会被匹配。

除了冒号，Gin 还提供了星号 "*" 处理参数，星号能匹配的规则就更多，如下代码所示。

```
router.GET("/user/:name/*action", func(c *gin.Context) {
    name := c.Param("name")
    action := c.Param("action")
    message := name + " is " + action
    c.String(http.StatusOK, message)
})
```

该处理器可以匹配/user/aoho/，也可以匹配/user/aoho/send。如果没有其他的路由匹配/user/aoho，请求也会转发到/user/aoho/。

（5）Gin 中间件

中间件的意思就是，对一组接口的统一操作，通过把公共逻辑提取出来，实现类似于横切关注点，常用于一些记录 log，错误 handler，还有就是对部分接口的鉴权。

比如有一组 API 接口是用户登入后的操作，我们就需要在访问每个 API 接口前都进行权限的验证。有了中间件后，我们只需要创建一个中间件，权限的验证放到中间件，然后把这个中间件绑定到那一组 API 上即可。下面就实现一个简易的鉴权中间件。

```
func AuthMiddleWare() gin.HandlerFunc {
 return func(c *gin.Context) {
    token := c.Request.Header.Get("Authorization")
    authorized := check(token) //调用认证方法
    if authorized {
        c.Next()
        return
    }
    c.JSON(http.StatusUnauthorized, gin.H{
        "error": "Unauthorized",
    })
    c.Abort()
    return
 }
}

func main() {
```

```
r := gin.Default()

r.GET("/path", AuthMiddleWare(), func(c *gin.Context) {
    c.JSON(http.StatusOK, gin.H{"data": "ok"})
})
}
```

上面代码中，我们定义了一个 AuthMiddleWare 中间件，中间件会检查请求的头部 Authorization，将获取的 token 调用认证方法判断，判断是合法的 token。在处理器中，增加 AuthMiddleWare()中间件即可。

总的来说，Gin 是一个轻巧而强大的 Golang Web 框架，路由性能高，在 Go 语言的各种 Web 框架中处于领先地位。Gin 框架一直是敏捷开发中的利器，能让开发者很快上手并开发应用。

5.5 服务端数据存储

Web 服务端需要持久化部分客户端的数据，包括文件、内存和数据库等存储介质。下面我们将介绍基于内存和数据库的存储实现。

5.5.1 内存存储

在 Go 语言中若将相关的数据信息存储在内存中，可以使用数组、切片、映射和结构等数据结构的方式实现。

【实例 5-4】服务端基于内存的存储方式实践

我们在之前 5.3.3 小节登录示例基础上，将登录的用户信息存储在内存中，并增加一个接口，返回指定用户名的用户信息。代码如下：

```
package main

import (
    "fmt"
    "html/template"
    "log"
    "net/http"
)

type User struct {
    Id       int
    Name     string
    Password string
}

var UserById = make(map[int]*User)
var UserByName = make(map[string][]*User)

func loginMemory(w http.ResponseWriter, r *http.Request) {
    fmt.Println("method:", r.Method) //获取请求的方法
    if r.Method == "GET" {
```

```
        t, _ := template.ParseFiles("login.tpl")
        log.Println(t.Execute(w, nil))
    } else {
        //请求的是登录数据，那么执行登录的逻辑判断
        _ = r.ParseForm()
        fmt.Println("username:", r.Form["username"])
        fmt.Println("password:", r.Form["password"])
        user1 := User{1, r.Form.Get("username"), r.Form.Get("password")}
        store(user1)
        if pwd := r.Form.Get("password"); pwd == "123456" { // 验证密码是否正确
            fmt.Fprintf(w, "欢迎登陆, Hello %s!", r.Form.Get("username")) //这个
写入到 w 的是输出到客户端的
        } else {
            fmt.Fprintf(w, "密码错误，请重新输入!")
        }
    }
}

func store(user User) { // 存储用户信息
    UserById[user.Id] = &user // 按照 id 存储
    UserByName[user.Name] = append(UserByName[user.Name], &user) // 按照用户名
存储
}
func userInfo(w http.ResponseWriter, r *http.Request) {
    fmt.Println(UserById[1])
    r.ParseForm()
    for _, user := range UserByName[r.Form.Get("username")] {
        fmt.Fprintf(w," %v",user ) //根据表单的用户名查询相应的记录
    }
}

func main() {
    http.HandleFunc("/login", loginMemory)   //设置访问的路由
    http.HandleFunc("/info", userInfo) // 访问用户信息
    err := http.ListenAndServe(":8080", nil) //设置监听的端口
    if err != nil {
        log.Fatal("ListenAndServe: ", err)
    }
}
```

登录的结果与之前相同，然后我们访问/info 接口，得到如图 5-13 所示的结果。

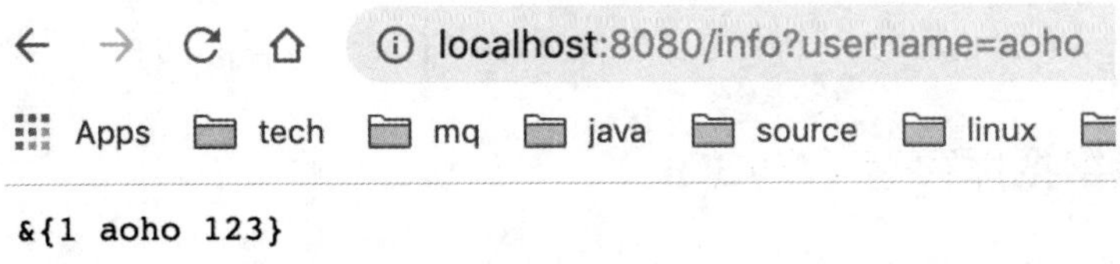

图 5-13　/info 接口

可以看到，返回的内容为我们在登录时输入的信息。我们分析一下以上的代码实现，可以看到在程序的开头定义了全局变量：

```
var UserById = make(map[int]*User)
var UserByName = make(map[string][]*User)
```

它们分别用来存储 Id-User 与 Name-User 的映射，UserById 会将帖子的唯一 Id 映射至指向帖子的指针，而 UserByName 则会将用户名映射至一个切片，这个切片可以包含多个指向用户的指针。这两个变量映射指向 User 的指针，因此可以确保无论是通过哪种方式来获取 User 信息，得到的都是相同的 User，而不是同一 User 的不同副本。store 方法用于存储用户信息。获取用户信息时，根据指定的用户名，返回对应的用户信息。

5.5.2　database/sql 接口

与其他语言不太一样，Go 语言没有内置的驱动支持任何的数据库，但是 Go 语言定义了 database/sql 接口，用户可以基于驱动接口开发相应数据库的驱动。这样做有一个好处，只要是按照标准接口开发的代码，以后需要迁移数据库时，不需要任何修改。那么 Go 语言都定义了哪些标准接口呢？让我们来详细地分析一下，如下表 5-3 所示。

表 5-3

接口名称	说　　明
sql.Register	当第三方开发者开发数据库驱动时，都会实现 init 函数，在 init 里面会调用这个 Register（name string, driver driver.Driver）完成本驱动的注册
driver.Driver	Driver 是一个数据库驱动的接口，它定义了一个 method：Open(name string)，这个方法返回一个数据库的 Conn 接口
driver.Conn	Conn 是一个数据库连接的接口定义
driver.Stmt	Stmt 是一种准备好的状态，和 Conn 相关联，而且只能应用于一个 goroutine 中
driver.Tx	事务处理一般就两个过程：递交或者回滚
driver.Result	执行 Update/Insert 等操作返回的结果接口定义
database/sql	database/sql 在 database/sql/driver 提供的接口基础上定义了一些更高阶的方法，用以简化数据库操作，同时内部还建议性地实现一个 conn pool

如上具体介绍了一些常用的标准接口，当需要自定义数据库实现时，可以很方便地实现这些接口。下面我们将会介绍关系型数据库和 Nosql 数据库的存储实现。

5.5.3　关系数据库存储（MySQL）

关系型数据库的二维表结构十分常用，我们经常会将数据存储在关系型数据库中，如 MySQL、PostgreSQL 和 Oracle 等关系型数据库。下面我们主要讲述如何集成使用 MySQL 存储数据。

Go 语言中支持 MySQL 的驱动目前比较多，有些是支持 database/sql 标准，而有些是采用了自己的实现接口，下面示例代码选用的是 https://github.com/go-sql-driver/mysql。这个驱动比较新，维护较好且完全支持 database/sql 接口，同时支持 keepalive，从底层实现支持了长连接。

我们还是结合之前 5.3.3 小节中的表单，演示使用 MySQL 存储用户的相关信息。在客户端提交用户的相关信息（如图 5-14 所示），代码略去（可以参见本书二维码下载包中提供的源码）。

图 5-14　提交表单存储

【实例 5-5】服务端基于 MySQL 的存储方式实践

下面我们需要设计数据库的表结构，代码如下：

```
drop table if exists 'user';
CREATE TABLE `user`
(
 'id'      INT(10)    NOT NULL AUTO_INCREMENT,
 'name'  VARCHAR(64) NULL DEFAULT NULL,
 'habits' VARCHAR(128) NULL DEFAULT NULL,
 'created_time'   DATE      NULL DEFAULT NULL,
 PRIMARY KEY ('id')
);
```

数据表简单记录了用户名、爱好以及创建时间。客户端提交了表单之后，服务端将会建立数据库连接，将数据插入到数据库中。插入完成之后，服务端会将插入的记录从数据库中查询返回给客户端。

```
db, err = sql.Open("mysql",
    "root:123456@tcp(127.0.0.1:3306)/user?charset=utf8")
```

如上的实现，初始化数据库连接。sql.Open() 函数用来打开一个注册过的数据库驱动，go-sql-driver 中注册了 mysql 这个数据库驱动，第 2 个参数是 DSN(Data Source Name)，它是 go-sql-driver 定义的一些数据库连接和配置信息，代码如下：

```
//...
func queryByName(name string) User { // 按照 name 查询记录
    user := User{}
    stmt, err := db.Prepare("select * from user where name=?")
    checkErr(err)

    rows, _ := stmt.Query(name)

    fmt.Println("\nafter deleting records: ")
```

```
    for rows.Next() { // 遍历结果
        var id int
        var name string
        var habits string
        var createdTime string
        err = rows.Scan(&id, &name, &habits, &createdTime)
        checkErr(err)
        fmt.Printf("[%d, %s, %s, %s]\n", id, name, habits, createdTime)
        user = User{id, name, habits, createdTime}
        break //只取第一条记录
    }
    return user // 返回查询到的记录
}

func store(user User) {
    //插入数据
    stmt, err := db.Prepare("INSERT INTO user SET name=?,habits=?,created
time=?")
    t := time.Now().UTC().Format("2019-01-01")
    res, err := stmt.Exec(user.Name, user.Habits, t)
    checkErr(err)
}

func userInfo(w http.ResponseWriter, r *http.Request) {
    _ = r.ParseForm()
    if r.Method == "POST" {
        user1       :=        User{Name:       r.Form.Get("username"),       Habits:
r.Form.Get("habits")} // 构造存储的 user
        store(user1) // 插入 user 记录
        fmt.Fprintf(w,"%v", queryByName("aoho")) //查询指定的 name
    }
}
```

如上是存储与查询函数的实现代码，实现也较为简单，这里就不展开讲解了，执行之后的结果如图 5-15 所示。

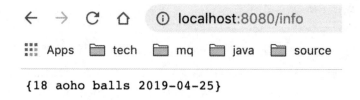

图 5-15　查询表单信息

5.5.4　Nosql 数据库存储（MongoDB）

Go 语言中没有类的概念，对于变量的绑定都是由键值对形式的结构体（struct）实现。这对同样是以键值对形式存储的 NoSQL 数据库 MongoDB 以及 JSON 都非常友好。所以在 Go 语言中，并不是很依赖建立在 MongoDB 之上的 ORM，使用比较底层的驱动级的接口即可方便操作。

我们还是基于之前用户登录的例子，抽取出建立 MongoDB 连接的过程，覆写其中的插入和查询接口。

【实例 5-6】服务端基于 MongoDB 的存储方式实践

代码如下：

```go
func connect(cName string) (*mgo.Session, *mgo.Collection) {
    session, err := mgo.Dial("mongodb://localhost:27017/") //建立 Mongo 连接
    checkErr(err)
    session.SetMode(mgo.Monotonic, true)
    //返回指定数据库的命名 collection
    return session, session.DB("test").C(cName)
}

func queryByName(name string) []User {
    var user []User
    s, c := connect("user")
    defer s.Close()
    err := c.Find(bson.M{"name": name}).All(&user)
    checkErr(err)
    return user
}

func store(user User) error {
    //插入数据
    s, c := connect("user")
    defer s.Close()
    user.Id = bson.NewObjectId().Hex()
    return c.Insert(&user)
}
```

connect 函数用于建立连接，mgo.Dial 的入参为 MongoDB 的连接地址，完整的规则如下：

```
mongodb://myuser:mypass@localhost:40001,otherhost:40001/mydb
```

可以根据自己的需要进行相应的配置。每次进行连接时需要指定表名，即 MongoDB 中的 collection。

插入数据时，指定了记录的 Id。需要注意的是，如果在定义时将 ID 的类型定义为 bson.ObjectID，并指定 bson 标签为_id，mongodb 将不会为它分配新的 id。但是这样的结构在与 JSON 做交互时不是很方便。

在做记录的查询时，需要新建一个同类型的结构体或结构体数组，然后执行 Find 操作，如果参数为空，则返回全部记录。

运行的结果如下图 5-16 所示。

[{5cc1d8514904df25011b0421 aoho balls }]

图 5-16　表单信息存储到 MongoDB

5.6　Golang ORM 框架 beego 实践

上面的小节介绍了 Go 语言中的几种数据库存储方式。如使用原生的 Go 语言连接 MySQL 的方法，使用 Go 语言自带的 database/sql 数据库连接 API，通过原生的写法实现数据库存储。目前开源界也有很多封装好的 ORM 框架，支持事务性、链式查询等，帮我们简省一些重复的操作，提高代码可读性。

Golang ORM 框架有 beego、gorm、xorm 和 gorose 等。beego 不仅仅是一个 ORM 框架，而且严格来说，beego 是一个快速开发 Go 语言应用的 HTTP 框架，它可以用来快速开发 API、Web 及后端服务等各种应用，是一个 RESTful 的框架，beego 的主要设计灵感来源于 tornado、sinatra 和 flask 这三个框架，同时结合了 Go 语言本身的一些特性（如 interface、struct 嵌入等），如图 5-17 所示。

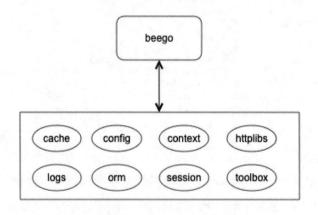

图 5-17　beego 八大模块

beego 是基于八大独立的模块构建的，是一个高度解耦的框架。作者在设计 beego 之初就考虑了功能模块化，用户既使不使用 beego 的 HTTP 逻辑，也依旧可以独立使用这些模块。例如：可以使用 cache 模块来做缓存逻辑；使用日志模块来记录操作信息；使用 config 模块来解析各种格式的文件。所以 beego 不仅可以用于 HTTP 类的应用开发，在 Socket 游戏开发中也是很有用的模块，这也是 beego 为什么受欢迎的一个原因。本小节主要介绍 ORM 模块。

beego ORM 是一个强大的 Go 语言 ORM 框架。据官网介绍,它的灵感主要来自 Django

ORM 和 SQLAlchemy。目前已支持的数据库驱动：

- MySQL：github.com/go-sql-driver/mysql
- PostgreSQL：github.com/lib/pq
- Sqlite3：github.com/mattn/go-sqlite3

beego ORM 采用简单的 CRUD 风格，具有支持 Go 的所有类型存储、自动 Join 关联表、跨数据库兼容查询、允许直接使用 SQL 查询 / 映射等特性，严格完整的测试保证 ORM 的稳定与健壮。我们通过一个例子来看一下基于 beego ORM 进行对象的增删改查，代码如下：

```go
import (
  "fmt"
  "github.com/astaxie/beego/orm"
  _ "github.com/go-sql-driver/mysql" // import your used driver
)

// Model Struct
type User struct {
 UserId  int `orm:"pk"` // 主键
 Name string `orm:"size(100)"`
}

func init() {
 // 数据库设置
 orm.RegisterDataBase("default", "mysql", "root:root_test@tcp(127.0.0.1:3306)/user_tmp?charset=utf8", 30)

 // 注册 model，可多个
 orm.RegisterModel(new(User))

 // 创建表
 orm.RunSyncdb("default", false, true)
}

func main() {
 o := orm.NewOrm()

 user := User{Name: "aoho"}

 // 插入
 id, err := o.Insert(&user)
 fmt.Printf("ID: %d, ERR: %v\n", id, err)

 // 更新
 user.Name = "boho"
 num, err := o.Update(&user)
 fmt.Printf("NUM: %d, ERR: %v\n", num, err)

 // 读取
 u := User{UserId: user.UserId}
```

```
err = o.Read(&u)
fmt.Printf("ERR: %v\n", err)

var maps []orm.Params
res, err := o.Raw("SELECT * FROM user").Values(&maps)
fmt.Printf("NUM: %d, ERR: %v\n", res, err)
for _,term := range maps{
    fmt.Println(term["user_id"],":",term["name"])
}
// delete
num, err = o.Delete(&u)
fmt.Printf("NUM: %d, ERR: %v\n", num, err)
}
```

在上述代码的实现中，定义了 User 映射数据库表，程序执行时会自动创建表，并执行我们的增删改查业务。下面为执行的控制台结果。

```
create table `user`

-- ----------------------------------------------------
-- Table Structure for `main.User`
-- ----------------------------------------------------
CREATE TABLE IF NOT EXISTS `user` (
    `user_id` integer NOT NULL PRIMARY KEY,
    `name` varchar(100) NOT NULL DEFAULT ''
) ENGINE=InnoDB;

ID: 0, ERR: <nil>
NUM: 1, ERR: <nil>
ERR: <nil>
NUM: 1, ERR: <nil>
0 : boho
NUM: 1, ERR: <nil>
```

可以看到，程序首先执行了数据表的创建，User 对象映射成数据表的两个属性：user_id 和 name。当我们无法使用 ORM 表达更加复杂的 SQL 时，也可以直接使用 SQL 来完成查询 / 映射操作，代码如下：

```
var maps []orm.Params
res, err := o.Raw("SELECT * FROM user").Values(&maps)
fmt.Printf("NUM: %d, ERR: %v\n", res, err)
for _,term := range maps{
    fmt.Println(term["user_id"],":",term["name"])
}
```

需要注意的是，Golang ORM 框架查询的时候需要新建一个查询结构体的指针作为参数传递给 find 方法。Go 语言没有泛型，调用的时候得不到需要返回的类型信息，导致不能在 find 方法里面实例化对象。

5.7　小结

　　Web 应用在日常生活中很常用。Web 是基于 HTTP 协议的一个服务，Go 语言里面提供了一个完善的 net/http 包，通过 http 包可以很方便的搭建起来一个可以运行的 Web 服务。同时使用 net/http 包能很简单地对 Web 的路由、静态文件、模版、cookie 等数据进行设置和操作。本章基于 Go 语言开发 Web 应用，围绕 Go Web 的基础，主要讲解 Web 的工作原理、使用 Go 语言构建服务器、如何接收和处理请求和服务端数据存储，最后通过 Golang ORM 框架 beego 的实践，让读者看到这个框架如何快速地进行 Web 开发。介绍完 Go 语言的基础，接下来的章节将会介绍微服务架构中的各个基础组件。

第6章　服务注册与发现

在单体应用向微服务架构演进的过程中，原本的单体应用会按照业务需求被拆分成多个微服务，每个服务提供特定的功能，并可能依赖于其他的微服务。每个微服务实例都可以动态部署，服务实例之间的调用通过轻量级的远程调用方式（HTTP、消息队列等）实现，它们之间通过预先定义好的接口进行访问。

由于微服务实例是动态部署，每个服务实例的地址和服务信息都可能动态变化，势必需要一个中心化的组件对各个服务实例的信息进行管理，该组件管理各个部署好的服务实例元数据，包括但不限于服务名、IP 地址、Port、服务描述、服务状态等。

服务的调用方在请求某个微服务时会首先向中心化组件请求该微服务的服务实例列表，配合客户端负载均衡组件选择依赖微服务的具体实例发起调用，这就是服务发现。服务注册是指服务实例在启动时主动将自身的元数据发送到中心化组件，并与中心化组件维持心跳，维持本服务实例在线的状态；服务实例也会监控自身实例信息变化，在服务实例发生变化时报告至中心化组件以更新服务实例状态信息。

6.1　服务注册与发现的基本原理

顾名思义，服务注册与发现主要包含两部分：服务注册与服务发现。服务注册是指服务实例启动时将自身信息注册到服务注册与发现中心，并在运行时通过心跳等方式向服务注册与发现中心汇报自身服务状态；服务发现是指服务实例向服务注册与发现中心获取其他服务实例信息，用于进行随后的远程调用。本小节中会介绍服务注册与发现中心的职责和服务实例进行服务注册的基本流程，以及分布式系统中数据同步的基本原理 CAP。

6.1.1　服务注册与发现中心的职责

在传统单体应用中，应用都是部署在固定的物理机器或者云平台上，它们之间的调用一般是通过固定在代码内部或者配置文件中的服务地址和端口直接发起。由于应用数量较少，系统结构复杂度不高，开发人员和运维人员可以较为轻松地进行管理和配置。

随着应用架构向微服务架构迁移，微服务数量的增加和动态部署动态扩展的特性，使得服务地址和端口在运行时是随时可变的。对此，我们需要额外的中心化组件统一管理动态部署的微服务应用的服务实例元数据，一般称它为服务注册与发现中心。服务注册与发现中心主要有以下的职责：

（1）管理当前注册到服务注册与发现中心的微服务实例元数据信息，包括服务实例的服务名、IP 地址、端口号、服务状态和服务描述等。

（2）与注册到服务注册与发现中心的微服务实例维持心跳，定期检查注册表中的服务实例是否在线，并剔除无效服务实例信息。

（3）提供服务发现能力，为调用方提供服务提供方的服务实例元数据。

通过服务注册与发现中心，可以很方便地管理系统中动态变化的服务实例信息。正是这样的关键地位，让它也可能成为系统的瓶颈和故障点。因为服务之间的调用信息来自于服务注册与发现中心，当它不可用时，服务之间的调用可能无法正常进行。因此服务注册与发现中心一般会多实例部署，保证其高可用性和高稳定性。

6.1.2 服务实例注册服务信息

仅有服务注册与发现中心是不够，还需要各个服务实例的鼎力配合；只有这样，整个服务注册与发现体系才能良好运作。一个服务实例需要完成以下的事情：

（1）在服务启动阶段，提交自身服务实例元数据到服务注册与发现中心，完成服务注册。

（2）在服务运行阶段，定期和服务注册与发现中心维持心跳，保证自身在线状态。如果可能，还会检测自身元数据的变化，发生变化时重新提交数据到服务注册与发现中心。

（3）在服务关闭时，向服务注册与发现中心发出下线请求，注销自身在注册表中的服务实例元数据。

6.1.3 CAP 原理

在本质上来讲，微服务应用属于分布式系统的一种落地实践，而分布式系统最大的难点是处理各个节点之间数据状态的一致性。即使是倡导无状态的 HTTP RESTful API 请求，在处理多服务实例情况下的修改数据状态请求时，也是需要通过数据库或者分布式缓存等外部系统维护数据的一致性。CAP 原理是描述分布式系统下节点数据同步的基本定理。

CAP 定理由加州大学的 Eric Brewer 教授提出，它们分别指 Consistency（一致性）、Availability（可用性）和 Partition tolerance（分区容忍性）。Eric Brewer 认为，以上 3 个指标不可能同时满足，我们来分析一下这 3 个指标。

（1）Consistency，指数据一致性，表示系统的数据信息（包括备份数据）在同一时刻都是一致的。在分布式系统下，同一份数据可能存在于多个不同的实例中，在数据强一致性的要求下，对其中一份数据的修改必须同步到它的所有备份中。在数据同步的任何时候，都需要保证所有对该份数据的请求将返回同样的状态。

（2）Availability，指服务可用性，要求服务在接受到客户端请求后，都能够给出响应。服务可用性考量的是系统的可用性，要求系统在高并发和部分节点宕机的情况下，系统整体依然能够响应客户端的请求。

（3）Partition tolerance，指分区容忍性。分布式系统中，不同节点之间通过网络进行通信。基于网络的不可靠性，位于不同网络分区的服务节点可能会通信失败，如果系统能够容忍这种情况，说明它是满足分区容忍性特性的。如果系统不能够满足分区容忍性，那么将会限制分布式系统的扩展性，即服务节点的部署数量和地区将会受限，违背了分布式系统设计的初衷，所以一般来讲分布式系统都会满足分区容忍性。

在满足了分区容忍性的前提下，分布式系统就不能同时满足数据一致性和服务可用性。假设服务 A 现在有两个实例 A1 和 A2，它们之间的网络通信出现了异常，基于分区容忍性，这并不会影响 A1 和 A2 独立的正常运行。若此时客户端请求 A1，请求将数据 B 从 B1 状态修改为 B2，由于网络的不可用，数据 B 的修改并不能通知到实例 A2。如果此时另一个客户端向 A2 请求数据 B，如果 A2 返回数据 B1，将满足服务可用性，但并不能满足数据一致性；如果 A2 需要等待 A1 的通知之后才能够返回数据 B 的正确状态，虽然满足了数据一致性，但无法响应客户端请求，违背了服务可用性的指标。

基于分布式系统的基本特质，分区容忍性是必须要满足的，接下来需要考虑满足数据一致性还是服务可用性，这要取决于具体的应用场景。在类似银行对金额数据要求强一致性的系统中，要优先考虑满足数据一致性；而类似大众网页的系统，用户对网页版本的新旧不会有特别的要求，在这种场景下服务可用性高于数据一致性。

6.2　常用的服务注册与发现框架

随近几年微服务框架高速发展，目前业界已经开源出了大量优秀的服务注册与发现组件，例如 Consul、Etcd、Zookeeper、Eureka 等。它们之间各有千秋，在组件选型时可以根据自身业务的需要进行选择和改造，接下来我们主要对 Consul、Etcd 和 Zookeeper 这 3 个常用的组件进行简单的介绍和比较。

6.2.1　基于 Raft 算法的开箱即用服务发现组件 Consul

Consul 由 HashiCorp 开源，是支持多个平台的分布式高可用系统。Consul 使用 Go 语言实现，主要用于实现分布式系统的服务发现与配置，满足 CP 特性。Consul 是分布式、高可用、可横向扩展的，提供以下主要特性：

（1）服务发现：可以使用 HTTP 或者 DNS 的方式将服务实例的元数据注册到 Consul，并通过 Consul 发现所依赖服务的元数据列表。

（2）健康检查：Consul 提供定时的健康检查机制，定时请求注册到 Consul 中的服务实例提供的健康检查接口，将异常返回的服务实例标记为不健康。

（3）Key/Value：Consul 提供了 Key/Value 存储功能，可以通过简单的 HTTP 接口进行使用。

（4）多数据中心：Consul 使用 Raft 算法来保证数据一致性，提供了开箱即用的多数据中心功能。

服务实例与 Consul 的交互如图 6-1 所示。

通过 Consul 实现服务注册与发现中心的调用过程如下：

（1）Producer 在启动之初会通过 /register接口将自己的服务实例元数据注册到 Consul 中。

（2）Consul 通过 Producer 提供的健康检查接口/health 定时检查 Producer 的服务实例状态。

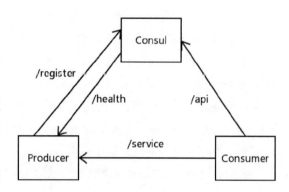

图 6-1　Consul 与服务实例的交互过程

（3）Consumer 请求 Consul 获取 Producer 服务的元数据。

（4）Consumer 从 Consul 中返回的 Producer 服务实例元数据列表中选择合适服务实例的 IP 和端口发起服务间调用，如图 6-1 中 Consumer 调用 Producer 的/service 接口。

Consul 是一个高可用的分布式系统，支持多数据中心部署。一个 Consul 集群由部署和运行了 Consul Agent 的节点组成。Consul 集群中存在两种角色：Server 和 Client。每个 Consul Agent 负责对本地的服务进行监控检查，并将查询请求转发到 Server 中进行处理。Consul 简单的架构图如图 6-2 所示。

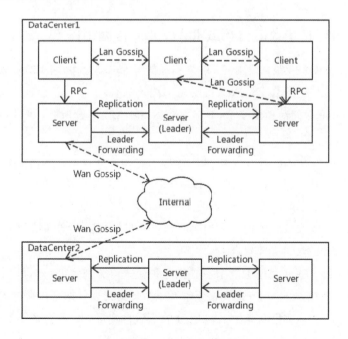

图 6-2　Consul 架构图

从图 6-2 可知，Consul 主要由 Consul Client 和 Consul Server 组成，它们的具体作用如下：

（1）Consul Client：只维护自身的状态，它是无状态的，会把 HTTP 和 DNS 接口请求转发给同一数据中心的 Consul Server 处理。

（2）Consul Server：它是数据存储和复制的地方。通过多个 Server 部署高可用集群（官方建议 3 个或者 3 个以上）。多个 Server 之间通过 Raft 协议选举一个 Leader。在图 6-2 中存在两个数据中心，分别为 DataCenter1 和 DataCenter2。同一数据中心中的 Server 保持数据强一致性，当出现跨数据中心服务发现或配置请求时，本地 Server 会将请求转发到远程数据中心处理。不同数据中心的 Server 之间的数据不会发生同步。

Consul 使用 Gossip 协议来管理成员和广播消息到集群。Consul 中包括如下两种 Gossip 池：

（1）Lan 池：每个数据中心都有一个 Lan 池，用于管理本数据中心所有的 Server 和 Client。它提供的成员关系可以使 Client 自动发现 Server，将故障检测分担到集群中，并提供可靠和快速事件广播用于 Leader 选举等事件通知。

（2）Wan 池：它管理着所有数据中心的 Server，是全局唯一的。它提供的成员关系允许 Server 执行跨数据中心的请求。

Consul 作为一个开箱即用、高可用分布式服务发现和配置系统，可以很方便地为微服务的服务治理提供强有力的支持。在后面的 6.3 和 6.4 小节中我们将实现一个 Consul 的客户端，将我们自身的 Web 服务注册到 Consul 中，以供服务发现。

6.2.2　基于 HTTP 协议的分布式 key/Value 存储组件 Etcd

Etcd 是由 CoreOS 开源，采用 Go 语言编写的分布式、高可用的 Key/Value 存储系统，主要用于服务发现和配置共享。Etcd 经典的应用场景有：

（1）Key/Value 存储：Etcd 支持 HTTP RESTful API，提供强一致性、高可用的数据存储能力。

（2）服务注册与发现：通过在 Etcd 中注册某个服务的目录，服务实例连接 Etcd 并在目录下发布对应的 IP 和 Port，以供调用方使用，可以有效地实现服务注册与发现功能。

（3）消息发布与订阅：通过 Etcd 的 Watcher 机制，可以使订阅者订阅他们关心的目录。当消息发布者修改被监控的目录内容时，可以将变化实时通知给订阅者。

图 6-3 为 Etcd 的集群基本架构图。

我们可以看到，Etcd 集群中的节点提供两种模式，分别为 Proxy 和 Peer。

（1）Proxy：该模式下的 Etcd 节点会作为一个反向代理，把客户端的请求转发给可用的 Etcd Peer 集群。Proxy 并没有加入到 Etcd 的一致性集群中，不会降低集群的写入性能。

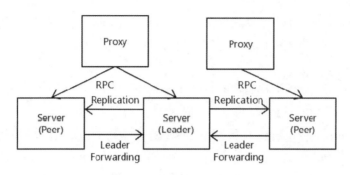

图 6-3　Etcd 集群基本架构

（2）Peer：Peer 模式下的节点提供数据存储和同步的能力。Peer 之间通过 Raft 协议进行 Leader 选举和保持数据强一致性，通常建议部署奇数个节点提供高可用的集群能力。

相对于其他的组件来讲，Etcd 更为轻量级，部署简单，支持 HTTP 接口。它可以为服务发现提供一个稳定高可用的服务实例信息注册仓库，为微服务协同工作提供了有力的支持。

6.2.3　重量级一致性服务组件 Zookeeper

Zookeeper 作为 Hadoop 和 Hbase 的重要组件，是一个开源的分布式应用协调服务，目前由 Apache 基金会维护，采用 Java 语言开发。Zookeeper 致力于为分布式应用提供一致性服务，它的设计目标是将分布式系统中那些复杂且容易出错的操作封装为简单高效的接口以供开发人员使用。

Zookeeper 底层只提供了两个功能：管理客户端提交的数据和为客户端程序提供数据节点的监听服务。它是一个典型的分布式数据一致性解决方案，基于 Zookeeper 可以实现服务注册与发现、消息发布与订阅、分布式协调与通知、分布式锁、Master 选举、集群管理和分布式队列等诸多功能。

Zookeeper 集群中存在 3 种角色，分别为 Leader、Follower 和 Observer，架构图如图 6-4 所示。

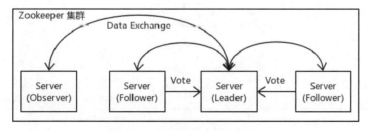

图 6-4　Zookeeper 集群架构图

我们来分析一下 Zookeeper 的架构：

（1）Leader：Zookeeper 集群使用 ZAB 协议通过 Leader 选举从集群中选定一个节点作为 Leader。Leader 服务进行投票的发起和决议，更新系统状态，它会响应客户端的读写请求。

（2）Follower：只提供数据的读服务，会将来自客户端的写请求转发到 Leader 中。在 Leader 选举的过程中参与投票，并与 Leader 维持数据同步。

（3）Observer：与 Follower 的区别是 Observer 不参与 Leader 的选举过程，也不参与写过程的"过半写成功"策略，主要作用是为了在不影响写性能的前提下提高集群的读能力。

Zookeeper 通过 ZAB 协议来保证其数据一致性。ZAB 协议不是一种通用的分布式一致性算法，它是在 Paxos 算法的基础上，为 Zookeeper 特别设计的崩溃可恢复的原子消息广播协议。ZAB 协议主要包含两种基本模式：崩溃恢复和消息广播。

（1）崩溃恢复模式：在服务启动或者 Leader 服务器崩溃时，ZAB 协议就会进入崩溃恢复模式，在所有的 Follower 中选举出 Leader。当选举出新的 Leader 后，等集群中有半数与新的 Leader 完成状态同步后就会退出恢复模式，进入到消息广播模式。

（2）消息广播模式：ZAB 协议消息广播过程使用的是一个原子广播协议，类似于一个二阶段提交，但是又有所不同，并非所有 Follower 节点都返回 Ack 才进行一致性事务完成，而是只需要半数以上即可提交完成一个事务广播。

Zookeeper 为分布式系统提供协调服务，能够有效地支持微服务架构的服务注册和发现机制；同时 Zookeeper 中提供的其他数据一致性解决方案，能够有力支撑微服务中分布式业务的开发。

6.2.4　服务注册与发现组件的对比与选型

前面介绍的 3 种服务注册与发现组件在业界都已经有了广泛的应用，在很多大公司的项目中都能看到它们的身影，比如 Zookeeper 在 Hadoop 体系中发挥了极其重要的分布式协调作用。下面将从特性方面比较它们的异同，如表 6-1 所示。

表 6-1

功能点	Consul	Etcd	Zookeeper
CAP 原理	CP	CP	CP
Key/Value 存储	支持	支持	支持
多数据中心	支持	支持	支持
一致性协议	Raft	Raft	ZAB
访问协议	HTTP/DNS	HTTP/Grpc	RPC 客户端
Watch 机制	支持	支持	支持
安全机制	ACL/HTTPS	HTTPS	ACL
健康检查	健康检查	长连接	连接心跳

从软件的生态出发，Consul 是以服务发现和配置作为主要功能目标，附带提供了 Key/Value 存储，相对于 Etcd 和 Zookeeper 来讲业务范围较小，更适合于服务注册与发现。

Etcd 和 Zookeeper 属于通用的分布式一致性存储系统，被应用于分布式系统的协调工作中，使用范围抽象，具体的业务场景需要开发人员自主实现，如服务注册与发现、分布式锁等。Zookeeper 具备广大的周边生态，在分布式系统中得到了广泛的使用；而 Etcd 则以简单易用的特性吸引了大量并发人员，在目前火热的 Kubernetes 中也有应用。

仅从服务注册与发现组件的需求来看，选择 Consul 作为服务注册与发现中心能够取得更好的效果；如果系统存在其他分布式一致性协作需求，选择 Etcd 和 Zookeeper 反而能够提供更多的服务支持。

在接下来的小节中，我们将基于 Consul 实现 Go Web 的服务注册与发现。首先我们会通过原生态的方式，直接使用 HTTP 方式与 Consul 进行交互；然后我们会通过 Go-kit 框架提供的 Consul Client 接口实现与 Consul 之间的交互，并比较它们之间的不同。

6.3　Consul 安装和接口定义

在具体编写 Consul 客户端的相关代码之前，我们将介绍如何搭建一个简单的 Consul 服务。同时为了方便替换具体的 Consul 客户端实现，我们还会定义一个统一的 Consul 客户端接口。

6.3.1　Consul 的安装与启动

Consul 的下载地址为 https://www.consul.io/downloads.html，根据操作系统的不同下载的文件也有所差异。在 Unix 环境下（Mac、Linux），下载下来的文件是一个二进制可执行文件，可以直接通过它执行 Consul 的相关命令。在 Window 环境下是一个.exe 结尾的可执行文件。

以笔者自身的 Linux 环境为例，直接在 consul 文件所在的目录执行：

```
./consul version
```

能够直接获取到刚才下载的 Consul 的版本信息，打印如下：

```
Consul v1.5.1
Protocol 2 spoken by default,
understands 2 to 3 (agent will automatically use protocol >2 when speaking
to compatible agents)
```

如果我们想要将任意路径都能使用 Consul 命令，可以使用以下命令将 Consul 移动到 /usr/local/bin 文件下：

```
sudo mv consul /usr/local/bin/
```

接着我们通过以下命令启动 Consul：

```
consul agent -dev
```

-dev 选项说明 Consul 以开发模式启动，该模式下会快速部署一个单节点的 Consul

服务，部署好的节点既是 Server 也是 Leader。开发模式启动的 Consul 不会持久化任何数据，数据仅存在于内存中，Consul 关闭时保存在 Consul 的数据将会丢失。在生产环境建议使用-server 模式启动 Consul，保证至少一台正式的 Consul Server 用于维持集群数据的一致性和持久化。

启动好之后就可以在浏览器访问 http://localhost:8500 地址，如图 6-5 所示。

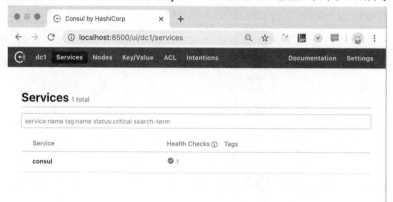

图 6-5　Consul UI 界面

6.3.2　Go-kit 项目结构

Go-kit 是一套微服务工具集，用于帮助开发人员解决分布式系统开发中的相关问题，使开发人员更专注于业务逻辑开发中。Go-kit 中提供了多种服务注册与发现的组件，包括前面所讲的 Consul、Etcd、Zookeeper 等。6.4 和 6.5 小节的项目实例结构将按照 Go-kit 的项目结构组织，如下所示：

（1）transport 层：指定项目提供的服务方式，我们的项目实例将提供 HTTP 服务；

（2）endpoint 层：用于接受请求并返回响应，通常使用一个抽象的 Endpoint 来表示每个服务提供的方法，我们项目实例中提供的服务接口将由 Endpoint 表示，Endpoint 将调用 service 层方法来实现具体的业务逻辑，并组装为合适的 response 返回；

（3）service 层：业务代码实现层，本章项目实例中的服务发现和注册的相关实现将位于该层中。

本章的项目示例代码位于 ch6-discovery 目录下，目录结构如下图 6-6 所示。

图 6-6　项目实例目录结构

6.3.3　服务注册与发现接口

为了统一 Consul 客户端的调用逻辑，方便替换具体的 Consul 客户端实现方式，我们定义用于与 Consul 交互的 DiscoveryClient 接口源码位于 ch6-discovery/discover/discover_client.go 下，代码如下所示：

```
type DiscoveryClient interface {

    /**
    * 服务注册接口
    * @param serviceName 服务名
    * @param instanceId 服务实例 Id
    * @param instancePort 服务实例端口
    * @param healthCheckUrl 健康检查地址
    * @param instanceHost 服务实例地址
    * @param meta 服务实例元数据
    */
    Register(serviceName, instanceId, healthCheckUrl string, instanceHost
string, instancePort int, meta map[string]string, logger *log.Logger) bool

    /**
    * 服务注销接口
    * @param instanceId 服务实例 Id
    */
    DeRegister(instanceId string, logger *log.Logger) bool

    /**
    * 服务发现接口
    * @param serviceName 服务名
    */
    DiscoverServices(serviceName string, logger *log.Logger) []interface{}
}
```

代码中提供了 3 个接口，接口名称和功能如下表 6-2 所示。

表 6-2

接口名称	功能说明
Register	用于服务注册，服务实例将自身所属服务名和服务元数据注册到 Consul 中
DeRegister	用于服务注销，服务关闭时请求 Consul 将自身元数据注销，避免无效请求
DiscoverServices	用于服务发现，通过服务名向 Consul 请求对应的服务实例信息列表

6.3.4　项目的总体结构

接下来我们基于 DiscoveryClient 构建整个项目的基础结构，包括 Go-kit 下的 service 层、endpoint 层和 transport 层。

在 ch6-discovery/service/service.go 文件下，我们定义了项目提供的服务接口，代码如下所示：

```
type Service interface {
```

```
      // 健康检查接口
      HealthCheck() bool
      // 打招呼接口
      SayHello() string
      // 服务发现接口
      DiscoveryService(ctx       context.Context,       serviceName       string)
([]interface{}, error)
    }
```

接口的具体实现结构体为 DiscoveryServiceImpl，其中健康检查和简单打招呼的实现
皆为直接返回常量值，而服务发现方法的实现依赖于 DiscoveryClient，它使用
DiscoveryClient 从 Consul 中根据服务名获取对应的服务实例信息列表并返回，代码如下
所示：

```
func (service *DiscoveryServiceImpl) DiscoveryService(ctx context.Context,
serviceName string) ([]interface{}, error)  {
    // 从 consul 中根据服务名获取服务实例列表
    instances   :=   service.discoveryClient.DiscoverServices(serviceName,
config.Logger)

    if instances == nil || len(instances) == 0 {
      return nil, ErrNotServiceInstances
    }
    return instances, nil
  }
```

Endpoint 层中我们需要定义返回 Endpoint 的构建函数，用于将请求转化为 Service 接
口可以处理的参数，并将处理结果封装为 response 返回给 transport 层。针对 Service 中提
供的 3 个方法，我们将提供以下 3 个 Endpoint 构建参数：

- MakeHealthCheckEndpoint，用于处理健康检查相关请求；
- MakeSayHelloEndpoint，用于处理打招呼相关请求；
- MakeDiscoveryEndpoint，用于处理服务发现相关请求。

上述函数的实现依托于 Service 中提供的接口方法，源码位于 ch6-discovery/endpoint/
endpoints.go 中，代码如下所示：

```
type DiscoveryEndpoints struct {
    SayHelloEndpoint    endpoint.Endpoint
    DiscoveryEndpoint   endpoint.Endpoint
    HealthCheckEndpoint endpoint.Endpoint
    }
    // 打招呼请求结构体
    type SayHelloRequest struct {
    }
    // 打招呼响应结构体
    type SayHelloResponse struct {
     Message string `json:"message"`
    }
    // 创建打招呼 Endpoint
    func MakeSayHelloEndpoint(svc service.Service) endpoint.Endpoint {
     return  func(ctx  context.Context,  request  interface{})  (response
interface{}, err error) {
      message := svc.SayHello()
```

```
    return SayHelloResponse{
     Message:message,
    }, nil
   }
  }
  // 服务发现请求结构体
  type DiscoveryRequest struct {
   ServiceName string
  }
  // 服务发现响应结构体
  type DiscoveryResponse struct {
   Instances []interface{} `json:"instances"`
   Error string `json:"error"`
  }
  // 创建服务发现的 Endpoint
  func MakeDiscoveryEndpoint(svc service.Service) endpoint.Endpoint {
   return func(ctx context.Context, request interface{}) (response
interface{}, err error) {
     req := request.(DiscoveryRequest)
     instances, err := svc.DiscoveryService(ctx, req.ServiceName)
     var errString = ""
     if err != nil{
      errString = err.Error()
     }
     return &DiscoveryResponse{
       Instances:instances,
       Error:errString,
     }, nil
   }
  }

  // HealthRequest 健康检查请求结构
  type HealthRequest struct{}
  // HealthResponse 健康检查响应结构
  type HealthResponse struct {
   Status bool `json:"status"`
  }
  // MakeHealthCheckEndpoint 创建健康检查 Endpoint
  func MakeHealthCheckEndpoint(svc service.Service) endpoint.Endpoint {
   return func(ctx context.Context, request interface{}) (response
interface{}, err error) {
     status := svc.HealthCheck()
     return HealthResponse{
      Status:status,
     }, nil
   }
  }
```

在 transport 层中我们需要声明对外暴露的 HTTP 服务，将 endpoint 包中定义的 Endpoint 与对应的 HTTP 路径进行绑定,同时还分别定义了 decodeXXXRequest 和 encodeXXXResponse 方法。其中 decodeXXXRequest 用于将 HTTP 请求转化为 Endpoint 可以接受的 request 结构体,而 encodeXXXResponse 方法将 Endpoint 返回的 response 结构体转化为对应的 HTTP 响应。源码位于 ch6-discovery/transport/http.go 中，代码如下所示：

```
  var (
    ErrorBadRequest = errors.New("invalid request parameter")
```

```go
    )
    // MakeHttpHandler make http handler use mux
    func          MakeHttpHandler(ctx          context.Context,          endpoints
endpts.DiscoveryEndpoints, logger log.Logger) http.Handler {
        r := mux.NewRouter()
        // 定义处理处理器
        options := []kithttp.ServerOption{
            kithttp.ServerErrorHandler(transport.NewLogErrorHandler(logger)),
            kithttp.ServerErrorEncoder(encodeError),
        }
        // say-hello 接口
        r.Methods("GET").Path("/say-hello").Handler(kithttp.NewServer(
            endpoints.SayHelloEndpoint,
            decodeSayHelloRequest,
            encodeJsonResponse,
            options...,
        ))
        // 服务发现接口
        r.Methods("GET").Path("/discovery").Handler(kithttp.NewServer(
            endpoints.DiscoveryEndpoint,
            decodeDiscoveryRequest,
            encodeJsonResponse,
            options...,
        ))
        // create health check handler
        r.Methods("GET").Path("/health").Handler(kithttp.NewServer(
            endpoints.HealthCheckEndpoint,
            decodeHealthCheckRequest,
            encodeJsonResponse,
            options...,
        ))
        return r
    }
    // decodeSayHelloRequest 编码请求参数为 SayHelloRequest
    func decodeSayHelloRequest(_ context.Context, r *http.Request) (interface{},
error) {
        return endpts.SayHelloRequest{}, nil
    }
    // decodeDiscoveryRequest decode request params to struct
    func decodeDiscoveryRequest(_ context.Context, r *http.Request) (interface{},
error) {
        serviceName := r.URL.Query().Get("serviceName")
        if serviceName == ""{
            return nil, ErrorBadRequest
        }
        return endpts.DiscoveryRequest{
            ServiceName:serviceName,
        }, nil
    }
    // decodeHealthCheckRequest 编码请求参数为 HealthRequest
    func    decodeHealthCheckRequest(ctx    context.Context,    r    *http.Request)
(interface{}, error) {
        return endpts.HealthRequest{}, nil
    }
    // encodeJsonResponse 解码 respose 结构体为 http JSON 响应
    func encodeJsonResponse(ctx context.Context, w http.ResponseWriter, response
interface{}) error {
        w.Header().Set("Content-Type", "application/json;charset=utf-8")
```

```
  return json.NewEncoder(w).Encode(response)
}
// 解码业务逻辑中出现的 err 到 http 响应
func encodeError(_ context.Context, err error, w http.ResponseWriter) {
  w.Header().Set("Content-Type", "application/json; charset=utf-8")
  switch err {
  default:
    w.WriteHeader(http.StatusInternalServerError)
  }
  json.NewEncoder(w).Encode(map[string]interface{}{
    "error": err.Error(),
  })
}
```

在上面的代码中，我们定义了 3 个对外暴露的 HTTP 接口，与 endpoint 包中的 Endpoint 一一对应，并为每一个 Endpoint 定义 decodeXXXRequest 方法，用于将 HTTP 请求转化为 Endpoint 可处理的 request 请求体。在 Endpoint 处理请求后，将返回的 response 结构体使用 encodeJsonResponse 方法转化为 JSON 格式。

最后我们来定义 main 函数，它将使用 DiscoveryClient 将自身服务实例元数据注册到 Consul，构建 http.Handler 启动 Web 服务器，并在服务下线时从 Consul 注销自身。源码位于 ch6-discovery/main.go 中，代码如下所示：

```
func main() {
    // 从命令行中读取相关参数，没有时使用默认值
    var (
      // 服务地址和服务名
      servicePort = flag.Int("service.port", 10086, "service port")
      serviceHost = flag.String("service.host", "127.0.0.1", "service host")
      serviceName = flag.String("service.name", "SayHello", "service name")
      // consul 地址
      consulPort = flag.Int("consul.port", 8500, "consul port")
      consulHost = flag.String("consul.host", "127.0.0.1", "consul host")
    )

    flag.Parse()
    ctx := context.Background()
    errChan := make(chan error)

    // 声明服务发现客户端
    var discoveryClient discover.DiscoveryClient
    // TODO 未初始化服务发现客户端
    // 声明并初始化 Service
    var svc = service.NewDiscoveryServiceImpl(discoveryClient)
    // 创建打招呼的 Endpoint
    sayHelloEndpoint := endpoint.MakeSayHelloEndpoint(svc)
    // 创建服务发现的 Endpoint
    discoveryEndpoint := endpoint.MakeDiscoveryEndpoint(svc)
    //创建健康检查的 Endpoint
    healthEndpoint := endpoint.MakeHealthCheckEndpoint(svc)
    endpts := endpoint.DiscoveryEndpoints{
      SayHelloEndpoint:    sayHelloEndpoint,
      DiscoveryEndpoint:   discoveryEndpoint,
      HealthCheckEndpoint: healthEndpoint,
    }
```

```
    //创建 http.Handler
    r := transport.MakeHttpHandler(ctx, endpts, config.KitLogger)
    // 定义服务实例 ID
  instanceId := *serviceName + "-" + uuid.NewV4().String()
    // 启动 http server
    go func() {
        config.Logger.Println("Http Server start at port:"+strconv.Itoa (*servicePort))
        //启动前执行注册
        if !discoveryClient.Register(*serviceName, instanceId, "/health",
*serviceHost, *servicePort, nil, config.Logger){
            config.Logger.Printf("string-service for service %s failed.", service Name)
            // 注册失败，服务启动失败
            os.Exit(-1)
        }
        handler := r
        errChan <- http.ListenAndServe(":" + strconv.Itoa(*servicePort), handler)
    }()

    go func() {
        // 监控系统信号，等待 ctrl + c 系统信号通知服务关闭
        c := make(chan os.Signal, 1)
        signal.Notify(c, syscall.SIGINT, syscall.SIGTERM)
        errChan <- fmt.Errorf("%s", <-c)
    }()

    error := <-errChan
    //服务退出取消注册
    discoveryClient.DeRegister(instanceId, config.Logger)
  config.Logger.Println(error)
}
```

在这个简单的微服务 main 函数中，主要进行了以下的工作：

（1）声明并初始化 DiscoveryClient，调用 Register 方法完成服务注册。注册的服务名为 SayHello，服务实例 ID 由 serviceName 和 UUID 组成，健康检查地址为/health，服务实例端口为 10086。由于我们还没实现 DiscoveryClient 接口，所以代码中留下了 TODO 提醒我们 DiscoveryClient 尚未初始化，待我们在接下来的章节中进行完善。

（2）声明并初始化服务接口 Service，并基于 Service 构建 Endpoint，接着使用构建好的 Endpoint 构建对应的 http.Handler，从而对外暴露 HTTP 接口，并启动 HTTP 服务器。

（3）注册关闭事件，监控服务关闭事件。在服务关闭时调用 DiscoveryClient.DeRegister 方法从 Consul 中注销服务实例信息。

了解完整个服务结构，下一节我们将开始编写核心的 DiscoveryClient 接口的实现，完成这个简单微服务和 Consul 之间服务注册与发现的流程。

6.4　实践案例：直接使用 HTTP 的方式和 Consul 交互

本小节中，我们会直接通过 HTTP 的方式与 Consul 完成交互，完成服务注册和服务发现的功能。我们首先定义服务注册时的服务实例结构体 InstanceInfo，源码位于 ch6-discovery/discover/my_discover_client.go。代码如下所示：

```go
// 服务实例结构体
type InstanceInfo struct {
 ID string `json:"ID"` // 服务实例 ID
 Name string `json:"Name"` // 服务名
 Service string `json:"Service,omitempty"` // 服务发现时返回的服务名
 Tags []string `json:"Tags,omitempty"` // 标签，可用于进行服务过滤
 Address string `json:"Address"` // 服务实例 HOST
 Port int `json:"Port"` // 服务实例端口
 Meta map[string]string `json:"Meta,omitemply"` // 元数据
 EnableTagOverride bool `json:"EnableTagOverride"` // 是否允许标签覆盖
 Check `json:"Check,omitempty"` // 健康检查相关配置
 Weights `json:"Weights,omitempty"` // 权重
 }

 type Check struct {
 DeregisterCriticalServiceAfter string `json:"DeregisterCriticalServiceAfter"`
// 多久之后注销服务
 Args []string `json:"Args,omitempty"` // 请求参数
 HTTP string `json:"HTTP"` // 健康检查地址
 Interval string `json:"Interval,omitempty"` // Consul 主动进行健康检查
 TTL string `json:"TTL,omitempty"` // 服务实例主动提交健康检查，与 Interval 只存其一
 }

 type Weights struct {
 Passing int `json:"Passing"`
 Warning int `json:"Warning"`
 }
```

提交到 Consul 的服务实例信息主要包含：

（1）服务实例 ID：用于唯一标记服务实例。

（2）服务名：服务实例所属的服务集群。

（3）Address 和 Port：服务地址和端口，用于发起服务间调用。

（4）Check：健康检查信息，包括健康检查地址，健康检查的间隔等。

Consul 中支持由 Consul 主动调用服务实例提供的健康检查接口以维持心跳，也支持由服务实例主动提交健康检查数据到 Consul 中维持心跳。Check 中的 Interval 和 TTL 的参数分别用于设置两者的检查间隔时长，但只能设置其中之一。我们的微服务采用主动调用检查接口的方式，提供 /health 接口由 Consul 调用检查。

接着我们定义 MyDiscoverClient 的结构体和它的创建函数，它们位于 ch6-discovery/discover/my_discover_client.go 下，代码如下所示：

```go
type MyDiscoverClient struct {
 Host string // Consul 的 Host
 Port int // Consul 的端口
 }
func NewMyDiscoverClient(consulHost string, consulPort int) DiscoveryClient {
 return &MyDiscoverClient {
     Host: consulHost,
     Port: consulPort,
 }
 }
```

在上述代码中，我们构建一个 MyDiscoverClient 需要传递 Consul 的具体地址，即 Consul 的 Host 和 Port。

之后我们在 ch6-discovery/discover/my_discover_client.go 下实现 DiscoveryClient 接口，并指定方法的接收器为*MyDiscoverClient，空方法代码如下：

```go
func (consulClient *MyDiscoverClient) Register(serviceName, instanceId,
healthCheckUrl   string,instanceHost   string,   instancePort   int,   meta
map[string]string, logger *log.Logger) bool {
   return false
}

func (consulClient *MyDiscoverClient) DeRegister(instanceId string, logger
*log.Logger) bool {
   return false
}

func (consulClient *MyDiscoverClient) DiscoverServices(serviceName string,
logger *log.Logger) []interface{} {
   return nil
}
```

定义完服务实例信息结构体 InstanceInfo 和自定义 Consul 客户端结构体 MyDiscover Client 后，我们接下来将具体实现 MyDiscoverClient 下的 3 个服务注册与发现接口。

6.4.1 服务注册与健康检查

服务实例在启动过程中，需要将自身的服务实例信息提交到 Consul，对此我们优先实现服务注册的功能，即实现 Register 接口，指定方法的接收器为*MyDiscoverClient。源码位于 ch6-discovery/discover/my_discover_client.go 下，代码如下所示：

```go
func (consulClient *MyDiscoverClient) Register(serviceName, instanceId,
healthCheckUrl   string,instanceHost   string,   instancePort   int,   meta
map[string]string, logger *log.Logger) bool {
   // 1.封装服务实例的元数据
   instanceInfo := &InstanceInfo{
       ID:               instanceId,
       Name:             serviceName,
       Address:           instanceHost,
       Port:             instancePort,
       Meta:             meta,
       EnableTagOverride: false,
       Check: Check{
           DeregisterCriticalServiceAfter: "30s",
           HTTP:"http://" + instanceHost + ":" + strconv.Itoa(instancePort) +
healthCheckUrl,
           Interval:                 "15s",
       },
       Weights: Weights{
           Passing: 10,
           Warning: 1,
       },
   }
```

```
byteData, _ := json.Marshal(instanceInfo)

// 2. 向 Consul 发送服务注册的请求
req, err := http.NewRequest("PUT",

"http://"+consulClient.Host+":"+strconv.Itoa(consulClient.Port)+"/v1/agent
/service/register",
        bytes.NewReader(byteData))

if err == nil {
        req.Header.Set("Content-Type", "application/json;charset=UTF-8")
        client := http.Client{}
        resp, err := client.Do(req)

        // 3. 检查注册结果
        if err != nil {
            log.Println("Register Service Error!")
        } else {
            resp.Body.Close()
            if resp.StatusCode == 200 {
                log.Println("Register Service Success!")
                return true
            } else {
                log.Println("Register Service Error!")
            }
        }
    }
    return false
}
```

Register 方法中主要执行了以下操作：

（1）将服务实例数据封装为 InstanceInfo，这其中我们设定了服务实例 ID、服务名、服务地址、服务端口等关键数据，并指定了健康检查的地址为/health，检查时间间隔为 15 s。DeregisterCriticalServiceAfter 参数定义了如果 30 s 内健康检查失败，该服务实例将被 Consul 主动下线。

（2）通过 HTTP 的方式向 Consul 发起注册请求，将上一步的封装好的 InstanceInfo 提交到注册表中，服务注册的地址为/v1/agent/service/register。

在 main 函数中，我们定义了服务启动时会首先调用 DiscoveryClient.Register 发起服务注册。我们首先要初始化 main 函数中的 DiscoveryClient，修改 DiscoveryClient 的声明如下：

```
// 声明服务发现客户端
var discoveryClient discover.DiscoveryClient

discoveryClient, err := discover.NewMyDiscoverClient(*consulHost,
*consulPort)
// 获取服务发现客户端失败，直接关闭服务
if err != nil{
  config.Logger.Println("Get Consul Client failed")
  os.Exit(-1)
}
```

在上述代码中，我们将 DiscoveryClient 初始化为我们定义的 MyDiscoverClient。可以在 ch6-discovery 目录下启动该程序，以验证服务注册和健康检查的效果。启动命令如下：

```
go run main.go
```

我们就可以在命令行中观察到对应的服务启动和服务注册日志，如下：

```
2019/07/08 20:45:21 Http Server start at port:10086
2019/07/08 20:45:22 Register Service Success!
```

访问 Consul 的主页面 http://localhost:8500，可以看到 SayHello 服务已经注册到 Consul 中，如图 6-7 所示。

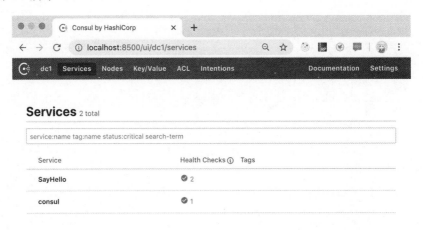

图 6-7　Consul 主页面

直接单击页面中的 SayHello 服务，能够进入到服务集群页面，查看该集群下的服务实例信息，如图 6-8 所示。

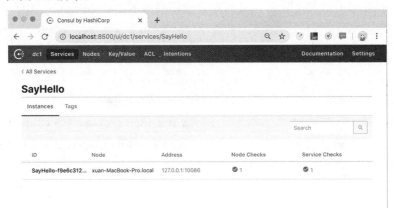

图 6-8　服务实例信息

图 6-8 中显示了我们注册上去的服务实例 ID、地址和端口等关键信息。

6.4.2　服务注销

接下来我们来实现服务注销方法 DeRegister，服务在关闭之前调用它来向 Consul 发送注销请求。

直接使用 HTTP 的方式进行服务注销的代码如下所示：

```
func (consulClient *MyDiscoverClient) DeRegister(instanceId string,
logger *log.Logger) bool {
    // 1.发送注销请求
    req, err := http.NewRequest("PUT",
        "http://"+consulClient.Host+":"+strconv.Itoa(consulClient.Port)+"/v1/agent/
service/deregister/"+instanceId, nil)
    client := http.Client{}
    resp, err := client.Do(req)
    if err != nil {
        log.Println("Deregister Service Error!")
    } else {
        resp.Body.Close()
        if resp.StatusCode == 200 {
            log.Println("Deregister Service Success!")
            return true
        } else {
            log.Println("Deregister Service Error!")
        }
    }
    return false
}
```

服务下线的逻辑相当简单，只需要将服务实例 ID 提交到/v1/agent/service/deregister/
路径下即可。在 main 函数中我们监控了"ctrl + c"的系统信号，在服务关闭之前会调用
DiscoveryClient.DeRegister 方法注销服务实例。通过命令行启动服务，在 Consul 中观察
到注册上去的 SayHello 服务后，我们发送"ctrl + c"组合键关闭服务，可以看到以下的
命令行输出结果：

```
^C2019/11/14 17:31:08 Deregister Service Success!
2019/11/14 17:31:08 interrupt
```

以上输出结果告诉我们服务实例注销成功。回到 Consul 中，可以看到 SayHello 的服
务实例确实已经不存在了，如图 6-9 所示。

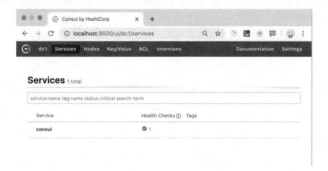

图 6-9　服务实例注销

6.4.3　服务发现

　　服务发现的关键是获取到对应服务的服务实例信息列表，然后根据一定的负载均衡策略选择具体的服务实例发起调用。DiscoverServices 方法的功能是从 Consul 中获取到对应服务的服务实例信息列表。

　　使用 HTTP 的方式获取服务实例信息列表的代码如下所示：

```go
func (consulClient *MyDiscoverClient) DiscoverServices(serviceName string,
logger *log.Logger) []interface{} {
    // 1. 从 Consul 中获取服务实例列表
    req, err := http.NewRequest("GET",
"http://"+consulClient.Host+":"+strconv.Itoa(consulClient.Port)+"/v1/health/
service/"+serviceName, nil)
    client := http.Client{}
    resp, err := client.Do(req)

    if err != nil {
      log.Println("Discover Service Error!")
    } else if resp.StatusCode == 200 {

      var serviceList []struct {
        Service InstanceInfo `json:"Service"`
      }
      err = json.NewDecoder(resp.Body).Decode(&serviceList)
      resp.Body.Close()
      if err == nil {
        instances := make([]interface{}, len(serviceList))
        for i := 0; i < len(instances); i++ {
          instances[i] = serviceList[i].Service
        }
        return instances
      }
    }
    return nil
}
```

　　在 DiscoverServices 方法中，我们将服务名提交到 Consul 的/v1/health/service/路径下即可获取到对应的服务实例信息列表。我们将得到的服务实例信息列表的 JSON 数据，用原先定义的 InstanceInfo 结构体进行解析，就能获取到可以用于服务调用的服务实例信息，比如 Host 和 Port。

　　在 main 函数中，我们定义了用于获取服务实例信息列表的/discovery 端点，带上服务名 SayHello，请求路径 http://127.0.0.1:10086/discovery?serviceName=SayHello，即可获取到 SayHello 服务注册到该 Consul 节点的所有服务实例信息，如下所示：

```
{
  "instances": [
    {
      "ID": "SayHello-a047cb35-8abe-4f39-9e2c-164589812e8e",
      "Service": "SayHello",
      "Name": "",
```

```
            "Address": "127.0.0.1",
            "Port": 10086,
            "EnableTagOverride": false,
            "Check": {
                "DeregisterCriticalServiceAfter": "",
                "HTTP": ""
            },
            "Weights": {
                "Passing": 10,
                "Warning": 1
            }
        }
    ],
    "error": ""
}
```

在这一小节中我们通过直接调用 Consul 的 HTTP 接口完成了 MyDiscoverClient 服务
注册与发现的功能，接下来我们将借助 Go-kit 提供的服务注册与发现包来实现
DiscoveryClient 下的接口能力。

6.5　实践案例：借助 Go-kit 服务注册与发现包和 Consul 交互

在上一节中，我们通过 HTTP 的方式直接向 Consul 完成了服务注册和发现的需求。
在 Go-kit 框架中默认提供了对 Consul、Zookeeper、Etcd、Eureka 等常用注册中心的支持，
通过使用 Go-kit 中提供的服务注册与发现包，可以轻松实现微服务中服务注册与发现的
机制。接下来我们将使用 Go-kit 中提供的 consul.Client 实现我们的服务注册与发现接口
DiscoveryClient，源码位于 ch6-discovery/discover/kit_discover_client.go 下。

首先引入 Go-kit 和 Consul 等相关的依赖，代码如下：

```
import (
    "github.com/go-kit/kit/sd/consul"
    "github.com/hashicorp/consul/api"
    "log"
    "strconv"
)
```

可以在 ch6-discovery 的上层目录 micro-go-book 下执行以下命令，通过 go.mod 的方
式引入上述外部依赖：

```
go mod tidy
```

接着我们将定义 KitDiscoverClient 的结构体和创建函数，源码位于 ch6-discovery/
discover/kit_discover_client.go 中，代码如下所示：

```
type KitDiscoverClient struct {
    Host   string // Consul Host
    Port   int    // Consul Port
    client consul.Client
}

func  NewKitDiscoverClient(consulHost   string,   consulPort   int)
(DiscoveryClient, error) {
    // 通过 Consul Host 和 Consul Port 创建一个 consul.Client
```

```
    consulConfig := api.DefaultConfig()
    consulConfig.Address = consulHost + ":" + strconv.Itoa(consulPort)
    apiClient, err := api.NewClient(consulConfig)
    if err != nil {
      return nil, err
    }
    client := consul.NewClient(apiClient)
    return &KitDiscoverClient{
      Host:   consulHost,
      Port:   consulPort,
      client: client,
    }, err
}
```

构建新的 kitDiscoverClient 需要传递 Consul Host 和 Consul Port。kitDiscoverClient 除了持有 Host 和 Port 的信息外，还持有 Go-kit 中的 Consul Client 客户端接口 consul.Client。NewKitDiscoverClient 方法的主要逻辑是通过 Consul Host 和 Consul Port 创建 consul.Client。consul.Client 提供了以下 3 个接口：

```
    type Client interface {
    // 服务注册
    Register(r *consul.AgentServiceRegistration) error

    // 服务注销
    Deregister(r *consul.AgentServiceRegistration) error

    // 服务发现
    Service(service,       tag    string,    passingOnly    bool,    queryOpts
*consul.QueryOptions) ([]*consul.ServiceEntry, *consul.QueryMeta, error)
    }
```

以上 3 个接口的功能与我们定义的 discover.DiscoveryClient 的功能基本一致。consul.Client 将服务实例与 Consul 交互的细节封装起来，使得开发人员只需通过简单的调用相关接口来实现服务注册和发现机制，提高项目的开发效率。我们接下来的工作主要是将 DiscoveryClient 接口的功能实现委托给 consul.Client。

6.5.1　服务注册与健康检查

服务注册与健康检查方法 Register 我们将借助 consul.Client.Register 方法来实现，实现源码位于 ch6-discovery/discover /kit_discover_client.go 中，代码如下所示：

```
    func (consulClient *KitDiscoverClient) Register(serviceName, instanceId,
healthCheckUrl  string,  instanceHost  string,  instancePort  int,  meta
map[string]string, logger *log.Logger) bool {

    // 1. 构建服务实例元数据
    serviceRegistration := &api.AgentServiceRegistration{
      ID:       instanceId,
      Name:     serviceName,
      Address:  instanceHost,
      Port:     instancePort,
      Meta:     meta,
```

```
    Check: &api.AgentServiceCheck{
        DeregisterCriticalServiceAfter: "30s",
        HTTP:                           "http://" + instanceHost + ":" +
strconv.Itoa(instancePort) + healthCheckUrl,
        Interval:                "15s",
    },
}

// 2. 发送服务注册到 Consul 中
err := consulClient.client.Register(serviceRegistration)

if err != nil {
    log.Println("Register Service Error!")
    return false
}
log.Println("Register Service Success!")
return true
}
```

在 Register 方法中主要进行以下两步工作：

（1）构建服务实例元数据结构体 api.AgentServiceRegistration，提供的元数据主要有服务实例 ID、服务名、服务地址、服务端口、健康检查地址等。

（2）调用 consul.Client.Register 将服务实例元数据注册到 Consul。

如果我们细心一点，会发现 api.AgentServiceRegistration 结构体的定义与我们在 6.4 小节中定义的 discover.InstanceInfo 高度一致；深入到 consul.Client.Register 方法的实现中，会发现同样是通过 HTTP 将服务实例数据提交到 Consul 的/v1/agent/service/register 端点中，与我们实现的 MyDiscoverClient.Register 方法相差无几。

6.5.2　服务注销

服务注销方法 DeRegister 将直接调用 consul.Client.Deregister 方法实现，代码如下所示：

```
func (consulClient *KitDiscoverClient) DeRegister(instanceId string,
logger *log.Logger) bool {

    // 构建包含服务实例 ID 的元数据结构体
    serviceRegistration := &api.AgentServiceRegistration{
        ID: instanceId,
    }
    // 发送服务注销请求
    err := consulClient.client.Deregister(serviceRegistration)

    if err != nil {
        logger.Println("Deregister Service Error!")
        return false
    }
    log.Println("Deregister Service Success!")

    return true
}
```

与 MyDiscoverClient.Register 方法相似，consul.Client.Deregister 方法同样是通过 HTTP

的方式请求 Consul 的 v1/agent/service/deregister/端点，从而根据服务实例 ID 注销对应服务实例。

6.5.3　服务发现

在服务发现方法 DiscoverServices 的实现中，我们将直接使用 consul.Client.Service 方法从 Consul 中根据服务名获取服务实例列表，代码如下所示：

```
func (consulClient *KitDiscoverClient) DiscoverServices(serviceName
string, logger *log.Logger) []interface{} {

    // 根据服务名请求服务实例列表，可以添加额外的筛选参数
    entries, _, err := consulClient.client.Service(serviceName, "", false, nil)
    if err != nil {
      log.Println("Discover Service Error!")
      return nil
    }

    instances := make([]interface{}, len(entries))
    for i := 0; i < len(instances); i++ {
        instances[i] = entries[i].Service
    }
    return instances
}
```

最后我们将 main 函数中 DiscoveryClient 的接收器指定为 KitDiscoverClient，如下代码所示：

```
// 声明服务发现客户端
var discoveryClient discover.DiscoveryClient

discoveryClient, err := discover.NewKitDiscoverClient(*consulHost,
*consulPort)
// 获取服务发现客户端失败，直接关闭服务
if err != nil{
  config.Logger.Println("Get Consul Client failed")
  os.Exit(-1)
}
```

在命令行中启动服务，就能复现我们在 6.4 节中对 MyDiscoverClient 进行的有关服务注册与发现的所有操作，这里不再赘述。

6.5.4　服务实例信息缓存

如果对于每次获取服务实例信息，我们都需要和 Consul 发生一次 HTTP 交互，这将会大大增加服务调用过程的时间损耗，为了避免这种情况，我们可以将服务实例信息列表按照服务名的方式组织缓存到服务注册与发现客户端本地，并通过 Consul 提供的 Watch 机制监控该服务名下服务实例数据的变化，减少服务实例与 Consul 的 HTTP 交互次数。

首先修改 KitDiscoverClient 结构体和它的创建函数，在 KitDiscoverClient 中添加字典

数据结构用于缓存服务实例列表，源码位于 ch6-discovery/discover/kit_discover_client.go 中，代码如下所示：

```
type KitDiscoverClient struct {
  Host  string // Consul Host
  Port  int   // Consul Port
  client consul.Client
  // 连接 consul 的配置
  config *api.Config
  mutex sync.Mutex
  // 服务实例缓存字段
  instancesMap sync.Map
}

func   NewKitDiscoverClient(consulHost     string,     consulPort     int)
(DiscoveryClient, error) {
  // 通过 Consul Host 和 Consul Port 创建一个 consul.Client
  consulConfig := api.DefaultConfig()
  consulConfig.Address = consulHost + ":" + strconv.Itoa(consulPort)
  apiClient, err := api.NewClient(consulConfig)
  if err != nil {
    return nil, err
  }
  client := consul.NewClient(apiClient)
  return &KitDiscoverClient{
    Host:  consulHost,
    Port:  consulPort,
    config:consulConfig,
    client: client,
  }, err
}
```

KitDiscoverClient 中除添加了 instancesMap 用于缓存服务实例信息列表外，还添加了一个原子锁 mutex 用来保证对于每一个服务名仅会注册一次 Watch 监听机制。接着我们修改 KitDiscoverClient.DiscoverServices 方法的实现，代码如下所示：

```
func   (consulClient *KitDiscoverClient)   DiscoverServices(serviceName
string, logger *log.Logger) []interface{} {

    // 该服务已监控并缓存
    instanceList, ok := consulClient.instancesMap.Load(serviceName)
    if ok {
      return instanceList.([]interface{})
    }
    // 申请锁
    consulClient.mutex.Lock()
    // 再次检查是否监控
    instanceList, ok = consulClient.instancesMap.Load(serviceName)
    if ok {
      return instanceList.([]interface{})
    } else {
      // 注册监控
      go func() {
        // 使用 consul 服务实例监控来监控某个服务名的服务实例列表变化
        params := make(map[string]interface{})
        params["type"] = "service"
```

```
    params["service"] = serviceName
    plan, _ := watch.Parse(params)
    plan.Handler = func(u uint64, i interface{}) {
      if i == nil {
        return
      }
      v, ok := i.([]*api.ServiceEntry)
      if !ok {
        return // 数据异常，忽略
      }
      // 没有服务实例在线
      if len(v) == 0 {
        consulClient.instancesMap.Store(serviceName, []interface{}{})
      }
      var healthServices []interface{}
      for _, service := range v {
        if service.Checks.AggregatedStatus() == api.HealthPassing {
          healthServices = append(healthServices, service.Service)
        }
      }
      consulClient.instancesMap.Store(serviceName, healthServices)
    }
    defer plan.Stop()
    plan.Run(consulClient.config.Address)
  }()
}
defer consulClient.mutex.Unlock()

// 根据服务名请求服务实例列表
entries, _, err := consulClient.client.Service(serviceName, "", false, nil)
if err != nil {
  consulClient.instancesMap.Store(serviceName, []interface{}{})
  logger.Println("Discover Service Error!")
  return nil
}
instances := make([]interface{}, len(entries))
for i := 0; i < len(instances); i++ {
  instances[i] = entries[i].Service
}
consulClient.instancesMap.Store(serviceName, instances)
return instances
}
```

在上述代码中，我们在向 Consul 请求服务实例列表之前会首先检查本地的缓存中是否已经存在对应的服务实例信息列表。如果已经存在，说明该服务名对应的服务实例信息列表已经缓存到本地，并且已经注册了对应的 Consul Watch 监控机制，此时我们只要直接将缓存的服务实例信息列表返回即可；如果不存在，那我们首先申请原子锁。申请到锁后我们根据服务名向 Consul 请求服务实例信息列表缓存到本地，同时还根据服务名向 Consul 注册 Service 类型的 Watch 监控机制，最后返回服务实例信息列表。

Service 类型的 Watch 机制能够保证当该服务名下的服务实例列表发生变化时将变化通知给监控的客户端，对此我们还定义了一个变化处理的 Handler，该 Handler 会将 Consul 通知的服务实例信息列表的变化更新到我们的本地缓存中，保证本地缓存的服务实例信息列表的实时可用性。

通过将服务实例信息列表缓存在本地的方式，我们可以大大减少服务实例在进行服务发现时与 Consul 的 HTTP 交互，提高服务调用之间的速度。

6.5.5 MyDiscoverClient 和 KitDiscoverClient 的比较

前面两个小节中我们分别通过直接使用 HTTP 的方式与 Consul 交互和借助 Go-kit 服务发现与注册包提供的能力与 Consul 交互，完成了服务注册与发现的相关功能。从本质上来讲，MyDiscoverClient 和 KitDiscoverClient 都是通过 HTTP 的方式与 Consul 进行交互，从而完成服务注册与发现的功能。

不同的是 MyDiscoverClient 需要开发人员自行处理与 Consul 交互的相关细节和异常处理，存在较多繁琐的工作，属于一种重复造轮子的行为。同时在 Consul 版本升级时还需要升级 MyDiscoverClient 的版本以保证正常使用。但是它有助于我们了解服务实例与 Consul 交互的细节；KitDiscoverClient 委托 Go-kit 中提供的 consul.Client 来实现对应的功能。consul.Client 屏蔽了与 Consul 交互的相关细节，提供了良好的异常处理机制，具体实现对开发人员透明，有利于开发人员将更多的精力放到业务开发中，提高开发效率。

本章接下来还会和读者一起基于前两个小节中实现的 DiscoveryClient 组件搭建一个微服务实战演示项目 string-service。string-service 基于 DiscoveryClient 组件提供的服务注册与发现能力，会在服务启动时自动将自身服务实例元数据注册到 Consul 中以供发现，同时在服务关闭时自动从 Consul 中注销自身。

6.6 实践案例：基于服务注册与发现的 string-service

为了方便接下来章节的项目演示和组件集成，我们将基于目前的 DiscoveryClient 组件构建一个简单的 string-service 微服务，服务结构按照 Go-kit 中 transport-endpoint-service 的层次进行组织。

6.6.1 项目结构

string-service 对外提供两个 HTTP 接口，其中/health 接口用于进行健康检查；另一个接口/op/{type}/{a}/{b}对外提供字符串操作，其中的 type 参数可以为 Concat 和 Diff，分别为提供字符串连接和获取两字符串间相同字符的功能；a 和 b 为需要进行操作的字符串，项目结构如图 6-10 所示。

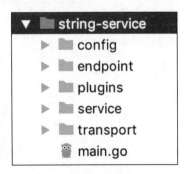

图 6-10 项目结构图

6.6.2　各层构建

在具体编写 string-service 服务代码之前，我们先将 ch6-discovery/discover 包下用于对服务进行服务注册与发现组件的 discover_client.go 和 kit_discover_client.go 文件独立放到 common/discover 包下，方便我们使用服务注册与发现功能。接下来我们会按照 service 层、endpoint 层、transport 层、main 函数的顺序依次搭建 string-service 项目。

1．搭建 service 层

在 string-service 的 service 层中我们仅定义一个简单的接口 Service，它提供 3 个方法：Health 用于健康检查，Concat 用于连接字符串，Diff 用于获取两字符串中相同的字符。源码位于 ch6-discovery/string-service/service/service.go 下，代码如下所示：

```
package service

import (
 "errors"
 "strings"
)

// Service constants
const (
 StrMaxSize = 1024
)

// Service errors
var (
 ErrMaxSize = errors.New("maximum size of 1024 bytes exceeded")

 ErrStrValue = errors.New("maximum size of 1024 bytes exceeded")
)

// Service Define a service interface
type Service interface {
 // 连接字符串 a, b
 Concat(a, b string) (string, error)

 // 获取字符串 a, b 公共字符
 Diff(a, b string) (string, error)

 // 健康检查
 HealthCheck() bool
}

//ArithmeticService implement Service interface
type StringService struct {
}

func (s StringService) Concat(a, b string) (string, error) {
 // test for length overflow
 if len(a)+len(b) > StrMaxSize {
     return "", ErrMaxSize
 }
 return a + b, nil
```

```
}

func (s StringService) Diff(a, b string) (string, error) {
if len(a) < 1 || len(b) < 1 {
    return "", nil
}
res := ""
if len(a) >= len(b) {
    for _, char := range b {
        if strings.Contains(a, string(char)) {
            res = res + string(char)
        }
    }
} else {
    for _, char := range a {
        if strings.Contains(b, string(char)) {
            res = res + string(char)
        }
    }
}
return res, nil
}

// HealthCheck implement Service method
// 用于检查服务的健康状态，这里仅仅返回 true
func (s StringService) HealthCheck() bool {
return true
}

// ServiceMiddleware define service middleware
type ServiceMiddleware func(Service) Service
```

在上述代码中，我们定义了 **StringService** 结构体来实现 Service 的接口方法，代码的最后还定义了 **ServiceMiddleware** 中间件用于在 service 层注入日志记录行为。为了记录 Service 接口的执行和调用情况，我们使用装饰者模式定义了 loggingMiddleware 日志中间件，使得每当 Service 接口中的方法被调用时都会有对应的日志输出。源码位于 ch6-discovery/string-service/plugins/logging.go 下，代码如下所示：

```
package plugins

import (
"github.com/go-kit/kit/log"
"github.com/longjoy/micro-go-book/ch6-discovery/string-service/service"
"time"
)

// loggingMiddleware Make a new type
// that contains Service interface and logger instance
type loggingMiddleware struct {
service.Service
logger log.Logger
}

// LoggingMiddleware make logging middleware
func LoggingMiddleware(logger log.Logger) service.ServiceMiddleware {
return func(next service.Service) service.Service {
```

```
        return loggingMiddleware{next, logger}
    }
}

func (mw loggingMiddleware) Concat(a, b string) (ret string, err error) {
// 函数执行结束后打印日志
defer func(begin time.Time) {
    mw.logger.Log(
        "function", "Concat",
        "a", a,
        "b", b,
        "result", ret,
        "took", time.Since(begin),
    )
}(time.Now())

ret, err = mw.Service.Concat(a, b)
return ret, err
}

func (mw loggingMiddleware) Diff(a, b string) (ret string, err error) {
// 函数执行结束后打印日志
defer func(begin time.Time) {
    mw.logger.Log(
        "function", "Diff",
        "a", a,
        "b", b,
        "result", ret,
        "took", time.Since(begin),
    )
}(time.Now())

ret, err = mw.Service.Diff(a, b)
return ret, err
}

func (mw loggingMiddleware) HealthCheck() (result bool) {
defer func(begin time.Time) {
    mw.logger.Log(
        "function", "HealthChcek",
        "result", result,
        "took", time.Since(begin),
    )
}(time.Now())
result = mw.Service.HealthCheck()
return
}
```

在上述代码中，我们可以发现，在每次执行具体的 Service 方法之后都会打印对应的操作日志，记录方法的执行情况，方便我们根据日志排查问题。

2. 搭建 endpoint 层

在 endpoint 层，我们需要定义两个创建 Endpoint 的函数：其中 MakeStringEndpoint 用于生成字符串操作的 Endpoint；MakeHealthCheckEndpoint 用于生成处理健康检查请求的 Endpoint。它们的实现依赖于 service 层提供的方法。源码位于 ch6-discovery/string-service/endpoint/endpoints.go 下，代码如下所示：

```go
package endpoint

import (
"context"
"errors"
"github.com/go-kit/kit/endpoint"
"github.com/longjoy/micro-go-book/ch6-discovery/string-service/service"
"strings"
)

// StringEndpoint define endpoint
type StringEndpoints struct {
StringEndpoint      endpoint.Endpoint
HealthCheckEndpoint endpoint.Endpoint
}
var (
ErrInvalidRequestType = errors.New("RequestType has only two type: Concat, Diff")
)

// StringRequest define request struct
type StringRequest struct {
RequestType string `json:"request_type"`
A        string `json:"a"`
B        string `json:"b"`
}

// StringResponse define response struct
type StringResponse struct {
Result string `json:"result"`
Error  error  `json:"error"`
}

// MakeStringEndpoint make endpoint
func MakeStringEndpoint(svc service.Service) endpoint.Endpoint {
return  func(ctx  context.Context,  request  interface{})  (response interface{}, err error) {
    req := request.(StringRequest)
    var (
        res, a, b string
        opError   error
    )
    a = req.A
    b = req.B
    // 根据请求操作类型请求具体的操作方法
    if strings.EqualFold(req.RequestType, "Concat") {
        res, _ = svc.Concat(a, b)
    } else if strings.EqualFold(req.RequestType, "Diff") {
        res, _ = svc.Diff(a, b)
```

```
        } else {
            return nil, ErrInvalidRequestType
        }

        return StringResponse{Result: res, Error: opError}, nil
    }
}

// HealthRequest 健康检查请求结构
type HealthRequest struct{}

// HealthResponse 健康检查响应结构
type HealthResponse struct {
 Status bool `json:"status"`
}

// MakeHealthCheckEndpoint 创建健康检查 Endpoint
func MakeHealthCheckEndpoint(svc service.Service) endpoint.Endpoint {
 return func(ctx context.Context, request interface{}) (response
interface{}, err error) {
        status := svc.HealthCheck()
        return HealthResponse{status}, nil
    }
}
```

在 endpoint 层的方法中，我们会把 request 结构体转化为合适的请求参数传递给 Service 执行，并把执行结果封装成对应的 response 结构体返回给 transport 层。

3. 搭建 transport 层

接着我们在 transport 层将上述定义的 Endpoint 通过 HTTP 的方式暴露出去，分别定义/op/{type}/{a}/{b}和/health 这两个 HTTP 接口。源码位于 ch6-discovery/string-service/transport/http.go 下，代码如下所示：

```
package transport

import (
 "context"
 "encoding/json"
 "errors"
 "github.com/go-kit/kit/log"
 "github.com/go-kit/kit/transport"
 kithttp "github.com/go-kit/kit/transport/http"
 "github.com/gorilla/mux"
 "github.com/longjoy/micro-go-book/ch6-discovery/string-service/endpoint"
 "github.com/prometheus/client_golang/prometheus/promhttp"
 "net/http"
)

var (
 ErrorBadRequest = errors.New("invalid request parameter")
)

// MakeHttpHandler make http handler use mux
func        MakeHttpHandler(ctx        context.Context,        endpoints
endpoint.StringEndpoints, logger log.Logger) http.Handler {
 r := mux.NewRouter()
```

```
    options := []kithttp.ServerOption{
        kithttp.ServerErrorHandler(transport.NewLogErrorHandler(logger)),
        kithttp.ServerErrorEncoder(encodeError),
    }
    // 字符串操作接口
    r.Methods("POST").Path("/op/{type}/{a}/{b}").Handler(kithttp.NewServer(
        endpoints.StringEndpoint,
        decodeStringRequest,
        encodeStringResponse,
        options...,
    ))

    r.Path("/metrics").Handler(promhttp.Handler())

    // create health check handler
    r.Methods("GET").Path("/health").Handler(kithttp.NewServer(
        endpoints.HealthCheckEndpoint,
        decodeHealthCheckRequest,
        encodeStringResponse,
        options...,
    ))

    return r
    }

    // decodeStringRequest 解码请求为 StringRequest
    func decodeStringRequest(_ context.Context, r *http.Request) (interface{},
error) {
    vars := mux.Vars(r)
    requestType, ok := vars["type"]
    if !ok {
        return nil, ErrorBadRequest
    }

    pa, ok := vars["a"]
    if !ok {
        return nil, ErrorBadRequest
    }

    pb, ok := vars["b"]
    if !ok {
        return nil, ErrorBadRequest
    }

    return endpoint.StringRequest{
        RequestType: requestType,
        A:           pa,
        B:           pb,
    }, nil
    }

    // encodeStringResponse 编码结果为 JSON 返回
    func encodeStringResponse(ctx context.Context, w http.ResponseWriter,
response interface{}) error {
    w.Header().Set("Content-Type", "application/json;charset=utf-8")
    return json.NewEncoder(w).Encode(response)
    }
```

```
// decodeHealthCheckRequest decode request
func decodeHealthCheckRequest(ctx  context.Context,  r  *http.Request)
(interface{}, error) {
  return endpoint.HealthRequest{}, nil
}
// 自定义错误响应
func encodeError(_ context.Context, err error, w http.ResponseWriter) {
  w.Header().Set("Content-Type", "application/json; charset=utf-8")
  switch err {
  default:
      w.WriteHeader(http.StatusInternalServerError)
  }
  json.NewEncoder(w).Encode(map[string]interface{}{
      "error": err.Error(),
  })
}
```

在上述代码中，transport 层将 HTTP 请求中的参数封装为对应的 request 请求传递给 Endpoint 执行，并将 Endpoint 返回的 response 结构体编码为对应的 HTTP 响应返回。

4．启动 main 函数

最后是定义 string-service 服务的 main 函数，它将会把自身服务注册到 Consul 中，并启动 Web 服务器监控对应的端口，提供相应的 HTTP 服务。源码位于 ch6-discovery/ string-service/main.go 下，代码如下所示：

```
package main

import (
 "context"
 "flag"
 "fmt"
 "github.com/longjoy/micro-go-book/ch6-discovery/string-service/config"
 "github.com/longjoy/micro-go-book/ch6-discovery/string-service/endpoint"
 "github.com/longjoy/micro-go-book/ch6-discovery/string-service/plugins"
 "github.com/longjoy/micro-go-book/ch6-discovery/string-service/service"
 "github.com/longjoy/micro-go-book/ch6-discovery/string-service/transport"
 "github.com/longjoy/micro-go-book/common/discover"
 uuid "github.com/satori/go.uuid"
 "net/http"
 "os"
 "os/signal"
 "strconv"
 "syscall"
)

func main() {

  // 获取命令行参数
  var (
      servicePort = flag.Int("service.port", 10085, "service port")
      serviceHost = flag.String("service.host", "127.0.0.1", "service
host")
      consulPort = flag.Int("consul.port", 8500, "consul port")
      consulHost = flag.String("consul.host", "127.0.0.1", "consul host")
      serviceName = flag.String("service.name", "string", "service name")
```

```go
    )

    flag.Parse()

    ctx := context.Background()
    errChan := make(chan error)
    var discoveryClient discover.DiscoveryClient
    discoveryClient, err := discover.NewKitDiscoverClient(*consulHost,
*consulPort)

    if err != nil{
        config.Logger.Println("Get Consul Client failed")
        os.Exit(-1)

    }
    var svc service.Service
    svc = service.StringService{}
    svc = plugins.LoggingMiddleware(config.KitLogger)(svc)

    stringEndpoint := endpoint.MakeStringEndpoint(svc)

    //创建健康检查的 Endpoint
    healthEndpoint := endpoint.MakeHealthCheckEndpoint(svc)

    //把 StringEndpoint 和 HealthCheckEndpoint 封装至 StringEndpoints
    endpts := endpoint.StringEndpoints{
        StringEndpoint:      stringEndpoint,
        HealthCheckEndpoint: healthEndpoint,
    }

    //创建 http.Handler
    r := transport.MakeHttpHandler(ctx, endpts, config.KitLogger)

    instanceId := *serviceName + "-" + uuid.NewV4().String()

    //http server
    go func() {

        config.Logger.Println("Http Server start at port:" + strconv.Itoa
(*servicePort))
        //启动前执行注册
        if !discoveryClient.Register(*serviceName, instanceId, "/health",
*serviceHost, *servicePort, nil, config.Logger){
            config.Logger.Printf("string-service for service %s failed.",
serviceName)
            // 注册失败，服务启动失败
            os.Exit(-1)
        }
        handler := r
        errChan <- http.ListenAndServe(":" + strconv.Itoa(*servicePort),
handler)
    }()

    go func() {
        // 监控系统关闭信号 ctr + c
        c := make(chan os.Signal, 1)
        signal.Notify(c, syscall.SIGINT, syscall.SIGTERM)
        errChan <- fmt.Errorf("%s", <-c)
```

```
}()

error := <-errChan
//服务退出取消注册
discoveryClient.DeRegister(instanceId, config.Logger)
config.Logger.Println(error)
}
```

上述代码中，在 main 函数中，首先获取命令行中输入的配置参数，如果没有配置将使用代码中的默认值，包括 Consul 地址、服务名等；接着获取 DiscoveryClient 实例，将服务实例信息注册到 Consul；然后依次构建了 service 层、endpoint 层、transport 层，将 transport 层的 HTTP 服务部署在 10085 端口。

最后我们来尝试启动已经搭建好的 string-service 服务，在 ch6-discovery/string-service 目录下执行 go run 启动命令如下：

```
go run main.go
```

一切正常的话，能够在命令行中看到对应的启动日志输出：

```
2019/08/18 10:18:32 Http Server start at port:10085
2019/08/18 10:18:32 Register Service Success!
```

访问 http://localhost:8500，Consul 主页面也能看到 string-service 服务已经注册上去了，如图 6-11 所示。

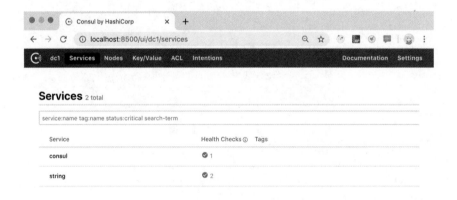

图 6-11　Consul 主页面

在本书后面的章节中，我们的项目演示实例和其他组件的集成都是以本节所讲的 string-service 服务为基础进行改造和编写，从而避免无用的重复构建工作。

6.7　小结

本章主要介绍了微服务架构中的基本组件：服务注册与发现中心。我们首先介绍了服务注册与发现的相关原理，接着分别通过原生态和借助 Go-kit 框架处理了 Go 语言微服务与 Consul 服务注册与发现中心交互的细节，实现了服务注册和服务发现的功能。最后基于现有的服务注册与发现组件构建了一个基本的微服务项目 string-service，用于后续章节的项目演示和组件介绍。

在动态部署和动态扩展的微服务框架中，服务注册与发现组件有利于我们对微服务进行有效的服务治理：服务注册有助于我们对微服务架构中的服务实例进行有效管理和感知；服务发现使微服务在动态部署的情况下能够发起有效的服务间调用，结合相应的负载均衡组件，还能有效调节服务集群中负载情况，提高服务集群的吞吐量。

接下来的章节，我们将介绍更多的微服务基础组件，比如远程调用组件、API 网关、服务熔断组件、负载均衡组件、统一认证与授权组件和链路追踪组件等，它们将和服务注册与发现组件配合，大大方便了微服务架构的落地和实践。

第7章 远程过程调用 RPC

在微服务架构中，每个服务实例负责某一单一领域的业务实现，不同服务实例之间需要进行频繁的交互来共同实现业务。服务实例之间通过轻量级的远程调用方式进行通信，比如说 RPC 和 HTTP。二者虽然同为微服务实例之间远程调用的方式，但是 HTTP 调用是应用层协议，而 RPC 的网络协议相对灵活且可以定制，并且提供更加贴近本地方法调用的远程方法调用形式，所以一般来说，微服务之间往往使用 RPC 进行远程过程调用。

RPC 是远程过程调用协议（Remote Procedure Call）的英语缩写。它是一种通过网络从远程计算机程序上请求服务，而不需要了解底层网络技术的协议。RPC 只是一套协议，基于这套协议规范来实现的框架都可以称之为 RPC 框架，比较典型的有 Dubbo、Thrift 和 gRPC。

本章首先会介绍 RPC 相关的基础知识和原理，然后介绍 Go 语言原生支持的 RPC 机制，并分析其实现原理；接着介绍 gRPC 的示例；最后介绍 Go-kit 中 RPC 的示例。

7.1 RPC 机制和实现过程

RPC 是远程过程调用的方式之一，涉及到调用方和被调用方两个进程的交互，并且 RPC 提供类似于本地方法调用的形式，所以对于调用方来说，调用 RPC 方法和调用本地方法来讲并没有明显区别。下面，我们来简单了解一下 RPC 机制的诞生历史和实现过程中需要注意的地方。

7.1.1 RPC 机制

Birrell 和 Nelson 在 1984 发表于 ACM Transactions on Computer Systems 的论文《Implementing remote procedure calls》对 RPC 的机制做了经典的诠释。RPC 是指计算机 A 上的进程，调用另外一台计算机 B 上的进程，其中 A 上的调用进程被挂起（根据请求的类型调用进程处理情况不同），而 B 上的被调用进程开始执行，并将结果返回给 A。计算机 A 接收到返回值后，调用进程继续执行。调用方可以通过参数等方式将信息传送给被调用方，而后可以通过传回的结果得到信息。而这一过程，对于开发人员来说是透明的，开发者并不知晓也无需知道双方是如何传递消息或结果的。

RPC 一般采用客户端/服务端（C/S）模式。请求方是客户端，而服务提供方是服务端。也就是说上述 RPC 诠释中的计算机 A 是客户端，计算机 B 是服务端。广义上，可以将目前所有客户端和服务端交互的方式都纳入 RPC 的范畴，比如说通过 HTTP 请求交互、通过 SOAP 简单对象访问协议进行交互，消息队列请求交互等等。狭义上，RPC 是指基于底层协议二进制流，并提供类似于本地方法调用形式的客户端服务器交互方式。本文后续如果不进行特殊说明，RPC 的含义就都特指狭义上的 RPC 含义。

　　RPC 让远程过程调用具有与本地调用相同的形式。假设程序需要从某个文件读取数据，程序员在代码中执行 read 调用来取得数据。在传统的系统中，read 函数由链接器从库中提取出来，然后链接器再将它链接到目标程序中。虽然 read 中执行了系统调用，但它本身依然是通过将参数压入堆栈的常规方式调用的，调用方并不知道 read 函数具体实现和行为。

　　RPC 通过类似的方式来获得透明性。当 read 实际上是一个远程过程时（比如在文件服务器所在的机器上运行的过程），库中就放入 read 的接口形式，称为客户存根（client stub）。该 read 过程遵循图 7-1 的调用次序，它与原来的从本地文件系统进行读取的 read 过程一致，都执行了本地操作系统调用。不同的是它不要求操作系统提供数据，而是将参数打包成消息，而后将此消息发送到服务器，在发送完调用请求后，客户存根随即阻塞，直到收到服务器发回的响应消息为止。

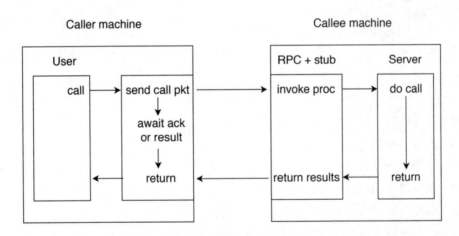

图 7-1　RPC 调用示意图

　　当客户端发送请求的消息到达服务器时，服务器上的操作系统将它传递给服务器存根（server stub）。服务器存根是客户存根在服务器端的对应程序和真正实现，用来将通过网络输入的请求转换为本地过程调用。服务器存根一般都在等待客户端的调用，处于阻塞状态，等待消息输入。当服务器存根收到消息后，服务器将参数由消息中提取出来，然后以常规方式调用服务器上的相应过程。从服务器角度看，过程好像是由客户直接调用的一样，参数和返回地址都位于堆栈中，一切都很正常。服务器执行所要求的操作，随后将得到的结果以常规的方式返回给调用方。以 read 为例，服务器将用数据填充 read 中第二个参数指向的缓冲区，该缓存区是属于服务器存根的。

Read 过程调用完后，服务器存根要将控制权转移给操作系统，它将结果（缓冲区的数据）打包成消息，随后通过网络请求将结果返回给客户。发送结束后，服务器存根会再次进入阻塞状态，等待下一个输入的请求。

客户端接收到消息后，客户操作系统发现该消息属于某个客户进程（实际上该进程是客户存根，只是操作系统无法区分二者）。操作系统将消息复制到相应的缓存区中，随后解除对客户进程的阻塞。客户存根从阻塞状态恢复过来，检查发现缓存区中已经存在返回的结果，将结果提取出来并复制到调用者的返回结果中。当调用者在 read 调用进行完毕后重新获得控制权时，它唯一知道的事就是已经得到了所需的数据。它不知道操作是在本地操作系统进行，还是通过远程过程调用进行的。

在整个 RPC 远程过程调用中，客户方可以忽略它不关心的内容。客户所涉及的操作看似只是执行普通的本地过程调用来访问远程服务，它并不需要了解客户端和服务端是如何交互的。消息传递的所有细节都隐藏在双方的 RPC 库中，就像传统库隐藏了执行实际系统调用的细节一样。

这部分内容不好理解，我们重新梳理一下，RPC 远程过程调用的步骤如下，也对应着图 7-1 的步骤：

（1）客户端进程以正常的方式调用客户存根。

（2）客户存根生成一个消息，然后调用本地操作系统的网络通信模块，存根进入阻塞状态。

（3）客户端操作系统将网络消息发送给远程操作系统。

（4）远程操作系统将网络消息交给服务端存根。

（5）服务端存根调将参数提取出来，而后调用服务端程序。

（6）服务端程序执行相应的操作，操作完成后将结果返回给服务端存根。

（7）服务端存根将结果打包成一个消息，而后调用本地操作系统。

（8）服务端操作系统将含有结果的消息发送给客户端操作系统。

（9）客户端操作系统将消息交给客户存根，存根从阻塞状态恢复，进入运行状态。

（10）客户存根将结果从消息中提取出来，返回给调用它的客户端过程。

通过以上步骤将客户端对客户存根发出的本地调用转换成对服务器进程的本地调用，而客户端和服务端都不会意识到中间步骤的存在，这是 RPC 提供的优势之一。

这种优势是双重的。首先，程序员可以直接使用本地过程调用语义来调用远程函数并获取响应，而且可以随时修改存根的具体实现，在真正本地访问和远程访问之间随意切换，而不需要对业务代码进行修改。其次，简化了编写分布式应用程序的难度，因为 RPC 隐藏了所有的网络代码存根函数的细节，应用程序不必关心一些具体的细节实现，比如 Socket、端口号以及数据的转换和解析等。

要实现一个 RPC 远程过程调用，需考虑以下几个主要问题：参数传递，通信协议制定，出错和超时处理等，我们接下来会一一进行讲解。

7.1.2 传递参数

通过 RPC 方式进行远程方法调用，首先要处理参数传递的问题，将参数从调用方进程传递到远程的被调用方进程。

1. 传递值参数

传递值参数比较简单，只需要将参数的值复制到网络消息的数据中即可。图 7-2 展示了一个简单 RPC 进行远程计算的例子。其中，远程过程 add（i,j）有两个参数 i 和 j，其结果是返回 i 和 j 的算术和。

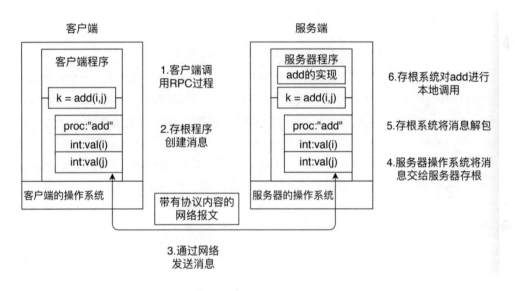

图 7-2　RPC 调用过程详解

由图 7-2 可知，RPC 过程将客户端的参数 i 和 j 的值复制到消息体中，然后通过网络将消息体传递给服务端，服务端从消息体中即可取出对应参数 i 和 j 的值。RPC 将 i 和 j 的算术和作为服务端的结果返回给客户端。当然，客户端和服务器都要知晓消息体的格式才可以使用此种方式进行参数传递。

2. 传递引用参数

传递引用参数相对来说比较困难。单纯传递参数的引用（也包含指针）是完全没有意义的，因为引用地址传递给远程计算机，其指向的内存位置可能跟远程系统上完全不同。如果你想支持传递引用参数或者传递对象，你就必须发送参数的副本，将它们放置在远程系统内存中，向它们传递指向服务器内存的指针，然后将对象发送回客户端，复制它的引用，这一过程是很麻烦并且容易出错的。因此，RPC 一般不支持直接传递引用。

3．数据格式的统一问题

在本地系统上不存在数据不相容的问题，因为数据格式总是相同的；而在分布式系统中则不同，不同远程机器上可能有不同的字节顺序，不同大小的整数，以及不同的浮点表示。对于 RPC，如果想与异构系统通信，我们就需要制定一个"标准"来对所有数据类型进行编码，让其可以作为参数传递。例如，gRPC 使用 Google ProtoBuf 格式。数据表示格式可以使用隐式或显式类型。隐式类型，是指只传递值，而不传递变量的名称或类型。也可以使用显式类型，指需要传递每个字段的类型以及值。常见的例子是 ISO 标准 ASN.1 (Abstract Syntax Notation)、JSON (JavaScript Object Notation)和 Google Protocol Buffers 以及各种基于 XML 的数据表示格式。

7.1.3　通信协议制定

RPC 调用的通信协议选择是指其协议栈的设计和选择。

广义上协议栈可以分为公有协议和私有协议，例如 HTTP、SMPP、WebService 等都是公有协议；如果是某个公司或者组织内部自定义、自己使用的协议，没有被国际标准化组织接纳和认可的，往往划为私有协议，例如 Thrift 协议和蚂蚁金服的 bolt 协议。

分布式架构所需要的企业内部通信模块，往往采用私有协议来设计和研发。私有协议虽然有很多弊端的，比如在通用性上、公网传输的能力上相比公有协议会有劣势。然而，高度定制化的私有协议可以最大程度地提升性能，降低成本，提高灵活性与效率。定制私有协议，可以有效地利用协议里的各个字段，灵活满足各种通信功能需求：比如 CRC 校验，Server Fail-Fast 机制和自定义序列化器。

既然选择了私有协议，我们就要考虑如何来定制。我们先来了解一下协议栈的组成，从这里入手。

整个协议栈的组成部分如图 7-3 所示，包括编码器、解码器、心跳、命令协议和命令处理器，那么我们就从这些组成部分入手，分析私有协议的定制策略。

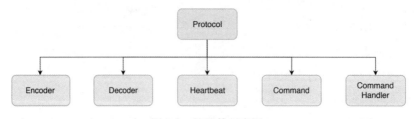

图 7-3　协议栈示意图

（1）协议设计

协议设计上，我们需要考虑的几个关键问题：协议包括的必要字段与主要业务负载字段；协议里设计的每个字段都应该被使用到，避免无效字段；需要考虑通信功能特性的支持：比如 CRC 校验，安全校验，数据压缩机制等；需要考虑协议的升级机制：毕竟是私有协议，没有长期的验证，字段新增或者修改，是有可能发生的，因此升级机制是必须考虑的。

（2）私有协议的编解码

协议相关的编解码来说，私有协议需要有核心的编码和解码过程，并且针对业务负载能支持不同的编码与解码机制。需要为不同的私有协议分别设计对应的编解码过程。

（3）命令定义和命令处理器

协议的通信过程，会有各种命令定义，一般分为两种：一种是负载命令（Payload Command），另一种叫做控制命令（Control Command）。

负载命令一般是指传输业务的具体数据，比如请求参数，响应结果的命令；控制命令一般为功能管理命令，心跳命令等，它们通常完成复杂的分布式跨节点的协调功能，以此来保证负载命令通信过程的稳定，是必不可少的一部分。

定义了通信命令，我们还需要定义命令处理器，用来编写各个命令对应的业务处理逻辑。同时，我们需要保存命令与命令处理器的映射关系，以便在处理阶段，走到正确的处理器。

可扩展的命令体系如图 7-4 所示。针对不同的业务场景，构造不同的命令，比如说对于心跳场景可以使用 HeartBeat 和 HeartBeatAck 命令。

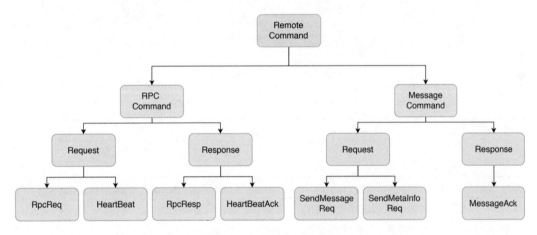

图 7-4　自定义命令体系图

（4）命令协议

读者一般比较了解的协议一般是序列化协议，它也是通信协议栈的一部分，同一种协议也可以承载多种序列化方式，以 HTTP 协议为例，它既可以承载文本类序列化方式，例如：XML、JSON 等，也可以承载二进制序列化方式，例如谷歌的 ProtoBuf，Apache 的 Thrift 和 Avro。

不同的协议在编解码效率和传输效率上都有所不同。

（5）通信模式

通信模式也是通信协议栈的一部分，包含 4 种模式，分别为 oneway、sync、future 和 callback。图 7-5 是这 4 种通信模式的示意图，深色部分表示线程正在执行任务。4 种模式的具体介绍如下表 7-1 所示。

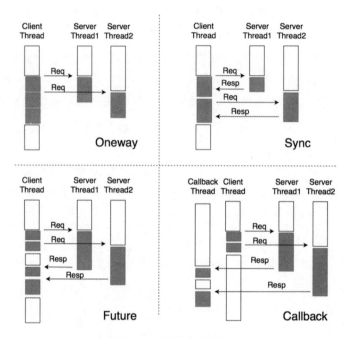

图 7-5　通信模式示意图

表 7-1

模　式	介　　　绍
Oneway	不关心响应，请求线程不会被阻塞，但使用时需要注意控制调用流量，进行蓄洪，防止压垮下游业务服务
Sync	调用会阻塞请求线程，待响应返回后才能进行下一个请求。这是最常用的一种通信模型
Future	调用，在调用过程不会阻塞线程，但获取结果的过程会阻塞线程
Callback	真正的异步调用，不会阻塞线程，结果处理是在异步线程里执行

根据不同的业务场景可以使用不同的 RPC 通信模式，可以更加方便业务代码逻辑的编写。比如说，在允许信息丢失错误方式的场景可以使用 Oneway 模式追求最大吞吐量，而 Callback 模式适合于异步业务处理场景，业务线程并不会阻塞，由回调线程处理后续操作。

7.1.4　出错和超时处理

显而易见，相比于本地过程调用，远程过程调用出错的概率更大。由于远程调用会出现过程调用失败的场景，项目使用远程过程调用时处理发生的失败和异常也是很重要的工作。

远程过程一次性调用成功是非常难以实现的。执行远程过程可能会出现多种情况。

（1）如果服务器崩溃或服务端程序报错，那么远程过程会被执行 0 次；如果一切工作正常，远程过程会被执行 1 次。

（2）如果服务端程序在返回网络响应前报错，最终远程过程可能会被执行 1 次或者多次。客户端接收不到返回的响应，如果有重试机制，进行重试，最终过程会执行多次。如果没有重试机制，则过程只会被执行 1 次。

（3）如果客户端请求超时并重新发起调用，那么远程过程会被执行多次。

RPC 系统通常会提供至少一次或最多一次的语义。如果一个函数可以运行任何次数而不影响结果，这是幂等（idempotent）函数，如每天的时间、数学函数、读取静态数据等。否则，它是一个非幂等（nonidempotent）函数，如添加或修改一个文件。

7.1.5　通用 RPC 接口

通过上面 4 个小节的介绍，我们了解了 RPC 机制和实现过程中需要处理的重要问题，比如说参数传递、通信协议和出错以及超时处理等。RPC 框架的实现往往就是解决上述这些问题的框架，这些框架都提供了一套类似的支持库组件，用来解决相同的问题，比如说协议转码问题和网络通信问题。这些框架提供的功能如下表 7-2 所示。读者可以在本章后续介绍的 RPC 框架中找到与之一一对应的实现。

表 7-2

功　　能	简　　介
名称服务操作	注册和查找绑定信息（端口、机器）。允许一个应用程序使用动态端口（操作系统分配的）
绑定操作	使用适当的协议建立客户机/服务器通信（建立通信端点）
终端操作	注册端点信息(协议、端口号、机器名)到名称服务并监听过程调用请求。这些函数通常被自动生成的主程序——服务器存根（骨架）所调用
安全操作	系统应该提供机制保证客户端和服务器之间能够相互验证,两者之间提供一个安全的通信通道
国际化操作	很少的一部分 RPC 包可能包括了转换时间格式、货币格式和特定于语言的在字符串表的字符串的功能
封装处理/数据转换操作	函数将数据序列化为一个普通的的字节数组，通过网络进行传递，并能够重建
存根内存管理和垃圾收集	存根可能需要分配内存来存储参数，特别是模拟引用传递语义。RPC 包需要分配和清理任何这样的分配。它们也可能需要为创建网络缓冲区而分配内存。RPC 包支持对象，RPC 系统需要一种跟踪远程客户端是否仍有引用对象或一个对象是否可以删除
程序标识操作	允许应用程序访问（或处理）RPC 接口集的标识符，这样的服务器提供的接口集可以被用来交流和使用

下面，我们将讲述 Go 语言原生的 RPC 实现以及 gRPC 的使用和 Go-kit 的结合。在讲解过程中，读者会发现上述所列举的 RPC 通用组件在这些 RPC 框架中都有实现。

7.2　简易的 Go 语言原生 RPC

Go 语言官方的 RPC 库/net/rpc 提供了通过网络访问一个对象方法的能力。服务器需要注册对象，通过对象的类型名暴露这个服务。注册后这个对象的输出方法就能进行远程调用了，这个库封装了底层实现的细节，包括序列化、网络传输和反射调用等。服务器可以注册多个不同类型的对象，但是无法注册相同类型的多个对象。同时，如果对象的方法要能远程访问，它们必须满足一定的条件，否则这个对象的方法会被忽略。这些条件是：

（1）方法的类型是可输出的。

（2）方法本身也是可输出的。

（3）方法必须有两个参数，必须是输出类型或者是内建类型。

（4）方法的第二个参数是指针类型。

（5）方法返回类型为 error。

根据上述的条件，能够进行远程方法调用的输出方法的格式如下所示：

```
func (t *T) MethodName(argType T1, replyType *T2) error
```

这里的返回值 error 和输入参数 T1、T2 都能够被 encoding/gob 序列化。即使是使用其他的序列化框架，也要满足这项规则。

这个方法的第一个参数 T1 代表调用者提供的参数，第二个参数 T2 代表要返回给调用者的结果。如果返回 error，则第二个参数 T2 不会被修改或赋值。

服务器通过调用 ServeConn 在单独一个连接上处理请求。但是一般来说，它都是创建一个网络监听器，等待客户端建立请求，然后 accept 请求，最后再处理。

客户端有两个方法调用服务：Call 和 Go，可以同步地或者异步地调用服务。当然，调用的时候，需要把服务名、方法名和参数传递给服务器。异步方式调用 Go 方法使用 goroutine 发起实际的远程调用，然后通过 Done channel 通知原 goroutine 远程调用结束，并获取返回结果。

7.2.1　实践案例：Go 语言 RPC 过程调用实践

Go 语言原生的 RPC 过程调用实现起来非常简单。服务端只需实现对外提供的远程过程方法和结构体，然后将其注册到 RPC 服务中，然后客户端就可以通过其服务名称和方法名称进行 RPC 方法调用。

本实例使用字符串操作的服务来展示如何使用 Go 语言原生的 RPC 来进行过程调用。

（1）首先定义远程过程调用相关接口传入参数和返回参数的数据结构，如下代码所示，调用字符串操作的请求包括两个参数：字符串 A 和字符串 B。

```
type StringRequest struct {
    A string
    B string
}
```

（2）定义一个服务对象，这个服务对象可以很简单，比如类型是 int 或者是 interface{}，重要的是它输出的方法。这里我们定义一个字符串服务类型的 interface，其名称为 Service，它有两个函数，分别是字符串拼接函数 Concat 和字符串差异函数 Diff。然后定义一个名为 StringService 的结构体，并且实现 Service 接口，并给出 Concat 和 Diff 函数的具体实现，代码如下：

```
type Service interface {
 // Concat a and b
 Concat(req StringRequest, ret *string) error

 // a,b common string value
 Diff(req StringRequest, ret *string) error

}

type StringService struct {
}

func (s StringService) Concat(req StringRequest, ret *string) error {
 // test for length overflow
 if len(req.A)+len(req.B) > StrMaxSize {
     *ret = ""
     return ErrMaxSize
 }

 *ret = req.A + req.B
 return nil
}

func (s StringService) Diff(req StringRequest, ret *string) error {
 if len(req.A) < 1 || len(req.B) < 1 {
     *ret = ""
     return nil
 }

 res := ""
 if len(req.A) >= len(req.B) {
     for _, char := range req.B {
         if strings.Contains(req.A, string(char)) {
             res = res + string(char)
         }
     }
 } else {
```

```
        for _, char := range req.A {
            if strings.Contains(req.B, string(char)) {
                res = res + string(char)
            }
        }
    }
    *ret = res
    return nil
}
```

（3）实现 RPC 服务器。这里我们生成了一个 StringSevice 结构体，并使用 rpc.Register 注册这个服务，然后通过 net.Listen 监听对应 socket 并对外提供服务。客户端可以访问服务 StringService 以及它的两个方法 StringService .Concat 和 StringService .Diff，代码如下：

```
func main() {
    stringService := new(service.StringService)
    rpc.Register(stringService)
    rpc.HandleHTTP()
    l, e := net.Listen("tcp", "127.0.0.1:1234")
    if e != nil {
        log.Fatal("listen error:", e)
    }
    http.Serve(l, nil)
}
```

（4）客户端就可以进行远程调用了。首先建立 HTTP 客户端，然后通过 Call 方法调用远程 StringService 的对应方法。比如使用同步的方式，代码如下：

```
func main() {
    client, err := rpc.DialHTTP("tcp", "127.0.0.1:1234")
    if err != nil {
        log.Fatal("dialing:", err)
    }

    stringReq := &service.StringRequest{"A", "B"}
    // Synchronous call
    var reply string
    err = client.Call("StringService.Concat", stringReq, &reply)
    if err != nil {
        log.Fatal("Concat error:", err)
    }
    fmt.Printf("StringService Concat : %s concat %s = %s", stringReq.A,
stringReq.B, reply)

    stringReq = &service.StringRequest{"ACD", "BDF"}
    call := client.Go("StringService.Diff", stringReq, &reply, nil)
    _ := <-call.Done
    fmt.Printf("StringService Diff : %s diff %s = %s", stringReq.A, stringReq.B,
reply)

}
```

Go 语言原生的 RPC 支持同步和异步两种调用方式，分别是使用 Client 的 Call 方法和 Go 方法。同步调用直接会返回响应值，而异步方法则返回这次调用的 Call 结构体，然后等待 Call 结构体的 Done 管道返回调用结果。

接下来的几个小节将对 Go 语言的 RPC 原生实现进行源码分析，细致讲解其具体实现和原理。首先对 RPC 的 Server 端代码进行分析，包括注册服务、反射处理和存根保存。接着讲解服务端服务处理 RPC 请求的流程，最后讲解客户（Client）端的 RPC 请求处理和相关资源重用。

7.2.2　服务端注册实现原理分析

Server 端的 RPC 代码主要分为两个部分，第一部分是服务方法注册，包括调用注册接口，通过反射处理将方法取出，并存到 map 中；第二部分是处理网络调用，主要是监听端口、读取数据包、解码请求和调用反射处理后的方法，将返回值编码，返回给客户端。第一部分的处理步骤如图 7-6 所示，先调用 Register 方法进行 StringService.Concat 方法的注册，接着使用反射获取注册方法的相关信息，最后进行信息的存根保存，等待处理客户端 RPC 调用时再使用。

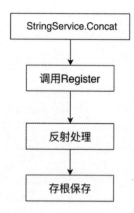

图 7-6　注册服务示意图

1．注册服务

Register 和 RegisterName 方法是进行 RPC 服务注册的入口方法，其参数 interface{} 类型的 rcvr 就是要注册的 RPC 服务类型。这两个方法都直接调用了 DefaultServer 的相应方法，代码如下所示：

```
// Register publishes the receiver's methods in the DefaultServer.
func Register(rcvr interface{}) error {
    return DefaultServer.Register(rcvr)
}

func RegisterName(name string, rcvr interface{}) error {
    return DefaultServer.RegisterName(name, rcvr)
}
```

上述代码中的 DefaultServer 是 rpc 库自带的默认网络 Server 的实例，它的定义如下所示：

```
type Server struct {
    serviceMap sync.Map   // map[string]*service
    reqLock    sync.Mutex // protects freeReq
    freeReq    *Request
    respLock   sync.Mutex // protects freeResp
    freeResp   *Response
}
```

2．反射处理

我们来具体看一下 Server 的 Register 方法的实现。通过反射获取接口类型和值，并通过 suitableMethods 函数判断注册的 RPC 是否符合规范，最后调用 serviceMap 的 LoadOrStore(sname, s)方法将对应 RPC 存根存放于 map 中，供之后查找。具体代码如下所示：

```go
// 无论是RegisterName、Register 最终都调用了 register 的内部方法
func (server *Server) register(rcvr interface{}, name string, useName bool)
error {
    // 保证注册服务安全，先加锁
    server.mu.Lock()
    defer server.mu.Unlock()
    // 如果服务为空，默认注册一个
    if server.serviceMap == nil {
        server.serviceMap = make(map[string]*service)
    }
    // 获取注册服务的反射信息
    s := new(service)
    s.typ = reflect.TypeOf(rcvr)
    s.rcvr = reflect.ValueOf(rcvr)
    // 可以使用自定义名称
    sname := reflect.Indirect(s.rcvr).Type().Name()
    if useName {
        sname = name
    }
    if sname == "" {
        s := "rpc.Register: no service name for type " + s.typ.String()
        log.Print(s)
        return errors.New(s)
    }
    // 方法必须是暴露的，既服务名首字符大写
    if !isExported(sname) && !useName {
        s := "rpc.Register: type " + sname + " is not exported"
        log.Print(s)
        return errors.New(s)
    }
    // 不允许重复注册
    if _, present := server.serviceMap[sname]; present {
        return errors.New("rpc: service already defined: " + sname)
    }
    s.name = sname

    // 开始注册 rpc struct 内部的方法存根
    s.method = suitableMethods(s.typ, true)
    // 如果 struct 内部一个方法也没，那么直接报错，打印详细的错误信息
    if len(s.method) == 0 {
        str := ""

        // To help the user, see if a pointer receiver would work.
        method := suitableMethods(reflect.PtrTo(s.typ), false)
        if len(method) != 0 {
            str = "rpc.Register: type " + sname + " has no exported methods
```

```
of suitable type (hint: pass a pointer to value of that type)"
         } else {
            str = "rpc.Register: type " + sname + " has no exported methods
of suitable type"
         }
         log.Print(str)
         return errors.New(str)
    }
    // 保存在 server 的 serviceMap 中
    server.serviceMap[s.name] = s
    return nil
}
```

3．存根保存

suitableMethods 函数判断注册的服务类型是否符合规范，它会生成 map[string]
*methodType。它会遍历类型中所有的方法，依次判断方法能否被输出，取出其参数类型
和返回类型，最后统一存储在返回值的 map 中，实现代码如下所示：

```
func     suitableMethods(typ     reflect.Type,    reportErr     bool)
map[string]*methodType {
    methods := make(map[string]*methodType)

    //通过反射，遍历所有的方法
    for m := 0; m < typ.NumMethod(); m++ {
        method := typ.Method(m)
        mtype := method.Type
        mname := method.Name
        // Method must be exported.
        if method.PkgPath != "" {
            continue
        }
        // Method needs three ins: receiver, *args, *reply.
        if mtype.NumIn() != 3 {
            if reportErr {
                log.Println("method", mname, "has wrong number of ins:",
mtype.NumIn())
            }
            continue
        }
        //取出请求参数类型
        argType := mtype.In(1)
        ...
        // 取出响应参数类型，响应参数必须为指针
        replyType := mtype.In(2)
        if replyType.Kind() != reflect.Ptr {
            if reportErr {
                log.Println("method", mname, "reply type not a pointer:",
replyType)
            }
            continue
        }
        ...
        // 去除函数的返回值，函数的返回值必须为 error.
        if returnType := mtype.Out(0); returnType != typeOfError {
            if reportErr {
```

```
                    log.Println("method", mname, "returns", returnType.String(),
"not error")
            }
            continue
        }

        //将方法存储成 key-value
        methods[mname] = &methodType{method: method, ArgType: argType,
ReplyType: replyType}
    }
    return methods
}
```

注册完服务并启动网络服务之后，RPC 服务器会监听对应的端口，等待客户端 RPC
请求的到来。

7.2.3　服务端处理 RPC 请求原理分析

RPC 网络调用会使用到 Request 和 Response 两个结构体，分别是请求参数和返回参
数，通过编解码器（gob/json）实现二进制和结构体的相互转换，它们的定义如下所示：

```
// Request 每次 rpc 调用的请求的头部分
type Request struct {
    ServiceMethod string   // 格式为: "Service.Method"
    Seq           uint64   // 客户端生成的序列号
    next          *Request // server 端保持的链表
}

// Response 每次 rpc 调用的响应的头部分
type Response struct {
    ServiceMethod string    // 对应请求部分的 ServiceMethod
    Seq           uint64    // 对应请求部分的 Seq
    Error         string    // 错误
    next          *Response // server 端保持的链表
}
```

图 7-7 展示了服务端 RPC 程序的处理请求的过程，它会一直循环处理接收到的客户
端 RPC 请求，将其交由 ReadRequestHandler 处理，然后从之前 Register 方法保存的 map
中获取到要调用的对应方法；接着从请求中解码出对应的参数，使用反射调用其方法，
获取到结果后将结果编码成响应消息返回给客户端。

1. 接收请求

下面，我们来看一下具体的代码实现。首先是 Accept 函数，它会无限循环的调用
net.Listener 的 Accept 函数来获取客户端建立连接的请求，获取到连接请求后，会使用协
程来处理请求，代码如下：

```
func (server *Server) Accept(lis net.Listener) {
    for {
        conn, err := lis.Accept()
        if err != nil {
            log.Fatal("rpc.Serve: accept:", err.Error())
        }
```

```
        // accept 连接以后，打开一个 goroutine 处理请求
        go server.ServeConn(conn)
    }
}
```

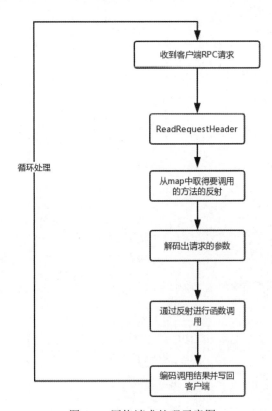

图 7-7　网络请求处理示意图

ServeConn 函数会从建立的连接中读取数据，然后创建一个 gobServerCodec，并将其交由 Server 的 ServeCodec 函数处理，如下所示：

```
func (server *Server) ServeConn(conn io.ReadWriteCloser) {
    buf := bufio.NewWriter(conn)
    srv := &gobServerCodec{
        rwc:    conn,
        dec:    gob.NewDecoder(conn),
        enc:    gob.NewEncoder(buf),
        encBuf: buf,
    }
    // 根据指定的 codec 进行协议解析
    server.ServeCodec(srv)
}
```

2．读取并解析请求数据

ServeCodec 函数会循环地调用 readRequest 函数读取网络连接上的字节流，解析出请求，然后开启协程执行 Server 的 call 函数，处理对应的 RPC 调用。

```
func (server *Server) ServeCodec(codec ServerCodec) {
    sending := new(sync.Mutex)
    for {
        // 解析请求
        service, mtype, req, argv, replyv, keepReading, err := server.readRequest(codec)
        if err != nil {
            if debugLog && err != io.EOF {
                log.Println("rpc:", err)
            }
            if !keepReading {
                break
            }
            // send a response if we actually managed to read a header.
            // 如果当前请求错误了，我们应该返回信息，然后继续处理
            if req != nil {
                server.sendResponse(sending, req, invalidRequest, codec, err.Error())
                server.freeRequest(req)
            }
            continue
        }
        // 因为需要继续处理后续请求，所以开一个 gorutine 处理 rpc 方法
        go service.call(server, sending, mtype, req, argv, replyv, codec)
    }
    // 如果连接关闭了需要释放资源
    codec.Close()
}
```

readRequestHeader 函数是解析 RPC 请求的关键函数，它会首先解析请求的头部信息，然后获取信息中包含 RPC 请求的 struct 名字和方法名字，然后从 Server 的 map 中获取到服务端注册的 service 及其对应方法，源码如下：

```
// 取出请求,并得到相应函数的调用参数
func (server *Server) readRequestHeader(codec ServerCodec) (service *service, mtype *methodType, req *Request, keepReading bool, err error) {
    // 解析头部，如果失败，直接返回了
    req = server.getRequest()
    err = codec.ReadRequestHeader(req)
    if err != nil {
        req = nil
        if err == io.EOF || err == io.ErrUnexpectedEOF {
            return
        }
        err = errors.New("rpc: server cannot decode request: " + err.Error())
        return
    }

    if debugLog {
        log.Printf("rpc: [trace:%v]\n", req.Tracer)
    }
    keepReading = true
    // 获取请求中 xxx.xxx 中.的位置
    dot := strings.LastIndex(req.ServiceMethod, ".")
    if dot < 0 {
        err = errors.New("rpc: service/method request ill-formed: " + req.ServiceMethod)
```

```
        return
    }
    // 拿到 struct 名字和方法名字
    serviceName := req.ServiceMethod[:dot]
    methodName := req.ServiceMethod[dot+1:]

    // Look up the request.
    // 加读锁，获取对象
    server.mu.RLock()
    service = server.serviceMap[serviceName]
    server.mu.RUnlock()
    if service == nil {
        err = errors.New("rpc: can't find service " + req.ServiceMethod)
        return
    }
    // 获取反射类型，注册服务时预先放入 map 中的
    mtype = service.method[methodName]
    if mtype == nil {
        err = errors.New("rpc: can't find method " + req.ServiceMethod)
    }
    return
}
```

readRequest 函数会调用 readRequestHeader 来获取 RPC 的一些头部信息，然后再解析消息体中携带的参数，最后初始化响应的返回值类型，源码如下：

```
func (server *Server) readRequest(codec ServerCodec) (service *service,
mtype *methodType, req *Request, argv, replyv reflect.Value, keepReading bool,
err error) {
    service, mtype, req, keepReading, err = server.readRequestHeader(codec)
    if err != nil {
        if !keepReading {
            return
        }
        // discard body
        codec.ReadRequestBody(nil)
        return
    }

    // 解析请求中的 args
    argIsValue := false // if true, need to indirect before calling.
    if mtype.ArgType.Kind() == reflect.Ptr {
        argv = reflect.New(mtype.ArgType.Elem())
    } else {
        argv = reflect.New(mtype.ArgType)
        argIsValue = true
    }
    // argv guaranteed to be a pointer now.
    if err = codec.ReadRequestBody(argv.Interface()); err != nil {
        return
    }
    if argIsValue {
        argv = argv.Elem()
    }
    // 初始化 reply 类型
    replyv = reflect.New(mtype.ReplyType.Elem())
    return
}
```

3．执行远程方法并返回响应

Server 的 call 函数就是通过 Func.Call 反射调用对应 RPC 过程的方法，它还会调用 send Response 将返回值发送给 RPC 客户端，代码如下：

```
// 通过参数进行函数调用
func (s *service) call(server *Server, sending *sync.Mutex, mtype
*methodType, req *Request, argv, replyv reflect.Value, codec ServerCodec) {
    mtype.Lock()
    mtype.numCalls++
    mtype.Unlock()
    function := mtype.method.Func
    // Invoke the method, providing a new value for the reply.
    // 这里是真正调用 rpc 方法的地方
    returnValues := function.Call([]reflect.Value{s.rcvr, argv, replyv})
    // The return value for the method is an error.
    errInter := returnValues[0].Interface()
    errmsg := ""
    if errInter != nil {
        errmsg = errInter.(error).Error()
    }
    // 处理返回请求了
    server.sendResponse(sending, req, replyv.Interface(), codec, errmsg)
    server.freeRequest(req)
}

func (server *Server) sendResponse(sending *sync.Mutex, req *Request,
reply interface{}, codec ServerCodec, errmsg string) {
    resp := server.getResponse()
    // Encode the response header
    resp.ServiceMethod = req.ServiceMethod
    if errmsg != "" {
        resp.Error = errmsg
        reply = invalidRequest
    }
    // 客户端是根据序号来定位请求的，所以需要原样返回
    resp.Seq = req.Seq
    sending.Lock()
    err := codec.WriteResponse(resp, reply)
    if debugLog && err != nil {
        log.Println("rpc: writing response:", err)
    }
    sending.Unlock()
    server.freeResponse(resp)
}
```

7.2.4 客户端发送 RPC 请求原理分析

无论是同步调用还是异步调用，每次 RPC 请求都会生成一个 Call 对象，并使用 seq 作为 key 保存在 map 中，服务端返回响应值时再根据响应值中的 seq 从 map 中取出 Call，进行相应处理。客户端发起 RPC 调用的过程大致如下图 7-8 所示。我们将依次讲解同步调用和异步调用，请求参数编码和接收服务器响应三个部分的具体实现。

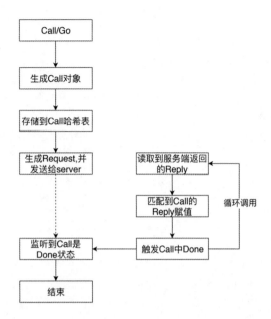

图 7-8　客户端请求示意图

1. 同步调用和异步调用

本章的 7.2.1 小节展示了 Go 原生 RPC 的客户端支持同步和异步两种调用，下面我们来介绍一下这两种调用的函数以及调用的数据结构。

Call 方法直接调用了 Go 方法，而 Go 方法则是先创建并初始化了 Call 对象，记录下此次调用的方法、参数和返回值，并生成 DoneChannel；然后调用 Client 的 send 方法进行真正的请求发送处理，代码如下：

```go
func (client *Client) Call(serviceMethod string, args interface{}, reply interface{}) error {
    call := <-client.Go(serviceMethod, args, reply, make(chan *Call, 1)).Done
    return call.Error
}

// 异步调用实现
func (client *Client) Go(serviceMethod string, args interface{}, reply interface{}, done chan *Call) *Call {
    // 初始化 Call
    call := new(Call)
    call.ServiceMethod = serviceMethod
    call.Args = args
    call.Reply = reply
    if done == nil {
        done = make(chan *Call, 10) // buffered.
    } else {
        if cap(done) == 0 {
            log.Panic("rpc: done channel is unbuffered")
```

```
    }
}
call.Done = done
    // 调用 Client 的 send 方法
client.send(call)
return call
}
type Call struct {
    ServiceMethod string      // 服务名及方法名 格式:服务.方法
    Args          interface{} // 函数的请求参数 (*struct).
    Reply         interface{} // 函数的响应参数 (*struct).
    Error         error       // 方法完成后 error 的状态.
    Done          chan *Call  // 方法调用结束后的 channel.
}
```

2．请求参数编码

Client 的 send 函数首先会判断客户端实例的状态，如果处于关闭状态，则直接返回结果；否则会生成唯一的 seq 值，将 Call 保存到客户端的哈希表 pending 中，然后调用客户端编码器的 WriteRequest 来编码请求并发送，代码如下：

```
func (client *Client) send(call *Call) {
    //请求级别的锁
    client.reqMutex.Lock()
    defer client.reqMutex.Unlock()

    // 判断客户端状态
    client.mutex.Lock()
    if client.shutdown || client.closing {
        call.Error = ErrShutdown
        client.mutex.Unlock()
        call.done()
        return
    }

    //生成 seq,每次调用均生成唯一的 seq,在服务端返回结果后会通过该值进行匹配
    seq := client.seq
    client.seq++
    client.pending[seq] = call
    client.mutex.Unlock()

    // 请求并发送请求
    client.request.Seq = seq
    client.request.ServiceMethod = call.ServiceMethod
    err := client.codec.WriteRequest(&client.request, call.Args)
    if err != nil {
        //发送请求错误时,将 map 中 call 对象删除.
        client.mutex.Lock()
        call = client.pending[seq]
        delete(client.pending, seq)
        client.mutex.Unlock()
        if call != nil {
```

```
            call.Error = err
            call.done()
        }
    }
}
```

客户端默认的编解码器是 gobClientCodec，其具体实现如下面的代码所示，它使用 gob 的 Decoder 作为编码器。WriteRequest 方法则是先使用编码器依次对请求和请求体进行编码，编码后的数据会写入到 gobClientCodec 的 encBuf 中，最后调用 Flush 函数将数据发送到网络数据流中。客户端发起 RPC 请求到这里就把请求发送出去了。

```
type gobClientCodec struct {
    rwc    io.ReadWriteCloser
    dec    *gob.Decoder
    enc    *gob.Encoder
    encBuf *bufio.Writer
}
func (c *gobClientCodec) WriteRequest(r *Request, body interface{}) (err error) {
    if err = c.enc.Encode(r); err != nil {
        return
    }
    if err = c.enc.Encode(body); err != nil {
        return
    }
    return c.encBuf.Flush()
}
```

3. 接收服务器响应

接下来我们来看一下客户端是如何接受并处理服务端返回值的。客户端的 input 函数接收服务端返回的响应值，它进行无限 for 循环，不断调用 codec 也就是 gobClientCodecd 的 ReadResponseHeader 函数，然后根据其返回数据中的 seq 来判断是否是本客户端发出请求的响应值。如果是则获取对应的 Call 对象，并将其从 pending 哈希表中删除，继续调用 codec 的 ReadReponseBody 方法获取返回值 Reply 对象，并调用 Call 对象的 done 方法，代码如下：

```
func (client *Client) input() {
    var err error
    var response Response
    for err == nil {
        response = Response{}
        err = client.codec.ReadResponseHeader(&response)
        if err != nil {
            break
        }

        //通过 response 中的 Seq 获取 call 对象
        seq := response.Seq
        client.mutex.Lock()
        call := client.pending[seq]
```

```
        delete(client.pending, seq)
        client.mutex.Unlock()

        switch {
        case call == nil:
            err = client.codec.ReadResponseBody(nil)
            if err != nil {
                err = errors.New("reading error body: " + err.Error())
            }
        case response.Error != "":
            //服务端返回错误,直接将错误返回
            call.Error = ServerError(response.Error)
            err = client.codec.ReadResponseBody(nil)
            if err != nil {
                err = errors.New("reading error body: " + err.Error())
            }
            call.done()
        default:
            //通过编码器,将 Resonse 的 body 部分解码成 reply 对象.
            err = client.codec.ReadResponseBody(call.Reply)
            if err != nil {
                call.Error = errors.New("reading body " + err.Error())
            }
            call.done()
        }
    }

    // 客户端退出处理
    client.reqMutex.Lock()
    client.mutex.Lock()
    client.shutdown = true
    closing := client.closing
    if err == io.EOF {
        if closing {
            err = ErrShutdown
        } else {
            err = io.ErrUnexpectedEOF
        }
    }
    for _, call := range client.pending {
        call.Error = err
        call.done()
    }
    client.mutex.Unlock()
    client.reqMutex.Unlock()
    if debugLog && err != io.EOF && !closing {
        log.Println("rpc: client protocol error:", err)
    }
}
```

上述代码中，gobClientCodecd 的 ReadResponseHeader、ReadReponseBody 方法和上文中的 WriteRequest 类似，这里不做赘述。Call 对象的 done 方法则通过 Call 的 DoneChannel，

将获得返回值的结果通知到调用层，代码如下：

```
func (call *Call) done() {
select {
case call.Done <- call:
    // ok
default:
    if debugLog {
        log.Println("rpc: discarding Call reply due to insufficient Done
chan capacity")
    }
}
}
```

客户端接收到 RPC 请求的响应后会进行其他业务逻辑操作，RPC 框架则会对执行 RPC 请求所需要的资源进行回收，下次进行 RPC 请求时则需要再次建立相应的结构体并获取对应的资源，我们可以使用资源重用避免这种情况的发生。

7.2.5　资源重用

为了减少频繁发送 RPC 请求时不断创建 Request 和 Response 结构体所导致的 GC 压力，Server 对 Request 和 Response 进行了复用，构建了一个对象池，可以从池中获取对应的 Request 和 Response 对象，使用完之后再使用 free 函数将其归还到池中，代码如下：

```
// 可以看出使用一个 free list 链表，来避免 Request 以及 Response 对象频繁创建，导致
GC 压力
func (server *Server) getRequest() *Request {
    server.reqLock.Lock()
    req := server.freeReq
    if req == nil {
        req = new(Request)
    } else {
        server.freeReq = req.next
        *req = Request{}
    }
    server.reqLock.Unlock()
    return req
}

func (server *Server) freeRequest(req *Request) {
    server.reqLock.Lock()
    req.next = server.freeReq
    server.freeReq = req
    server.reqLock.Unlock()
}

func (server *Server) getResponse() *Response {
    server.respLock.Lock()
    resp := server.freeResp
    if resp == nil {
        resp = new(Response)
    } else {
```

```
        server.freeResp = resp.next
        *resp = Response{}
    }
    server.respLock.Unlock()
    return resp
}

func (server *Server) freeResponse(resp *Response) {
    server.respLock.Lock()
    resp.next = server.freeResp
    server.freeResp = resp
    server.respLock.Unlock()
}
```

如上代码所示，getRequest 方法可以获得一个 Request 结构体。它会首先从本地缓存的 freeReq 队列中获取已经存在的 Resquest 结构体，如果不存在再进行结构体的初始化。freeRequest 方法则和它相反，它将业务逻辑代码归还的 Request 结构体保存到 freeReq 队列末尾，供后续重复使用。对于 Reponse 结构体的操作与 Request 结构体相同。

总的来说，Go 语言原生 RPC 算是个基础版本的 RPC 框架，代码精简，可扩展性高，但是只实现了 RPC 最基本的网络通信，像超时熔断、链接管理（保活与重连）、服务注册发现等功能还是欠缺的。因此还是达不到生产环境开箱即用的水准，不过 Github 就有一个基于 RPC 的功能增强版本，叫 rpcx，支持了大部分主流 RPC 的特性。

目前官方已经宣布不再添加新功能，并推荐使用 gRPC。但是作为 Go 标准库中的 RPC 框架，还是有很多地方值得我们借鉴及学习，本节从源码角度分析了 Go 语言原生 RPC 框架，希望能给大家带来对 RPC 框架的整体认识。

7.3　高性能的 gRPC

gRPC 是一个高性能、开源、通用的 RPC 框架，由 Google 推出，基于 HTTP/2 协议标准设计开发，默认采用 Protocol Buffers 数据序列化协议，支持多种开发语言。gRPC 提供了一种简单的方法来精确的定义服务，并且为客户端和服务端自动生成可靠代码的功能库。

我们来详细了解一下 gRPC 的众多特性：

（1）gRPC 使用 ProtoBuf 来定义服务、接口和数据类型，ProtoBuf 是由 Google 开发的一种数据序列化协议（类似于 XML、JSON 和 hessian）。ProtoBuf 能够将数据进行序列化，并广泛应用在数据存储和通信协议等方面。

（2）gRPC 支持多种语言，并能够基于语言自动生成客户端和服务端代码。gRPC 支持 C、C++、Node.js、Python、Ruby、Objective-C、PHP 和 C#等语言，目前已提供了 C 语言版本的 gRPC、Java 语言版本的 grpc-java 和 Go 语言版本的 grpc-go，其他语言的版本正在积极开发中，其中，grpc-java 已经支持 Android 开发。如图 7-9 所示为 gRPC 的调用示意图，我们可以看到，一个 C++语言的服务器可以通过 gRPC 分别与 Ruby 语言开发的桌面客户端和 Java 语言开发的 Android 客户端进行交互。

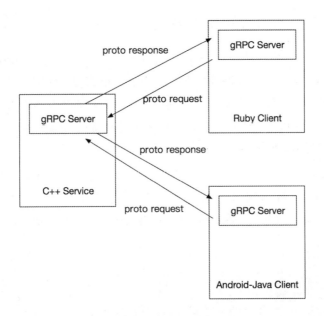

图 7-9   gRPC 调用示意图

（3）gRPC 基于 HTTP/2 标准设计，所以相对于其他 RPC 框架，gRPC 拥有更多强大功能，如双向流、头部压缩、多复用请求等。这些功能给移动设备带来重大益处，如节省带宽、降低 TCP 连接次数、提高 CPU 利用率和延长电池寿命等。同时，gRPC 还提高了云端服务和 Web 应用的性能。gRPC 既能够在客户端应用，也能够在服务器端应用，从而以透明的方式实现客户端和服务器端的通信和简化通信系统的构建。

7.3.1   gRPC 的安装

首先使用 go get 命令安装 grpc-go。

```
go get -u google.golang.org/grpc
```

接着要安装插件，先使用 which protoc 命令检查是否安装了 protoc；如果没有，则使用 go install 命令安装 proto 和 protoc-gen-go 两个库，最后可以使用 protoc 方法判断是否成功安装了。

```
      查看 protoc 是否安装，确保是 3.0 版本
$ which protoc
$ protoc --version

----- 安装插件
$ go install github.com/golang/protobuf/proto
$ go install github.com/golang/protobuf/protoc-gen-go

----- 测试是否安装成功
$ protoc -I pb/string.proto --go_out=plugins=grpc:.pb/string.proto
```

7.3.2 实践案例：gRPC 过程调用实践

gRPC 过程调用时，服务端和客户端需要依赖共同的 proto 文件。proto 文件可以定义远程调用的接口、方法名、参数和返回值等。通过 proto 文件可以自动生成客户端和客户端的相应 RPC 代码。借助这些代码，客户端可以十分方便地发送 RPC 请求，并且服务端也可以很简单地建立 RPC 服务器，处理 RPC 请求并且将返回值作为响应发送给客户端。

1. 定义和编译 proto 文件

首先，我们要定义一个 proto 文件，其具体语法请查看 Protobuf3 语言指南（https://developers.google.com/protocol-buffers/docs/proto3）。在该文件中，我们定义了两个参数结果，分别是 StringRequest 和 StringResponse，同时还有一个服务结构 StringService，代码如下：

```
syntax = "proto3";

package pb;

service StringService{
    rpc Concat(StringRequest) returns (StringResponse) {}
    rpc Diff(StringRequest) returns (StringResponse) {}
}

message StringRequest {
    string A = 1;
    string B = 2;
}

message StringResponse {
    string Ret = 1;
    string err = 2;
}
```

StrtingService 有两个方法，分别为 Concat 和 Diff，每个方法都有对应的输入参数和返回值，这些值也都定义在 proto 文件中。

gRPC 可以定义 4 种类型的服务接口，分别是一元 RPC、服务器流 RPC、客户端流式 RPC 和双向流 RPC。

（1）一元 RPC 是指客户端向服务器发送请求并获得响应，就像正常的函数调用一样。

```
rpc Concat(StringRequest) returns (StringResponse) {}
```

（2）服务器流 RPC 是指客户端发送一个对象，服务器端返回一个 Stream（流式消息）。

```
rpc LotsOfServerStream(StringRequest) returns (stream StringResponse) {}
```

（3）客户端流式 RPC，客户端发送一个 Stream（流式消息）服务端返回一个对象。

```
rpc LotsOfClientStream(stream StringRequest) returns (StringResponse) {}
```

（4）双向流 RPC，两个流独立运行，客户端和服务器可以按照它们喜欢的顺序进行读取和写入；例如，服务器可以在写入响应之前等待接收所有客户端消息，也可以交替地进行消息的读取和写入，或读取和写入的其他组合。每个流中消息的顺序被保留。类似于 WebSocket（长连接），客户端可以向服务端请求消息，服务器端也可以向客户端请求消息。

```
rpc LotsOfServerAndClientStream(stream StringRequest) returns (stream
StringResponse) {}
```

接下来我们使用 protoc 编译工具编译这个 protoc 文件，生成服务端和客户端的代码，如下：

```
protoc --go_out=plugins=grpc:. pb/string.proto
```

从 proto 文件中的服务定义开始，gRPC 提供了生成客户机和服务器端代码的 protocol buffer 编译器插件。gRPC 用户通常在客户端调用这些 API，并在服务器端实现相应的 API。

在服务器端，服务器实现服务声明的方法，并运行 gRPC 服务器来处理客户端调用。gRPC 框架会接受网络传入请求，解析请求数据，执行相应服务方法和将方法结果编码成响应通过网络传递给客户端。客户端的本地定义方法，其方法名、参数和返回值与服务端定义的方法相同。客户端可以直接在本地对象上调用这些方法，将调用的参数包含在对应的 protocol buffer 消息类型中，gRPC 再将请求发送到服务端，服务端解析请求。

2. 客户端发送 RPC 请求

我们先来看客户端代码，首先调用 grpc.Dial 建立网络连接，然后使用 protoc 编译生成的 pb.NewStringServiceClient 函数创建 gRPC 客户端，然后调用客户端的 Concat 函数，进行 RPC 调用，代码如下所示：

```
package grpc

import (
    "context"
    "fmt"
    "github.com/keets2012/Micro-Go-Pracrise/ch9-rpc/pb"
    "google.golang.org/grpc"
)

func main() {
    serviceAddress := "127.0.0.1:1234"
    conn, err := grpc.Dial(serviceAddress, grpc.WithInsecure())
    if err != nil {
        panic("connect error")
    }
    defer conn.Close()
    stringClient := pb.NewStringServiceClient(conn)
    stringReq := &pb.StringRequest{A: "A", B: "B"}
    reply, _ := stringClient.Concat(context.Background(), stringReq)
    fmt.Printf("StringService Concat : %s concat %s = %s",
stringReq.A, stringReq.B, reply.Ret)
}
```

3. 服务端建立 RPC 服务

再来看看服务器端的代码，它首先需要调用 grpc.NewServer() 来建立 RPC 的服务端，然后将 StringService 注册到 RPC 服务端上，其具有的两个函数分别处理 Concat 和 Diff

请求，代码如下：

```
func main() {
flag.Parse()

lis, err := net.Listen("tcp", fmt.Sprintf(":%d", *port))
if err != nil {
    log.Fatalf("failed to listen: %v", err)
}
grpcServer := grpc.NewServer()
stringService := new(string_service.StringService)
pb.RegisterStringServiceServer(grpcServer, stringService)
grpcServer.Serve(lis)
}
```

最后我们来看 StringService 的具体代码实现，它首先定义了 StringService 结构体，然后实现了它的 Concat 方法和 Diff 方法。

```
type StringService struct{}

func (s *StringService) Concat(ctx context.Context, req *pb.StringRequest)
(*pb.StringResponse, error) {
if len(req.A)+len(req.B) > StrMaxSize {
    response := pb.StringResponse{Ret: ""}
    return &response, nil
}
response := pb.StringResponse{Ret: req.A + req.B}
return &response, nil
}

func (s *StringService) Diff(ctx context.Context, req *pb.StringRequest)
(*pb.StringResponse, error) {
if len(req.A) < 1 || len(req.B) < 1 {
    response := pb.StringResponse{Ret: ""}
    return &response, nil
}
res := ""
if len(req.A) >= len(req.B) {
    for _, char := range req.B {
        if strings.Contains(req.A, string(char)) {
            res = res + string(char)
        }
    }
} else {
    for _, char := range req.A {
        if strings.Contains(req.B, string(char)) {
            res = res + string(char)
        }
    }
}
response := pb.StringResponse{Ret: res}
return &response, nil
}
```

如上代码所示，StringService 的 Concat 方法和 Diff 方法实现起来都很简单，Concat 方法就是将 StringRequest 中的 A 和 B 字符拼接在一起；而 Diff 方法则是通过循环遍历，将 A 和 B 字符的差异部分计算出来。

从上面的讲述可以看出，客户端发送一个请求后，必须等待服务器发回响应才能继续发送下一个请求，这种交互模式具有一定局限性，它无法更好地利用网络带宽，传递更多的请求或响应。而 gRPC 支持流式的请求响应模式来优化解决这一问题。

7.3.3　流式编程

通过使用流（streaming），我们可以向服务器或者客户端发送批量的数据，服务器和客户端在接收这些数据的时候，可以不必等所有的消息全接收后才开始响应，而是接收到第一条消息的时候就可以及时地响应，这显然比以前的类似 HTTP 1.1 的方式更快地提供响应，从而提高性能。

比如有一批记录个人收入的数据，客户端流式发送给服务器，服务器计算出每个人的个人所得税，将结果流式发给客户端。这样客户端的发送可以和服务器端的计算并行进行，从而减少服务的延迟。这只是一个简单的例子，我们可以利用流来实现 RPC 调用的异步执行，将客户端的调用和服务器端的执行并行的处理。

gRPC 通过 HTTP2 协议传输，可以方便地实现 streaming 功能。如果对 gRPC 如何通过 HTTP2 传输感兴趣，读者可以阅读《gRPC over HTTP2》，（https://github.com/grpc/grpc/blob/master/doc/PROTOCOL-HTTP2.md）一文，它描述了 gRPC 选择 HTTP2 作为低层传输格式的原因。

【实例 7-1】gRPC 流式请求

使用 gRPC-go 生成具备流式响应的 RPC 请求，只需在 proto 方法定义的请求或者响应前面加上 stream 标记即可。如下面代码所示，StringService 定义了 4 个方法，分别是一元 RPC 的 Concat 方法、客户端流 RPC 的 LotsOfClientStream 方法、服务端流 RPC 的 LotsOfServerStream 方法和双向流 LotsOfServerAndClientStream 方法。

```
syntax = "proto3";
package stream_pb;

service StringService{
    rpc Concat(StringRequest) returns (StringResponse) {}
    rpc LotsOfServerStream(StringRequest) returns
        (stream StringResponse) {}
    rpc LotsOfClientStream(stream StringRequest) returns
        (StringResponse) {}
    rpc LotsOfServerAndClientStream(stream StringRequest) returns
        (stream StringResponse) {}
}

message StringRequest {
    string A = 1;
    string B = 2;
}

message StringResponse {
    string Ret = 1;
    string err = 2;
}
```

使用 gRPC 代码生成工具生成对应的代码，生成的代码就已经包含了流的处理，所以和普通的 gRPC 代码差别不是很大，需要注意的是服务器端代码的实现要通过流的方式发送响应。服务端流 RPC 调用的服务端代码如下所示：

```
func (s *StringService) LotsOfServerStream(req *stream_pb.StringRequest,
qs stream_pb.StringService_LotsOfServerStreamServer) error {
 response := stream_pb.StringResponse{Ret: req.A + req.B}
 for i := 0; i < 10; i++ {
     qs.Send(&response)
 }
 return nil
}
```

普通的 gRPC 是直接返回一个 StringResponse 结构体，而服务端流式响应可以通过 Send 方法返回多个 StringResponse 结构体，对象流序列化后流式返回。

对于客户端，我们需要关注其在两个方面有没有变化，一是发送请求，一是读取响应。在服务端流 RPC 调用中返回值改变为 Stream 类型，客户端需要循环地从 Stream 中读取返回值。下面是服务端流 RPC 调用的客户端代码：

```
stringClient := stream_pb.NewStringServiceClient(conn)
stringReq := &stream_pb.StringRequest{A: "A", B: "B"}
stream, _ := stringClient.LotsOfServerStream(context.Background(), stringReq)
for {
    item, stream_error := stream.Recv()
    if stream_error == io.EOF {
        break
    }
    if stream_error != nil {
        log.Printf("failed to recv: %v", stream_error)
    }
    fmt.Printf("StringService Concat : %s concat %s = %s", stringReq.A,
stringReq.B, item.GetRet())
 }
```

发送请求看起来没有太大的区别，只是返回结果不再是一个单一的 StringResponse 结构体，而是一个 Stream。这和服务器端代码正好对应，通过调用 stream.Recv() 函数返回每一个 StringResponse 结构体，直到出错或者流结束为止（io.EOF）。

客户端流 RPC 请求可以让客户端流式地发送结构体，当然这些结构体也和上面的一样，都是同一类型，具体代码如下所示。

```
stream, err := client.LotsOfClientStream(context.Background())
for i := 0; i < 10; i++ {
    if err != nil {
        log.Printf("failed to call: %v", err)
        break
    }
    stream.Send(&stream_pb.StringRequest{A:     strconv.Itoa(i),     B:
strconv.Itoa(i + 1)})
 }
 reply, err := stream.CloseAndRecv()
 if err != nil {
    fmt.Printf("failed to recv: %v", err)
 }
```

```
log.Printf("ret is : %s", reply.Ret)
```

　　客户端发起客户端流 RPC 请求后，获得一个 Stream 结构体，使用它的 Send 方法，可以以流式的方式向服务端发送请求。发送完请求后，可以调用其 CloseAndRecv 方法来获取服务端的请求响应。

　　客户端流 RPC 服务端代码的函数参数是一个 stream 结构体，可以调用其 Recv 方法获取客户端发来的请求，等到发现流结束时，在将生成的响应通过 SendAndClose 方法返回给客户端，代码如下所示：

```
func (s *StringService) LotsOfClientStream(qs
stream_pb.StringService_LotsOfClientStreamServer) error {
var params []string
for {
    in, err := qs.Recv()
    if err == io.EOF {
        qs.SendAndClose(&stream_pb.StringResponse{Ret:      strings.Join
(params, "")})
        return nil
    }
    if err != nil {
        log.Printf("failed to recv: %v", err)
        return err
    }
    params = append(params, in.A, in.B)
}
}
```

　　而双向流则表示客户端和服务端可以使用其进行任意的数据交互。二者可以按照它们喜欢的顺序进行读取和写入。下面是双向流 RPC 请求的服务端代码。

```
func (s *StringService) LotsOfServerAndClientStream(qs stream_pb.StringService
    _LotsOfServerAndClientStreamServer) error {
for {
    in, err := qs.Recv()
    if err == io.EOF {
        return nil
    }
    if err != nil {
        log.Printf("failed to recv %v", err)
        return err
    }
    qs.Send(&stream_pb.StringResponse{Ret: in.A + in.B})
}
return nil
}
```

　　服务端在一个无限循环中不断地调用 stream 的 Recv 方法获取客户端发来的请求数据，然后立刻处理，再调用 Send 方法返回给客户端。服务端会一直进行这个循环，直到流结束为止。而客户端的代码如下所示：

```
    var err error
    stream, err := client.LotsOfServerAndClientStream(context.Background())
    if err != nil {
        log.Printf("failed to call: %v", err)
        return
    }
    var i int
    for {
        err1 := stream.Send(&stream_pb.StringRequest{A: strconv.Itoa(i), B:
strconv.Itoa(i + 1)})
        if err1 != nil {
            log.Printf("failed to send: %v", err)
            break
        }
        reply, err2 := stream.Recv()
        if err2 != nil {
            log.Printf("failed to recv: %v", err)
            break
        }
        log.Printf("Ret is : %s", reply.Ret)
        i++
    }
```

双向流 RPC 调用的客户端发起请求后也会获取 stream 结构体，然后可以调用其 Send 方法发送请求数据，接着直接调用 Recv 方法获取服务端返回值。

双向流 RPC 调用和客户端流 RPC 调用的区别就在于，客户端流 RPC 调用会先将客户端的请求以流的形式发送完毕，再获取服务端的响应；而双向流 RPC 调用中，客户端发送一个请求数据后，立马就可以获取对应的服务端响应。

7.4 便捷的 Go-kit RPC

Go-kit 框架可以和 gRPC 结合使用，将 RPC 作为传输层的组件，而自身则提供诸如服务注册和发现、断路器等微服务远程交互的通用功能组件。gRPC 缺乏服务治理的功能，我们可以通过 Go-kit 结合 gRPC 来弥补这一缺陷。Go-kit 框架抽象的 endpoint 层设计让开发者可以很容易地封装使用其他微服务组件，比如说服务注册与发现、断路器和负载均衡策略等。

7.4.1 Go-kit 简介

Go-kit 是一套帮助开发者构建健壮、可靠、可维护的微服务的 Go 语言工具包集合。最初应用于大型企业开发，但是很快也开始为小型初创企业和组织服务。Go-kit 自上而下采用分层架构方式，较为重要的层为 transport 层、endpoint 层和 service 层，如图 7-10 所示。

（1）transport 层主要负责网络传输，例如处理 HTTP、gRPC、Thrift 等相关的逻辑。

（2）endpoint 层主要负责 request/response 格式的转换，以及公用拦截器相关的逻辑。endpoint 层作为 Go-kit 的核心，采用类似洋葱的模型，提供了对日志、限流、熔断、链路追踪和服务监控等方面的扩展能力。

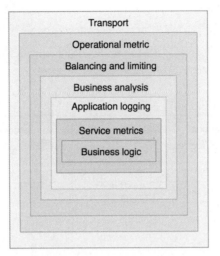

图 7-10　Go-kit 分层示意图

（3）service 层则专注于业务逻辑。

为了帮助开发者构建微服务，Go-kit 提供了对 Consul、Etcd、Zookeeper、Eureka 等注册中心的支持。

gRPC 缺乏服务治理的功能，开发者可以通过 Go-kit 结合 gRPC 来实现我们的完整需求。Go-kit 抽象的 endpoint 设计让开发者可以很容易包装其他微服务框架使用的协议。

我们来总结一下，Go-kit 提供以下功能：

- Circuit breaker（熔断器）
- Rate limiter（限流器）
- Logging（日志）
- Metrics（Prometheus 统计）
- Request tracing（请求跟踪）
- Service discovery and load balancing（服务发现和负载均衡）

7.4.2　实践案例：Go-kit 过程调用实践

proto 文件不变，内容和前文 gRPC 示例中的一致。我们需要将 gRPC 集成到 Go-kit 的 transport 层。

Go-kit 的 transport 层用于接收用户网络请求并将其转为 Endpoint 可以处理的对象，然后交由 endpoint 层执行，最后将处理结果转为响应对象返回给客户端。为了完成这项工作，transport 层需要具备两个工具方法：

- 解码器：把用户的请求内容转换为请求对象（StringRequest）；

● 编码器：把处理结果转换为响应对象（StringResponse）；

gRPC 请求的处理过程如下图 7-11 所示，服务端接收到一个客户端请求后，交由 grpc_transport.Handler 处理，它会调用 decodeRequestFunc 进行解码，然后交给其 Endpoint 层转换为 service 层能处理的对象，然后将返回值通过 encodeResponseFunc 编码，最后返回给客户端。

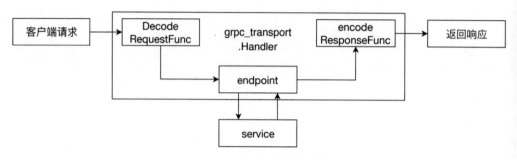

图 7-11　Go-kit 过程调用示意图

接下来，我们就按照上述的流程，实现通过 Go-kit 进行 RPC 调用。

1．定义 service，提供远程方法

下面我们来看一下 Go-kit 集成 gRPC 的代码，代码首先定义了 grpcServer 结构，它有两个 grpc_transport.Handler 的方法，分别为 Concat 和 Diff。这两个方法会调用 grpc_transport.Handler 的 ServeGRPC 方法来将请求交由 Go-kit 处理。

```go
type grpcServer struct {
    Concat grpc.Handler
    Diff   grpc.Handler
}

func (s *grpcServer) Concat(ctx context.Context, r *pb.StringRequest)
(*pb.StringResponse, error) {
    _, resp, err := s.Concat.ServeGRPC(ctx, r)
    if err != nil {
        return nil, err
    }
    return resp.(*pb.StringResponse), nil
}

func (s *grpcServer) Diff(ctx context.Context, r *pb.StringRequest) (*
pb.StringResponse, error) {
    _, resp, err := s.Diff.ServeGRPC(ctx, r)
    if err != nil {
        return nil, err
    }
    return resp.(*pb.StringResponse), nil
}
```

2．定义 endpoint

接下来我们需要建立对应的 endpoint。它应该是将请求转发给 Service 处理，其次是定义编解码函数 decodeRequest 和 encodeResponse，具体代码如下所示：

```go
func MakeStringEndpoint(svc Service) endpoint.Endpoint {
    return func(ctx context.Context, request interface{}) (response interface{}, err error) {
        req := request.(StringRequest)

        var (
            res, a, b string
            opError   error
        )

        a = req.A
        b = req.B

        if strings.EqualFold(req.RequestType, "Concat") {
            res, _ = svc.Concat(ctx,a, b)
        } else if strings.EqualFold(req.RequestType, "Diff") {
            res, _ = svc.Diff(ctx,a, b)
        } else {
            return nil, ErrInvalidRequestType
        }

        return StringResponse{Result: res, Error: opError}, nil
    }
}

func DecodeStringRequest(ctx context.Context, r interface{}) (interface{}, error) {
    req := r.(*pb.StringRequest)
    return StringRequest{
        RequestType: "Concat",
        A:           string(req.A),
        B:           string(req.B),
    }, nil
}

func DecodeDiffStringRequest(ctx context.Context, r interface{}) (interface{}, error) {
    req := r.(*pb.StringRequest)
    return StringRequest{
        RequestType: "Diff",
        A:           string(req.A),
        B:           string(req.B),
    }, nil
}

func EncodeStringResponse(_ context.Context, r interface{}) (interface{}, error) {
    resp := r.(StringResponse)

    if resp.Error != nil {
        return &pb.StringResponse{
            Ret: resp.Result,
            Err: resp.Error.Error(),
```

```
        }, nil
    }

    return &pb.StringResponse{
        Ret: resp.Result,
        Err: "",
    }, nil
}
```

3. 启动服务端，注册 RPC 服务

在 main 函数中进行组装，首先创建 StringServer，然后调用 grpc_transport 的 NewServer 方法，传入对应的 endpoint 和编解码函数，得到对应的处理器，并赋值给 StringService，最后调用 gRPC 的 NewServer 方法，并将 StringService 进行注册，成功启动 gRPC 服务端，代码如下：

```
func main() {

    flag.Parse()

    ctx := context.Background()
    errChan := make(chan error)

    var logger log.Logger
    {
        logger = log.NewLogfmtLogger(os.Stderr)
        logger = log.With(logger, "ts", log.DefaultTimestampUTC)
        logger = log.With(logger, "caller", log.DefaultCaller)
    }

    var svc Service
    svc = StringService{}

    // add logging middleware
    svc = LoggingMiddleware(logger)(svc)

    endpoint := MakeStringEndpoint(svc)

    //创建健康检查的 Endpoint
    healthEndpoint := MakeHealthCheckEndpoint(svc)

    //把算术运算 Endpoint 和健康检查 Endpoint 封装至 StringEndpoints
    endpts := StringEndpoints{
        StringEndpoint:      endpoint,
        HealthCheckEndpoint: healthEndpoint,
    }

    handler := NewStringServer(ctx, endpts, nil)

    //创建注册对象
    registar := Register(*consulHost, *consulPort, *serviceHost, *serv
icePort, logger)

    go func() {
        fmt.Println("grpc Server start at port:" + *servicePort)
        gRPCServer := grpc.NewServer()
        pb.RegisterStringServiceServer(gRPCServer, handler)
```

```
    }()

    go func() {
        c := make(chan os.Signal, 1)
        signal.Notify(c, syscall.SIGINT, syscall.SIGTERM)
        errChan <- fmt.Errorf("%s", <-c)
    }()

    error := <-errChan
    //服务退出取消注册
    registar.Deregister()
    fmt.Println(error)
}
```

4．客户端发送请求

客户端可以使用之前 gRPC 的客户端实现，也可以按照 Go-kit 模式再实现一套客户端，Go-kit 模式客户端实现代码如下：

```
func main() {
flag.Parse()
ctx := context.Background()
conn, err := grpc.Dial(*grpcAddr, grpc.WithInsecure(), grpc.WithTimeout
(1*time.Second))
    if err != nil {
        fmt.Println("gRPC dial err:", err)
    }
    defer conn.Close()

    svr := NewStringClient(conn)
    result, err := svr.Concat(ctx, "A", "B")
    if err != nil {
        fmt.Println("Check error", err.Error())

    }

    fmt.Println("result=", result)
}

func NewStringClient(conn *grpc.ClientConn) Service {

var ep = grpctransport.NewClient(conn,
    "pb.StringService",
    "Concat",
    DecodeStringRequest,
    EncodeStringResponse,
    pb.UserResponse{},
).Endpoint()

userEp := StringEndpoints{
    StringEndpoint: ep,
}
return userEp
}
```

Go-kit 的客户端代码先建立 gRPC 的 ClientConn 连接，然后通过 grpctransport 的 New Client 方法生成对应的 Client 实例，其方法需要传入对应的服务名称，方法名、请求和响应的编解码器以及返回值类型，接着调用 Client 实例的 Endpoint 方法获取对应的 Endpoint

实例，将其赋值给新创建的 StringEndpoint 并返回。

至此，客户端就可以使用该 StringEndpoint ，调用其 Client 方法进行 RPC 调用。

由上述代码示例可以看出，Go-kit 可以和 gRPC 框架完美无缝结合，不仅能获得 gRPC 的高性能，还可以获得 Go-kit 作为微服务框架提供的构建微服务服务实例的便捷性，可以说是一举两得。

7.5　小结

微服务化势必导致各个服务之间的交互急剧增多，而 RPC 是微服务间交互的重要方式之一。正确且高效地使用 RPC 来进行服务之间的交互是微服务架构性能的关键点之一。

Go 语言具备原生的 RPC 能力，但是缺少服务治理，负载均衡和断路器等常见功能，所以一般不推荐直接使用。gRPC 和 Go-kit 的结合既能获得 gRPC 在编解码方面的高性能，也可以方便地使用 Go-kit 中集成的服务治理相关的功能插件。该模式是目前来讲较为推荐的一种 Go RPC 的实现方式。

第 8 章　分布式配置中心

当单体应用向微服务转型后，就会有大量的服务端配置需要管理，而我们并不希望登录到远端机器去更改配置并重启应用，尤其是在容器时代，更不希望因为一个配置的变更，而发布一个新的软件包。那么分布式系统中每个进程的动态配置管理及运行时热加载就成为一个亟待解决的问题。

常见的配置管理方式有：硬编码、放入 xml 等配置文件、文件系统、读取系统的环境变量等。硬编码，缺点是需要修改代码，风险大；放入 xml 等配置文件和应用一起打包，其缺点是需要重新打包和重启；文件系统的缺点是依赖操作系统；读取系统的环境变量，缺点是有大量的配置需要人工设置到环境变量中，不便于管理且依赖平台。这些方案在微服务架构中都不是很合适。

那什么是更合适的方案呢？微服务架构下，分布式配置中心组件成为不可或缺的架构基础。通过事先配置好的配置源（如 Git、SVN 或文件系统等），各个微服务实例在启动时拉取该服务实例对应的配置信息。本章将会围绕几种常见的配置中心组件，搭建分布式配置服务器，以及动手编写 Go 语言版本的配置中心客户端。

8.1　如何管理分布式应用的配置

当我们的应用还是单体应用时，我们的配置通常写在一个文件中，代码发布的时候，把配置文件和程序部署到机器上去；随着业务的用户量增加，通常开发者把服务进行集群部署。这时候，配置的发布就变成图 8-1 的样子。

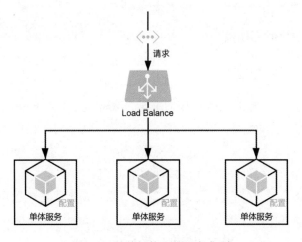

图 8-1　单体架构下的服务集群

业务急剧发展，演进到了微服务架构阶段。单体应用经过服务化拆分之后，服务数量激增。应用服务中除了实现系统功能的代码，还需要连接资源和其他应用，经常有很多影响应用行为的外部配置数据，如切换不同环境的数据库，设置功能开关等。虽然目前有一些优雅重启方案，但实际应用中可能受限于我们系统内部的运行情况而没有办法做到真正的"优雅"。比如我们为了对下游的流量进行限制，会在内存中堆积部分数据，并对堆积设定时间或总量的阈值。在任意阈值达到之后将数据统一发送给下游，以避免频繁地请求超出下游的承载能力而将下游打垮。这种情况下重启要做到优雅就比较难了。继续使用这样的方案去部署配置对于运维人员来说简直是一场噩梦，而且无法做到快速的动态的调整。

随着微服务的不断增加，需要系统具备可伸缩和可扩展性，除此之外就是管理相当多的服务实例的配置数据。在应用的开发阶段由各个服务自治，但是到了生产环境之后会给运维带来很大的麻烦，特别是微服务的规模比较大，配置的更新更为麻烦。为此，系统架构需要建立一个统一的配置管理中心。分布式配置中心应该具备如下的特性：

- 配置的便捷发布、更新；
- 不同环境配置隔离（开发、测试、预发布和灰度/线上）；
- 配置更新的实时性；
- 高性能、高可用性。

除了上述的特性，提供配置可视化操作、配置文件的订阅查询等特性使得我们的配置中心更加完善。下面将会具体介绍几种业界流行的分布式配置中心组件。

8.2   常见分布式配置中心开源组件

在分布式系统中，业界关于分布式配置中心有多种开源的组件，如 Spring Cloud 的分布式配置中心 Spring Cloud Config，携程开源的 Apollo、百度的 Disconf、淘宝的 Diamond 等，为外部配置提供了客户端和服务端的支持。

8.2.1   Spring Cloud Config

Spring Cloud Config 是 Spring Cloud 提供的分布式配置中心组件，基于 Java 语言实现。通过 Config Server，我们就可以集中管理不同环境下各种应用的配置信息。Spring Cloud Config 客户端和服务端匹配到 Spring 中对应 Environment 和 PropertySource 的概念，所以 Spring Cloud Config 不仅适用于所有的 Spring 应用，而且对于任意语言的应用都能够适用。一个应用可能有多个环境，从开发到测试，再到生产环境，我们可以管理这些不同环境下的配置，而且能够确保应用在环境迁移后有完整的配置能够正常运行。

Config 服务端默认的存储实现是 Git，这能够很容易地支持配置环境的标签版本，而且有各种工具方便地管理这些配置内容。除了 Git，Config Server 配置服务还支持多种仓库的实现方式，如文件系统、SVN 和 Vault 等。

Spring Cloud Config 官方提供了 Java 的客户端，社区有很多其他语言实现的客户端版本。Spring Cloud Config 与消息队列（通常与 Spring Cloud Bus）配合使用，实现配置的动态更新，其原理如下图 8-2 所示。

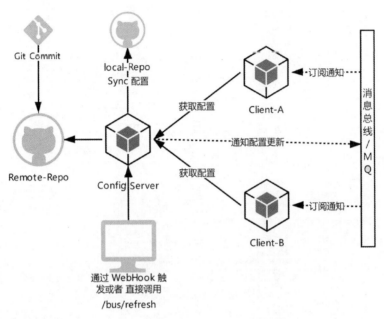

图 8-2　Spring Cloud Config 原理图

我们来梳理一下图 8-2 的内容，应用服务上线之前将配置提交到配置仓库，客户端应用启动时从配置仓库拉取相对应的配置文件信息，并订阅消息总线指定的 topic。当配置新提交时，触发配置仓库的 WebHook，或者手动调用 Config Server 更新事件的端点 /bus/refresh，发送更新事件到消息队列，客户端服务根据收到的更新事件决定是否更新本地的配置。

可以看出，Spring Cloud Config 原生支持 Java 客户端，而 Go 语言客户端需要进行部分自定义改造，我们将会在 8.3 小节具体介绍。

8.2.2　Apollo

Apollo（阿波罗）是携程框架部门研发的开源配置管理中心，能够集中化管理应用不同环境、不同集群的配置，配置修改后能够实时推送到应用端，并且具备规范的权限控制、流程治理等特性。

图 8-3 为 Apollo 使用的流程图。用户在 Portal 操作配置发布；Portal 调用 Admin Service 的接口操作发布；Admin Service 发布配置后，发送 ReleaseMessage 给各个 Config Service；Config Service 收到 ReleaseMessage 后，通知对应的客户端。

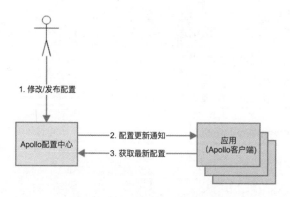

图 8-3　Apollo 使用的流程图

图 8-4 简要描述了 Apollo 的总体设计。

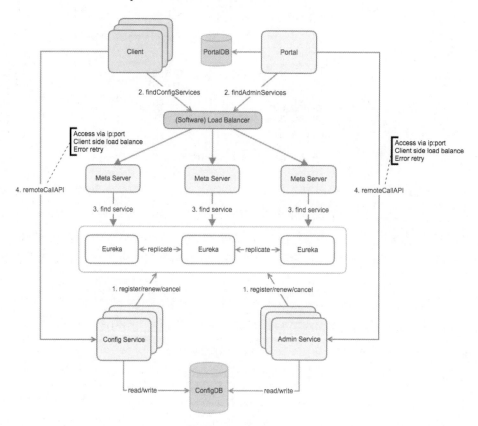

图 8-4　Apollo 原理图

为了更清晰地弄明白 Apollo 的设计原理，我们可以从下往上看：

（1）Config Service 提供配置的读取、推送等功能，服务对象是 Apollo 客户端。

（2）Admin Service 提供配置的修改、发布等功能，服务对象是 Apollo Portal（管理界面）。

（3）Config Service 和 Admin Service 都是多实例、无状态部署，所以需要将自己注册到 Eureka 中并保持心跳。

（4）在 Eureka 之上构建了一层 Meta Server，用于封装 Eureka 的服务发现接口。

（5）Client 通过域名访问 Meta Server 获取 Config Service 服务列表（IP + Port），而后直接通过 IP + Port 访问服务，同时在 Client 侧会负载均衡和错误重试。

（6）Portal 通过域名访问 Meta Server 获取 Admin Service 服务列表（IP + Port），而后直接通过 IP + Port 访问服务，同时在 Portal 侧会做负载均衡和错误重试。

（7）为了简化部署，实际使用中会把 Config Service、Eureka 和 Meta Server 这 3 个逻辑角色部署在同一个 JVM 进程中。

学习完 Apollo 的各个层次，轮廓就清晰多了，我们了解 Apollo 拥有 7 个模块，其中 4 个模块是和配置功能相关的核心模块：Config Service、Admin Service、Client 和 Portal，另外 3 个模块是辅助服务发现的模块：Eureka、Meta Server 和 NginxLB。欲了解这 7 个模块的细节，读者可以参照该项目的源码。

在应用的配置方面，Apollo 支持 4 个维度管理 Key-Value 格式的配置：

（1）application（应用）：这个很好理解，就是实际使用配置的应用，Apollo 客户端在运行时需要知道当前应用是谁，从而可以去获取对应的配置；每个应用都需要有唯一的身份标识 appID，应用默认的身份是跟着代码走的，所以需要在代码中配置。

（2）environment（环境）：配置对应的环境，Apollo 客户端在运行时需要知道当前应用处于哪个环境，从而可以去获取应用的配置；环境和代码无关，同一份代码部署在不同的环境就应该能够获取到不同环境的配置；所以环境默认是通过读取机器上的配置（server.properties 中的 env 属性）指定的，不过为了开发方便，同时也支持运行时通过 System Property 来指定。

（3）cluster（集群）：一个应用下不同实例的分组，比如典型的可以按照数据中心来分，把上海机房的应用实例分为一个集群，把北京机房的应用实例分为另一个集群。对不同的 cluster，同一个配置可以有不一样的值，如 zookeeper 地址。集群默认是通过读取机器上的配置（server.properties 中的 idc 属性）指定的，不过也支持运行时通过 System Property 来指定。

（4）namespace（命名空间）：一个应用下不同配置的分组，可以简单地把 namespace 类比为文件，不同类型的配置存放在不同的文件中，如数据库配置文件、RPC 配置文件、应用自身的配置文件等；应用可以直接读取到公共组件的配置 namespace，如 DAL，RPC 等；应用也可以通过继承公共组件的配置 namespace 来对公共组件的配置做调整，如 DAL 的初始数据库连接数。

我们可以根据具体的业务场景，创建对应的维度来管理应用的配置信息。

8.2.3 Disconf

Disconf 由百度内部使用之后开源，是一套完整的基于 Zookeeper 的分布式配置统一解决方案。

Disconf 简单，用户体验良好，实现了同构系统的配置发布统一化，提供了配置服务 Server，该服务可以对配置进行持久化管理并对外提供 RESTful 接口。在此基础上，基于 Zookeeper 实现对配置更改的实时推送，并且提供了稳定有效的容灾方案，以及用户体验良好的编程模型和 Web 用户管理界面。

其次，Disconf 实现了异构系统的配置包管理，提出基于 Zookeeper 的全局分布式一致性锁来实现主备统一部署、系统异常时的主备自主切换。

Disconf 的使用流程如图 8-5 所示。

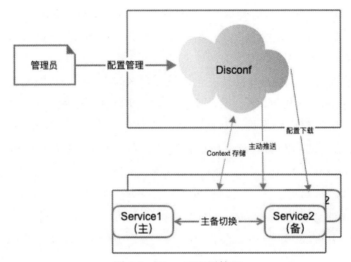

图 8-5　Disconf 配置管理

Disconf 的模块架构图如图 8-6 所示。

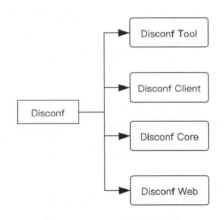

图 8-6　Disconf 的组成模块

可以看到，Disconf 包含 Disconf-core、Disconf-client、Disconf-web 和 Disconf-tools 四个大的模块，每个大的模块中又有对应的小模块。

1．Disconf-core

● 分布式通知模块：支持配置更新的实时化通知；
● 路径管理模块：统一管理内部配置路径 URL。

2．Disconf-client

● 配置仓库容器模块：统一管理用户实例中本地配置文件和配置项的内存数据存储；
● 配置 reload 模块：监控本地配置文件的变动，并自动 reload 到指定对象；
● 扫描模块：支持扫描所有 disconf 注解的类和域；
● 下载模块：restful 风格的下载配置文件和配置项；
● watch 模块：监控远程配置文件和配置项的变化；
● 主备分配模块：主备竞争结束后，统一管理主备分配与主备监控控制；
● 主备竞争模块：支持分布式环境下的主备竞争。

3．Disconf-web

● 配置存储模块：管理所有配置的存储和读取；
● 配置管理模块：支持配置的上传、下载和更新；
● 通知模块：当配置更新后，实时通知使用这些配置的所有实例；
● 配置自检监控模块：自动定时校验实例本地配置与中心配置是否一致；
● 权限控制：Web 的简单权限控制。

4．Disconf-tools

Disconf-tools 中有一个 context 共享模块，它提供多实例间 context 的共享。

以上这些模块支撑了启动事件、更新配置以及主备切换事件的触发和响应处理。

我们总结一下 Disconf 的主要功能特点：

（1）部署极其简单：同一个上线包，无须改动配置，即可在多个环境中（RD/QA/PRODUCTION）上线。

（2）配置更新自动化：用户在平台更新配置，使用该配置的系统会自动发现该情况并应用新配置。如果用户为此配置定义了回调函数类，则此函数类会被自动调用。

（3）统一管理：提供 Web 平台，统一管埋多个环境（RD/QA/PRODUCTION）、多个产品的所有配置。

（4）极简的使用方式（注解式编程或 XML 无代码侵入模式）：目前支持两种开发模式：基于 XML 配置或者基于注解，即可完成复杂的配置分布式化。

Disconf 与 Apollo 一样，也是使用 Java 语言开发的分布式配置中心，与 Java 的 Spring 框架结合较好。Disconf 基于分布式的 Zookeeper 来实时推送，稳定性、实效性、易用性上均优于其他配置中心，但使用起来相对较复杂。

8.2.4　分布式配置中心的对比

前面 3 节讲述的 3 种分布式配置中心的开源组件，都是相对成熟且经过大范围使用。下面我们从具体的方面对比这 3 个组件，包括动态配置管理、配置管理界面、用户权限管理、授权和审计、配置版本管理、灰度发布、多环境和多点容灾等，如表 8-1 所示。

表 8-1

功能点	Spring Cloud Config	Apollo	Disconf
动态配置管理	支持	支持	支持
配置管理界面	不支持	支持	支持
用户权限管理	需 Git	支持	支持
授权审计	需 Git	支持	不支持
配置版本管理	支持	界面上直接提供发布历史和回滚按钮	操作记录有落数据库，但无查询接口
灰度发布	不支持	支持	不支持部分更新
多环境	支持	支持	支持
多点容灾	支持	支持	支持

在上表中，我们从 8 个方面比较了这三个开源组件，以笔者的实践来看：

（1）Spring Cloud Config 辅助支持功能较弱，组件简单，较容易上手。

（2）Apollo 在功能和生态圈方面比较完备，目前 Apollo 提供了 Go 语言客户端，对于 Go 语言微服务的接入和管理较为方便。当然其复杂度也是相对较高的。

（3）Disconf 虽然性能和实时性较好，但近几年的更新较少。

在技术选型时可以根据团队架构和具体的业务需求进行权衡，笔者在这里推荐 Spring Cloud Config。

虽然 Spring Cloud Config 组件相对简单，但通过其内部的实现机制了解分布式配置中心很有帮助。下面小节将会重点介绍 Spring Cloud Config 实现微服务配置中心，以及动手实现 Spring Cloud Config 的 Go 语言客户端。

8.3　应用 Spring Cloud Config 统一管理配置

通过上一节对几种常见分布式配置中心组件的介绍，我们知道 Spring Cloud Config 虽然在功能上没有特别的完善，但是其简单、可靠和易用的特点也是广大开发者选择的重要原因。我们在本节将会重点介绍基于 Spring Cloud Config 的配置中心搭建，并实现 Go 语言版本的客户端。

8.3.1　搭建 Spring Cloud Config Server

Spring Cloud Config 包含了三部分：Spring Cloud Config Server、配置源和 Spring Cloud

Config Client 应用。配置服务器 Config Server 使用 Git、SVN 和文件系统等作为配置源，其主要的作用就是对外提供应用客户端的配置信息。Spring Cloud Config 是使用 Java 语言实现的组件，本小节将会介绍基于 Git 如何搭建一个配置服务器。

1. 配置仓库

在建立配置服务器之前，需要先建一个配置仓库。这里选用了 Git 作为配置仓库，当然还有其他选择，但这不是本书讲解的重点，就不予讲解了。我们这里强调的是配置的规则。

我们新建两个环境的配置文件夹：dev 和 test。文件夹中分别存放 config 客户端的配置文件，目录结构如下所示：

```
.
├── dev
│   └── client-demo-dev.yml
└── fat
    └── client-demo-fat.yml
```

配置客户端的请求地址和资源文件映射规则如下：

- /{application}/{profile}[/{label}]
- /{application}-{profile}.yml
- /{label}/{application}-{profile}.yml
- /{application}-{profile}.properties
- /{label}/{application}-{profile}.properties

可以看到，配置资源文件同时支持 yaml 和 properties。这些端点都可以映射到配置文件{application}-{profile}.yml（或{application}-{profile}.properties）。YAML 是 JSON 的超集，是一种非常方便的格式，用于指定分层配置数据。Spring 应用能够自动支持 YAML 作为一种 properties 的替代者。{application}对应客户端的应用名 spring.application.name；{profile}对应不同的 profile（配置项为：spring.cloud.config.profile），{label}对应配置仓库的分支（配置项为：spring.cloud.config.label），默认为 master。

接下来将要通过客户端提交我们的配置文件。在 dev 目录下的 client-demo-dev.yml 加入如下配置：

```
resume:
  age: 20
  name: aoho
  sex: male
```

最后，将上述应用服务的配置提交到配置仓库。

2. 生成 Config Server

有多重方式构建 Spring Cloud Config Server 经过查阅 SpringCloud 的官网，我们选择通过 Spring Initializr 来生成一个 Config Server 的项目，如图 8-7 所示。

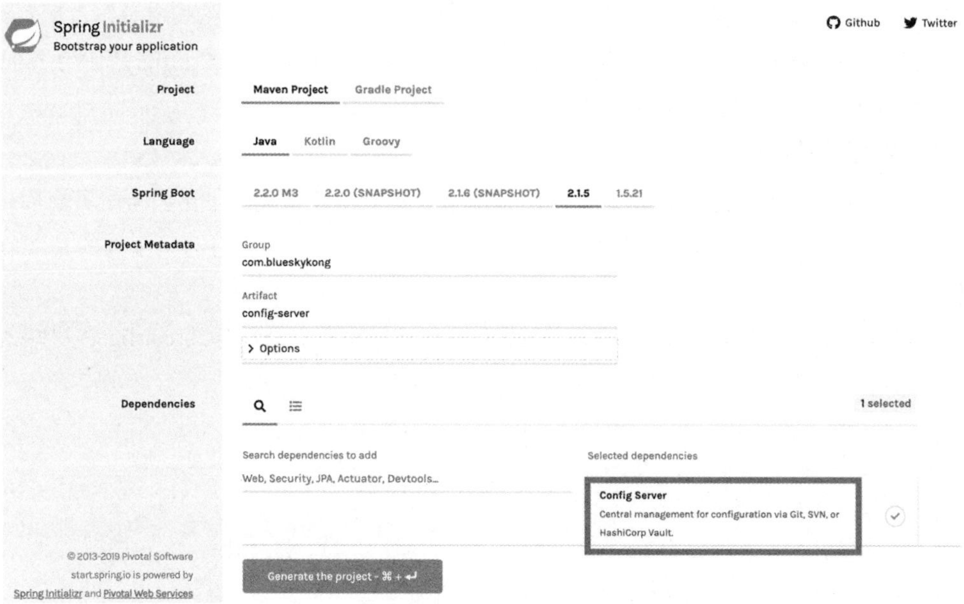

图 8-7　生成 Config Server

将下载下来的项目导入到 IDE 中（如 Eclipse、IDEA 等编译器），此外我们需要增加 Config Server 的配置，步骤如下：

（1）入口类开启配置服务器

在对应的 ConfigServerApplication 类上，增加注解@EnableConfigServer 即可。

（2）配置文件

在配置服务器 ConfigServer 中增加本地的配置文件，代码如下：

```
server:
  port: 8888
spring:
  application:
    name: config-server

---
spring:
  cloud:
    config:
      server:
        git:
          uri: https://github.com/longjoy/config-repo.git
          searchPaths: ${APP_LOCATE:dev}
          username: user
          password: pwd
```

简单解释一下 Spring Boot 项目的配置项，如表 8-2 所示。

表 8-2

配置项名称	说　　明
spring.cloud.config.server.git.uri	配置 Git 仓库地址
spring.cloud.config.server.git.searchPaths	配置仓库路径
spring.cloud.config.server.git.username	访问 Git 仓库的用户名
spring.cloud.config.server.git.password	Git 仓库的用户密码

spring.cloud.config.server.git.searchPaths 对应配置仓库路径，这里我们指定了 dev 文件夹，区分了不同的部署环境。如果是私有配置仓库的话，需要配置用户名和密码，也支持 ssh 的安全秘钥模式，否则不需要添加。上面的配置中使用了私有库，并且使用了用户名密码登录的模式。

3．验证 Config Server

Spring Cloud Config 服务端负责将 Git 中存储的配置文件发布成 REST 接口，所以在建好配置仓库和配置服务器之后，启动配置服务器，我们已经可以验证服务端能否正常提供接口。根据上面端点的对应规则，请求 http://localhost:8888/client-demo/dev，得到如下结果：

```
{
    "name": "client-demo",
    "profiles": [
        "dev"
    ],
    "label": null,
    "version": "ff81dd2df527388608a87369cc463c1d4039b011",
    "state": null,
    "propertySources": [
        {
            "name":
"https://github.com/longjoy/config-repo.git/dev/client-demo-dev.yml",
            "source": {
                "resume.name": "aoho",
                "resume.age": 20,
                "resume.sex": "male"
            }
        }
    ]
}
```

上面返回的结果显示了应用名、profile、Git 版本、配置文件的 URL 以及配置内容等信息。根据我们上面的讲解，配置内容还可以通过 http://localhost:8888/client-demo-dev.yml 端点获取。

8.3.2　Viper 介绍

在 Go 语言中，我们选择 Viper 作为配置读取工具，它可以处理多种格式的配置。Viper

是 Go 应用程序的完整配置解决方案,包括 12-Factor 应用程序。它旨在应用程序中工作,并可以处理所有类型的配置需求和格式。Viper-API 简单易用,且可扩展,不会入侵应用程序的代码。它支持如下的特性:

- 设置默认值,如读取不到对应的配置时,设置默认名称为"aoho"如下:

```
viper.SetDefault("name", "aoho")
```

- 从 JSON、TOML、YAML、HCL 和 Java properties 文件中读取配置数据;
- 可以监视配置文件的变动、重新读取配置文件;
- 从环境变量中读取配置数据;
- 从远端配置系统中读取数据,并监视它们(比如 etcd、Consul);
- 从命令参数中读取配置;
- 从 buffer 中读取配置;
- 调用函数设置配置信息。

Viper 实例经过初始化和赋值后,我们的配置可以使用 Get 方法随时获取对应信息。下面我们来看一个实例。

【实例 8-1】Viper 实现读取本地配置信息

通过 Viper 从本地配置文件中读取配置信息,并将信息输出。

(1)配置文件

我们在 ch8-config 目录下新建一个 config 文件夹,并新建一个 resume-config.yaml 文件,代码如下:

```
ResumeInformation:
  Name: "aoho"
  Sex: "male"
  Age: 20
  Habits:
    - "Basketball"
    - "Running"
RegisterTime: "2019-6-18 10:00:00"
Address: "Shanghai"
```

配置描述的是个人简历相关的信息。

(2)Viper 读取本地配置信息

我们定义个人信息的配置 ResumeSetting 的结构体,其中又包含了 ResumeInformation 的结构体,用以描述个人相关的信息,代码如下:

```
import (
    "fmt"
    "github.com/spf13/viper"
    "log"
)

var Resume ResumeInformation

func init() {
```

```go
    viper.AutomaticEnv() // 通过环境变量修改任意配置
    initDefault() // 初始化 viper 配置
    //读取 yaml 文件
    if err := viper.ReadInConfig(); err != nil {
        fmt.Printf("err:%s\n", err)
    }
    // 反序列化为 Struct
    if err := sub("ResumeInformation", &Resume); err != nil {
        log.Fatal("Fail to parse config", err)
    }
}
func initDefault() {
    //设置读取的配置文件
    viper.SetConfigName("resume_config")
    //添加读取的配置文件路径
    viper.AddConfigPath("./config/")
    //windows 环境下为%GOPATH, linux 环境下为$GOPATH
    viper.AddConfigPath("$GOPATH/src/")
    //设置配置文件类型
    viper.SetConfigType("yaml")
}
func main() {
    fmt.Printf(
        "姓名: %s\n 爱好: %s\n 性别: %s \n 年龄: %d \n",
        Resume.Name,
        Resume.Habits,
        Resume.Sex,
        Resume.Age,
    )
    //反序列化并输出 ResumeSetting
    parseYaml(viper.GetViper())

}

type ResumeInformation struct {
    Name    string
    Sex     string
    Age     int
    Habits  []interface{}
}

type ResumeSetting struct {
    TimeStamp          string
    Address            string
    ResumeInformation  ResumeInformation
}

func parseYaml(v *viper.Viper) {
    var resumeConfig ResumeSetting
    if err := v.Unmarshal(&resumeConfig); err != nil {
        fmt.Printf("err:%s", err)
    }
    fmt.Println("resume config:\n ", resumeConfig)
}
// 获取 sub-tree
func sub(key string, value interface{}) error {
    log.Printf("配置文件的前缀为: %v", key)
    sub := viper.Sub(key)
```

```
        sub.AutomaticEnv()
        sub.SetEnvPrefix(key)
        return sub.Unmarshal(value)
    }
```

在如上的程序实现中，我们首先解析出 ResumeInformation 中的 sub-tree，然后将整个配置反序列化为 Struct。#sub 方法的入参（入参的值是被调函数需要）为前缀字符串和解析的对象引用。输出结果如下：

```
姓名：aoho
爱好：[Basketball Running]
登记时间：2019-6-18 10:00:00
resume config:
  {2019-6-18 10:00:00 Shanghai {aoho male 20 [Basketball Running]}}
```

可以看到，我们基于 Viper 成功获取了配置文件中的配置属性。使用单实例 Viper 无需配置或初始化，由于大多数应用程序都希望使用单个中央存储库进行配置，因此 Viper 软件包提供了 Vipers 多实例的用法，读者可以自行了解一下，这里不再赘述。

8.3.3 实战案例：动手实现 Spring Cloud Config 的 Go 语言客户端

由于 Spring Cloud Config 是使用 Java 语言实现的组件，其原生支持 Java 项目使用 Spring Cloud Config Client 进行服务的配置管理，目前官方还没有提供 Go 语言客户端。我们基于 Viper 编写一个 Go 语言版本的 Spring Cloud Config Client。

另一方面，虽然 Viper 本身不支持从 Spring Cloud Config Server 加载配置，但可以编写一个小工具来执行此操作。

我们可以对配置服务器执行普通的 HTTP 请求，以获取 Spring Cloud Config Server 中的配置所需要的客户端应用信息，这些信息一般包括：application（应用名）、profile（环境）和 label（分支）。首先在 conf.go 中添加标志解析，这样可以在启动时指定环境 profile 以及配置服务器的可选 URI 等信息。

在 conf.go 中添加一个#loadRemote Config 函数，用来从配置中心读取配置，代码如下：

```
// ...省略部分代码
const (
    kAppName      = "APP_NAME"
    kConfigServer  = "CONFIG_SERVER"
    kConfigLabel   = "CONFIG_LABEL"
    kConfigProfile = "CONFIG_PROFILE"
    kConfigType    = "CONFIG_TYPE"
)

func loadRemoteConfig() (err error) {
    //组装配置文件地址，如 http://localhost:8080/master/ client-demo-default.yaml
    confAddr := fmt.Sprintf("%v/%v/%v-%v.yml",
        viper.Get(kConfigServer), viper.Get(kConfigLabel),
        viper.Get(kAppName), viper.Get(kConfigProfile))
```

```
    resp, err := http.Get(confAddr)
    if err != nil {
        return
    }
    defer resp.Body.Close()

    // 设置配置文件格式: yaml
    viper.SetConfigType(viper.GetString(kConfigType))
    // 载入配置文件
    if err = viper.ReadConfig(resp.Body); err != nil {
        return
    }
    log.Println("Load config from: ", confAddr)
    return
}
```

当然，我们需要知道配置中心的入口，因此还需要#initDefault 函数来初始化这些配置，代码如下：

```
func initDefault() {
    viper.SetDefault(kAppName, "client-demo") // 应用名
    viper.SetDefault(kConfigServer, "http://localhost:8080") // 配置服务的
地址
    viper.SetDefault(kConfigLabel, "master") // 分支
    viper.SetDefault(kConfigProfile, "dev") //环境为 dev
    viper.SetDefault(kConfigType, "yaml") // 配置文件的格式
}
```

于是我们的 #init 函数变成了下面这样：

```
func init() {
    viper.AutomaticEnv()
    initDefault()

    if err := loadRemoteConfig(); err != nil {
        log.Fatal("Fail to load config", err)
    }
}
```

其中的#viper.AutomaticEnv 可以通过环境变量修改任意配置。因此#initDefault 中的配置也不是硬编码在代码中。其中比较常见的用法是通过 CONFIG_PROFILE=dev 环境变量来切换 profile。

最后我们希望 viper 仅在 conf 包中出现，而对外隐藏加载配置的具体实现，因此我们将配置读到结构体中再对外提供，代码如下：

```
var (
    Resume ResumeConfig
)

type ResumeConfig struct {
    Name string
    Age  int
    Sex  string
}

func init() {
```

```go
    // ...省略部分代码
    if err := sub("resume", &Resume); err != nil {
        log.Fatal("Fail to parse config", err)
    }
}

func sub(key string, value interface{}) error {
    sub := viper.Sub(key)
    sub.AutomaticEnv()
    sub.SetEnvPrefix(key)
    return sub.Unmarshal(value)
}
```

上面所讲为 conf 包下 conf.go 的完整实现，这时就可以在 resume.go 中使用 conf.Resume 代替#viper.Get 调用配置中心的属性了。

```go
import (
    "github.com/longjoy/micro-go-book/ch8-config/conf"
    "fmt"
    "log"
    "net/http"
)

func main() {
    http.HandleFunc("/resumes",    func(w    http.ResponseWriter,    req
*http.Request) {
        _, _ = fmt.Fprintf(w, "个人信息: \n")
        _, _ = fmt.Fprintf(w, "姓名: %s, \n 性别: %s, \n 年龄  %d!",
conf.Resume.Name, conf.Resume.Sex, conf.Resume.Age) //输出到客户端的
    })
    log.Fatal(http.ListenAndServe(":8080", nil))
}
```

我们在 client-demo 应用中提供了一个 resumes 接口，用以获取简历信息。请求接口，返回结果如图 8-8 所示。

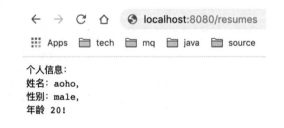

图 8-8　请求 resumes 接口的返回结果

从返回结果中得知，这些信息正是我们在配置中心所配置的。

至此，我们基于 Viper，成功实现了根据应用名、分支和环境等参数获取 Spring Cloud Config Server 中对应微服务的配置信息。当然，这种实现还比较简单，配置仓库中的配置信息变更时，如何即时通知到应用服务，并及时刷新上下文信息。下面的小节将会具体介绍配置热更新的实现。

8.4 实践案例：实现配置的热更新

大部分开发者都遇到过需要重新构建应用服务，或者至少是重新启动服务以更新配置值的情况。在 Spring Cloud 中利用消息代理将各个服务连接起来，将消息路由到目标服务实例。Java 中有@RefreshScope 注解，根据 Git commit hook 传播的配置变更事件，实时更新配置对象。本节将会从实践角度介绍基于 Go 的微服务如何实现配置的实时更新。

8.4.1 如何实现热更新

如图 8-9 所示，描述了如何将 Git Commit 事件推送到基于 Go 的微服务，以实现热更新。

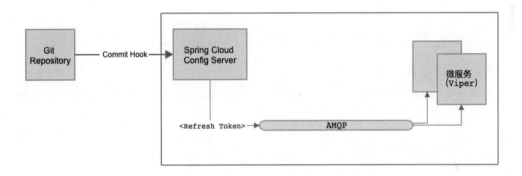

图 8-9 Spring Cloud Config 热更新原理

消息总线的实现基于消息中间件，并在上面做了一层封装，定义好预设的事件和 topic。我们将沿袭 Spring Cloud Config 中的消息总线用法，引入 RabbitMQ 组件，将 Go 微服务与 Config Server 连接起来。当配置提交到配置仓库时，利用 Webhook 或者手动访问 /bus/refresh 端点，Config-Server 会将变更消息通知到各个客户端。

在之前的基础上，Config-Server 的依赖需要加上 spring-cloud-starter-bus-amqp，这样 spring-boot-starter-actuator 就可以使用其提供的上下文刷新功能。

```
<dependency>
    <groupId>org.springframework.cloud</groupId>
    <artifactId>spring-cloud-starter-bus-amqp</artifactId>
</dependency>
<dependency>
    <groupId>org.springframework.boot</groupId>
    <artifactId>spring-boot-starter-actuator</artifactId>
</dependency>
```

配置文件在之前的基础上，增加 RabbitMQ 的配置信息，并设置关闭安全限制。

```
spring:
  rabbitmq:
    host: localhost
```

```
    port: 5672
    username: guest
    password: guest

  management:
    endpoints:
      web:
        exposure:
          include: '*'
```

启动 Config Server 后，打开 RabbitMQ 的管理界面，在 exchange 中，可以看到增加了 springCloudBus。这是 Spring Cloud Bus 自动创建的主题，所有的客户端服务都会订阅该话题，如图 8-10 所示。

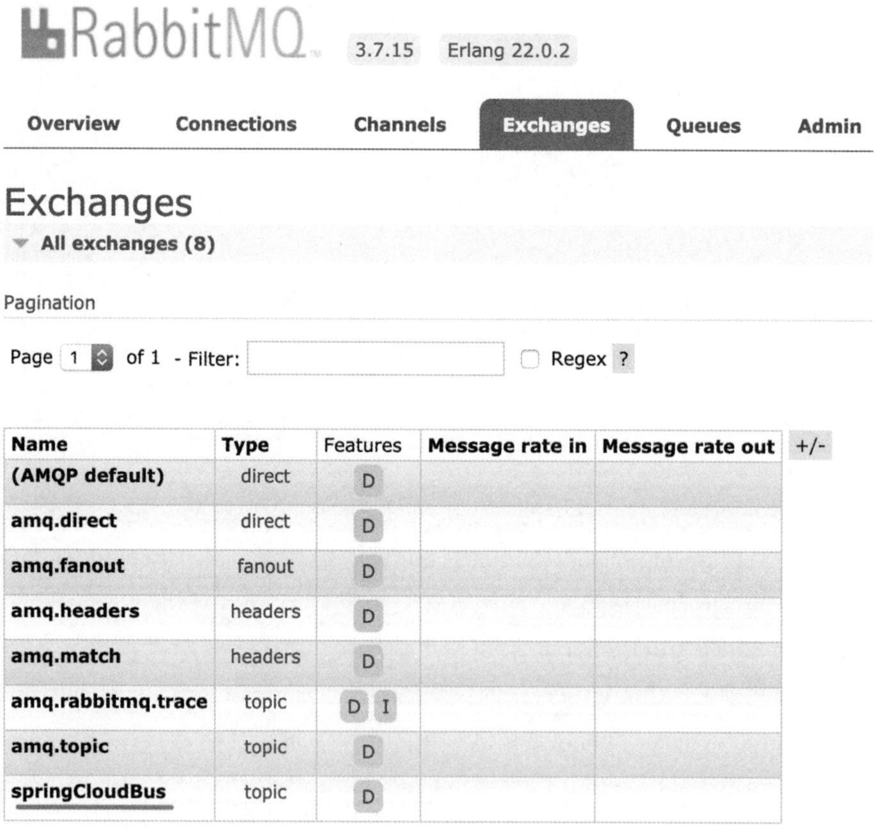
RabbitMQ
3.7.15
Erlang 22.0.2
Overview
Connections
Channels
Exchanges
Queues
Admin
Exchanges
All exchanges (8)
Pagination
Page 1 of 1 - Filter:
Regex ?
Name
Type
Features
Message rate in
Message rate out
+/-
(AMQP default) direct D
amq.direct direct D
amq.fanout fanout D
amq.headers headers D
amq.match headers D
amq.rabbitmq.trace topic D I
amq.topic topic D
springCloudBus topic D

图 8-10 RabbitMQ topic 订阅

8.4.2 Go 语言客户端改进

要实现配置客户端的热更新，就需要对客户端的实现进行改进，Go 语言微服务可以使用 AMQP 协议访问 RabbitMQ 代理。我们将使用 streadway/amqp 作为 Go AMQP 的客户端。这里大多数 AMQP/RabbitMQ 管道代码应该抽取出一些可重用的实用程序。

首先需要引入 RabbitMQ 的相关配置，启动一个监听 springCloudBus 话题的 RabbitMQ
连接，代码如下：

```
func StartListener(appName string, amqpServer string, exchangeName string)
{
    err := NewConsumer(amqpServer, exchangeName, "topic", queueName,
exchangeName, appName)
    //...
    select {} // stop a Goroutine from finishing...
}
```

创建 RabbitMQ 的连接，并启动消息的消费。下面我们具体看一下客户端消费的定义。

```
func NewConsumer(amqpURI, exchange, exchangeType, queue, key, ctag string)
error {
    c := &Consumer{
        conn:    nil,
        channel: nil,
        tag:     ctag,
        done:    make(chan error),
    }
    // 连接 rabbitMq
    c.conn, err = amqp.Dial(amqpURI)

    c.channel, err = c.conn.Channel()
    // 声明 channel 中的 Exchange
    if err = c.channel.ExchangeDeclare(
        exchange,     // name of the exchange
        exchangeType, // type
        true,         // durable
        false,        // delete when complete
        false,        // internal
        false,        // noWait
        nil,          // arguments
    ); err != nil {
        return fmt.Errorf("Exchange Declare: %s", err)
    }
    // 声明 channel 中的 Queue
    state, err := c.channel.QueueDeclare(
        queue, // name of the queue
        false, // durable
        false, // delete when usused
        false, // exclusive
        false, // noWait
        nil,   // arguments
    )
    // 绑定消费的队列
    if err = c.channel.QueueBind(
        queue,    // name of the queue
        key,      // bindingKey
        exchange, // sourceExchange
        false,    // noWait
        nil,      // arguments
    ); err != nil {
        return fmt.Errorf("Queue Bind: %s", err)
    }
```

```
        // 开始消费队列中的消息
        deliveries, err := c.channel.Consume(
            queue, // name
            c.tag, // consumerTag,
            false, // noAck
            false, // exclusive
            false, // noLocal
            false, // noWait
            nil,   // arguments
        )
        // 消息的具体处理方法
        go handle(deliveries, c.done)

        return nil
    }
```

Consumer 在接收时先获取 connection 和 channel，然后指定一个 Queue，再到 Queue 上取消息，它对 Exchange、RoutingKey 及如何 Binding 都不关心，只在对应的 Queue 上取消息就可以。需要重点看一下处理消息的#handle 方法，代码如下：

```
func handle(deliveries <-chan amqp.Delivery, done chan error) {
    for d := range deliveries {
        // 逐个处理接收到的消息
        handleRefreshEvent(d.Body, d.ConsumerTag)
        // 处理完，发送确认
        d.Ack(false)
    }
    log.Printf("handle: deliveries channel closed")
    done <- nil
}
```

Consumer 逐个处理接收到的消息，处理完后，发送确认。这里显示为 false，因为 Config Server 的消息是群发的，如果刷新事件的目标不是本服务实例，返回 true 可能导致真正的目标服务不能正确获取消息。另外，我们通过 Spring Cloud Config Server 发送的消息是一个个刷新事件对象，对象属性包括 type、timestamp、originService、destinationService 和 id 等字段。我们定义如下的 struct 来解析此 JSON 字符串。

```
type UpdateToken struct {
    Type               string `json:"type"`
    Timestamp          int    `json:"timestamp"`
    OriginService      string `json:"originService"`
    DestinationService string `json:"destinationService"`
    Id                 string `json:"id"`
}
```

一次刷新事件的示例代码如下：

```
{"type":"RefreshRemoteApplicationEvent","timestamp":1560339873093,"originService":"config-server:8888:3c9c957e222c90b2cf8581c68e32cdc1","destinationService":"client-demo:**","id":"90b7e3f3-904b-4d14-9c47-d1d3b0b9a4c5"}
```

下面具体看一下对刷新事件的处理。

```
func handleRefreshEvent(body []byte, consumerTag string) {
    updateToken := &UpdateToken{}
```

```
    // 解析 JSON
    err := json.Unmarshal(body, updateToken)
    if err != nil {
        log.Printf("Problem parsing UpdateToken: %v", err.Error())
    } else {
        if strings.Contains(updateToken.DestinationService, consumerTag){
            //...
            loadRemoteConfig()
        }
    }
}
```

#handleRefreshEvent 方法把刷新事件解析成 UpdateToken 结构体，并判断该事件是否发送给自己的，如果是，则刷新配置上下文；否则忽略本次刷新。

至于如何调用就比较简单了，只需要将#StartListener 应用到 conf#init 方法进行监听即可代码如下。

```
    go StartListener(viper.GetString(kAppName), viper.GetString (kAmqpURI),
"springCloudBus")
```

至此，实时刷新 Go 语言微服务客户端的配置已经实现。当然为了更加解耦与使用方便，我们可以将 conf 包完全从业务逻辑中剥离。

8.4.3 结果验证

下面我们验证一下配置是否有效，首先更新 Git 中的 Client-Demo 配置，然后通知 Config Server 发送刷新事件消息给 Client-Demo，Client-Demo 对外提供的接口返回状况。

1．更改配置文件

修改 Git 仓库中的配置，并提交到 Git，代码如下：

```
resume:
  name: aoho 求索
  age: 30
  sex: male
```

2．指定更新服务

提交到 Git 仓库之后，需要通知 Config Server 发送刷新事件。Config Server 对外暴露了/actuator/bus-refresh 端点，通过发送 POST 请求来发送刷新事件。通过查阅/actuator/bus-refresh 端点信息，发现其支持更细粒度的更新推送。请求的地址可以追加请求参数 destination={serviceId}:$ {spring.application.index}，serviceId 对应服务名，spring.application.index 默认对应于 server.port，也可以手动设置，如下。

```
curl http://localhost:8888/actuator/bus-refresh/client-demo:8080 -X POST
```

除了手动发送 POST 请求，我们还可以配置 Git 的 WebHooks，读者可以自行尝试，虽然效果是一样的，但是 WebHooks 的方式更加便捷。

3．更新的结果

从 Config Server 的控制台日志中可以看出，配置服务器重新获取配置仓库中拉取配置，并显示了一处更新。

```
INFO 32051 --- [nio-8888-exec-9] .c.s.e.MultipleJGitEnvironmentRepository :
Fetched for remote master and found 1 updates
```

同时，我们看到 Client-Demo 配置客户端的日志也相应的变化如下：

```
2019/06/12    08:09:24    [client-demo]    delivery:    [1]    routingkey:
[springCloudBus]          {"type":"RefreshRemoteApplicationEvent","timestamp":
1560298164495,"originService":"config-server:8888:3c9c957e222c90b2cf8581c6
8e32cdc1","destinationService":"client-demo:**","id":"7b73d3ff-671e-4804-b
267-6fddbd29a590"}
    2019/06/12 08:09:24 Reloading Viper config from Spring Cloud Config server
```

客户端接收到 Config Server 的消息，重新加载配置信息。再次访问 http://localhost:8080/resumes，返回结果如下图 8-11 所示。

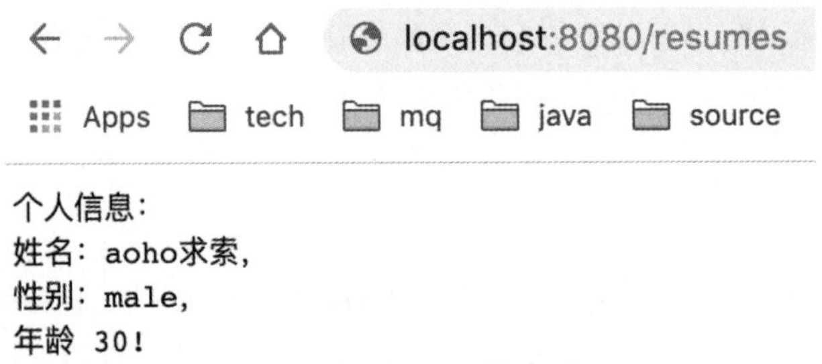

图 8-11　再次访问 resumes 接口

我们通过访问 Client-Demo 的 resumes 接口获取到了最新的配置信息。可以看到，配置更改已经生效。

配置服务器 Spring Cloud Config Server 已经定义好各种配置更新事件，配置客户端通过订阅配置服务的 Topic，并接收配置服务器发送的各种消息，实现配置客户端应用的热更新。

8.5　配置信息的加密解密

为加速微服务应用的交付能力，很多企业采用 DevOps 的组织方式来降低因团队间沟通造成的巨大成本，这使得原本由运维团队控制的配置信息需要交由微服务所属团队的成员自行维护，其中将会包括大量的敏感信息，如数据库的用户名和密码等。

我们直接将敏感信息以明文的方式存储于微服务应用的配置文件中是非常危险的。针对这个问题，Spring Cloud Config 提供了对属性进行加密解密的功能，以保护配置文件中的信息安全。

Spring Cloud Config 的配置中，通过在属性值前使用 {cipher} 前缀来标注该属性值是一个加密值。如果远端配置源包含了加密的内容（以 {cipher} 开头），在客户端 HTTP 请求之前，这些加密了的内容将会先被解密。这样做的好处是：配置仓库中的属性值不再是纯文本。如果一个值不能被解密，将会被移出属性源并且一个额外的属性值将会被加入到该 key，只不过加上前缀"invalid."，表示这个值不可用。这主要是为了防止密码文本被用作密码而意外泄漏。

通过该机制的应用，运维团队就可以放心的将正式环境配置信息的加密资源给到各个微服务团队，而不用担心这些敏感信息泄露了。本节将会介绍基于 JCE 实现配置的对称加密与解密以及非对称加密与解密。

8.5.1 JCE 环境安装

默认情况下，Java JDK 的 JRE 中自带了 JCE（Java Cryptography Extension），它提供了加密、密钥生成和 MAC 算法的框架和实现，但是默认 JCE 是一个有限长度的版本，我们这里需要一个不限长度的 JCE，我们可以从 Oracle 官网下载（如 jce8, http://www.oracle.com/technetwork/java/javase/downloads/jce8-download-2133166.html）。下载之后，解压的目录结构如下：

```
├── README.txt
├── US_export_policy.jar
└── local_policy.jar
```

上述链接下载解压后复制到 JDK/jre/lib/security 目录下覆盖文件。

8.5.2 对称加密与解密

所谓对称，就是采用这种加密方法的双方使用同样的密钥进行加密和解密。密钥是控制加密及解密过程的指令。算法是一组规则，规定如何进行加密和解密。加密的安全性不仅取决于加密算法本身，密钥管理的安全性更为重要。因为加密和解密都使用同一个密钥，如何把密钥安全地传递到解密者手上就成了必须要解决的问题。

对称加解密方式比较简单，从定义可以知道，我们只需要配置一个密钥即可。在 Config Server 中配置一个密钥如下：

```
encrypt:
  key: secret
```

启动 Config Server，通过其提供的多个端点（如表 8-3 所示）来验证我们的配置是否正确，加密解密是否能够生效。

表 8-3

端点名称	功　能	举　例
/encrypt/status 端点	验证 Encryptor 的安装状态	如 curl -i "http://localhost:8888/encrypt/status"
/encrypt 端点	提供了对字符串进行加密的功能，返回密文	如 curl -X POST -d "user" "http://localhost:8888/encrypt/"
/decrypt 端点	提供了对加密后的密文进行解密的功能，解密成功后返回明文	如 curl -X POST -d"9f034a63c87496b19f86ab80b4cb0b2f 463d116cbb172df0b85286a179e3afb3""http://localhost: 8888/decrypt/"

通过将需要加密的字符串进行替换，并加上前缀 {cipher}，如下所示：

```
mysql.user={cipher}9f034a63c87496b19f86ab80b4cb0b2f463d116cbb172df0b85
286a179e3afb3Config Server
```

在获取到这个值之后会先对值进行解密，解密之后才会返回给客户端使用。

8.5.3　非对称加密与解密

非对称加密算法需要两个密钥：公开密钥和私有密钥。公开密钥与私有密钥是一对，如果用公开密钥对数据进行加密，只有用对应的私有密钥才能解密；如果用私有密钥对数据进行加密，那么只有用对应的公开密钥才能解密。因为加密和解密使用的是两个不同的密钥，所以这种算法叫作非对称加密算法。

相比于对称加密算法，非对称加密算法更加安全。使用非对称加密，我们需要生成密钥对，JDK 中自带了 keytool 工具，执行如下命令：

```
keytool -genkeypair -alias config-server -keyalg RSA -keystore
config-server.keystore
```

注意的是，设置秘钥口令，长度不能小于 6。执行完成之后，会在当前目录生成一个文件 server.keystore，复制到我们的 Config Server 中的 src\main\resources 目录下，Config Server 进行如下配置：

```
encrypt:
  key-store:
    location: config-server.keystore
    alias: config-server
    password: 123456
    secret: 123456
```

我们可以使用上面对称算法中列出的端点同样的进行验证，比如执行 curl -X POST -d "user" "http://localhost:8888/encrypt/"，得到的结果明显更加复杂了，如下：

```
AQAZL4yLLYh0CAEQKMPkg5WRvjb7Urz+7F2aeruGyG9WYCgKa1/D39DNmzrPgKmoBvCrUJ
T1a/O/ft8MY8d1qB8qt1G86wOhopaoiFih1kLxMnqXNH/Q4/fI/b4muOBS+OF0ChodLPUjCtwT
UN6KT6ZN/9fkrFI6PCiUrHd8AZBX80LtpCoy4Ws6C20j/0Fpie6UPOn4Tdpzx1sHkFG/8itcJn
WqOaNdM6FpO1KE1OOIYbVdeGtEbrZ0av3xEKUPmBdkFRTwM/7VvwdIcPr1qwmsBGLYLVBVHZ0Yf
VUJpPgBEmaVD7b9WVMP/eyEInvaSCB75qGWaqc1UVbKtS9U7KTL21mmlr1P9TMfobsG8vwHINf
v+PKeOmfcoy47va/NkqHU
```

Spring Cloud Config 同时支持对称加密算法和非对称加密算法这两种加密方式。

对称加密算法密钥较短，加密速度快且加密效率高，但是发送方和接收方必须商定好秘钥，如果一方的秘钥被泄露，那么加密信息也就不安全了。非对称加密算法相对复杂，加密速度较慢，但是共享密钥加密更加安全可靠。在实践过程中，可以根据实际进行选择合适的加密方式。

8.6　小结

本章主要介绍了微服务架构中的基础组件：分布式配置中心。在用户数和业务规模持续增加的情况下，微服务实例也在不断增加。在不同的环境中，如何管理各个微服务的配置信息是一个亟待解决的问题。分布式配置中心的出现，很好地解决了微服务配置管理的问题，减轻了运维和开发人员的重复和复杂的配置工作。本章对比了几个市面上常用的组件，介绍了每种组件的特点，并重点介绍了 Spring Cloud Config。Spring Cloud Config 原生支持 Java 语言客户端，Go 语言微服务使用时需要基于 Viper 进行少量编码实现配置客户端的功能：获取配置和更新配置，最后还介绍了在 Config Server 中实现配置的加密存储。通过原理介绍和实战演练，我们能更好地理解分布式配置中心及其在 Go 语言微服务中的应用。

第 9 章　微服务网关

在单体应用程序架构时代，客户端（Web 或移动端）通过向后端应用程序发起一次 RESTful 调用来获取数据。负载均衡器将请求路由给 N 个相同的应用程序实例中的一个，然后应用程序会查询各种数据库表，并将响应返回给客户端。微服务架构下，单体应用被切割成多个微服务，如果将所有的微服务直接对外暴露，势必会出现一些问题。

客户端可以直接向每个微服务发送请求，但是会存在如下的问题：
- 客户端需求和每个微服务暴露的细粒度 API 不匹配；
- 部分服务使用的协议不是 Web 友好协议；可能使用 Thrift 二进制 RPC，也可能使用 AMQP 消息传递协议，这些 API 无法暴露出去。
- 微服务难以重构。如果合并两个服务，或者将一个服务拆分成两个或更多服务，这类重构就非常困难了。

如上问题，可以通过微服务网关解决。网关在微服务架构中的作用是保护、增强和控制外部请求对于 API 服务的访问。

本章将会介绍微服务网关在微服务架构中的职能，解决了微服务架构中的哪些问题。随后我们将自己动手实现一个网关，了解网关相关功能的实现原理，最后将会具体介绍网关组件 Kong 的实践。

9.1　微服务网关介绍与功能特性

早期的软件架构基本上都是单体架构，系统之间往往不需要进行交互，这也导致数据孤岛和 ETL 工具的发展。随着企业应用越来多，相互的关系也越来密切。应用之间也迫切需要进行实时交互访问，随后异构系统集成和数据交互技术被越来越多的公司采用，SOA 的概念被提了出来，Web Service 逐渐流行起来。

互联网时代，很多公司为了适应更加灵活的业务需求，采用基于 HTTP 协议和 RESTful 的架构风格，轻量级的通信成为企业开发的最佳实践，在 SOA 架构中，企业服务总线技术 ESB 所暴露的集中式架构的劣势让开发者明白基于注册和发现的分布式架构才是解决问题的关键办法。由此，微服务架构逐渐流行起来。

如下图 9-1 所示，在微服务架构中，网关位于接入层和业务服务层之间。微服务网关是微服务架构中的一个基础服务，从面向对象设计的角度看，它与外观模式类似。微服务网关封装了系统内部架构，为每个客户端提供定制的 API 用来保护、增强和控制对微服务的访问。微服务网关是一个处于应用程序或服务之前的系统，这样微服务就会被微服务网关保护起来，对所有的调用者透明。

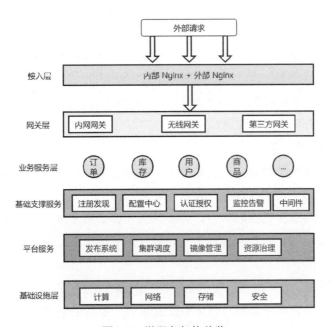

图 9-1　微服务架构总览

微服务网关作为连接服务消费方和提供方的中间件系统，将各自的业务系统的演进和发展做了天然的隔离（如图 9-2 所示），使业务系统更加专注于业务服务本身，同时微服务网关还可以为服务提供和沉淀更多的附加功能，下面我们总结一下微服务网关的主要作用。

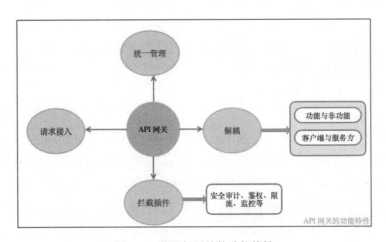

图 9-2　微服务网关的功能特性

（1）请求接入：管理所有接入请求，是所有 API 接口的请求入口。作为企业系统边界，隔离外网系统与内网系统。

（2）解耦：通过解耦，使得微服务系统的各方能够独立、自由、高效、灵活地调整，而不用担心给其他方面带来影响。

（3）拦截策略：提供了一个扩展点，方便通过扩展机制对请求进行一系列加工和处理。可以提供统一的安全、路由和流控等公共服务组件。

（4）统一管理：可以提供统一的监控工具、配置管理等基础设施。

下面我们具体介绍这几类作用。

1．请求接入

通过服务网关接入外部请求。企业为了保护内部系统的安全性，内网与外网都是隔离的，企业的服务端应用都是运行在内网环境中，为了安全的考量，一般都不允许外部直接访问。对外只会暴露指定的端口，内部系统只接受服务网关转发过来的请求。网关通过白名单或校验规则，对访问进行了初步的过滤。相比防火墙，这种软件实现的过滤规则，更加动态灵活。

2．多方的解耦

在微服务架构下，整个环境包括服务的提供者、服务的消费者、服务运维人员、安全管理人员等，每个角色的职责和关注点都不同。例如：服务消费方已经提出一些新的服务需求，以快速应对业务变化；而服务提供者作为业务服务的沉淀方，更希望保持服务的通用性与稳定性，这就很难应对快速的变化。但有了服务网关这一层，就可以很好地解耦各方的相互依赖关系，让各方更加专注自己的目标。具体来说包括如下几点：

（1）解耦功能与非功能

企业在把服务提供给外部访问时，除了实现业务逻辑功能外，还面临许多非功能性的要求。例如：需要防范黑客攻击，需要应对突发的访问量，需要确认用户的权限，需要对访问进行监控等。这些非功能逻辑，不能与业务逻辑的开发混在一起，需要有专业的人员甚至专业的团队来处理。

（2）解耦客户端与服务提供者

客户端与服务提供者分属于不同的团队，工作性质和要求也不相同。对于服务提供者来说，主要的职责是对业务进行抽象，提供可复用的业务功能，因此他们需要对业务模型进行深入的思考和沉淀，不能轻易为了响应外部的需求而破坏业务模型的稳定性。而业务的快速变化，又要求企业快速提供接口来满足客户端需求。这就需要一个中间层（网关层），来对服务层的接口进行封装，以及时响应客户端的需求。通过解耦，服务层可以使用统一的接口、协议和报文格式来暴露服务，而不必考虑客户端的多种形态。

3．拦截策略

服务网关层除了请求的路由转发外，还需要负责安全审计、鉴权、限流和监控等。

这些功能的实现方式，往往随着业务的变化不断调整。例如权限控制方面，早期可能只需要简单的"用户名+密码"方式，后续用户量大了后，可能会使用高性能的第三方解决方案。

因此，这些能力不能一开始就固化在网关平台上，而应该是一种可配置的方式，便于修改和替换。这就要求网关层提供一套机制，可以很好地支持这种动态扩展。

4．统一管理

服务可以提供统一的监控工具、配置管理和接口的 API 文档管理（比如 Swagger）等基础设施。例如，针对不同的监控方案，记录对应的日志文件。

9.2　实践案例：自己动手实现一个网关

API 网关最基础的功能是对请求的路由转发，根据配置的转发规则将请求动态地转发到指定的服务实例。动态是指与服务发现结合，如 Consul、Zookeeper 等组件，本书第 6 章服务注册与发现中已详细讲解过了。本节将会基于 Go 语言实现一个简易的 API 网关。

API 网关根据客户端 HTTP 请求，动态查询注册中心的服务实例，通过反向代理实现对后台服务的调用。

这里我们简单介绍一下正向代理和反向代理。

正向代理是在用户端进行的代理。比如需要访问某些网站，我们可能需要使用代理服务器，代理是在我们的用户浏览器端进行设置的（并不是在远端的服务器设置）。浏览器先访问代理地址，代理服务器转发请求，并在最后将请求结果原路返回。反向代理服务器拿到 Request 以后，把它们转发给内网的服务器，而那些发送 Request 给代理的 client 并不知道这个内网的存在。反向代理可以在任意多个服务器需要被同一个 IP 同时访问的时候使用，服务网关的代理模式属于反向代理。

API 网关会为符合规则的请求转发到对应的后端服务。这里的规则可以有很多种，如 HTTP 请求的资源路径、请求的方法、请求的头部和请求的参数等等。这里我们以最简单的请求路径方式为例，规则为：/{serviceName}/#。即：路径第一部分为注册中心服务实例名称，其余部分为服务实例的 RESTful 路径。如：

```
/string-service/op/Diff/abc/bcd
```

其中：

- string-service 为服务名称；
- / op/Diff/abc/bcd 为字符串服务提供的接口。

9.2.1　实现思路

我们要实现的网关应该遵循如下的运行流程：

客户端向网关发起请求，网关解析请求资源路径中的信息，根据服务名称查询注册中心的服务实例，然后使用反向代理技术把客户端请求转发至后端真实的服务实例，请求执行完毕后，再把响应信息返回客户端。

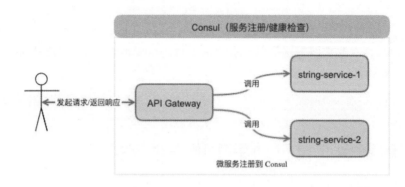

图 9-3　自定义网关的架构图

我们设计实现的网关需要能做到下面这些事：

（1）HTTP 请求的规则遵循：/{serviceName}/#，否则不予通过。

（2）使用 Go 提供的反向代理包 httputil.ReverseProxy 实现一个简单的反向代理，它能够对请求实现负载均衡，把请求随机地发送给集群中的某一服务实例。

（3）使用 Consul 客户端 API 动态查询服务实例。

9.2.2　编写反向代理方法

反向代理需要用到 NewReverseProxy 方法，我们先创建目录 gateway，然后新建 main.go。NewReverseProxy 方法接受两个参数：Consul 客户端对象和日志记录工具，返回反向代理对象。该方法的实现过程如下所述：

（1）获取请求路径，检查是否符合规则，不符合规则直接返回。

（2）解析请求路径，获取服务名称（第一个部分为服务名称）。

（3）使用 Consul 客户端查询服务实例，若查询到结果，则随机选择一个作为目标实例。

（4）根据选定的目标实例，设置反向代理参数：Schema、Host 和 Path。

具体实现代码如下所示：

```
// NewReverseProxy 创建反向代理处理方法
func    NewReverseProxy(client    *api.Client,    logger    log.Logger)
*httputil.ReverseProxy {

    //创建 Director
    director := func(req *http.Request) {

        //查询原始请求路径，如: /arithmetic/calculate/10/5
        reqPath := req.URL.Path
        if reqPath == "" {
            return
```

```
    }
    //按照分隔符'/'对路径进行分解，获取服务名称 serviceName
    pathArray := strings.Split(reqPath, "/")
    serviceName := pathArray[1]

    //调用 consul api 查询 serviceName 的服务实例列表
    result, _, err := client.Catalog().Service(serviceName, "", nil)
    if err != nil {
        logger.Log("ReverseProxy failed", "query service instance error",
err.Error())
        return
    }

    if len(result) == 0 {
        logger.Log("ReverseProxy failed", "no such service instance",
serviceName)
        return
    }

    //重新组织请求路径，去掉服务名称部分
    destPath := strings.Join(pathArray[2:], "/")

    //随机选择一个服务实例
    tgt := result[rand.Int()%len(result)]
    logger.Log("service id", tgt.ServiceID)

    //设置代理服务地址信息
    req.URL.Scheme = "http"
    req.URL.Host   =   fmt.Sprintf("%s:%d",   tgt.ServiceAddress,
tgt.ServicePort)
    req.URL.Path = "/" + destPath
    }
    return &httputil.ReverseProxy{Director: director}

}
```

在上述代码中，反向转发处理时，我们只是根据请求中的服务名直接转发；如果我们需要对外屏蔽服务名，这样的路由转发规则显然是不够的。我们需要增加路由配置的多样性，可以抽出路由配置层，根据指定的规则进行路由转发，如配置名称、头部的信息、请求的参数和请求的 body 等转发到指定的服务。

9.2.3 编写入口方法

main 方法的主要任务是创建 Consul 连接对象、创建日志记录对象和开启反向代理 HTTP 服务。整个过程与前面章节创建字符串服务类似，直接贴代码（为了测试方便，我们直接指定了 Consul 服务地址信息），具体实现代码如下：

```
import (
"flag"
"fmt"
"github.com/go-kit/kit/log"
"github.com/hashicorp/consul/api"
"math/rand"
"net/http"
```

```
        "net/http/httputil"
        "os"
        "os/signal"
        "strings"
        "syscall"
    )
    func main() {

        // 创建环境变量
        var (
            consulHost  =  flag.String("consul.host",  "127.0.0.1",  "consul
server ip address")
            consulPort = flag.String("consul.port", "8500", "consul server
port")
        )
        flag.Parse()

        //创建日志组件
        var logger log.Logger
        {
            logger = log.NewLogfmtLogger(os.Stderr)
            logger = log.With(logger, "ts", log.DefaultTimestampUTC)
            logger = log.With(logger, "caller", log.DefaultCaller)
        }

        // 创建 consul api 客户端
        consulConfig := api.DefaultConfig()
        consulConfig.Address = "http://" + *consulHost + ":" + *consulPort
        consulClient, err := api.NewClient(consulConfig)
        if err != nil {
            logger.Log("err", err)
            os.Exit(1)
        }

        //创建反向代理
        proxy := NewReverseProxy(consulClient, logger)

        errc := make(chan error)
        go func() {
            c := make(chan os.Signal)
            signal.Notify(c, syscall.SIGINT, syscall.SIGTERM)
            errc <- fmt.Errorf("%s", <-c)
        }()

        //开始监听
        go func() {
            logger.Log("transport", "HTTP", "addr", "9090")
            errc <- http.ListenAndServe(":9090", proxy)
        }()

        // 开始运行, 等待结束
        logger.Log("exit", <-errc)
    }
```

如上的代码实现，为了创建反向代理，需要先创建日志组件和 Consul 连接对象。反向代理处理器一般使用装饰者模式封装，如增加中间件 Hystrix 断路器、链路追踪 Tracer（Zipkin、Jaeger）组件等。

9.2.4　运行

接下来我们启动字符串服务。为了测试负载均衡效果，我们启动了两个实例。注意需要使用不同的端口。运行代码如下：

```
./string-service/string-service -consul.host localhost -consul.port 8500
-service.host 127.0.0.1 -service.port 8000

./string-service/string-service -consul.host localhost -consul.port 8500
-service.host 127.0.0.1 -service.port 8002
```

再切换至目录 gateway，执行 go build 完成编译，然后启动网关服务，命令如下所示：

```
> ./gateway -consul.host localhost -consul.port 8500

>  ts=2019-02-26T07:49:39.0468058Z    caller=main.go:54    transport=HTTP
addr=9090
```

9.2.5　测试

在命令行请求 String-service 服务的字符串操作接口，请求如下：

```
curl localhost:9090/ string-service/op/Diff/abc/bcd -X POST
```

同时，在终端可以看到如下输出，说明多次请求访问了不同的服务实例：

```
 ts=2019-07-26T07:49:39.0468058Z caller=main.go:54 transport=HTTP addr=
9090
 ts=2019-07-26T07:49:46.8559985Z    caller=main.go:94    serviceid=string-
service82460623-ccdc-4192-a042-c0603ef18888
 ts=2019-07-26T07:50:00.1249302Z    caller=main.go:94    serviceid=string-
service65153818-27b3-4f19-8fd1-d7d698168f20
 ts=2019-07-26T09:04:09.0470362Z    caller=main.go:94    serviceid=string-
service65153818-27b3-4f19-8fd1-d7d698168f20
 ts=2019-07-26T09:04:10.176327Z    caller=main.go:94    serviceid=string-
service65153818-27b3-4f19-8fd1-d7d698168f20
```

在本案例中，我们使用反向代理技术，结合注册中心 Consul 实现了简单的 API 网关。Go 提供了反向代理工具包，使得整个实现过程比较简单。实际项目中使用的产品，如 Zuul、Nginx 等，还会包含限流、请求过滤和身份认证等功能。该网关仅仅实现了请求的代理，功能虽然简单，我们重点是要了解其内部运行过程，加深理解。

9.3　API 网关选型

业界有很多流行的 API 网关，开源的有 Nginx、Netflix Zuul、Kong 等，当然 Kong 还有商业版；商业版网关有 GoKu API Gateway 和 Tyk 等。

- GoKu API Gateway 是由国内公司 eolinker 使用 Go 语言研发，拥有社区版和商业版，包含 API Gateway 和 Dashboard 两部分。其中社区版本包含大量基础功能，可以满足中型企业和产品的使用；企业版本包含更多扩展，比较适合大型软件和大型组织使用。

- Tyk 由国外的 TykTechnologies 公司研发，也是基于 Go 语言。Tyk 一切均导向收费版本，免费版本第一次申请有一年的使用授权。

我想大部分读者都是想基于开源组件自建网关，而不是使用付费的网关服务。下面将会介绍常用的 API 网关组件 Nginx、Zuul 和 Kong 的相关特性。

9.3.1　标配组件：Nginx 网关

Nginx 可以说是互联网应用的标配组件，主要的使用场景包括负载均衡、反向代理、代理缓存、限流等。

Nginx 由内核和模块组成，内核的设计非常微小和简洁，完成的工作也非常简单，仅仅通过查找配置文件与客户端请求进行 URL 匹配，然后启动不同的模块去完成相应的工作。

Nginx 启动后，会有一个 Master 进程和多个 Worker 进程，Master 进程和 Worker 进程之间通过进程间通信进行交互的。Worker 工作进程的阻塞点在 I/O 多路复用函数调用处（如 Select()、Wait() 等），以等待发生数据可读/写事件。Nginx 采用了异步非阻塞的方式来处理请求，也就是说，Nginx 是可以同时处理成千上万个请求的。Nginx 处理请求的流程如图 9-4 所示。

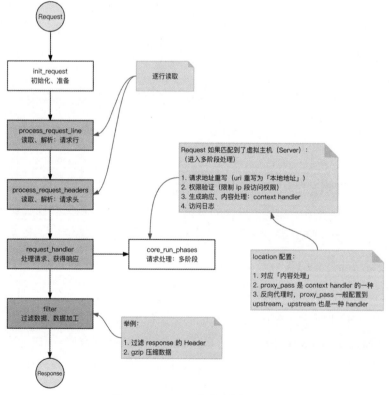

图 9-4　Nginx 工作流程图

在开发阶段，我们还可以将 Lua 嵌入到 Nginx 上，将 Nginx 变成一个 Web 容器，从而使用 Lua 语言开发高性能 Web 应用。在开发的时候我们可以使用 OpenResty 来搭建开发环境，OpenResty 将 Nginx 核心、LuaJIT、许多有用的 Lua 库和 Nginx 第三方模块打包在一起；这样只需要安装 OpenResty，而不需要了解 Nginx 核心和写复杂的 C/C++模块，就可以只使用 Lua 语言进行 Web 应用开发了。

使用 Nginx 的反向代理和负载均衡可实现负载均衡及高可用，除此之外还需要我们解决自注册和网关本身的扩展性。

9.3.2 Java 前置网关服务最佳选型：Netflix Zuul

Zuul 是 Netflix 开源的微服务网关组件，Java 语言编写，它可以和 Eureka、Ribbon、Hystrix 等组件配合使用。Zuul 社区活跃，融合于 SpringCloud 完整生态，是 Java 体系中构建微服务体系前置网关服务的最佳选型。Zuul 的核心是一系列的过滤器，这些过滤器可以完成以下功能：

（1）身份认证与安全：识别每个资源的验证要求，并拒绝那些与要求不符的请求。

（2）审查与监控：于边缘位置追踪有意义的数据和统计结果，从而带来精确的生产视图。

（3）动态路由：动态地将请求路由到不同的后端集群。

（4）压力测试：逐渐增加指向集群的流量，以了解性能。

（5）负载分配：为每一种负载类型分配对应容量，并弃用超出限定值的请求。

（6）静态响应处理：在边缘位置直接建立部分响应，从而避免其转发到内部集群。

（7）多区域弹性：跨越 AWS Region 进行请求路由，旨在实现 ELB（Elastic Load Balancing，弹性负载均衡）使用的多样化，以及让系统的边缘更贴近系统的使用者。

上面提及的这些特性是 Nginx 所不完全具备的，Netflix 公司研发 Zuul 是为了解决云端的诸多问题（特别是帮助 AWS 解决跨 Region 情况下的这些特性实现），而不仅仅是做一个类似于 Nginx 的反向代理。当然，我们也可以仅使用反向代理功能，这里不多做描述。

Zuul 目前有两个大的版本：Zuul1 和 Zuul2，我们分别来了解它们的工作原理。

（1）Zuul1 是基于 Servlet 框架构建，如图 9-5 所示，采用的是阻塞和多线程方式，即一个线程处理一次连接请求，这种方式在内部延迟严重的场景下会造成存活的连接数和线程增加的情况。

（2）Zuul2 在 Zuul1 的基础上有重大的更新，它运行在异步和无阻塞框架上，每个CPU 核只需启动一个事件循环处理线程，处理所有的请求和响应，请求和响应的生命周期是通过事件和回调来处理的，这种方式（如图 9-6 所示）减少了线程数量与线程上下文切换，因此开销较小。

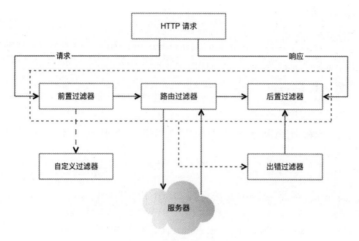

图 9-5　Zuul1 实现原理图

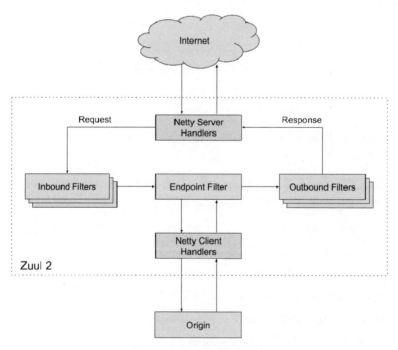

图 9-6　Zuul2 实现原理图

　　Zuul2 的架构和 Zuul1 没有本质区别，Zuul2 最大的改进是基于 Netty Server 实现了异步 IO 接入请求，后端用 Netty Client 代替 Http Client，这样可以实现高性能、低延迟。除此之外，过滤器换了一下名字，用 Inbound Filters 代替 Pre-routing Filters，用 Endpoint Filter 代替 Routing Filter，用 Outbound Filters 代替 Post-routing Filters。

9.3.3 高可用服务网关：Mashape Kong

Kong 是 Mashape 开源的高性能、高可用 API 网关和 API 服务管理层，它是一款基于 Nginx_Lua 模块开发的高可用服务网关，由于 Kong 是基于 Nginx 的，所以可以水平扩展多个 Kong 服务器。通过前置的负载均衡配置把请求均匀地分发到各个 Server，来应对大批量的网络请求，架构如图 9-7 所示。

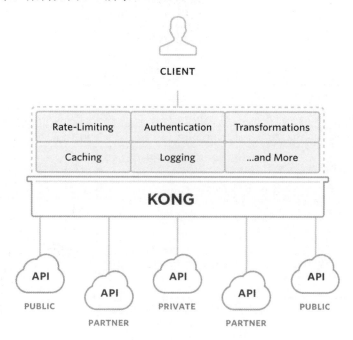

图 9-7　Kong 整体架构图

Kong 主要有以下三个组件：

（1）Kong Server：基于 Nginx 的服务器，用来接收 API 请求。

（2）Apache Cassandra/PostgreSQL：用来存储操作数据。

（3）Kong dashboard：官方推荐 UI 管理工具；当然，也可以使用 RESTfull 方式管理 Admin API。

Kong 采用插件机制进行功能定制，插件集（可以是 0 或 N 个）在 API 请求响应循环的生命周期中被执行。插件使用 Lua 语言编写，基础功能包括：HTTP 基本认证、密钥认证、CORS（Cross-Origin Resource Sharing，跨域资源共享）、TCP、UDP、文件日志、API 请求限流、请求转发以及 Nginx 监控等。

我们来总结一下，Kong 网关具有以下的特性：

（1）可扩展性：通过简单地添加更多的服务器，可以轻松地进行横向扩展，这意味着平台可以在一个较低负载的情况下处理任何请求。

（2）模块化：可以通过添加新的插件进行扩展，这些插件可以通过 RESTful Admin API 轻松配置。

（3）可运行在任何基础架构上：我们可以在云或内部网络环境中部署 Kong，包括单个或多个数据中心设置。

9.3.4 三种常用 API 网关组件的指标对比

我们通过上面 3 个小节简要介绍了 Nginx、Zuul 和 Kong 这 3 种 API 网关组件的功能和特性，我们通过下表 9-1 对比一下它们的性能。

表 9-1

组件/指标	Nginx	Zuul（1.x）	Kong 社区版
API 注册/动态路由	在 Nginx 中配置	动态路由	通过 Admin API 管理
支持协议	RESTful API	RESTful API	RESTful API
插件机制	Lua 插件机制	可以基于源码定制开发，基于 Servlet/Filter	Lua 插件机制
安全认证&鉴权	插件支持	支持 OAuth、JWT 等	支持 OAuth2.0、黑白名单、ACL、JWT、SSL 等
限流	插件	插件	支持 Rate Limiting
高可用集群	配合硬件负载均衡	可以通过部署多个 Zuul 做负载均衡	支持集群
可管理性	无	没有 GUI 管理台	提供 Rest API 交互
性能	高	一般	高
日志记录	Nginx 可灵活记日志	可自行配置	日志可以记录到磁盘，或者通过 HTTP、TCP、UDP 发出去

总得来说，Zuul 复杂度较低，上手简单，可以自定义开发，但是高并发场景下的性能相对较差；Nginx 性能经受得住考验，配合 Lua 可以引入各种插件，但是功能性相对较弱，需要开发者自身去完善很多功能；Kong 基于 Nginx、OpenResty 和 Lua，如果实践中对性能要求高，需要对外开放，建议考虑使用 Kong。下面的章节我们将重点介绍 Kong。

9.4 Kong 接入

在上面小节对比了几款市面上流行的微服务网关之后，本节将会基于 Kong 重点介绍微服务网关的搭建和实现。

9.4.1 为什么使用 Kong

当我们决定对应用进行微服务改造时，应用客户端如何与微服务交互的问题也随之而来，毕竟服务数量的增加会直接导致部署授权、负载均衡、通信管理、分析和改变的难度增加。微服务网关所提供的访问限制、安全、流量控制、分析监控、日志、请求转发、合成和协议转换功能，可以让开发者解放出来，把精力集中在具体逻辑代码的开发上，而不是把时间花费在考虑如何解决应用和其他微服务链接的问题上。

在众多微服务网关框架中，Mashape 开源的高性能高可用 API 网关和 API 服务管理层——Kong（基于 Nginx）特点尤为突出，它可以通过插件扩展已有功能。这些插件（使用 Lua 编写）在 API 请求响应循环的生命周期中被执行。除此之外，Kong 本身提供包括 HTTP 基本认证、密钥认证、CORS、TCP、UDP、文件日志、API 请求限流、请求转发及 Nginx 监控等基本功能。

Kong 中常用的术语介绍，这些术语会在下面的实践中经常用到，如下表 9-2 所示。

表 9-2

术语名称	解　　释
Route	请求的转发规则，按照 Hostname 和 PATH，将请求转发给 Service
Services	多个 Upstream 的集合，是 Route 的转发目标
Consumer	API 的用户，记录用户信息
Plugin	插件，可以是全局的，也可以绑定到 Service、Router 或者 Consumer
Certificate	https 配置的证书
Sni	域名与 Certificate 的绑定，指定了一个域名对应的 https 证书
Upstream	上游对象用来表示虚拟主机名，拥有多个服务（目标）时，会对请求进行负载均衡
Target	最终处理请求的 Backend 服务

9.4.2　Kong 安装实践

目前 Kong 的最新版本为 1.2，官方支持包括 Docker、K8s 等多种方式的安装，具体如图 9-8 所示。

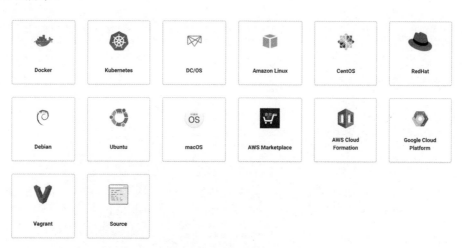

图 9-8　Kong 的安装方式

除了官方提供的安装方式，还有社区提供的安装方式 Microsoft Azure、Kongverge 等，详细了解参见：https://konghq.com/install/。

【实例 9-1】Docker 方式安装 Kong

在这里我们选择常用的基于 Docker 的方式安装。docker-compose.yml 中定义的镜像、依赖和参数如下所示：

```yaml
version: "3.7"
services:
  kong:
    image: kong:1.1.2
    environment:
     - "KONG_DATABASE=postgres"
     - "KONG_PG_HOST=kong-database"
     - "KONG_CASSANDRA_CONTACT_POINTS=kong-database"
     - "KONG_PROXY_ACCESS_LOG=/dev/stdout"
     - "KONG_ADMIN_ACCESS_LOG=/dev/stdout"
     - "KONG_PROXY_ERROR_LOG=/dev/stderr"
     - "KONG_ADMIN_ERROR_LOG=/dev/stderr"
     - "KONG_ADMIN_LISTEN=0.0.0.0:8001, 0.0.0.0:8444 ssl"
    ports:
     - 8000:8000
     - 8443:8443
     - 8001:8001
     - 8444:8444
    networks:
    - kong-net
    depends_on:
     - kong-database
  konga:
    image: pantsel/konga
    environment:
     - "TOKEN_SECRET=blueskykong.com"
     - "NODE_ENV=production"
    ports:
     - 8080:1337
    networks:
     - kong-net

    depends_on:
     - kong-database
  kong-database:
    image: postgres:9.6
    ports:
     - "5432:5432"
    environment:
     - POSTGRES_USER=kong
     - POSTGRES_DB=kong
    networks:
     - kong-net
    volumes:
     - /etc/localtime:/etc/localtime:ro
     - /data/data/postgresql:/var/lib/postgresql/data

networks:
  kong-net:
    external: true
```

如上的配置中，docker-compose.yml 会启动 3 个容器服务：Kong、konga 和 kong-database。这 3 个容器之间的通信需要增加 network 段，把容器放在同一个网段内，相关链接修改为容器名称来访问：

```
docker network create kong-net
```

所启动的 3 个容器服务中除了 Kong 之外，konga 是 Kong 的 Dashboard，基于 js 的客户端管理工具，对外暴露的端口为 8080；kong-database 是 Kong 的数据库服务，存储配置信息，这里使用的是 postgres。需要注意的是，在启动 Kong 容器之前，需要保持数据库的 Docker 容器为运行状态，并执行如下初始化数据库的操作：

```
docker run --rm \
    --network=kong-net \
    -e "KONG-DATABASE=postgres" \
    -e "KONG-PG-HOST=kong-database" \
    kong:latest kong migrations bootstrap
```

数据库初始化成功后，再次启动 docker-compose.yml 服务就可以了。我们看到 Kong 映射出多个端口，默认情况下，Kong 监听的端口如下表 9-3 所示。

表 9-3

端 口 号	说　　明
8000	此端口是 Kong 用来监听来自客户端传入的 HTTP 请求，并将此请求转发到上有服务器；（Kong 根据配置的规则转发到真实的后台服务地址）
8443	此端口是 Kong 用来监听来自客户端传入的 HTTPS 请求的。它跟 8000 端口的功能类似，转发 HTTPS 请求的。可以通过修改配置文件来禁止它
8001	Admin API，通过此端口，管理者可以对 Kong 的监听服务进行配置，插件设置、API 的增删改查、以及负载均衡等一系列的配置都是通过 8001 端口进行管理
8444	通过此端口，管理者可以对 HTTPS 请求进行监控

容器都启动好之后，我们来验证一下：

```
curl -i http://localhost:8001/

HTTP/1.1 200 OK
Date: Sat, 20 Jul 2019 08:39:08 GMT
Content-Type: application/json; charset=utf-8
Connection: keep-alive
Access-Control-Allow-Origin: *
Server: kong/1.1.2
Content-Length: 5785


...
```

本地访问 8001 端口，返回如上的结果，表示安装正确，可以正常使用 Kong。浏览器输入 http://localhost:8080 访问 Konga 的管理界面（如图 9-9 所示），第一次登录使用需要创建管理员帐号和密码。

图 9-9　Konga 的管理界面

更多内容请读者参照官网的安装文档。至此，Kong 以及管理工具都已安装完成，下面将会进入 API Gateway 的具体实践，包括通过创建服务、创建路由、安装插件等讲解。

9.4.3　创建服务

如我们在术语部分的介绍，服务是上游服务的抽象，可以是一个应用，或者具体某个接口。Kong 提供了管理接口，我们可以通过请求 8001 管理接口直接创建，也可以通过安装的管理界面，实现的效果是一样的。

通过请求 8001 管理接口创建服务的代码如下：

```
curl -i -X POST \
--url http://localhost:8001/services/ \
--data 'name=aoho-blog' \
--data 'url=http://blueskykong.com/'
```

我们创建一个服务名为 aoho-blog，指定转发的地址为 http://blueskykong.com。可以在管理界面中看到如下图 9-10 所示的记录。

图 9-10　Kong Service

创建服务时，还可以设置其中的一些参数，如 Retries（重试次数）、Connect timeout（连接的超时时间）和 Write/Read timeout（读/写超时时间）等。

9.4.4　创建路由

创建好服务之后，我们需要创建具体的 API 路由。路由是请求的转发规则，根据 Hostname 和 PATH，将请求转发，代码如下：

```
curl -i -X POST \
--url http://localhost:8001/services/aoho-blog/routes \
--data 'hosts[]=blueskykong.com' \
--data 'paths[]=/api/blog'
```

如上，在 aoho-blog 中创建了一个访问/api/blog 的路由，在管理界面可以看到相应的记录，如图 9-11 所示。

图 9-11　Kong Route

创建好路由之后，我们就可以访问/api/blog 了，如图 9-12 所示。

图 9-12　访问 Kong 的路由接口

Kong 默认通过 8000 端口处理代理的请求。成功的响应意味着 Kong 将 http://localhost:8000 的请求转发到了配置的 URL，并将响应返回给了客户端。需要注意的是，如果 API 暴露的地址与前面 Host 定义的地址（blueskykong.com）不一致，就需要在请求的 Headers 里面加入 Header，Kong 根据上面请求中定义的 Header：Host，执行此操作。

　　创建了服务和路由之后，我们已经能够将客户端的请求转发到对应的服务，微服务网关还承担了很多基础的功能，如安全认证、限流、分析监控等功能，因此还需要应用 Kong 的插件实现这些功能，下一节我们进入这些插件的讲解。

9.5　安装 Kong 插件

　　请求到达 Kong 后，在转发给服务端应用之前，我们可以应用 Kong 自带的插件对请求进行处理，如合法认证、限流控制、黑白名单校验和日志采集等等。同时，我们也可以按照 Kong 的教程文档，定制开发属于自己的插件。本小节将会选择其中的三个插件示例应用，其余的插件应用，可以参见：https://docs.konghq.com/hub/。

9.5.1　跨域身份验证：JWT 认证插件

　　JWT 是目前最流行的跨域身份验证解决方案。作为一个开放的标准（RFC 7519），JWT 定义了一种简洁的、自包含的方法用于通信双方之间以 JSON 对象的形式安全的传递信息。因为数字签名的存在，这些信息是可信的。JWT 令牌一般被用来在身份提供者和服务提供者间传递被认证的用户身份信息，以便从资源服务器获取资源，也可以增加一些额外的其他业务逻辑所必须的声明信息。

　　JWT 最大的优点就是能让业务无状态化，让 Token 作为业务请求的必要信息随着请求一并传输过来，服务端不用再去存储 session 信息，尤其是在分布式系统中。关于为什么使用 JWT，不在本章详细论述，具体可见本书第 11 章统一认证与授权。Kong 提供了 JWT 认证插件，用以验证包含 HS256 或 RS256 签名的 JWT 请求（如 RFC 7519 中所述）。JWT 令牌可以通过请求字符串、cookie 或者认证头部传递。Kong 将会验证令牌的签名，通过则转发，否则直接丢弃请求。

　　我们在前面小节配置的路由基础上，先来增加 JWT 认证插件，代码如下：

```
curl  -X  POST  http://localhost:8001/routes/e33d6aeb-4f35-4219-86c2-
a41e879eda36/plugins \
--data "name=jwt"
```

　　在图 9-13 中可以看到，插件列表增加了相应的记录。

图 9-13　Kong JWT 插件

在增加了 JWT 插件之后，就没法直接访问/api/blog 接口了，直接访问接口会返回："message": "Unauthorized"，提示客户端要访问需要提供 JWT 的认证信息。因此，我们需要先创建用户，代码如下：

```
curl -i -X POST \
--url http://localhost:8001/consumers/  \
--data "username=aoho"
```

如上代码中创建了一个名为 aoho 的用户，结果如图 9-14 所示。

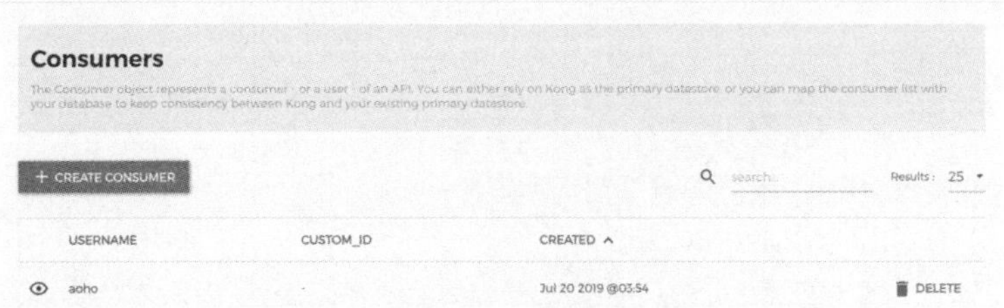

图 9-14   Kong Consumers

创建好用户之后，需要获取用户 JWT 凭证，执行如下的调用：

```
curl -i -X POST \
--url http://localhost:8001/consumers/aoho/jwt \
--header "Content-Type: application/x-www-form-urlencoded"

// 响应
{
    "rsa_public_key": null,
    "created at": 1563566125,
    "consumer": {
        "id": "8c0e1ab4-8411-42fc-ab80-5eccf472d2fd"
    },
    "id": "1d69281d-5083-4db0-b42f-37b74e6d20ad",
    "algorithm": "HS256",
    "secret": "olsIeVjfVSF4RuQuylTMX4x53NDAOQyO",
    "key": "TOjHFM4m1qQuPPReb8BTWAYCdM38xi3C"
}
```

使用 key 和 secret 在 https://jwt.io 可以生成 JWT 凭证信息。在实际的使用过程中，我们通过编码实现，此处为了演示使用了网页工具生成 Token，如图 9-15 所示。

图 9-15   生成 JWT Token

将生成的 Token 配置到请求的认证头部，再次执行请求，如图 9-16 所示。

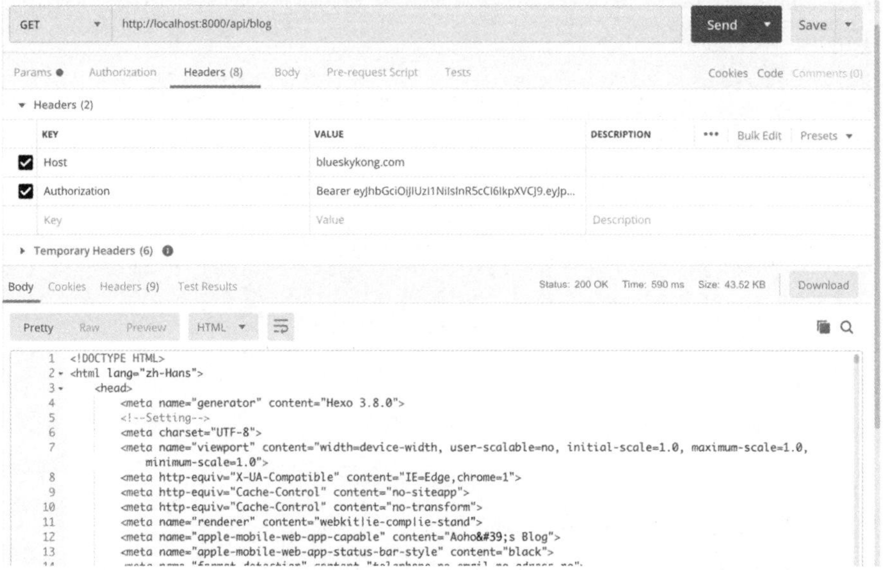

图 9-16　访问受限的 API 接口

可以看到，我们能够正常请求相应的 API 接口。JWT 认证插件应用成功。Kong 的 JWT 认证插件使用比较简单，我们在实践过程中，还需要考虑如何与自身的用户认证系统进行结合。

9.5.2　系统监控报警：Prometheus 可视化监控插件

Prometheus 是一套开源的系统监控报警框架。它的设计思路来源于 Google 的 Borgmon 监控系统，由工作在 SoundCloud 的 Google 前员工于 2012 年创建，作为社区开源项目进行开发，并于 2015 年正式发布。2016 年，Prometheus 正式加入 Cloud NativeComputing Foundation，成为受欢迎程度仅次于 Kubernetes 的项目。作为新一代的监控框架，Prometheus 适用于记录时间序列数据，具有强大的多维度数据模型、灵活而强大的查询语句、易于管理和伸缩等特点。

Kong 官方提供的 Prometheus 插件，可用的 metric（指标）如下表 9-4 所示。

表 9-4

指标名称	说　明
状态码	上游服务返回的 HTTP 状态码
时延柱状图	Kong 中的时延都将被记录，包括如下： i. 请求：完整请求的时延 ii. Kong：Kong 用来路由、验证和运行其他插件所花费的时间 iii. 上游：上游服务所花费时间来响应请求

续表

指标名称	说　　明
Bandwidth	流经 Kong 的总带宽（出口/入口）
DB 可达性	Kong 节点是否能访问其 DB
Connections	各种 NGINX 连接指标，如 Active、读取、写入、接受连接

接下来我们在 Service 中为 aoho-blog 安装 Prometheus 插件，代码如下：

```
curl -X POST http://localhost:8001/services/aoho-blog/plugins \
--data "name=prometheus"
```

如图 9-17 所示，可以从管理界面看到，我们已经成功将 Prometheus 插件绑定到了 aoho-blog 服务上。

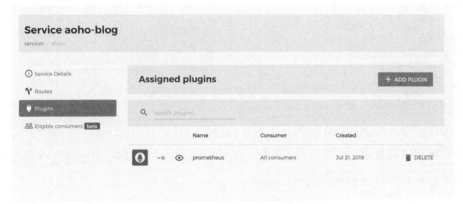

图 9-17　Kong Prometheus

验证一下，通过访问/metrics 接口返回收集度量数据，如下所示：

```
$ curl -i http://localhost:8001/metrics
HTTP/1.1 200 OK
Server: openresty/1.13.6.2
Date: Sun, 21 Jul 2019 09:48:42 GMT
Content-Type: text/plain; charset=UTF-8
Transfer-Encoding: chunked
Connection: keep-alive
Access-Control-Allow-Origin: *

kong_bandwidth{type="egress",service="aoho-blog"} 178718
kong_bandwidth{type="ingress",service="aoho-blog"} 1799
kong_datastore_reachable 1
kong_http_status{code="200",service="aoho-blog"} 4
kong_http_status{code="401",service="aoho-blog"} 1

kong_latency_bucket{type="kong",service="aoho-blog",le="00005.0"} 1
kong_latency_bucket{type="kong",service="aoho-blog",le="00007.0"} 1
...
```

```
kong_latency_bucket{type="upstream",service="aoho-blog",le="00300.0"} 4
kong_latency_bucket{type="upstream",service="aoho-blog",le="00400.0"} 4
...
kong_latency_count{type="kong",service="aoho-blog"} 5
kong_latency_count{type="request",service="aoho-blog"} 5
kong_latency_count{type="upstream",service="aoho-blog"} 4
kong_latency_sum{type="kong",service="aoho-blog"} 409
kong_latency_sum{type="request",service="aoho-blog"} 1497
kong_latency_sum{type="upstream",service="aoho-blog"} 1047

kong_nginx_http_current_connections{state="accepted"} 2691
kong_nginx_http_current_connections{state="active"} 2
kong_nginx_http_current_connections{state="handled"} 2691
kong_nginx_http_current_connections{state="reading"} 0
kong_nginx_http_current_connections{state="total"} 2637
kong_nginx_http_current_connections{state="waiting"} 1
kong_nginx_http_current_connections{state="writing"} 1

kong_nginx_metric_errors_total 0
```

返回的响应太长，我们作了适当的省略。从响应可以看到 Prometheus 插件提供的 metric 都有体现。Prometheus 插件导出的度量标准，可以在 Grafana（一个跨平台的开源的度量分析和可视化工具，具体参见 https://grafana.com/）中绘制，Prometheus 加 Grafana 的组合是目前较为流行的监控系统。

9.5.3 实时链路数据追踪：Zipkin 插件

Zipkin 是一款开源的分布式实时数据追踪系统。其主要功能是聚集来自各个异构系统的实时监控数据，用来追踪微服务架构下的系统延时问题。应用系统需要向 Zipkin 报告数据。Kong 的 Zipkin 插件作为 zipkin-client，其作用是组装好 Zipkin 需要的数据包，向 Zipkin 服务端发送数据。Zipkin 插件会将请求打上如下标签，并推送到 Zipkin 服务端：

（1）span.kind (sent to Zipkin as "kind")

（2）http.method

（3）http.status_code

（4）http.url

（5）peer.ipv4

（6）peer.ipv6

（7）peer.port

（8）peer.hostname

（9）peer.service

本章旨在介绍如何在 Kong 中使用 Zipkin 插件追踪所有请求的链路。关于链路追踪和

Zipkin 的具体信息，参见本书第 12 章分布式链路追踪。

我们首先开启 Zipkin 插件，将插件绑定到路由上（这里可以绑定为全局的插件）。

```
curl -X POST http://kong:8001/routes/e33d6aeb-4f35-4219- 86c2-a41e879eda36
/plugins \
    --data "name=zipkin"  \
    --data "config.http_endpoint=http://localhost:9411/api/v2/spans" \
    --data "config.sample_ratio=1"
```

如上配置了 Zipkin Collector 的地址和采样率，为了效果明显一些，我们设置采样率为 100%，但在生产环境请谨慎使用，因为采样率对系统吞吐量有影响。

从图 9-18 中我们可以看到，Zipkin 插件已经应用到指定的路由上。

图 9-18 Kong Zipkin

下面我们将会执行请求/api/blog 接口，打开 http://localhost:9411，界面如下图 9-19 所示。

图 9-19 Zipkin 监控页面

这时，Zipkin 已经将请求记录，我们可以点开查看详细的链路详情，如图 9-20 所示。

图 9-20 Zipkin 链路监控详情

从上图 9-20 中的链路调用可以知道，请求到达 Kong 之后，经历了哪些服务和 Span，以及每个 Span 所花费的时间等等信息。

笔者在本章只介绍了三个具有代表性的 Kong 插件：JWT 认证插件、Prometheus 可视化监控和链路追踪 Zipkin 插件。Kong 的插件机制是其高可扩展性的根源，Kong 可以很方便地为路由和服务提供各种插件。

9.5.4　进阶应用：自定义 Kong 插件

官方虽然自带了很多插件，但是我们在实际的业务场景中还会有业务的需求，自定义插件能够帮助我们在 API Gateway 实现我们的业务需求。Kong 提供了插件开发包和示例，自定义插件只需要按照提供的步骤即可。

为了方便编写自定义插件，我们使用本地安装的 Kong，笔者的环境是 macOS，安装较为简单，如下：

```
$ brew tap kong/kong
$ brew install kong
```

其次安装 Postgres，并下载 kong.conf.default 配置文件（参见 https://raw.githubusercontent.com/Kong/kong/master/kong.conf.default），执行如下的命令：

```
$ sudo mkdir -p /etc/kong
$ sudo cp kong.conf.default /etc/kong/kong.conf
```

执行 migration：

```
kong migrations bootstrap -c /etc/kong/kong.conf
```

随后即可启动 Kong：

```
kong start -c /etc/kong/kong.conf
```

启动之后，可以通过 8001 管理端口验证是否成功。

```
curl -i http://localhost:8001/
```

基于上面安装好的 Kong，我们介绍一下如何将自定义的插件加入到 Kong 的可选插件中，这里以鉴权的 token-auth 插件为例进行讲解。

【实例 9-2】自定义鉴权插件 token-auth

Kong 官方提供了有关认证的插件有：JWT、OAuth 2.0 和 Basic Auth 等，我们在实际业务中，也经常会自建认证和授权服务器，这样就需要我们在 API 网关处拦截验证请求的合法性。基于此，我们自定义实现一个类似 Kong 过滤器的插件：token-auth。

Kong 自带的插件在/usr/local/share/lua/5.1/kong/plugins/目录下。每个插件文件夹下有如下两个主要文件：

（1）schema.lua：定义的启动插件时的参数检查。

（2）handler.lua：文件定义了各阶段执行的函数，插件的核心。

token-auth 是我们定制的插件名。我们需要在/usr/local/share/lua/5.1/kong/plugins 下新建 token-auth 目录。然后进行 Plugin 的加载和初始化阶段，即 Kong.init()在加载插件的时候，会将插件目录中的 schema.lua 和 handler.lua 加载，下面我们看下这两个脚本的实现。

1. 插件配置定义：schema.lua

Kong 中每个插件的配置存放在 plugins 表中的 config 字段，是一段 JSON 文本，token-auth 所需的配置定义如下：

```lua
return {
  no_consumer = true,
  fields = {
    auth_server_url = {type = "url", required = true},
  }
}
```

从 schema.lua 可以看到，启用 token-auth 插件时，需要检查 authserverurl 字段为 URL 类型，且不能为空。

2. 插件功能实现：handler.lua

handler.lua 实现了插件认证功能，这个插件中定义的方法，会在处理请求和响应的时候被调用。

```lua
llocal http = require "socket.http"
local ltn12 = require "ltn12"
local cjson = require "cjson.safe"

local BasePlugin = require "kong.plugins.base_plugin"

local TokenAuthHandler = BasePlugin:extend()

TokenAuthHandler.PRIORITY = 1000

local KEY_PREFIX = "auth_token"
local EXPIRES_ERR = "token expires"

--- 提取 JWT 头部信息
-- @param request    ngx request object
-- @return token     JWT
-- @return err
local function extract_token(request)
  local auth_header = request.get_headers()["authorization"]
  if auth_header then
    local iterator, ierr = ngx.re.gmatch(auth_header, "\\s*[Bb]carer\\s+(.+)")
    if not iterator then
      return nil, ierr
    end

    local m, err = iterator()
    if err then
      return nil, err
    end

    if m and #m > 0 then
```

```lua
      return m[1]
    end
  end
end

--- 调用 auth server 验证 token 合法性
-- @param token    校验的 token
-- @param conf     插件配置
-- @return info    返回与 token 相关的信息
local function query_and_validate_token(token, conf)
  ngx.log(ngx.DEBUG, "get token info from: ", conf.auth_server_url)
  local response_body = {}
  local res, code, response_headers = http.request{
    url = conf.auth_server_url,
    method = "GET",
    headers = {
      ["Authorization"] = "bearer " .. token
    },
    sink = ltn12.sink.table(response_body),
  }

  if type(response_body) ~= "table" then
    return nil, "Unexpected response"
  end
  local resp = table.concat(response_body)
  ngx.log(ngx.DEBUG, "response body: ", resp)

  if code ~= 200 then
    return nil, resp
  end

  local decoded, err = cjson.decode(resp)
  if err then
    ngx.log(ngx.ERR, "failed to decode response body: ", err)
    return nil, err
  end

  if not decoded.expires_in then
    return nil, decoded.error or resp
  end

  if decoded.expires_in <= 0 then
    return nil, EXPIRES_ERR
  end

  decoded.expires_at = decoded.expires_in + os.time()
  return decoded
end

function TokenAuthHandler:new()
  TokenAuthHandler.super.new(self, "token-auth")
end
--- 实现 access 方法
function TokenAuthHandler:access(conf)
  TokenAuthHandler.super.access(self)

  local token, err = extract_token(ngx.req)
  if err then
```

```
      ngx.log(ngx.ERR, "failed to extract token: ", err)
      return kong.response.exit(500, { message = err })
    end
    ngx.log(ngx.DEBUG, "extracted token: ", token)

    local ttype = type(token)
    if ttype ~= "string" then
      if ttype == "nil" then
        return kong.response.exit(401, { message = "Missing token"})
      end
      if ttype == "table" then
        return kong.response.exit(401, { message = "Multiple tokens"})
      end
      return kong.response.exit(401, { message = "Unrecognized token" })
    end

    local info
    info, err = query_and_validate_token(token, conf)

    if err then
      ngx.log(ngx.ERR, "failed to validate token: ", err)
      if EXPIRES_ERR == err then
        return kong.response.exit(401, { message = EXPIRES_ERR })
      end
      return kong.response.exit(500,{ message = EXPIRES_ERR })
    end

    if info.expires at < os.time() then
      return kong.response.exit(401, { message = EXPIRES_ERR })
    end
    ngx.log(ngx.DEBUG, "token will expire in ", info.expires at - os.time(),
" seconds")

  end

  return TokenAuthHandler
```

我们来分析一下上面这段代码，token-auth 插件实现了#new 和#access 两个方法，它们只在 access 阶段发挥作用。在#access 方法中，首先会提取 JWT 头部信息，检查 token 是否存在以及格式是否正确等，随后请求认证服务器验证 token 的合法性。

3．加载插件

插件开发完成后，首先要在插件目录中新建 token-auth-1.2.1-0.rockspec 文件，填写新开发的插件，代码如下所示：

```
package = "token-auth"
version = "1.2.1-0"

supported platforms = {"linux", "macosx"}

local pluginName = "token-auth"
build = {
  type = "builtin",
  modules = {
    ["kong.plugins.token-auth.handler"] = "kong/plugins/token-auth/handler.lua",
    ["kong.plugins.token-auth.schema"] = "kong/plugins/token-auth/schema.lua",
```

```
    }
  }
```

然后在 kong.conf 配置文件中添加新开发的插件：

```
$ vim /etc/kong/kong.conf

# 去掉开头的注释并修改如下
plugins = bundled, token-auth
```

上述代码中的 bundled 属性是指官方提供的插件合集，默认是开启的。这里可以看到，我们增加了自定义的 token-auth 插件。验证一下，自定义的插件是否成功加载：

```
$ curl http://127.0.0.1:8001/plugins/enabled


{"enabled_plugins":["correlation-id","pre-function","cors","token-auth
","ldap-auth","loggly","hmac-auth","zipkin","request-size-limiting","azure
-functions","request-transformer","oauth2","response-transformer","ip-rest
riction","statsd","jwt","proxy-cache","basic-auth","key-auth","http-log","
datadog","tcp-log","post-function","prometheus","acl","kubernetes-sidecar-
injector","syslog","file-log","udp-log","response-ratelimiting","aws-lambd
a","bot-detection","rate-limiting","request-termination"]}%
```

可以看到，我们自定义的 token-auth 插件已经成功加载到了插件列表中。

4．启用插件

接下来在 Service 上启用 token-auth 插件，同时需要指定 config. auth_server_url 的属性：

```
$ curl -i -XPOST localhost:8001/services/aoho-blog/plugins \
    --data 'name=token-auth' \
    --data 'config.auth_server_url=<URL of verification API>'
```

如果插件有自己的数据库表，或者对数据库表或表中数据有要求，在插件目录中创建 migrations 目录。根据使用的是 Postgres 还是 Cassandra，创建 migrations/postgres.lua 或者 migrations/cassandra.lua。

Kong 提供了一个数据库抽象层用于存储自定义的实体，也就是 dao 层。要完成数据访问，需要编写 Migration 文件，用于数据库 DDL 操作，在 kong migrations up 时执行；并编写 daos.lua，用于映射数据表。token-auth 插件没有单独的数据库表，因此不需要创建这个文件。

我们通过该实例了解了插件的结构、可以扩展的内容以及如何发布和安装它们。这个实例插件不涉及数据库以及其他复杂的操作，比较简单。这里不做过多演示，读者可以结合第 11 章统一认证与授权的章节内容，自行尝试。有关 PDK 的完整开发，请参阅插件开发套件（https://docs.konghq.com/1.4.x/plugin-development/）。

9.6　小结

在微服务架构之下，服务按领域划分，降低了耦合度的同时也给服务的统一管理增加了难度。API 网关致力于实现微服务的统一鉴权、限流、日志、监控等通用的功能，在此基础上提高系统的可扩展性。

本章首先介绍了在微服务架构中 API 网关具有的基本功能和特性。路由转发和负载均衡是 API 网关最基本的功能，笔者编写了一个简易的 Go 语言版本的网关，用以帮助读者深入了解网关实现的原理细节。随后，本章比较了市面上流行的微服务网关，并最终选择了 Kong 进行实践。Kong 在功能、性能和可扩展性方面表现都很优异，在实践部分讲解了如何使用 Kong 进行转发请求，安装使用几种常用的 Kong 自带插件，并扩展介绍如何自定义 Kong 插件：token-auth。Kong 官方为插件开发也提供了很方便的扩展点。通过自定义插件，我们可以很轻松地定制需要的功能。

第 10 章　微服务的容错处理与负载均衡

随着微服务的规模逐渐增长，各个微服务之间可能会存在错综复杂的调用关系；除此之外，整个微服务系统也可能对外部系统发起远程调用。鉴于网络的不可靠性和系统的运行意外，在微服务中发起的远程调用可能会得到失败的结果，比如网络连接缓慢或超时、提供服务方逻辑错误或者已经过载不可用等；同时为了应对更大的请求压力，各个微服务一般是多实例部署，如果各实例之间的负载不合理，就无法发挥服务器横向扩展的优势，提高系统的吞吐量。

在请求失败后，健壮性服务一般会采用重试机制来发起请求，对于大多数的暂时性故障，比如网络短时停顿等，重试机制都能够得到良好的调用结果。但是对于一些长时间不可用的微服务持续性远程调用，重试机制可能会使得情况变得更加不堪，对此我们就需要服务熔断的机制，为微服务之间的调用提供强大的容错能力，保护服务调用方的服务稳定性。而对于多实例部署的微服务体系，我们需要使用合理的负载均衡策略，将请求合理地分配到各个服务实例中，保证集群中大多数服务器的负载保持在高效稳定的状态，提高系统的处理能力。

在本章中，我们首先介绍服务熔断和负载均衡的相关原理，然后实现自定义的负载均衡器和借助 Hystrix 实现服务熔断器，并将它们应用到 use-string-service 服务对 string-service 服务的远程调用中，最后对 Hystrix 进行详解和实践在服务网关中添加服务熔断与负载均衡功能。

10.1　服务熔断

熔断的概念最先来自于电路工程中，在我们的家庭电路中，在电表和电路的火线上会接有一根保险丝为电路安全护航。保险丝一般由熔点较低的金属制成，当电路上的电流过大时，它就会因为过热被熔断，从而达到保护电表和电路的作用。

在微服务架构中，服务之间的调用一般分为服务调用方和服务提供方。当下游服务因为过载或者故障不能用时，我们需要及时在上游的服务调用方暂时"熔断"调用方和提供方之间的调用链，避免服务雪崩现象的出现，从而保证服务调用方与系统整体的稳定性和可用性。

10.1.1　分布式系统中的服务雪崩

在分布式系统中，由于业务上的划分，一次完整的请求可能需要不同服务协作完成，在微服务架构中就是多个服务实例协作完成。请求会在这些服务实例中传递，服务之间的调用会产生新的请求，它们共同组成一条服务调用链，关系如下（图 10-1）时序图所示。

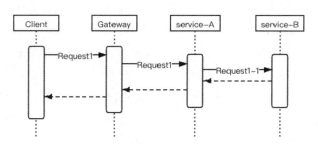

图 10-1　微服务调用链

客户端发起了一次请求 Request1，网关在接受到请求后将它转发给 service-A，由于这次请求涉及到了 service-B 中的数据，所以 service-A 又向 service-B 发起了一次请求 Request1-1 来获取对应的数据，在处理结束后将结果返回给网关，由网关将结果返回给客户端。上图 10-1 中 Request1 和 Request1-1 共同组成了这次调用的调用链。

服务雪崩是指当调用链的某个环节（特别是服务提供方的服务）不可用时，导致了上游环节不可用，并最终将这种影响像雪崩一样扩大到整个系统中，导致了整个系统不可用的情况。

服务雪崩的发生流程如下图 10-2 所示。

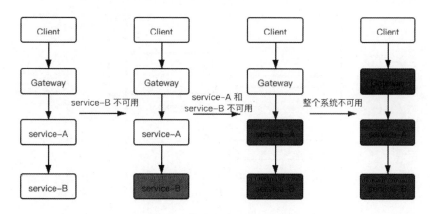

图 10-2　服务雪崩的发生流程

服务雪崩一般有 3 个阶段：

（1）第一阶段是服务提供者不能用。

在初始阶段，一切运行良好，网关、service-A 和 service-B 响应着客户端的各种请求。在某一个时间节点，服务提供者 service-B 由于网络故障或者请求过载而不可用，无法及时响应各类请求。

（2）第二阶段是服务调用者不可用。

在服务提供者不可用之后，客户端可能会因为错误提示或者长时间的阻塞而不断发送相同的请求到网关中，网关再次将请求转发给 service-A 进行处理，service-A 根据业务流程也会向 service-B 发起数据请求；同时上一阶段中 service-A 对 service-B 超时或者失败的请求可能会因为 service-A 中重试机制再次请求 service-B。这些请求都无法从 service-B 中获取到有效的返回，最坏的结果是都被阻塞，无法及时响应。service-A 也会因为发起了过多对 service-B 的请求而产生的等待线程耗尽了线程池中的资源，无法及时响应其他请求，导致了自身的不可用。

（3）最后阶段是整个系统的不可用。

service-A 中等待请求同样阻塞了转发请求的网关。网关也因为大量等待请求将会产生大量的阻塞线程，使得网关没有足够的资源处理其他请求，导致了整个系统无法对外提供服务。

10.1.2　服务熔断保障系统可用性

为了避免服务雪崩现象的出现，我们需要及时"壮士断腕"，在必要的时候暂时切断对异常服务提供者的调用，保证部分服务的可用以及整体系统的稳定性。服务熔断机制如图 10-3 所示。

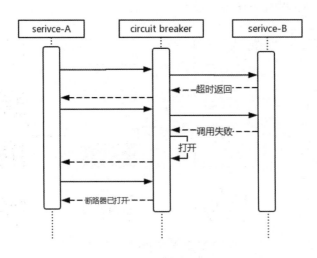

图 10-3　服务熔断机制

如图 10-3，我们在 service-A 向 service-B 的请求中增加了一根"保险丝"，即断路器。它会统计一段时间内 service-A 对 service-B 请求响应结果，在超时或者失败次数过多的情况下，阻断 service-A 对 service-B 的请求，直接返回相关的异常处理结果，使得 service-A 中的请求线程能够及时返回，避免资源耗尽而不可用，从而保护了服务调用者，避免了服务级联失败。

10.1.3　断路器

断路器能够很好地保护服务调用方的稳定性，它能够避免服务调用者频繁执行可能失败的服务提供者，防止服务调用者浪费 CPU 使用周期和线程资源。

断路器设计模式借鉴了电路中的保险丝设计方案。断路器代理了服务调用方对提供方的请求，它监控了最近请求的失败和超时次数。在下游服务因为过载或者故障无法提供正常响应时，断路器中的请求失败率就会大大提升，在超过一定阈值之后，断路器会打开，切断服务调用者和服务提供者之间的联系，此时服务调用者会执行失败逻辑或者返回异常，避免无效的线程等待。同时断路器中还提供检测恢复机制，允许服务调用者尝试调用服务提供者以检测其是否恢复正常，若正常则关闭断路器，恢复正常调用。

断路器中存在三种状态，分别是关闭、打开、半开，它们之间的状态转化如图 10-4 所示。

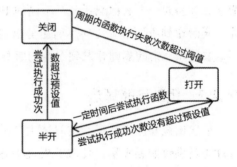

图 10-4　断路器状态转化

- 关闭状态：如果程序正常运行，那么断路器大多数时候都处于这个状态，此时服务调用者正常调用服务提供者。断路器会统计周期时间内的请求总次数和失败次数的比例。
- 打开状态：如果最近失败频率超过预设的阈值之后，断路器就会进入打开的状态。服务调用者对服务提供者的调用将会立即失败，转而执行预设的失败逻辑或者返回异常。
- 半开状态：断路器进入打开状态之后将启动一个超时定时器，在定时器到达时，它会进入到半开状态。此时断路器允许服务调用者尝试对服务提供者发起少量实际调用请求（检测恢复机制）。如果这些请求都成功执行，那么断路器就认为服务提供者已经恢复正常，进入关闭状态，失败计数器也同时复位。如果这些请求失败，断路器将返回到打开状态，并重新启动超时定数器，重复进行检测恢复。

关闭状态使用的失败计数器基于时间窗口计数，它会定期自动复位。只有在窗口时间内发生的请求总次数和请求失败次数达到一定的阈值，断路器才会被打开。半打开状态使用成功计数器记录调用操作的成功尝试次数，在指定数量的连续操作调用成功后，断路器恢复到关闭状态。如果任何调用失败，断路器会立即进入断开状态，成功计数器将在下次进入半开状态时重新清零。半开状态仅允许有限的请求发生真正的调用，这有助于防止刚恢复的服务提供者突然被请求淹没而再次宕机。

10.2　负载均衡

负载均衡能够将大量的请求，根据负载均衡算法，分发到多台服务器上进行处理，使得所有服务器负载都维持在高效稳定的状态，以提高系统的吞吐量，保证可用性。

10.2.1　负载均衡类型

负载均衡分为软件负载均衡和硬件负载均衡。软件负载均衡一般使用独立的负载均衡软件来实现请求的分发，它配置简单，使用成本低，能够满足基本的负载均衡要求，但是负载均衡软件的质量和所部署服务器的性能就有可能成为系统吞吐量的瓶颈；硬件负载均衡依赖于特殊的负载均衡设备，部署成本高，但相对于软件负载均衡，能够满足更多样化的需求。

基于 DNS 负载均衡和反向代理负载均衡是我们常见的软件负载均衡。在 DNS 服务器中，会为同一个名称配置多个不同的 IP 地址，不同的 DNS 请求会解析到不同的 IP 地址，从而达到不同请求访问不同服务器的目的；而反向代理负载均衡使用代理服务器，将请求按照一定的规则分发到下游的服务器集群进行处理，最常见的方式即服务网关。

10.2.2　负载均衡算法

负载均衡算法定义了如何将请求分散到服务实例的规则，优秀的负载均衡算法能够有效提高系统的吞吐量，使服务集群中各服务的负载处于高效稳定的状态。常见的负载均衡算法有以下几种：

（1）随机法

随机从服务集群中选取一台服务分配请求。随机法实现简单明了，保证了请求的分散性，但是无法顾及请求分配是否合理和服务器的负载能力。

（2）轮询法或者加权轮询法

将请求轮流分配给现有服务集群中的每一台服务，适用于服务集群中各服务负载能力相当且请求处理差异不大的情况下。加权轮询会根据各服务的权重，额外分配更多的请求，例如服务 A 权重 1，服务器 B 权重 2，服务器 C 权重 3，则分配的过程为 A-B-B-C-C-C-A-B-B-C-C-C……

（3）Hash 法或者一致性 Hash 法

使用 Hash 算法将请求分散到各个服务中。一致性 Hash 则基于虚拟节点，在某一个服务节点宕机后将请求平摊到其他服务节点，避免请求的剧烈变动。

（4）最小连接数法

将请求分配到当前服务集群中处理请求最少的服务中。该算法需要负载均衡服务器和服务之间存在信息交互，负载均衡服务器需要了解集群中各个服务的负载情况。

10.3　实践案例：服务熔断和负载均衡使用

Hystrix 是 Netflix 开源的一款优秀的服务间断路器，它能够在服务提供者出现故障时，隔离调用者和提供者，防止服务级联失败；同时提供失败回滚逻辑，使系统快速从异常中恢复。Hystrix 完美地实现了断路器模式，同时还提供信号量和线程隔离的方式以保护服务调用者的线程资源，它对延迟和失败提供了强大的容错能力，为系统提供保护和控制。接下来我们将通过一个简单的实例项目来了解 hystrix-go 的使用方式。本例子的完整代码位于 ch10-resiliency 文件夹下。

这个实例中，我们使用两个简单的 Web 项目 string-service 和 use-string-service 来演示在服务调用中如何使用服务熔断和负载均衡。项目结构按照 Go-kit 的 transport-endpoint- service 的方式进行组织。其中 string-service 是我们基本的演示项目，use-string-service 将通过 HTTP 的方式调用 string-service 提供的字符串操作服务，并在调用的过程中使用 Hystrix 进行访问保护和负载均衡器进行调用分发。项目的调用逻辑图如下图 10-5 所示。

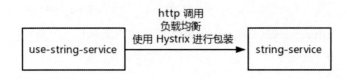

图 10-5　调用逻辑图

10.3.1　负载均衡器

在进行项目编写之前，我们首先在 common/loadbalance 包下定义一个负载均衡算法的接口方法，它接收一组服务实例列表，然后根据具体的负载均衡算法选择特定的被调用服务实例信息返回。源码位于 common/loadbalance/loadbalance.go 下，代码如下所示：

```
// 负载均衡器
type LoadBalance interface {

 SelectService(service [] *api.AgentService) (*api.AgentService, error)

}
```

为了接下来的代码演示，我们还实现了一个随机法的负载均衡器 RandomLoadbalance，代码如下所示：

```
type RandomLoadBalance struct {

}
// 随机负载均衡
func (loadBalance *RandomLoadBalance)SelectService(services []*api.Agent
Service) (*api.AgentService, error) {

 if services == nil || len(services) == 0{
```

```
        return nil, errors.New("service instances are not exist")
    }

    return services[rand.Intn(len(services))], nil
}
```

10.3.2　服务编写

string-service 服务即我们的基本演示项目,代码位于 ch10-resiliency/string-service 中,我们在6.6 小节中已经详细介绍过该项目的搭建。string-service 服务将对外提供两个 HTTP 接口:/health 接口用于进行健康检查;/op/{type}/{a}/{b}接口对外提供字符串操作。

use-string-service 服务作为服务调用方,会通过 HTTP 的方式调用 string-service 服务提供的/op/{type}/{a}/{b}接口。use-string-service 服务使用 Go-kit 的项目结构进行组织,详细代码请求参阅 ch10-resiliency/use-string-service 目录 。接下来我们将按照 service 层,endpoint 层,transport 层的顺序依次讲解 use-string-service 服务的构建。

1. use-string-service 的 service 层

在 use-string-service 的 service 层中,我们定义了以下两个接口方法,源码位于 ch10-resiliency/use-string-service/service/service.go,代码如下所示:

```
// Service constants
const (
StringServiceCommandName = "String.string"
StringService = "string"
)
type UseStringService struct {
// 服务发现客户端
discoveryClient discover.DiscoveryClient
// 负载均衡器
loadbalance loadbalance.LoadBalance

}

func    NewUseStringService(client    discover.DiscoveryClient,    lb
loadbalance.LoadBalance) Service {

hystrix.ConfigureCommand(StringServiceCommandName,
hystrix.CommandConfig{
    // 设置触发最低请求阀值为 5, 方便我们观察结果
    RequestVolumeThreshold: 5,
})
return &UseStringService{
    discoveryClient:client,
    loadbalance:lb,
}

}

// StringResponse define response struct
type StringResponse struct {
Result string `json:"result"`
Error  error  `json:"error"`
```

```go
    }

    func (s UseStringService) UseStringService (operationType, a, b string)
(string, error) {

    var operationResult string

    err := hystrix.Do(StringServiceCommandName, func() error {
        instances   :=   s.discoveryClient.DiscoverServices(StringService,
config.Logger)
        instanceList := make([]*api.AgentService, len(instances))
        for i := 0; i < len(instances); i++ {
            instanceList[i] = instances[i].(*api.AgentService)
        }
        // 使用负载均衡算法选取实例
        selectInstance, err := s.loadbalance.SelectService(instanceList);
        if err != nil{
            // 输出日志，验证是否执行 hsytrix 内包装逻辑
            config.Logger.Println(err.Error())
            return err
        }
        requestUrl := url.URL{
            Scheme:   "http",
            Host:selectInstance.Address + ":" + strconv.Itoa(selectInstance. Port),
            Path:     "/op/" + operationType + "/" + a + "/" + b,
        }
    config.Logger.Printf("current string-service ID is %s and address:port is
%s:%s\n", selectInstance.ID,selectInstance.Address,strconv.Itoa(selectInstance.
Port))
        resp, err := http.Post(requestUrl.String(), "", nil)
        if err != nil {
            return err
        }
        result := &StringResponse{}

        err = json.NewDecoder(resp.Body).Decode(result)
        if err != nil{
            return err
        }else if result.Error != nil{
            return result.Error
        }

        operationResult = result.Result
        return nil

    }, func(e error) error {
        return ErrHystrixFallbackExecute
    })
    return operationResult, err
    }

    // HealthCheck implement Service method
    // 用于检查服务的健康状态，这里仅仅返回 true。
    func (s UseStringService) HealthCheck() bool {
     return true
    }
```

上述代码中，在 UseStringService 方法中封装了对 string-service 服务的 HTTP 调用。

同时为了提供服务熔断能力，在对 string-service 进行 HTTP 调用时，我们使用了 Hystrix 对调用过程进行包装。对此，需要引入 hystrix-go 的相关依赖 "github.com/afex/hystrix-go/hystrix"。可以看到我们将服务发现和 HTTP 调用过程通过 hystrix.Do 函数包装为一个 Hystrix 命令来执行，hystrix.Do 是一种同步命令调用方式，我们的调用结果将会同步返回。除此之外，Hystrix 还提供异步调用方式。

对于每一种 Hystrix 命令，我们都需要为它们赋予不同的名称，标明它们是属于不同的远程调用，命令相同的 Hystrix 命令将会使用相同的断路器进行熔断保护，在上述代码中，我们将该 Hystrix 命令命名为 String.string，该名称下的 Hystrix 命令都会使用相同的断路器进行熔断保护和数据统计。

在 hystrix.Do 包装方法中，我们首先通过 "string" 服务名从 Consul 中获取其服务实例列表；接着我们使用负载均衡器从服务实例列表选取一个合适的服务实例进行调用；最后服务调用结束后返回调用结果，如果调用过程中发生异常，则返回异常。

hystrix.Do 还可以在最后对异常进行处理，对此需要定义一个失败回滚函数，可以使用它在服务调用失败时进行异常处理和回滚操作，如果不定义就直接返回异常。在上面的例子中，我们定义了一个简单的失败回滚函数，返回了特定的异常信息。注意，如果该名称的 Hystrix 断路器已经打开，那么 hystrix.Do 将直接执行失败回滚函数，跳过远程调用过程，进行服务熔断操作。

2．use-string-service 的 endpoint 层

在 endpoint 层中，我们需要创建 UseStringEndpoint 将 UseStringService 方法提供出去，源码位于 ch10-resiliency/use-string-service/endpoints/endpoint.go，代码如下所示：

```
// StringRequest define request struct
type UseStringRequest struct {
RequestType string `json:"request_type"`
A        string `json:"a"`
B        string `json:"b"`
}

// StringResponse define response struct
type UseStringResponse struct {
Result string `json:"result"`
Error  string `json:"error"`
}

// MakeStringEndpoint make endpoint
func MakeUseStringEndpoint(svc service.Service) endpoint.Endpoint {
 return  func(ctx  context.Context,  request  interface{})  (response
interface{}, err error) {
    req := request.(UseStringRequest)
    var (
        res, a, b, opErrorString string
        opError   error
    )
```

```
    a = req.A
    b = req.B
    res, opError = svc.UseStringService(req.RequestType, a, b)
    if opError != nil{
        opErrorString = opError.Error()
    }
    return UseStringResponse{Result: res, Error: opErrorString}, nil
}
}
```

在上述代码中，我们使用 MakeUseStringEndpoint 方法构建了 UseStringEndpoint，将 UseStringService.UseStringService 方法暴露了出去，以供 transport 层调用。

3．use-string-service 的 transport 层

在 transport 层中，我们需要将 UseStringEndpoint 部署在 use-string-service 服务的 /op/{type}/{a}/{b}路径下，这样子我们在调用 use-string-service 服务的 /op/{type}/{a}/{b} 接口时会把请求转发给 string-service 服务进行处理，以验证负载均衡和服务熔断的效果。源码位于 ch10-resiliency/use-string-service/transport/http.go 下，代码如下所示：

```
// MakeHttpHandler make http handler use mux
func MakeHttpHandler(ctx context.Context, endpoints endpoint.UseStringEndpoints,
logger log.Logger) http.Handler {
r := mux.NewRouter()
    // ...省略部分代码
r.Methods("POST").Path("/op/{type}/{a}/{b}").Handler(kithttp.NewServer(
    endpoints.UseStringEndpoint,
    decodeStringRequest,
    encodeStringResponse,
    options...,
))
// ...省略部分代码
return r
}
// decodeStringRequest decode request params to struct
func decodeStringRequest(_ context.Context, r *http.Request) (interface{},
error) {
vars := mux.Vars(r)
requestType, ok := vars["type"]
if !ok {
    return nil, ErrorBadRequest
}
pa, ok := vars["a"]
if !ok {
    return nil, ErrorBadRequest
}
pb, ok := vars["b"]
if !ok {
    return nil, ErrorBadRequest
}
return endpoint.UseStringRequest{
    RequestType: requestType,
    A:          pa,
    B:          pb,
}, nil
```

```
}
// encodeStringResponse encode response to return
func encodeStringResponse(ctx context.Context, w http.ResponseWriter,
response interface{}) error {
  w.Header().Set("Content-Type", "application/json;charset=utf-8")
  return json.NewEncoder(w).Encode(response)
}
```

在上述代码中，我们将 UseStringEndpoint 部署在 use-string-service 服务的 /op/{type}/{a}/{b}路径下。接着我们使用 decodeStringRequest 方法将 HTTP 请求参数转化为 endpoint. UseStringRequest 传递给 UseStringEndpoint，并使用 encodeStringResponse 将 UseStringEndpoint 返回的结果转化为 JSON 数据返回给调用客户端。

use-string-service 的 main 函数将完成服务注册并依次构建 service 层、endpoint 层、transport 层，然后将 transport 的 HTTP 服务部署在配置的端口下，在此不过多展示代码，具体实现参考文件 ch10-resiliency/use-string-service/main.go。接下来我们来验证两个组件的执行效果。

4．负载均衡和服务熔断效果验证

项目编写完成之后，我们需要检验它们的效果。我们首先启动 Consul，启动命令如下：

```
consul agent -dev
```

接着在 ch10-resiliency/string-service 和 ch10-resiliency/use-string-service 目录分别启动 string-service 和 use-string-service 服务，启动命令如下：

```
go run main.go
```

为了保证 string-service 存在多实例可调用，我们需要在启动 string-service 后再启动一个监听其他端口的新服务实例。我们将新的服务实例部署在 10089 端口下，在 string-service 目录下新开一个命令行，使用以下命令启动：

```
go run main.go -service.port 10089
```

然后访问 Consul 的主页 http://localhost:8500/，如图 10-6 所示。

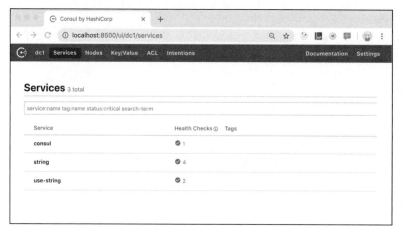

图 10-6　Consul 主页

　　我们能够发现 string-service 和 use-string-service 服务都已经注册上去了，接着我们访问 use-string-service 服务的/{op}/{a}/{b} 接口，通过 use-string-service 服务发起对 string-service 服务的远程调用。curl 请求命令如下：

```
curl -X POST http://localhost:10086/op/Concat/11/12
```

　　即可以得到正确的响应如下：

```
{
    "result": 1112,
    "error": ""
}
```

　　并且在 use-string-service 服务的命令行下查看到以下日志：

```
2019/12/23 01:05:48 current string-service ID is string-c43da13f-585d-
48c0-b535-91f3e131a433 and address:port is 127.0.0.1:10085
```

　　从日志中我们可以发现本次请求转发到端口 10085 的 string-service 服务实例中进行处理。多次发起 curl 请求命令，我们会从日志中发现请求被随机分发到端口 10085 和 10089 的 string-service 服务实例中处理，说明我们的随机负载均衡器发挥了随机分发请求的作用。多次请求后的日志可能结果如下所示：

```
2019/12/24 01:05:47 current string-service ID is string-c43da13f-585d-
48c0-b535-91f3e131a433 and address:port is 127.0.0.1:10085
2019/12/24 01:05:48 current string-service ID is string-c43da13f-585d-
48c0-b535-91f3e131a433 and address:port is 127.0.0.1:10085
2019/12/24 01:05:48 current string-service ID is string-6d1bd497-fa0f-
4186-9fac-1d9c0e432eb2 and address:port is 127.0.0.1:10089
2019/12/24 01:05:49 current string-service ID is string-c43da13f-585d-
48c0-b535-91f3e131a433 and address:port is 127.0.0.1:10085
2019/12/24 01:05:50 current string-service ID is string-6d1bd497-fa0f-
4186-9fac-1d9c0e432eb2 and address:port is 127.0.0.1:10089
2019/12/24 01:05:50 current string-service ID is string-6d1bd497-fa0f-
4186-9fac-1d9c0e432eb2 and address:port is 127.0.0.1:10089
2019/12/24 01:05:51 current string-service ID is string-6d1bd497-fa0f-
4186-9fac-1d9c0e432eb2 and address:port is 127.0.0.1:10089
```

　　接着我们关闭所有 string-service 服务，继续使用 curl 请求结果，将会得到以下响应：

```
{
  "result": "",
  "error": "fallback failed with 'hystrix fall back execute'. run error was
'service instances are not existed'"
}
```

　　这个返回结果中包含了异常信息，同时日志中也会输出 "service instances are not existed"，这说明了 hystrix.Do 中被包装的代码已经执行了。由于在创建 UseStringService 时我们设定了以 String.string 命名的断路器生效触发请求阀值为 5 次，连续使用 curl 接口请求失败 5 次之后继续访问将发现不再有先前的日志输出，返回的响应也变为以下异常：

```
{
  "result": "",
  "error": "fallback failed with 'hystrix fall back execute'. run error was
'hystrix: circuit open'"
}
```

这说明此时断路器已经打开，直接执行了失败回滚函数返回异常结果。如果 5 秒之后我们重新使用 curl 访问接口，将会发现请求重新执行了 hystrix.Do 中的远程调用代码，这是因为断路器打开之后的超时时间已经结束（默认为 5 秒钟），断路器进入了半开状态，允许程序重新执行远程调用，试探下游服务是否恢复可用状态，因为此时 string-service 服务处于一直不可用的状态，所以请求失败后，断路器又回到了打开状态。

10.3.3　使用 Go-kit Hystrix 中间件

Go-kit 作为微服务工具集，围绕 Endpoint 提供了包括断路器、限流器、日志等多种中间件，它们都是以装饰者模式对原有的 Endpoint 进行行为包装，增加特定的组件行为。

Go-kit 中提供了服务熔断 Hystrix 的中间件，对此我们可以在 endpoint 层直接使用，无需在 service 中自行封装。接下来我们将在 use-string-service 的 endpoint 层中直接使用 Hystrix 中间件修饰 UseStringEndpoint。

【实例 10-1】使用 Go-kit Hystrix 中间件修饰 Endpoint

首先将 service 层中 UseStringService 方法的 Hystrix 相关代码移除，修改代码如下：

```
func (s UseStringService) UseStringService (operationType, a, b string)
(string, error) {
  var operationResult string
  var err error
  instances := s.discoveryClient.DiscoverServices(StringService, config.Logger)
  instanceList := make([]*api.AgentService, len(instances))
  for i := 0; i < len(instances); i++ {
    instanceList[i] = instances[i].(*api.AgentService)
  }
  selectInstance, err := s.loadbalance.SelectService(instanceList);
  if err == nil {
config.Logger.Printf("current string-service ID is %s and address:port is
%s:%s\n", selectInstance.ID, selectInstance.Address, strconv.Itoa(selectInstance.
Port))
    requestUrl := url.URL{
      Scheme: "http",
      Host:  selectInstance.Address + ":" + strconv.Itoa(selectInstance.Port),
      Path:  "/op/" + operationType + "/" + a + "/" + b,
    }

    resp, err := http.Post(requestUrl.String(), "", nil)
    if err == nil {
      result := &StringResponse{}
      err = json.NewDecoder(resp.Body).Decode(result)
      if err == nil && result.Error == nil{
        operationResult = result.Result
      }

    }
  }
  return operationResult, err
}
```

构建在 endpoint 层的 Hystrix 需要以 Endpoint 中返回的 error 来统计调用失败次数，

因此需要修改 endpoint 层的 MakeUseStringEndpoint 创建函数，代码如下所示：

```
func MakeUseStringEndpoint(svc service.Service) endpoint.Endpoint {
    return func(ctx context.Context, request interface{}) (response
interface{}, err error) {
        req := request.(UseStringRequest)

        var (
          res, a, b string
          opError   error
        )

        a = req.A
        b = req.B

        res, opError = svc.UseStringService(req.RequestType, a, b)
        // 直接返回业务异常
        return UseStringResponse{Result: res}, opError
    }
}
```

在上述代码中，我们不再将业务逻辑的错误封装到response中返回，而是直接通过 Endpoint 的 err 返回给 transport 层。最后我们修改 main 函数，在构建 UseStringEndpoint 时添加 Go-kit Hystrix 中间件，代码如下所示：

```
import(
    ...
    // 引入中间件依赖
    "github.com/go-kit/kit/circuitbreaker"
    ...
)
...
var svc service.Service
svc = service.NewUseStringService(discoveryClient, &loadbalance.Random
LoadBalance{} )
useStringEndpoint := endpoint.MakeUseStringEndpoint(svc)
// 添加 Hystrix 中间件封装
useStringEndpoint = circuitbreaker.Hystrix(service.  StringService
CommandName)(useStringEndpoint)
```

如此即可以实现与我们自定义 Hystrix 命令相同的功能。查看 circuitbreaker.Hystrix 的实现逻辑，可以发现 Go-kit 也是使用 hystrix.Do 方法对 Endpoint 的调用方法进行包装。但是需要注意的是，如果使用 Go-kit 提供的 Hystrix 中间件，将无法定义相关的失败回滚函数，不利于远程调用失败后的恢复处理工作。

10.4　Hystrix 详解

在上一小节中，我们通过一个实例演示了在如何在服务调用中使用 Hystrix，通过 Hystrix 服务熔断能力为服务之间的安全调用保驾护航，在这一小节中我们将对 Hystrix 的详细使用和基本原理进行介绍。

10.4.1 Hystrix 基本使用

hystrix-go 中总共提供了两种方式包装远程调用的方式，一种是在 10.3 小节中使用的
Hystrix 同步执行包装方式，另外一种是异步执行包装模式。无论是哪种方式，都需要为
被包装的执行函数赋予对应的 Hystrix 命名，命名相同的 Hystrix 命令的执行过程会使用
相同的断路器进行统计和控制。

1．同步执行

同步 Hystrix 的使用方式如下：

```
err := hystrix.Do("test command", func() error {
    // 远程调用&或者其他需要保护的方法
    return nil
}, func(err error) error{
    // 失败回滚方法
    return nil
})
```

除了定义 Hystrix 命令的命名和具体的被包装函数外，我们还可选择定义失败回滚方
法，这个方法在被包装的远程调用函数返回异常或者断路器被打开时执行，我们可以在失
败回滚方法中定义一些本地处理流程、重试或者回滚操作，以保证调用流程的正常进行。

2．异步执行

异步 Hystrix 的使用方式如下：

```
resultChan := make(chan interface{}, 1)
errChan := hystrix.Go("test command", func() error {
    // 远程调用&或者其他需要保护的方法
    resultChan <- "success"
    return nil
}, func(e error) error {
    // 失败回滚方法
    return nil
})

select {
case err := <- errChan:
    // 执行失败
case result := <- resultChan :
    // 执行成功
case <-time.After(2 * time.Second): // 超时设置
    fmt.Println("Time out")
    return
}
```

如上代码所述，通过 hystrix.Go 异步执行的远程调用将会在与当前 goroutine 不同的
goroutine 中执行，执行的异常是通过 channel 的方式返回给调用 goroutine。对此，如果我
们想要获取到远程调用的返回结果，需要定义一个返回处理结果的 resultChan，在远程调
用结束后将结果放入 resultChan，调用 goroutine 就可以通过 resultChan 获取到调用结果。

其实无论是同步调用还是异步调用，都是在一个新的 goroutine 中异步执行调用逻辑，只
不过 hystrix.Do 使用 channel 为我们将异步过程处理为同步调用。

10.4.2　运行流程

　　除了进行服务熔断，Hystrix 在执行过程中还为不同命名的远程调用提供 goroutine 隔离的能力。goroutine 隔离使得不同的远程调用方法在固定数量的 goroutine 下执行，控制了每种远程调用的并发数量，从而进行流量控制；在某个 Hystrix 命令调用出现大量超时阻塞时也仅仅会影响到与自己命名相同的 Hystrix 命令，并不会影响其他 Hystrix 命令以及系统其他请求的执行。在 hystrix 命令配置的 goroutine 执行数量被占满时，该 Hystrix 命令的执行将会直接进入到失败回滚逻辑中，进行服务降级，保护服务调用者的资源稳定。

　　hystrix-go 的整体调用流程如图 10-7 所示。

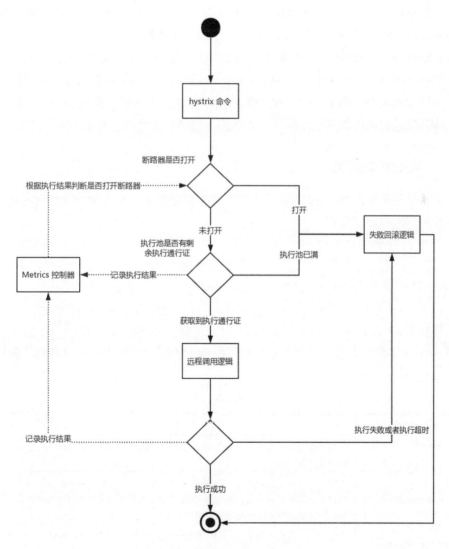

图 10-7　Hystrix-go 整体调用流程

我们来详细分析一下这个调用流程：

（1）每一个被 Hystrix 包装的远程调用逻辑都会封装为一个 Hystrix 命令，其内包含用户预置远程调用逻辑和失败回滚逻辑，根据 Hystrix 命名唯一确认一个 Hystrix 命令。

（2）根据 Hystrix 命令的命名获取到对应的断路器，判断断路器是否打开。如果断路器打开，将直接执行失败回滚逻辑，不执行真正的远程调用逻辑，此时服务调用已经被熔断了。如果断路器关闭或者处于半开状态，将向执行池请求执行通行证。

（3）Hystrix 中每一种命令都限制了并发数量，当 Hystrix 命令的并发数量超过了执行池中设定的最大执行数量时，额外的请求就会被直接拒绝，进入到失败回滚逻辑中，避免服务过载。如果执行池中的最大执行数量未满，那么请求才会进入到执行远程调用的逻辑中。

（4）在执行远程调用时，执行出现异常或者下游服务执行超时，那么 Hystrix 命令将会向 Metrics 控制器上传执行结果，并进入到失败回滚逻辑中。

（5）Metrics 控制器使用滑动窗口的方式统计一段时间的调用次数、失败次数、超时次数和被拒绝次数（执行池已满时请求被拒绝），如果该段时间内的错误频率（执行不成功的总次数占请求总次数）超过了断路器错误率阀值，那么断路器将会打开。在重试超时定时器到达之前的请求都会直接进入失败回滚逻辑，拒绝执行真正的远程调用。

10.4.3　常用参数配置

对于每一种命名的 Hystrix 命令，我们可以在命令执行之前对命令进行自定义配置，能够进行配置的参数主要有：

```
type CommandConfig struct {
Timeout                int `json:"timeout"`
MaxConcurrentRequests  int `json:"max_concurrent_requests"`
RequestVolumeThreshold int `json:"request_volume_threshold"`
SleepWindow            int `json:"sleep_window"`
ErrorPercentThreshold  int `json:"error_percent_threshold"`
}
```

Hystrix 命令配置信息封装在 CommandConfig 结构体中，这些配置信息的具体说明如下表 10-1 所示。

表 10-1

配置信息	说　　明
Timeout	命令执行的超时时间，远程调用逻辑执行超过该时间将被强制执行超时，进入失败回滚逻辑中
MaxConcurrentRequests	最大并发请求数，代表每个 Hystrix 命令最大执行的并发 goroutine，用于进行流量控制和资源隔离。当同种 Hystrix 执行的并发数量超过了该值，请求将会直接进入到失败回滚逻辑中，并被标记为拒绝请求上报
RequestVolumeThreshold	最小请求阀值，只有滑动窗口时间内的请求数量超过该值，断路器才会执行对应的判断逻辑。在低请求量时断路器不会发生效应，即使这些请求全部失败

续表

配置信息	说　　明
SleepWindow	超时窗口时间，是指断路器打开多久时长后进入半开状态，重新允许远程调用的发生，试探下游服务是否恢复正常。如果接下来的请求都成功，断路器将关闭，否则重新打开
ErrorPercentThreshold	错误比例阈值，当滑动窗口时间内的错误请求频率超过该值时，断路器将会打开

在 10.3 小节的例子中，为了减少断路器生效的最小请求阀值，我们在 NewUseStringService 方法中将 Hystrix 的 RequestVolumeThreshold 设置为 5。自定义 Hystrix 命令的配置如下所示：

```
hystrix.ConfigureCommand("test_command", hystrix.CommandConfig{
    // 设置参数

})
```

具体工作实践中，可以根据我们的需要，对表 10-1 中的 5 个配置参数进行修改，使 Hystrix 的保护功能更好地与当前系统相结合。在 hystrix.settings.go 文件中有 hystrix 命令的默认参数设置，如果不需要调整 Hystrix 执行配置，可以直接使用默认设置执行。

10.5　Hystrix 监控面板

Hystrix 中提供以 HTTP 的方式获取当前服务的 Hystrix 命令调用状态信息的能力，结合对应的 Hystrix 可视化面板，可以让开发人员对下游依赖服务运行状态有清晰地认知，有利于定位和排查微服务间的异常调用问题。

10.5.1　获取 Hystrix 命令调用信息

对于每一种 Hystrix 命令，我们都可以在运行时获取到其对应的断路器对象 CircuitBreaker，通过 CircuitBreaker.IsOpen 可以获取当前命令的断路器是否打开，调用能否正常进行，看下面这个小例子：

```
circuit,_,_:= hystrix.GetCircuit("test_command")
fmt.Println("command    test_command's    circuit    open    is    "    +
strconv.FormatBool(circuit.IsOpen()))
```

在上述实例代码中，我们使用 hystrix.GetCircuit 获取到了 test_command 命令的断路器对象，并通过它判断断路器是否打开。除此之外，我们还可以使用 hystrixStreamHandler 看到当前服务实例下所有 Hystrix 命令的调用状态。hystrixStreamHandler 会把 Metrics 控制器收集的所有状态信息按每秒 1 次的频率向所有连接的 HTTP 客户端推送，以供开发人员对系统状态进行及时把控和调整。

接下来我们将为 use-string-service 服务开启 hystrixStreamHandler，修改 transport.Make HttpHandler 方法如下所示：

```
// MakeHttpHandler make http handler use mux
func MakeHttpHandler(ctx context.Context, endpoints endpoint.UseString
Endpoints, logger log.Logger) http.Handler {
  r := mux.NewRouter()
  options := []kithttp.ServerOption{
    kithttp.ServerErrorHandler(transport.NewLogErrorHandler(logger)),
    kithttp.ServerErrorEncoder(encodeError),
  }
  r.Methods("POST").Path("/op/{type}/{a}/{b}").Handler(kithttp.NewServer(
    endpoints.UseStringEndpoint,
    decodeStringRequest,
    encodeStringResponse,
    options...,
  ))

  r.Path("/metrics").Handler(promhttp.Handler())

  // create health check handler
  r.Methods("GET").Path("/health").Handler(kithttp.NewServer(
    endpoints.HealthCheckEndpoint,
    decodeHealthCheckRequest,
    encodeStringResponse,
    options...,
  ))

  // 添加 hystrix 监控数据
  hystrixStreamHandler := hystrix.NewStreamHandler()
  hystrixStreamHandler.Start()
  r.Handle("/hystrix/stream", hystrixStreamHandler)

  return r
}
```

可以看到，在 MakeHttpHandler 方法的末尾，我们为 HTTP 添加了一个 Hystrix 信息的推送接口。

在 ch10-resiliency/use-string-service 目录下启动 use-string-service 服务，启动命令如下：

```
go run main.go
```

我们先调用一次 curl，以保证 Metrics 控制器中已经收集到数据，命令如下：

```
curl -X POST http://localhost:10086/op/Concat/11/12
```

接着访问 http://localhost:10086/hystrix/stream 接口，可以看到 Metrics 控制器中的 Hystrix 命令调用信息被持续通过流推送到浏览器中，如下所示：

data:{"type":"HystrixCommand","name":"String.string","group":"String.string","currentTime":1574072192311,"reportingHosts":1,"requestCount":1,"errorCount":1,"errorPercentage":100,"isCircuitBreakerOpen":false,"rollingCountCollapsedRequests":0,"rollingCountExceptionsThrown":0,"rollingCountFailu

```
re":1,"rollingCountFallbackFailure":0,"rollingCountFallbackRejection":0,"r
ollingCountFallbackSuccess":0,"rollingCountResponsesFromCache":0,"rollingC
ountSemaphoreRejected":0,"rollingCountShortCircuited":0,"rollingCountSucce
ss":0,"rollingCountThreadPoolRejected":0,"rollingCountTimeout":0,"currentC
oncurrentExecutionCount":0,"latencyExecute_mean":0,"latencyExecute":{"0":0
,"25":0,"50":0,"75":0,"90":0,"95":0,"99":0,"99.5":0,"100":0},"latencyTotal
_mean":0,"latencyTotal":{"0":0,"25":0,"50":0,"75":0,"90":0,"95":0,"99":0,"
99.5":0,"100":0},"propertyValue_circuitBreakerRequestVolumeThreshold":5,"p
ropertyValue_circuitBreakerSleepWindowInMilliseconds":5000,"propertyValue_
circuitBreakerErrorThresholdPercentage":50,"propertyValue_circuitBreakerFo
rceOpen":false,"propertyValue_circuitBreakerForceClosed":false,"propertyVa
lue_circuitBreakerEnabled":true,"propertyValue_executionIsolationStrategy"
:"THREAD","propertyValue_executionIsolationThreadTimeoutInMilliseconds":0,
"propertyValue_executionIsolationThreadInterruptOnTimeout":false,"property
Value_executionIsolationThreadPoolKeyOverride":"","propertyValue_execution
IsolationSemaphoreMaxConcurrentRequests":0,"propertyValue_fallbackIsolatio
nSemaphoreMaxConcurrentRequests":0,"propertyValue_metricsRollingStatistica
lWindowInMilliseconds":10000,"propertyValue_requestCacheEnabled":false,"pr
opertyValue_requestLogEnabled":false}
   data:{"type":"HystrixThreadPool","name":"String.string","reportingHost
s":1,"currentActiveCount":0,"currentCompletedTaskCount":0,"currentCorePool
Size":10,"currentLargestPoolSize":10,"currentMaximumPoolSize":10,"currentP
oolSize":10,"currentQueueSize":0,"currentTaskCount":0,"rollingMaxActiveThr
eads":1,"rollingCountThreadsExecuted":1,"propertyValue_metricsRollingStati
sticalWindowInMilliseconds":10000,"propertyValue_queueSizeRejectionThresho
ld":0}
```

返回的信息主要包含近段时间内各种 Hystrix 命令的调用状态、结果以及它们对应的执行池和断路器的状态，通过它们就可以了解当前服务依赖的下游服务的状态，对异常的服务及时进行恢复处理。

10.5.2　使用 Hystrix Dashboard 可视化面板

hystrixStreamHandler 控制器中返回的数据过于杂乱，无法快速发现有用数据和定位问题，对此，我们可以结合 Hystrix Dashboard 对上述信息进行直观的查看。由于 hystrix-go 没有提供对应的可视化界面，我们采用开源的 mlabouardy/hystrix-dashboard 进行可视化查看。接下来我们演示 docker 版本的 mlabouardy/hystrix-dashboard 的使用，使用以下命令启动该可视化工具的 docker 镜像：

```
docker run --name hystrix-dashboard -d -p 10087:8080 mlabouardy/hystrix-
dashboard:latest
```

接着我们访问 Hystrix Dashboard 的主界面，地址为 http://localhost:10087/hystrix，如图 10-8 所示。

图 10-8　Hystrix Dashboard 主界面

在地址栏输入 hystrixStreamHandler 数据流的地址 http://10.93.244.130:10086/hystrix/stream，因为 HystrixDashboard 运行在 docker 容器上，并且我们的容器是以桥接的网络模式启动，所以要把 hystrixStreamHandler 的 host 替换为本机地址，比如笔者的机器局域网地址为 10.93.244.130。填入对应的信息后如下图 10-9 所示。

图 10-9　输入 hystrixStreamHandler 地址

单击 Monitor Stream 进入到 use-string-service 服务的 Hystrix Dashboard 中，如图 10-10 所示。

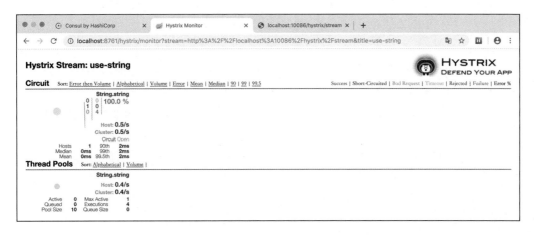

图 10-10　Hystrix Dashboard 监控页面

从图 10-10 中可以看到，String.string Hystrix 命令的执行失败率是 100%，断路器已经打开，防止请求进入到真正的远程调用逻辑中。

10.6　实践案例：在网关中添加 Hystrix 熔断和负载均衡

在这个实践案例中，我们主要来改造第 9 章中手动实现的 API 网关，为 API 反向代理的微服务调用添加 Hystrix 的熔断保护和资源隔离功能以及负载均衡能力，以保护 API 网关的稳定运行。

在第 9 章手动实现的 API 网关中，我们主要通过 ReverseProxy 实现了反向代理的功能，所以我们本实例的工作量主要集中在使用 Hystrix 包装整个反向代理逻辑和添加负载均衡器方面。

首先定义 HystrixHandler 用于实现 http.Handler 接口，表明它可用于处理 HTTP 请求，结构体定义和构造函数如下代码所示：

```
type HystrixHandler struct {

    // 记录hystrix是否已配置
    hystrixs        map[string]bool
    hystrixsMutex *sync.Mutex

    discoveryClient discover.DiscoveryClient
    loadbalance loadbalance.LoadBalance
    logger        *log.Logger
}

func    NewHystrixHandler(discoveryClient    discover.DiscoveryClient,
loadbalance loadbalance.LoadBalance, logger *log.Logger) *HystrixHandler {

    return &HystrixHandler{
        discoveryClient: discoveryClient,
        logger:          logger,
        hystrixs:        make(map[string]bool),
        loadbalance:     loadbalance,
```

```
        hystrixsMutex: &sync.Mutex{},
    }
}
```

在 HystrixHandler 结构体中我们定义了 hystrixs 用于记录当前注册的 Hystrix 命令，discoveryClient 变量用于服务发现，loadbalance 变量用于负载均衡。

接下来我们实现 ServeHTTP 接口，其主要逻辑是将反向代理的逻辑使用 hystrix.Do 包装起来，代码如下所示：

```
func (hystrixHandler *HystrixHandler) ServeHTTP(rw http.ResponseWriter,
req *http.Request) {

  reqPath := req.URL.Path
  if reqPath == "" {
    return
  }
  //按照分隔符'/'对路径进行分解，获取服务名称 serviceName
  pathArray := strings.Split(reqPath, "/")
  serviceName := pathArray[1]

  if serviceName == "" {
    // 路径不存在
    rw.WriteHeader(404)
    return
  }

  if _, ok := hystrixHandler.hystrixs[serviceName]; !ok {
    hystrixHandler.hystrixsMutex.Lock()
    if , ok := hystrixHandler.hystrixs[serviceName]; !ok {
      //把 serviceName 作为 hystrix 命令命名
      hystrix.ConfigureCommand(serviceName, hystrix.CommandConfig{
        // 进行 hystrix 命令自定义
      })
      hystrixHandler.hystrixs[serviceName] = true
    }
    hystrixHandler.hystrixsMutex.Unlock()
  }

  err := hystrix.Do(serviceName, func() error {

    //调用 DiscoveryClient 查询 serviceName 的服务实例列表
    instances :=hystrixHandler.discoveryClient.DiscoverServices(serviceName,
hystrixHandler.logger)
    instanceList := make([]*api.AgentService, len(instances))
    for i := 0; i < len(instances); i++ {
      instanceList[i] = instances[i].(*api.AgentService)
    }
    // 使用负载均衡算法选取实例
    selectInstance, err := hystrixHandler.loadbalance.SelectService
(instanceList)

    if err != nil{
      return ErrNoInstances
    }

    //创建 Director
    director := func(req *http.Request) {
```

```
      //重新组织请求路径，去掉服务名称部分
      destPath := strings.Join(pathArray[2:], "/")

      hystrixHandler.logger.Println("service id ", selectInstance.ID)

      //设置代理服务地址信息
      req.URL.Scheme = "http"
      req.URL.Host    = fmt.Sprintf("%s:%d",  selectInstance.Address,
selectInstance.Port)
      req.URL.Path = "/" + destPath
    }

    var proxyError error

    // 返回代理异常，用于记录 hystrix.Do 执行失败
    errorHandler := func(ew http.ResponseWriter, er *http.Request, err
error) {
      proxyError = err
    }

    proxy := &httputil.ReverseProxy{
      Director:     director,
      ErrorHandler: errorHandler,
    }

    proxy.ServeHTTP(rw, req)

    // 将执行异常反馈 Hystrix
    return proxyError

  }, func(e error) error {
    hystrixHandler.logger.Println("proxy error ", e)
    return errors.New("fallback excute")
  })

  // hystrix.Do 返回执行异常
  if err != nil {
    rw.WriteHeader(500)
    rw.Write([]byte(err.Error()))
  }

}
```

在上述代码中，主要进行了以下工作：

（1）根据请求路径中提供的服务名从 hystrixHandler 中查找该服务名的 Hystrix 命名是否已经配置过了。如果没有，对 hystrix 命令进行初始化配置。

（2）在 hystrix.Do 的包装中执行 3、4、5 步骤。

（3）根据请求路径中提供的服务名从 discoveryClient 中获取服务实例列表。

（4）使用负载均衡器从服务实例列表中选取一个服务实例地址用于构造 ReverseProxy；并定义 errorHandler，用于从 ReverseProxy 获取执行失败后抛出的异常。

（5）执行 ReverseProxy.ServeHTTP 进行代理转发，如果代理转发过程中出错将会反馈给 Hystrix。

（6）如果 hystrix.Do 中执行的代理转发逻辑出错，向客户端返回服务端 500 的错误。

最后我们将这个使用 Hystrix 包装过的反向代理注册到 Web 服务器中，修改 gateway.go 代码如下：

```
...
proxy := NewHystrixHandler(discoveryCient, loadbalance, logger)
...
```

这里，我们仅需要将原来生成反向代理的方法修改为我们定义的 HystrixHandler 即可。通过这样的方式，HystrixHandler 会在下游服务器不可用时，切断网关对该服务器请求的转发，保护网关的线程资源，避免服务雪崩的发生。同时负载均衡器也能将请求分发服务集群的各个服务中，提高服务集群的处理能力。

10.7　小结

本章主要介绍了微服务架构中的服务熔断组件和负载均衡组件。我们首先了解了服务熔断的必要性，理解了下游服务的崩溃可能会引发服务雪崩而导致整个分布式系统的崩溃，同时也明白了在微服务体系中负载均衡组件发挥的强大横向扩展能力；接着介绍了断路器在服务调用中对服务调用者提供的强大保护能力，并对负载均衡的类别和几类负载均衡算法进行了了解；最后我们使用主流的 hystrix-go 服务熔断组件结合自定义的负载均衡器，在微服务调用和网关转发中进行实践，实现了断路器对上游服务提供的保护作用以及负载均衡器请求分发的作用。

在微服务架构中，原本的单体应用按照业务被划分为数量众多的微服务。由于业务依赖的关系，服务之间经常会发生远程调用。我们从服务注册与发现中心中获取的服务实例列表，需要借助负载均衡组件选取合适的服务实例才能发起远程调用。负载均衡组件能够有效地将请求均衡地分发到服务集群的各个服务实例中，提高服务集群的负载和吞吐量。服务熔断组件能够在下游服务出现异常时，及时切断服务调用者对服务提供者的请求，达到保护上游服务稳定性的目的。负载均衡组件和服务熔断组件是微服务架构的不可或缺的基础组件，它们为微服务之间的远程调用提供了有效的支持和保障。

第 11 章　统一认证与授权

统一认证与授权是微服务架构的基础功能，微服务架构不同于单体应用的架构，单体应用的认证和授权非常集中。当服务拆分之后，由于各个微服务认证与授权变得非常分散，所以在微服务架构中，将集成统一认证与授权的功能，作为横切关注点。

本章将会介绍如何在 Go 微服务中实现统一认证与授权。首先会介绍微服务安全的挑战与现状，随后介绍目前几种常见的解决方案，包括：OAuth、分布式 Session 和 JWT 等。最后重点介绍基于 OAuth2 来构建认证和授权服务器的实践。

11.1　微服务安全的挑战和现状

在单体应用中，开发者可以通过简单的拦截器以及 Session 机制对用户的访问进行控制和记录。在目前微服务盛行的架构体系下，服务的数量在业务分解后急剧上升，每个微服务都需要对用户的行为进行认证和许可，明确当前访问用户的身份与权限级别。与此同时，整个系统可能还需对外提供一定的服务，比如第三方登录授权等。在这种情况下，如果要求每个微服务都实现各自的用户信息管理系统，既增加了开发的工作量，出错的概率也会增加。对此而言，统一的认证与授权就显得尤为必要和有效。

目前主流的统一认证和授权方式有 OAuth2、分布式 Session 和 JWT 等，其中又以 OAuth2 方案使用最为广泛，已经成为当前授权的行业标准。

由于统一认证与授权方案将用户信息进行统一的管理和使用，这就很可能出现系统性能瓶颈的问题，甚至可能在认证和授权服务宕机会导致整个系统无法正常运行。与此同时，整合当前系统中各个服务的用户信息管理系统也存在一定的难度，在实践统一认证与授权方案时需要根据项目的现状理智选择方案。

11.2　常见的认证与授权方案

常见的认证与授权方案有 OAuth2、分布式 Session 和 JWT 等，下面我们将分别介绍这 3 种方案。

11.2.1　当前行业授权标准 OAuth2

OAuth 协议目前已经发展到 OAuth2 版本，OAuth3 目前还在拟定流程中。OAuth1 由于不被 OAuth2 兼容，且签名逻辑过于复杂和授权流程的过于单一，在此不过多谈论，以下重点关注 OAuth2 认证流程，它是当前 Web 应用中的主流授权流程。

OAuth2 是当前授权的行业标准，其重点在于为 Web 应用程序、桌面应用程序、移动设备以及室内设备的授权流程提供简单的客户端开发方式。它为第三方应用提供对 HTTP 服务的有限访问，既可以是资源拥有者通过授权允许第三方应用获取 HTTP 服务，也可以是第三方应用以自己的名义获取访问权限。

1．角色

OAuth2 中主要分为了 4 种角色，如下表 11-1 所示。

表 11-1

角　色	中文名称	说　　明
resource owner	资源所有者	是能够对受保护的资源授予访问权限的实体，可以是一个用户，这时会被称为 end-user
resource server	资源服务器	持有受保护的资源，允许持有访问令牌(access token)的请求访问受保护资源
client	客户端	持有资源所有者的授权，代表资源所有者对受保护资源进行访问
authorization server	授权服务器	对资源所有者的授权进行认证，成功后向客户端发送访问令牌

在很多时候，资源服务器和授权服务器是合二为一的，在授权交互时是授权服务器，在请求资源交互时是资源服务器。当授权服务器是单独的实体时，它可以发出被多个资源服务器接受的访问令牌。

2．协议流程

首先看一张 OAuth2 的流程图，如图 11-1 所示。

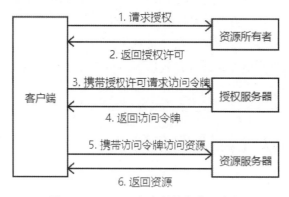

图 11-1　OAuth2 角色的抽象交互流程

这是一张关于 OAuth2 角色的抽象交互流程图，主要包含以下的 6 个步骤：

（1）客户端请求资源所有者的授权。

（2）资源所有者同意授权，返回授权许可（authorization grant），这代表了资源所有者的授权凭证。

（3）客户端携带授权许可要求授权服务器进行认证，请求访问令牌。

（4）授权服务器对客户端进行身份验证，并认证授权许可；如果有效，返回访问令牌。

（5）客户端携带访问令牌向资源服务器请求受保护资源的访问。

（6）资源服务器验证访问令牌；如果有效，接受访问请求，返回受保护资源。

3．客户端授权类型

为了获取访问令牌，客户端必须获取到资源所有者的授权许可。OAuth2 默认定义了 4 种授权类型，当然也提供了用于定义额外的授权类型的扩展机制。默认的 4 种授权类型如下表 11-2 所示。

表 11-2

授权类型	说　　明
authorization code	授权码类型
implicit	简化类型(也称为隐式类型)
resource owner password credentials	密码类型
client credential	客户端类型

其中经常使用的授权类型为授权码类型和密码类型。简化类型由于省略了授权码类型流程中的"授权码"步骤而得名；而客户端类型是客户端以自己的名义直接向授权服务器请求访问令牌，其实不存在用户授权的问题。我们接下来只对授权码类型和密码类型的流程作详细的介绍。

（1）授权码类型

授权码类型（authorization code）通过重定向的方式让资源所有者直接与授权服务器进行交互来进行授权，避免了资源所有者信息泄漏给客户端，是功能最完整、流程最严密的授权类型，但是需要客户端必须能与资源所有者的代理（例如 Web 浏览器）进行交互，并可从授权服务器中接受请求（重定向给予授权码），授权流程图如下图 11-2 所示。

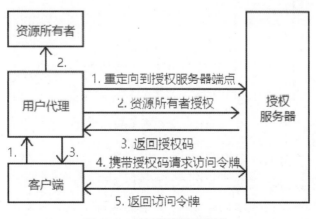

图 11-2　授权码类型流程图

我们分析一下授权码类型的流程。

① 客户端引导资源所有者的用户代理到授权服务器的端点，一般通过重定向的方式。客户端提交的信息应包含客户端标识（client identifier）、请求范围（requested scope）、本地状态（local state）和用于返回授权码的重定向地址（redirection URI）。

② 授权服务器认证资源所有者（通过用户代理），并确认资源所有者允许还是拒绝客户端的访问请求。

③ 如果资源所有者授予客户端访问权限，授权服务器通过重定向用户代理的方式回调客户端提供的重定向地址，并在重定向地址中添加授权码和客户端先前提供的本地状态。

④ 客户端携带上一步骤中获得的授权码向授权服务器请求访问令牌。在这一步骤中授权码和客户端都要被授权服务器进行认证。客户端需要提交用于获取授权码的重定向地址。

⑤ 授权服务器对客户端进行身份验证，并认证授权码，确保接收到的重定向地址与第 3 步中用于获取授权码的重定向地址相匹配。如果有效，则返回访问令牌，也有可能同时返回刷新令牌（refresh token）。

（2）密码类型

密码类型（resource owner password credentials）需要资源所有者将密码凭证交予客户端，客户端通过自己持有的信息直接向授权服务器获取授权。在这种情况下，需要资源所有者对客户端高度信任，同时客户端不允许保存密码凭证。这种授权类型适用于能够获取资源所有者的凭证（如用户名和密码）的客户端。授权流程图如下图 11-3 所示。

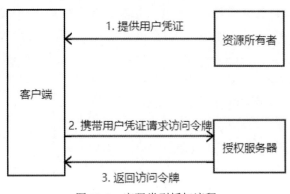

图 11-3 密码类型授权流程

我们来分析一下图 11-3 中的授权流程。

① 资源所有者向客户端提供其用户名和密码等凭证。

② 客户端携带资源所有者的凭证（用户名和密码），向授权服务器请求访问令牌。

③ 授权服务器认证客户端并且验证资源所有者的凭证；如果有效，返回访问令牌，

也有可能同时返回刷新令牌。

（4）令牌刷新

以上两种类型中，大家可能注意到了，可能会同时返回刷新令牌。客户端从授权服务器中获取的访问令牌一般是具备时效性的，在访问令牌过期的情况下，持有有效用户凭证的客户端可以再次向授权服务器请求访问令牌，而不持有用户凭证的客户端也可以通过和访问令牌一同返回的刷新令牌向授权服务器获取新的访问令牌。

11.2.2 数据共享的分布式 Session

Session 和 Cookie 已经算是老生常谈的话题。在 Web 服务盛行的当下，我们一般会通过 Session 和 Cookie 来维护访问用户的登录状态。同时随着分布式系统的快速发展，原本在单个服务器上的 Session 管理也逐渐发展为分布式 Session 管理。接下来我们将介绍会话跟踪技术 Session 和分布式 Session 管理。

1. 会话跟踪技术 Session 和 Cookie

会话是指用户登录网站后的一系列动作，比如浏览商品添加到购物车并购买，一次会话中一般会存在多次的 HTTP 请求。而 HTTP 协议作为一种无状态协议，在连接关闭之后，服务器就无法继续跟踪用户的会话，从而丢失了用户操作的上下文信息。对此，我们需要会话跟踪技术管理和跟踪用户的整个会话，在多次 HTTP 操作中将用户与用户操作关联起来。而 Session 和 Cookie 就是最常用的会话跟踪技术。

Session 和 Cookie 都是一种记录用户状态的机制，不同的是 Session 保存在服务器上，而 Cookie 保存在客户端浏览器中。客户端浏览器访问服务器的时候，服务器把当前的用户信息以某种形式记录在服务器上，这就是 Session。客户端浏览器在访问时可以通过 Session 查找该用户的状态。Cookie 实际上是一小段的文本信息。客户端浏览器请求服务器，如果服务器需要记录该当前用户的状态，就在响应中向客户端浏览器颁发一个 Cookie 用于标记当前的用户状态，该 Cookie 与服务器中的 Session 一一对应。当浏览器再次请求该网站时，会把请求的网址连同该 Cookie 提交给服务器。服务器根据 Cookie 中信息查找 Session，从 Session 中获取用户信息，以此来辨认用户状态。服务器还可以根据需要修改 Cookie 中的内容。

简单来说，Cookie 通过在客户端记录信息确定用户身份，Session 通过在服务器端记录信息确定用户身份。

2. 分布式 Session 的作用

在单体应用时代，应用部署在同一个 Web 服务器上，使用同一个 Web 服务器对 Session 进行管理。随着系统架构的演进，在分布式架构或者微服务架构中，会存在多个 Web 服务器，用户的请求根据负载均衡转发到不同的机器上，这就有可能导致 Session 丢失的情况。

比如一开始用户在 A 机器上登录并发起请求，后来由于负载均衡请求被转发到 B 机
器上。因为用户的 Session 保存在 A 机器的 Web 服务器上，在 B 机器上的 Web 服务器上
无法查找到，所以导致 B 机器认为用户没有登录，返回了用户未登录的异常，引起了用
户的费解。所以，在分布式架构或微服务架构下，需要保证在一个 Web 服务器上保存
Session 后，其他 Web 服务器可以同步或共享这个 Session。

3．分布式 Session 的实现方案

分布式 Session 有如下几种实现方式，如表 11-3 所示。

表 11-3

实现方式	Session 复制	Session 粘滞	集中式管理	基于客户端 Cookie 管理
简介	Session 复制需要借助 Web 服务器提供的 Session 同步能力。系统中的 Web 服务器之间会主动或者被动地同步持有的 Session 信息，最终达到每个 Web 服务器上都保存有所有的 Session 信息	请求在到达具体的业务服务器前会被转发到一个统一管理 Session 的 Web 服务器中，由该 Web 服务器根据请求中 Cookie 验证和获取 Session 信息	使用缓存或者数据库统一管理所有的 Session 信息，Web 服务器统一使用缓存或者数据库存取 Session 信息	Web 服务不存储 Session 信息，由客户端中的 Cookie 维护用户的登录信息
优点	对开发人员透明，无需做过多的代码改动	使用简单，没有额外开销	可靠性高，减少 Web 服务器的资源开销	不需要依赖额外的存储服务，也不需要额外配置
缺点	Session 同步依赖 Web 服务器提供支持，同时数据同步时需要耗费较多的网络资源	统一管理 Session 的 Web 服务器可能会造成单点故障和成为性能瓶颈	需要依赖额外的存储服务，比如缓存或者数据库	数据不安全，容易获取、篡改甚至伪造；Cookie 数量和长度有限制
适用场景	适用于 Web 服务器较少且 Session 数据量较少的场景	适用于对稳定性要求不是很高的业务场景	适用于 Web 服务器较多、要求高可用性的场景	适用于数据不重要、不敏感且数据量小的场景

这 4 种方式相对来说，集中式管理更加可靠，也是应用最广泛的。

11.2.3　安全传输对象 JWT

JWT（JSON Web Token）作为一个开放的标准，通过紧凑（快速传输，体积小）并
且自包含（有效负载中将包含用户所需的所有的信息，避免了对数据库的多次查询）的
方式，定义了用于在各方之间发送的安全 JSON 对象。

JWT 可以很好地充当 OAuth2 的访问令牌和刷新令牌的载体，这是 Web 双方之间进
行安全传输信息的良好方式。当只有授权服务器持有签发和验证 JWT 的 secret 时，也就
只有授权服务器能验证 JWT 的有效性以及签发带有签名的 JWT，这就唯一保证了以 JWT
为载体的 token 的有效性和安全性。

JWT 格式一般如下：

eyJhbGciOiJIUzI1NiIsInR5cCI6IkpXVCJ9.eyJuYW1lIjoiY2FuZyB3dSIsImV4cCI6M
TUxODA1MTE1NywidXNlcklkIjoiMTIzNDU2In0.IV4XZ0y0nMpmMX9orv0gqsEMOxXXNQOE680
CKkkPQcs

它由 3 部分组成，每部分通过 "." 分隔开，分别是：

- Header：头部
- Payload：有效负载
- Signature：签名

接下来我们对每一部分进行详细的介绍。

（1）Header（头部）

头部通常由两部分组成：

- typ：类型，一般为 JWT；
- alg：加密算法，通常是 HMAC SHA256 或者 RSA。

一个简单的头部例子如下：

```
{
"alg": "HS256"
"typ": "JWT"
}
```

然后这部分 JSON 会被 Base64Url 编码用于构成 JWT 的第一部分：

eyJhbGciOiJIUzI1NiIsInR5cCI6IkpXVCJ9

（2）Playload（有效负载）

有效负载是 JWT 的第二部分，是用来携带有效信息的载体，主要是关于用户实体和附加元数据的声明，由以下 3 部分组成：

- Registered claims：注册声明，它是一组预定的声明，但并不强制要求使用。主要有 iss（JWT 签发者）、exp（JWT 过期时间）、sub（JWT 面向的用户）、aud（接受 JWT 的一方）等属性信息。
- Public claims：公开声明，在公开声明中可以添加任何信息，一般是用户信息或者业务扩展信息等。
- Private claims：私有声明，它是被 JWT 提供者和消费者共同定义的声明，既不属于注册声明也不属于公开声明。

一般不建议在 Payload 中添加任何的敏感信息，因为 Base64 是对称解密的，这意味着 Payload 中的信息的是可见的。

一个简单的有效负载例子，如下：

```
{
  "sub": "1234567890",
  "name": "xuan",
  "exp": 1518051157
}
```

这部分 JSON 会被 Base64Url 编码用于构成 JWT 的第二部分：

eyJzdWIiOiIxMjM0NTY3ODkwIiwibmFtZSI6Inh1YW4iLCJleHAiOjE1MTgwNTExNTd9

（3）Signature（签名）

要创建签名，必须需要被编码后的头部、被编码后的有效负载以及一个 secret，最后通过在头部定义的加密算法 alg 加密生成签名，生成签名的伪代码如下：

```
HMACSHA256(
  base64UrlEncode(header) + "." +
  base64UrlEncode(payload),
  secret)
```

上述伪代码中使用的加密算法为 HMACSHA256。Secret 作为签发密钥，用于验证 JWT 以及签发 JWT，所以只能由服务端持有，不该泄漏出去。

一个简单的签名如下：

X36pDQoYydHv7KDCiltTBKcQbt-iIT-jFgmUjkTSCxE

这将成为 JWT 的第三部分。

最后这三个部分通过 "." 分割，组成最终的 JWT，如下所示：

eyJhbGciOiJIUzI1NiIsInR5cCI6IkpXVCJ9.eyJzdWIiOiIxMjM0NTY3ODkwIiwibmFtZSI6Inh1YW4iLCJleHAiOjE1MTgwNTExNTd9.X36pDQoYydHv7KDCiltTBKcQbt-iIT-jFgmUjkTSCxE

在 11.2 小节中，我们依次介绍了 OAuth2、分布式 Session 和 JWT 等认证与授权方案，其中以 OAuth2 方案最为标准和完备。在接下来的小节中，我们将基于 OAuth2 协议和 JWT 实现一个基本的认证和授权系统，了解如何在微服务架构中对用户的资源进行保护。

11.3 实践案例：基于 OAuth2 协议和 JWT 实现一套简单的认证和授权系统

我们已经了解了目前常见的统一认证与授权的方案，本小节将基于 OAuth2 协议和 JWT 实现一套简单的认证和授权系统。在这个案例里面，我们将学习如何通过授权服务器颁发和验证访问令牌，以及如何通过资源服务器对用户的授权资源进行保护。

11.3.1 系统整体架构

认证和授权系统主要由两个服务组成：授权服务器和资源服务器，它们之间的交互关系如图 11-4 所示。

客户端想要访问资源服务器中用户持有的资源信息，首先需要携带用户凭证向授权服务器请求访问令牌。授权服务器在验证过客户端和用户凭证的有效性后，它将返回生成的访问令牌给客户端。接着客户端携带访问令牌向资源服务器请求对应的用户资源，在资源服务器验证过访问令牌有效后，将返回对应的用户资源。

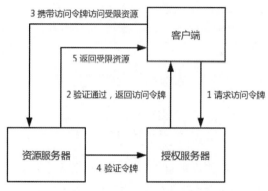

图 11-4　系统整体架构交互关系

很多时候，授权服务器和资源服务器是合二为一，既可以颁发访问令牌，也控制资源访问的权限；还可以将它们的职责划分得更加详细，授权服务器主要负责令牌的颁发和验证，而资源服务器负责对用户资源进行保护，仅允许持有有效访问令牌的请求访问受限资源。在本例中，我们将授权服务器和资源服务器合二为一实现。

11.3.2　授权服务器

授权服务器的主要职责为颁发访问令牌和验证访问令牌，对此我们需要对外提供两个接口：

- /oauth/token 用于客户端携带用户凭证请求访问令牌；
- /oauth/check_token 用于验证访问令牌的有效性，返回访问令牌对应的客户端和用户信息。

一般来讲，每一个客户端都可以为用户申请访问令牌，因此一个有效的访问令牌是和客户端、用户绑定的，这表示某一用户授予某一个客户端访问资源的权限。

我们接下来实现的授权服务器主要包含下表 11-4 所示的模块，简单类图如图 11-5 所示。

表 11-4

模块名称	说　　明
ClientDetailsService	用于获取客户端信息
UserDetailsService	用于获取用户信息
TokenGrant	用于根据授权类型进行不同的验证流程，并使用 TokenService 生成访问令牌
TokenService	生成并管理令牌，使用 TokenStore 存储令牌
TokenStore	负责令牌的存储工作

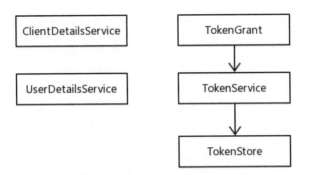

图 11-5 授权服务器主要模块

项目结构按照 Go-kit 的形式进行组织，鉴于篇幅所限，我们的授权服务器仅提供密码类型获取访问令牌，但是提供了简便的可扩展的机制，读者可以根据自己的需要进行扩展实现。

1. 用户服务和客户端服务

用户服务和客户端服务的作用类似，都是根据其唯一标识和密码加载信息并验证，返回有效的用户或者客户端信息。我们定义的用户信息和客户端信息结构体如下，源码位于 ch11-security/model/user.go 和 ch11-security/model/client.go 中。

```go
type UserDetails struct {
// 用户标识
UserId int
// 用户名 唯一
Username string
// 用户密码
Password string
// 用户具有的权限
Authorities []string
}

type ClientDetails struct {
// client 的标识
ClientId string
// client 的密钥
ClientSecret string
// 访问令牌有效时间, 秒
AccessTokenValiditySeconds int
// 刷新令牌有效时间, 秒
RefreshTokenValiditySeconds int
// 重定向地址, 授权码类型中使用
RegisteredRedirectUri string
// 可以使用的授权类型
AuthorizedGrantTypes []string
}
```

由于我们的信息都是明文存储的，所以验证时直接比较信息是否相等即可，也可以根据项目的需求，在其中使用加密算法，以避免敏感信息明文存储。

UserDetailsService 和 ClientDetailService 服务仅提供一个用于根据对应的标示和密码加载信息的方法，源码位于 ch11-security/service/client_service.go 和 ch11-security/service/user_service.go，接口定义如下所示：

```
type UserDetailsService interface {
// 根据用户名加载并验证用户信息
GetUserDetailByUsername(ctx context.Context, username, password string)
(*model.UserDetails, error)
}

type ClientDetailService interface {
// 根据 clientId 加载并验证客户端信息
GetClientDetailByClientId(ctx      context.Context,      clientId      string,
clientSecret string)(*model.ClientDetails, error)
}
```

我们可以通过多种来源获取用户信息和客户端信息，比如数据库、缓存或者其他用户微服务中（通过远程调用的方式获取）。为了简单演示，我们将用户信息和客户端信息存储在内存中，如下面的 InMemoryUserDetailsService 代码所示：

```
var (
ErrUserNotExist = errors.New("username is not exist")
ErrPassword = errors.New("invalid password")
)
type InMemoryUserDetailsService struct {
  userDetailsDict map[string]*model.UserDetails

}

func (service *InMemoryUserDetailsService) GetUserDetailByUsername(ctx
context.Context, username, password string) (*model.UserDetails, error) {


  // 根据 username 获取用户信息
  userDetails, ok := service.userDetailsDict[username]; if ok{
    // 比较 password 是否匹配
    if userDetails.Password == password{
     return userDetails, nil
    }else {
     return nil, ErrPassword
    }
  }else {
   return nil, ErrUserNotExist
  }
}
func NewInMemoryUserDetailsService(userDetailsList []*model.UserDetails)
*InMemoryUserDetailsService {
  userDetailsDict := make(map[string]*model.UserDetails)

  if userDetailsList != nil {
```

```
    for , value := range userDetailsList {
      userDetailsDict[value.Username] = value
    }
  }

  return &InMemoryUserDetailsService{
    userDetailsDict:userDetailsDict,
  }
}
```

如上代码所示，我们使用 map 存储用户信息，根据 username 加载用户信息，并验证用户名密码是否匹配。InMemoryClientDetailsService 的实现与 InMemoryUserDetailsService 类似，在此不作代码演示，详情请参考 ch11-security/service/client_service.go 文件即可。

2．TokenGrant 令牌生成器

接下来我们定义 TokenGranter 接口，它根据授权类型使用不同的方式对用户和客户端信息进行认证，认证成功后生成并返回访问令牌，源码位于 ch11-security/service/token_service.go，接口定义如下：

```
type TokenGranter interface {
  Grant(ctx context.Context, grantType string, client *ClientDetails,
reader *http.Request) (*OAuth2Token, error)
}
```

TokenGranter 的接口方法接受授权类型、请求的客户端和请求体作为参数。我们可以使用组合模式，使得不同的授权类型使用不同的 TokenGranter 接口实现结构体来生成访问令牌，组合节点 ComposeTokenGranter 的定义如下：

```
var (
ErrNotSupportGrantType = errors.New("grant type is not supported")
)
type ComposeTokenGranter struct {
 TokenGrantDict map[string] TokenGranter
}
func NewComposeTokenGranter(tokenGrantDict  map[string]  TokenGranter)
TokenGranter {
  return &ComposeTokenGranter{
     TokenGrantDict:tokenGrantDict,
  }
}
func (tokenGranter *ComposeTokenGranter) Grant(ctx context.Context,
grantType string, client *ClientDetails, reader *http.Request) (*OAuth2Token,
error) {
  // 获取具体的授权 TokenGranter 生成访问令牌
  dispatchGranter := tokenGranter.TokenGrantDict[grantType]
  if dispatchGranter == nil{
     return nil, ErrNotSupportGrantType
  }
  return dispatchGranter.Grant(ctx, grantType, client, reader)
}
```

如上述代码所示，ComposeTokenGranter 方法主要根据 grantType 从 map 中获取对应类型的 TokenGranter 接口实现结构体，然后使用其验证客户端和用户凭证，并生成访问令牌返回。比如在客户端使用密码类型请求访问令牌，那我们需要对客户端携带的用户名和密码进行校验，如 UsernamePasswordTokenGranter 密码类型的 TokenGranter 接口实现结构体的代码所示：

```
var (
ErrNotSupportOperation = errors.New("no support operation")
ErrInvalidUsernameAndPasswordRequest  = errors.New("invalid username,
password")
)
type UsernamePasswordTokenGranter struct {
supportGrantType string
userDetailsService UserDetailsService
tokenService TokenService
}

func          NewUsernamePasswordTokenGranter(grantType          string,
userDetailsService UserDetailsService, tokenService TokenService) TokenGrant
{
  return &UsernamePasswordTokenGranter{
      supportGrantType:grantType,
      userDetailsService:userDetailsService,
      tokenService:tokenService,
  }
}
func     (tokenGranter     *UsernamePasswordTokenGranter)     Grant(ctx
context.Context,
  grantType   string,   client   *ClientDetails,   reader   *http.Request)
(*OAuth2Token, error) {
  if grantType != tokenGranter.supportGrantType{
      return nil, ErrNotSupportGrantType
  }
  // 从请求体中获取用户名密码
  username := reader.FormValue("username")
  password := reader.FormValue("password")

  if username == "" || password == ""{
      return nil, ErrInvalidUsernameAndPasswordRequest
  }

  // 验证用户名密码是否正确
  userDetails,                        err                         :=
tokenGranter.userDetailsService.GetUserDetailByUsername(ctx,      username,
password)

  if err != nil{
      return nil, ErrInvalidUsernameAndPasswordRequest
  }

  // 根据用户信息和客户端信息生成访问令牌
  return tokenGranter.tokenService.CreateAccessToken(&OAuth2Details{
      Client:client,
      User:userDetails,
  })
}
```

我们来分析一下，在 UsernamePasswordTokenGranter.Grant 方法中主要进行了以下工作：

（1）从请求体中获取客户端提交的用户名和密码。

（2）验证用户名和密码是否有效。

（3）委托 TokenService 根据用户信息和客户端信息生成访问令牌。

同时我们需要把令牌刷新的相关逻辑封装到 RefreshTokenGranter 中，代码如下：

```
var(
ErrInvalidTokenRequest = errors.New("invalid token")
)
type RefreshTokenGranter struct {
  supportGrantType string
  tokenService TokenService
}
func    NewRefreshGranter(grantType    string,    userDetailsService
UserDetailsService, tokenService TokenService) TokenGranter {
  return &RefreshTokenGranter{
    supportGrantType:grantType,
    tokenService:tokenService,
  }
}
func  (tokenGranter *RefreshTokenGranter)  Grant(ctx  context.Context,
grantType string, client *ClientDetails, reader *http.Request) (*OAuth2Token,
error) {
  if grantType != tokenGranter.supportGrantType{
    return nil, ErrNotSupportGrantType
  }
  // 从请求中获取刷新令牌
  refreshTokenValue := reader.URL.Query().Get("refresh_token")

  if refreshTokenValue == ""{
    return nil, ErrInvalidTokenRequest
  }

  return
tokenGranter.tokenService.RefreshAccessToken(refreshTokenValue)

}
```

在上述代码中，RefreshTokenGranter.Grant 方法将请求参数中的 refresh_token 参数取出，并调用 TokenService.RefreshAccessToken 根据刷新令牌获取访问令牌和刷新令牌。

除了以上提供的 UsernamePasswordTokenGranter 和 RefreshTokenGranter 令牌生成器，读者们还可以根据需要实现其他授权类型的令牌生成器，甚至自定义标准授权类型以外的令牌生成器，相关知识内容前面已经讲过，相信读者可以做到。

3. TokenService 令牌服务

令牌服务的主要作用是进行令牌的管理，因此在介绍令牌服务之前，我们先来了解一下令牌结构体 OAuth2Token 中携带了哪些信息，源码位于 ch11-security/model/token.go 下，代码如下所示：

```
type OAuth2Token struct {
  // 刷新令牌
  RefreshToken *OAuth2Token
```

```
  // 令牌类型
  TokenType string
  // 令牌
  TokenValue string
  // 过期时间
  ExpiresTime *time.Time

}
func (oauth2Token *OAuth2Token) IsExpired() bool {
  return oauth2Token.ExpiresTime != nil &&
    oauth2Token.ExpiresTime.Before(time.Now())
}
// 令牌绑定的用户和客户端信息
type OAuth2Details struct {
 Client *ClientDetails
 User *UserDetails
 }
```

在 OAuth2Token 结构体中，包含了刷新令牌、令牌类型、令牌值和过期时间等属性。一般来讲，OAuth2Token 会和 OAuth2Details 一一绑定，代表当前操作的用户和客户端。

在 TokenGrant 中，我们最后都是使用 TokenService.CreateAccessToken 方法为请求的客户端生成访问令牌。TokenService 接口用于生成和管理令牌，它使用 TokenStore 保存令牌，源码位于 ch11-security/service/token_service.go 下，主要提供以下方法：

```
type TokenService interface {
  // 根据访问令牌获取对应的用户信息和客户端信息
  GetOAuth2DetailsByAccessToken(tokenValue string) (*OAuth2Details, error)
  // 根据用户信息和客户端信息生成访问令牌
  CreateAccessToken(oauth2Details *OAuth2Details) (*OAuth2Token, error)
  // 根据刷新令牌获取访问令牌
  RefreshAccessToken(refreshTokenValue string) (*OAuth2Token, error)
  // 根据用户信息和客户端信息获取已生成访问令牌
  GetAccessToken(details *OAuth2Details) (*OAuth2Token, error)
  // 根据访问令牌值获取访问令牌结构体
  ReadAccessToken(tokenValue string) (*OAuth2Token, error)
}
```

CreateAccessToken、GetOAuth2DetailsByAccessToken 和 RefreshAccessToken 等方法涉及到访问令牌的创建、验证以及根据刷新令牌创建访问令牌等核心能力，是 TokenService 接口的核心，也是我们接下来讲解的重点。而 GetAccessToken 和 ReadAccessToken 方法主要是一些读取操作，相对简单，就不在书中详细介绍了，请读者自行翻阅源码。TokenService 的默认实现为 DefaultTokenService，源码位于 ch11-security/service/token_service.go 中。

（1）CreateAccessToken 方法

CreateAccessToken 方法顾名思义是用来生成访问令牌。在该方法中，会尝试根据用户信息和客户端信息从 TokenStore 中获取已保存的访问令牌。如果访问令牌存在且未失效，将会直接返回该访问令牌；如果访问令牌已经失效，那么将尝试根据用户信息和客户端信息生成一个新的访问令牌并返回。代码如下所示：

```
func (tokenService * DefaultTokenService) CreateAccessToken(oauth2Details
```

```
*OAuth2Details) (*OAuth2Token, error) {

    existToken, err := tokenService.tokenStore.GetAccessToken(oauth2Details)
    var refreshToken *OAuth2Token
    if err == nil{
        // 存在未失效访问令牌，直接返回
        if !existToken.IsExpired(){
            tokenService.tokenStore.StoreAccessToken(existToken,
oauth2Details)
            return existToken, nil


        }
        // 访问令牌已失效，移除
    tokenService.tokenStore.RemoveAccessToken(existToken.TokenValue)
        if existToken.RefreshToken != nil {
            refreshToken = existToken.RefreshToken

    tokenService.tokenStore.RemoveRefreshToken(refreshToken.TokenType)
        }
    }

    if refreshToken == nil || refreshToken.IsExpired(){
        refreshToken, err = tokenService.createRefreshToken(oauth2Details)
        if err != nil{
            return nil, err
        }
    }

    // 生成新的访问令牌
    accessToken,   err   :=   tokenService.createAccessToken(refreshToken,
oauth2Details)
    if err == nil{
        // 保存新生成令牌
        tokenService.tokenStore.StoreAccessToken(accessToken,
oauth2Details)
        tokenService.tokenStore.StoreRefreshToken(refreshToken,
oauth2Details)
    }
    return accessToken, err
    }
```

在上述代码中，除了生成访问令牌，我们还生成了刷新令牌。在令牌生成成功之后，我们通过 TokenStore 将它们保存到系统中。生成访问令牌和刷新令牌的具体方法如下：

```
    func (tokenService *DefaultTokenService) createAccessToken(refreshToken
*OAuth2Token, oauth2Details *OAuth2Details) (*OAuth2Token, error) {
    // 根据客户端信息计算有效时间
    validitySeconds := oauth2Details.Client.AccessTokenValiditySeconds
    s, _ := time.ParseDuration(strconv.Itoa(validitySeconds) + "s")
    expiredTime := time.Now().Add(s)
    accessToken := &OAuth2Token{
        RefreshToken:refreshToken,
        ExpiresTime:&expiredTime,
        TokenValue:uuid.NewV4().String(),
    }
    // 转化访问令牌的类型
    if tokenService.tokenEnhancer != nil{
        return tokenService.tokenEnhancer.Enhance(accessToken, oauth2Details)
```

```
    }
    return accessToken, nil
}

func (tokenService *TokenService) createRefreshToken(oauth2Details
*OAuth2Details) (*OAuth2Token, error) {
    // 根据客户端信息计算有效时间
    validitySeconds := oauth2Details.Client.RefreshTokenValiditySeconds
    s, _ := time.ParseDuration(strconv.Itoa(validitySeconds) + "s")
    expiredTime := time.Now().Add(s)
    refreshToken := &OAuth2Token{
        ExpiresTime:&expiredTime,
        TokenValue:uuid.NewV4().String(),
    }
    // 转化授权令牌令牌的类型
    if tokenService.tokenEnhancer != nil{
        return tokenService.tokenEnhancer.Enhance(refreshToken, oauth2Details)
    }
    return refreshToken, nil
}
```

生成访问令牌和刷新令牌的方法大同小异，我们使用 UUID 来生成一个唯一标识来区分不同的访问令牌和刷新令牌，并根据客户端信息中配置的访问令牌和刷新令牌的有效时长计算令牌的有效时间。如果配置有 TokenEnhancer 令牌转化器，最后还会使用它来转化令牌的样式。后面的讲解（TokenStore 令牌存储器）中我们会使用 JwtTokenEnhancer 将当前的令牌转化为 JWT 样式。

（2）GetOAuth2DetailsByAccessToken 方法

生成的访问令牌是与请求的客户端和用户信息是相互绑定的，因此在验证访问令牌的有效性时，可以根据访问令牌逆向获取到客户端信息和用户信息，这样才能通过访问令牌确定当前的操作用户和授权的客户端。主要实现位于 GetOAuth2DetailsByAccessToken 方法中，代码如下：

```
func (tokenService *DefaultTokenService) GetOAuth2DetailsByAccess
Token(tokenValue string) (*OAuth2Details, error) {

    accessToken, err := tokenService.tokenStore.ReadAccessToken(tokenValue)
    if err == nil{
        if accessToken.IsExpired(){
            return nil, ErrExpiredToken
        }
        return tokenService.tokenStore.ReadOAuth2Details(tokenValue)
    }
    return nil, err
}
```

GetOAuth2DetailsByAccessToken 方法首先根据访问令牌值从 TokenStore 中获取到对应的访问令牌结构体。如果访问令牌没有失效，再通过 TokenStore 获取生成访问令牌时绑定的用户信息和客户端信息；若访问令牌失效，则直接返回已失效的错误。

（3）RefreshAccessToken 方法

RefreshAccessToken 方法用于根据刷新令牌生成新的访问令牌和刷新令牌，通常在客户端持有的访问令牌失效时，客户端可以使用访问令牌中携带的刷新令牌重新生成新的有效访问令牌，代码如下所示：

```
func (tokenService *DefaultTokenService) RefreshAccessToken (refreshTokenValue
string) (*OAuth2Token, error){

    refreshToken,    err    :=    tokenService.tokenStore.ReadRefreshToken
(refreshTokenValue)

    if err == nil{
        if refreshToken.IsExpired(){
            return nil, ErrExpiredToken
        }
        oauth2Details, err := tokenService.tokenStore.ReadOAuth2DetailsFor
RefreshToken(refreshTokenValue)
        if err == nil{
            oauth2Token,    err    :=    tokenService.tokenStore.GetAccessToken
(oauth2Details)

            // 移除原有的访问令牌
            if err == nil{

    tokenService.tokenStore.RemoveAccessToken(oauth2Token.TokenValue)
            }

            // 移除已使用的刷新令牌
            tokenService.tokenStore.RemoveRefreshToken(refreshTokenValue)
            refreshToken,    err    =    tokenService.createRefreshToken
(oauth2Details)
            if err == nil{
                accessToken,    err    :=    tokenService.createAccessToken
(refreshToken, oauth2Details)
                if err == nil{
                    tokenService.tokenStore.StoreAccessToken(accessToken,
oauth2Details)
                    tokenService.tokenStore.StoreRefreshToken(refreshToken,
oauth2Details)
                }
                return accessToken, err;
            }
        }
    }
    return nil, err
}
```

在上述代码中，我们首先使用 TokenStore 将刷新令牌值对应的刷新令牌结构体查询出来，用于判断刷新令牌是否过期；再根据刷新令牌值获取刷新令牌绑定的用户信息和客户端信息，最后我们移除原有的访问令牌和已使用的刷新令牌，并根据用户信息和客户端信息生成新的访问令牌和刷新令牌返回。

4. TokenStore 令牌存储器

TokenStore 负责存储生成的令牌并维护令牌、用户、客户端之间的绑定关系，源码位于 ch11-security/service/token_service.go 中，TokenStore 提供以下接口：

```
type TokenStore interface {

// 存储访问令牌
StoreAccessToken(oauth2Token          *OAuth2Token,          oauth2Details
*OAuth2Details)
// 根据令牌值获取访问令牌结构体
ReadAccessToken(tokenValue string) (*OAuth2Token, error)
// 根据令牌值获取令牌对应的客户端和用户信息
ReadOAuth2Details(tokenValue string)(*OAuth2Details, error)
// 根据客户端信息和用户信息获取访问令牌
GetAccessToken(oauth2Details *OAuth2Details)(*OAuth2Token, error);
// 移除存储的访问令牌
RemoveAccessToken(tokenValue string)
// 存储刷新令牌
StoreRefreshToken(oauth2Token          *OAuth2Token,          oauth2Details
*OAuth2Details)
// 移除存储的刷新令牌
RemoveRefreshToken(oauth2Token string)
// 根据令牌值获取刷新令牌
ReadRefreshToken(tokenValue string)(*OAuth2Token, error)
// 根据令牌值获取刷新令牌对应的客户端和用户信息
ReadOAuth2DetailsForRefreshToken(tokenValue     string)(*OAuth2Details,
error)
}
```

我们将通过 JwtTokenEnhancer 方法具体实现 JwtTokenStore 的功能，使用 JWT 样式为我们维护令牌、用户和客户端之间的绑定关系。我们可以在 JWT 样式的令牌中携带用户信息和客户端信息，使用 JWT 自包含的特性避免将这些关联关系单独存储在系统中。

TokenEnhancer 方法提供以下接口：

```
type TokenEnhancer interface {
// 组装 Token 信息
Enhance(oauth2Token     *OAuth2Token,     oauth2Details     *OAuth2Details)
(*OAuth2Token, error)
// 从 Token 中还原信息
Extract(tokenValue string) (*OAuth2Token, *OAuth2Details, error)
}
```

JwtTokenEnhancer 会把令牌对应的用户信息和客户端信息写入到 JWT 样式的令牌声明中，这样我们通过令牌值即可知道令牌绑定的用户信息和客户端信息，它的 Enhance 方法实现如下：

```
func (enhancer *JwtTokenEnhancer) Enhance(oauth2Token *OAuth2Token,
oauth2Details *OAuth2Details) (*OAuth2Token, error) {
return enhancer.sign(oauth2Token, oauth2Details)
}
```

```
    func  (enhancer  *JwtTokenEnhancer)  sign(oauth2Token  *OAuth2Token,
oauth2Details *OAuth2Details)  (*OAuth2Token, error) {

    expireTime := oauth2Token.ExpiresTime
    clientDetails := *oauth2Details.Client
    userDetails := *oauth2Details.User
    // 去除敏感信息
    clientDetails.ClientSecret = ""
    userDetails.Password = ""
    // 将用户信息和客户端信息写入到 JWT 的声明中
    claims := OAuth2TokenCustomClaims{
        UserDetails:userDetails,
        ClientDetails:clientDetails,
        StandardClaims:jwt.StandardClaims{
            ExpiresAt:expireTime.Unix(),
            Issuer:"System",
        },
    }

    if oauth2Token.RefreshToken != nil{
        claims.RefreshToken = *oauth2Token.RefreshToken
    }
    // 使用密钥对 JWT 进行签名
    token := jwt.NewWithClaims(jwt.SigningMethodHS256, claims)
    tokenValue, err := token.SignedString(enhancer.secretKey)
    // 放回转化后的访问令牌值
    if err == nil{
        oauth2Token.TokenValue = tokenValue
        oauth2Token.TokenType = "jwt"
        return oauth2Token, nil;

    }
    return nil, err
    }
```

在上述代码中，我们将令牌对应的用户信息和客户端信息写入到了 JWT 的声明中，当我们再次拿到令牌时，就可以根据令牌值获取到令牌绑定的用户信息和客户端信息。令牌解析的代码如下：

```
    func   (enhancer   *JwtTokenEnhancer)   Extract(tokenValue   string)
(*OAuth2Token, *OAuth2Details, error) {
    // 使用 JWT 密钥解析令牌值
    token, err := jwt.ParseWithClaims(tokenValue, &OAuth2TokenCustomClaims{},
func(token *jwt.Token) (i interface{}, e error) {
        return enhancer.secretKey, nil
    })
    if err == nil{
        // 从 JWT 的声明中获取令牌对应的用户信息和客户端信息
        claims := token.Claims.(*OAuth2TokenCustomClaims)
        expiresTime := time.Unix(claims.ExpiresAt, 0)
        return &OAuth2Token{
            RefreshToken:&claims.RefreshToken,
            TokenValue:tokenValue,
            ExpiresTime: &expiresTime,
        }, &OAuth2Details{
            User:&claims.UserDetails,
            Client:&claims.ClientDetails,
```

```
    }, nil

  }
  return nil, nil, err
}
```

通过 JWT 的方式，每个令牌的信息都是自包含的，它携带了请求它的用户信息和客户端信息，在资源服务器解析 JWT 成功后，即可定位当前请求的来源方。

借助 JwtTokenEnhancer，我们就能很方便地管理 JwtTokenStore 中的令牌和用户、客户端之间的绑定关系。由于 JWT 签发之后不可更改，所以令牌只有在有效时长后才会失效，同时系统中也不会保存令牌值，这样就避免了频繁的 I/O 操作。JwtTokenStore 的实现读者可以参考 ch11-security/service/token_service.go 文件，主要借助 JwtTokenEnhancer 编码 JWT 和解码 JWT 的能力实现，在此不过多演示。

5．/oauth/token 和/oauth/check_token

/oauth/token 端点用于请求访问令牌，它通过请求参数中的 grant_type 来识别请求访问令牌的授权类型，并验证请求中携带的客户端凭证和用户凭证是否有效，只有通过验证的客户端请求才能获取访问令牌。/oauth/check_token 端点提供给客户端和资源服务器验证访问令牌的有效性；如果访问令牌有效，将会返回访问令牌绑定的用户信息和客户端信息。

在请求访问令牌之前，我们需要首先在验证 Authorization 请求头中携带的客户端信息，对此我们需要添加 makeClientAuthorizationContext 请求处理器来获取请求中的客户端信息，源码位于 ch11-security/transport/http.go 中，代码如下所示：

```
func                    makeClientAuthorizationContext(clientDetailsService
service.ClientDetailsService, logger log.Logger) kithttp.RequestFunc {

  return func(ctx context.Context, r *http.Request) context.Context {
    // 获取 Authorization 中的客户端信息
    if clientId, clientSecret, ok := r.BasicAuth(); ok {
      // 验证客户端信息
      clientDetails,                        err                          :=
clientDetailsService.GetClientDetailByClientId(ctx, clientId, clientSecret)
      if err == nil {
        // 验证成功，在请求上下文放入客户端信息
        return  context.WithValue(ctx,  endpoint.OAuth2ClientDetailsKey,
clientDetails)
      }
    }
    // 验证失败，在请求上下文放入验证失败错误
    return          context.WithValue(ctx,          endpoint.OAuth2ErrorKey,
ErrInvalidClientRequest)
  }
}
```

一般来讲，客户端信息会通过 base64 的方式加密后放入到 Authorization 请求头中，加密前的信息按照 clientId:clientSecret 的规则组装。在上述代码中，我们从 Authorization

请求头获取到请求的客户端信息后，使用 ClientDetailsService 加载客户端信息并校验，验证成功后，将客户端信息放入到 context 中传递到下游。

在请求正式进入到 Endpoint 之前，我们还要验证 context 的客户端信息是否存在，这就需要添加客户端验证中间件 MakeClientAuthorizationMiddleware，源码位于 ch11-security/endpoint/endpoint.go 下，代码如下所示：

```go
func              MakeClientAuthorizationMiddleware(logger              log.Logger)
endpoint.Middleware {
    return func(next endpoint.Endpoint) endpoint.Endpoint {

      return func(ctx context.Context, request interface{}) (response
interface{}, err error) {
          // 请求上下文是否存在错误
          if err, ok := ctx.Value(OAuth2ErrorKey).(error); ok{
            return nil, err
          }
          // 验证客户端信息是否存在，不存在返回异常
          if _, ok := ctx.Value(OAuth2ClientDetailsKey).(*model.ClientDetails);
!ok{
            return nil, ErrInvalidClientRequest
          }
          return next(ctx, request)
      }
    }
}
```

在 MakeClientAuthorizationMiddleware 中间件中会验证请求上下文是否携带了客户端信息，如果请求中没有携带验证过的客户端信息，将直接返回错误给请求方。

接下来我们定义/oauth/token 和/oauth/check_token 的 endpoint 层代码，源码位于 ch11-security/endpoint/endpoint.go，代码如下所示：

```go
const (
OAuth2DetailsKey       = "OAuth2Details"
OAuth2ClientDetailsKey = "OAuth2ClientDetails"
OAuth2ErrorKey         = "OAuth2Error"

)
var (
ErrInvalidClientRequest = errors.New("invalid client message")
ErrInvalidUserRequest = errors.New("invalid user message")
ErrNotPermit = errors.New("not permit")
)
type TokenRequest struct {
GrantType string
Reader *http.Request
}

type TokenResponse struct {
AccessToken *model.OAuth2Token `json:"access_token"`
Error string `json:"error"`
}
```

```
// make endpoint
func MakeTokenEndpoint(svc service.TokenGranter, clientService
service.ClientDetailsService) endpoint.Endpoint {
  return func(ctx context.Context, request interface{}) (response
interface{}, err error) {
    req := request.(*TokenRequest)
    token, err := svc.Grant(ctx, req.GrantType,
ctx.Value(OAuth2ClientDetailsKey).(*model.ClientDetails), req.Reader)
    var errStrinq = ""
    if err != nil{
        errString = err.Error()
    }

    return TokenResponse{
        AccessToken:token,
        Error:errString,
    }, nil
  }
}


type CheckTokenRequest struct {
 Token string
 ClientDetails model.ClientDetails
 }

type CheckTokenResponse struct {
 OAuthDetails *model.OAuth2Details `json:"o_auth_details"`
 Error string `json:"error"`

 }

func MakeCheckTokenEndpoint(svc service.TokenService) endpoint.Endpoint
{
  return func(ctx context.Context, request interface{}) (response
interface{}, err error) {
    req := request.(*CheckTokenRequest)
    tokenDetails, err := svc.GetOAuth2DetailsByAccessToken(req.Token)

    var errString = ""
    if err != nil{
        errString = err.Error()
    }

    return CheckTokenResponse{
        OAuthDetails:tokenDetails,
        Error:errString,
    }, nil
  }
}
```

在上述代码中，MakeTokenEndpoint 端点将从 context 中获取到请求客户端信息，然后委托 TokenGrant 根据授权类型和用户凭证为客户端生成访问令牌并返回。而 MakeCheck TokenEndpoint 端点则将请求中 tokenValue 传递给 TokenService.GetOAuth2DetailsByAccess Token 方法以验证 token 的有效性。

在 transport 层中，我们需要把上述两个 Endpoint 暴露到/oauth/token 和/oauth/check_token 端点中，客户端就可以通过 HTTP 的方式分别请求/oauth/token 和/oauth/check_token 端点，获取访问令牌和验证访问令牌的有效性。源码位于 ch11-security/transport/http.go 中，代码如下所示：

```
// MakeHttpHandler make http handler use mux
func        MakeHttpHandler(ctx        context.Context,        endpoints
endpoint.OAuth2Endpoints, tokenService service.TokenService, clientService
service.ClientDetailsService, logger log.Logger) http.Handler {
    r := mux.NewRouter()

    // 添加客户端信息上下文以获取和验证客户端信息
    clientAuthorizationOptions := []kithttp.ServerOption{
      kithttp.ServerBefore(makeClientAuthorizationContext(clientService,
logger)),
      kithttp.ServerErrorHandler(transport.NewLogErrorHandler(logger)),
      kithttp.ServerErrorEncoder(encodeError),
    }

    r.Methods("POST").Path("/oauth/token").Handler(kithttp.NewServer(
      endpoints.TokenEndpoint,
      decodeTokenRequest,
      encodeJsonResponse,
      clientAuthorizationOptions...,
    ))

    r.Methods("POST").Path("/oauth/check_token").Handler(kithttp.NewServer(
      endpoints.CheckTokenEndpoint,
      decodeCheckTokenRequest,
      encodeJsonResponse,
      clientAuthorizationOptions...,
    ))

    oauth2AuthorizationOptions := []kithttp.ServerOption{
      kithttp.ServerBefore(makeOAuth2AuthorizationContext(tokenService,
logger)),
      kithttp.ServerErrorHandler(transport.NewLogErrorHandler(logger)),
      kithttp.ServerErrorEncoder(encodeError),
    }
    ...

    return r
}
```

从上述代码中可以看到，为了保证 Endpoint 能够获取到已验证的客户端信息，我们在请求执行之前添加了 makeClientAuthorizationContext 请求处理器，用于加载并验证请求中的客户端信息。

6. 请求访问令牌和刷新令牌

在完成 service 层、endpoint 层和 transport 层代码之后，我们还需要完成 oauth 服务的 main 函数，然后使用搭建好的授权服务器请求访问令牌和验证访问令牌。源码位于 ch11-security/main 中，代码如下所示：

```go
func main() {

  var (
    servicePort = flag.Int("service.port", 10086, "service port")
    serviceHost = flag.String("service.host", "127.0.0.1", "service host")
    consulPort = flag.Int("consul.port", 8500, "consul port")
    consulHost = flag.String("consul.host", "127.0.0.1", "consul host")
    serviceName = flag.String("service.name", "oauth", "service name")
  )

  flag.Parse()

  ctx := context.Background()
  errChan := make(chan error)


  var discoveryClient discover.DiscoveryClient
  discoveryClient, err := discover.NewKitDiscoverClient(*consulHost,
*consulPort)

  if err != nil{
    config.Logger.Println("Get Consul Client failed")
    os.Exit(-1)

  }

  var tokenService service.TokenService
  var tokenGranter service.TokenGranter
  var tokenEnhancer service.TokenEnhancer
  var tokenStore service.TokenStore
  var userDetailsService service.UserDetailsService
  var clientDetailsService service.ClientDetailsService
  var srv service.Service


  tokenEnhancer = service.NewJwtTokenEnhancer("secret")
  tokenStore                                                       =
service.NewJwtTokenStore(tokenEnhancer.(*service.JwtTokenEnhancer))
  tokenService = service.NewTokenService(tokenStore, tokenEnhancer)

  userDetailsService     =     service.NewInMemoryUserDetailsService([]
*model.UserDetails{{
    Username:    "simple",
    Password:    "123456",
    UserId:       1,
    Authorities: []string{"Simple"},
  },
    {
      Username:    "admin",
      Password:    "123456",
      UserId:       1,
      Authorities: []string{"Admin"},
    }})
  clientDetailsService    =    service.NewInMemoryClientDetailService([]
*model.ClientDetails{{
    "clientId",
    "clientSecret",
    1800,
```

```go
        18000,
        "http://127.0.0.1",
        [] string{"password", "refresh_token"},
    }})
    srv = service.NewCommonService()

    tokenGranter    =    service.NewComposeTokenGranter(map[string]service.
TokenGranter{
        "password":        service.NewUsernamePasswordTokenGranter("password",
userDetailsService, tokenService),
        "refresh_token":            service.NewRefreshGranter("refresh_token",
userDetailsService, tokenService),
    })


    tokenEndpoint        :=        endpoint.MakeTokenEndpoint(tokenGranter,
clientDetailsService)
    // 添加客户端验证中间件
    tokenEndpoint                                                            =
endpoint.MakeClientAuthorizationMiddleware(config.KitLogger)(tokenEndpoint
)
    // 添加客户端验证中间件
    checkTokenEndpoint := endpoint.MakeCheckTokenEndpoint(tokenService)
    checkTokenEndpoint                                                       =
endpoint.MakeClientAuthorizationMiddleware(config.KitLogger)(checkTokenEnd
point)

    //创建健康检查的 Endpoint
    healthEndpoint := endpoint.MakeHealthCheckEndpoint(srv)

    endpts := endpoint.OAuth2Endpoints{
      TokenEndpoint:tokenEndpoint,
      CheckTokenEndpoint:checkTokenEndpoint,
      HealthCheckEndpoint: healthEndpoint,

    }

    //创建 http.Handler
    r    :=    transport.MakeHttpHandler(ctx,    endpts,    tokenService,
clientDetailsService, config.KitLogger)

    instanceId := *serviceName + "-" + uuid.NewV4().String()


    //http server
    go func() {
      config.Logger.Println("Http    Server    start    at    port:"    +
strconv.Itoa(*servicePort))
      //启动前执行注册
      if !discoveryClient.Register(*serviceName, instanceId, "/health",
*serviceHost, *servicePort, nil, config.Logger){
        config.Logger.Printf("use-string-service for service %s failed.",
serviceName)
      // 注册失败，服务启动失败
      os.Exit(-1)
    }
```

```
      handler := r
      errChan <- http.ListenAndServe(":" + strconv.Itoa(*servicePort),
handler)
   }()

   go func() {
      c := make(chan os.Signal, 1)
      signal.Notify(c, syscall.SIGINT, syscall.SIGTERM)
      errChan <- fmt.Errorf("%s", <-c)
   }()

   error := <-errChan
   //服务退出取消注册
   discoveryClient.DeRegister(instanceId, config.Logger)
   config.Logger.Println(error)
}
```

在上述代码中，我们依次构建了 service 层、endpoint 层和 transport 层。

我们首先使用 InMemoryClientDetailService 添加了一个客户端信息，该客户端可以使用密码类型请求访问令牌以及刷新令牌；使用 InMemoryUserDetailService 也添加了两个具体的用户，他们分别具备不同的权限"Simple"和"Admin"。

我们还定义了 TokenService，它使用 JwtTokenStore 来存储令牌；我们的授权服务器允许使用密码类型请求访问令牌以及刷新令牌，在 TokenGrant 中注入 UsernamePassword TokenGranter 和 RefreshTokenGranter 令牌生成器；还对构建好的 TokenEndpoint 和 CheckTokenEndpoint 使用 MakeCheckTokenEndpoint 进行了装饰，用于检查客户端信息是否存在；最后向 Consul 发起服务注册和在 10098 端口启动了 HTTP 服务器。

启动 consul 之后，在 ch11-security 目录下执行以下启动命令：

```
go run main.go
```

我们首先请求/oauth/token 获取访问令牌，请求 curl 命令如下：

```
curl -X POST \
 'http://localhost:10098/oauth/token?grant_type=password' \
 -H 'Authorization: Basic Y2xpZW50SWQ6Y2xpZW50U2VjcmV0' \
 -H 'Content-Type: multipart/form-data
 -H 'Host: localhost:10098' \
 -F username=simple \
 -F password=123456
```

我们在请求头 Authorization 携带了经过 base64 加密之后的 clientId:clientSecret，指定 grant_type 为 password，并在表单中携带了用户名和密码。

如果一切顺利，我们会拿到以下的返回结果：

```
{
    "RefreshToken": {
        "RefreshToken": null,
        "TokenType": "jwt",
        "TokenValue": "...",
        "ExpiresTime": "2019-09-19T16:47:56.719206+08:00"
    },
    "TokenType": "jwt",
```

```
        "TokenValue": "...",
        "ExpiresTime": "2019-09-19T12:17:56.71945+08:00"
    }
```

上述结果中，由于令牌值过长，此处使用了"..."代替，其中 TokenValue 即我们需要的访问令牌值。接着我们使用我们申请的访问令牌请求/oauth/check_token 端点，验证令牌是否有效，curl 命令如下所示：

```
curl -X POST \
    'http://localhost:10098/oauth/check_token?token=...' \
    -H 'Authorization: Basic Y2xpZW50SWQ6Y2xpZW50U2VjcmV0' \
    -H 'Host: localhost:10098' \
```

我们将令牌值作为 token 参数的值，同样使用"..."代替。如果一切顺利，将能在请求结果中获取到令牌对应的用户信息和客户端信息，如下所示：

```
{
    "Client": {
        "ClientId": "clientId",
        "ClientSecret": "",
        "AccessTokenValiditySeconds": 1800,
        "RefreshTokenValiditySeconds": 18000,
        "RegisteredRedirectUri": "http://127.0.0.1",
        "AuthorizedGrantTypes": [
            "password",
            "authorization_code"
        ]
    },
    "User": {
        "UserId": 1,
        "Username": "simple",
        "Password": "",
        "Authorities": [
            "Simple"
        ]
    }
}
```

如果访问令牌失效了，我们可以使用请求访问令牌时返回的刷新令牌来重新请求访问令牌，curl 命令如下所示：

```
curl -X POST \
   'http://localhost:10098/oauth/token?grant_type=refresh_token&refresh_token
=eyJhbGciOiJIUzI1NiIsInR5cCI6IkpXVCJ9.eyJVc2VyRGV0YWlscyI6eyJVc2VySWQiOjEs
IlVzZXJuYW1lIjoic2ltcGxlIiwiUGFzc3dvcmQiOiIiLCJBdXRob3JpdGllcyI6WyJTaW1wbG
UiXX0sIkNsaWVudERldGFpbHMiOnsiQ2xpZW50SWQiOiJjbGllbnRJZCIsIkNsaWVudFN1Y3Jl
dCI6IiIsIkFjY2Vzc1Rva2VuVmFsaWRpdHlTZWNvbmRzIjoxODAwLCJSZWZyZXNoVG9rZW5WYW
xpZGl0eVNlY29uZHMiOjE4MDAwLCJSZWdpc3RlcmVkUmVkaXJlY3RVcmkiOiJodHRwOi8vMTI3
LjAuMC4xIiwiQXV0aG9yaXplZEdyYW50VHlwZXMiOlsicGFzc3dvcmQiLCJhdXRob3JpemF0aW
9uX2NvZGUiXX0sIlJlZnJlc2hUb2tlbiI6eyJSZWZyZXNoVG9rZW4iOm51bGwsIlRva2VuVHlw
ZSI6IiIsIlRva2VuVmFsdWUiOiIiLCJFeHBpcmVzVGltZSI6bnVsbH0sImV4cCI6MTU2MTU2ODg4Mj
g3NiwiaXNzIjoiU3lzdGVtIn0.pAhOkV5UecEqlBsuMKBcFEX-YPm7677GquIi9pXZcmA' \
    -H 'Authorization: Basic Y2xpZW50SWQ6Y2xpZW50U2VjcmV0' \
    -H          'Content-Type:          multipart/form-data;
```

```
boundary=------------------------------7131181108864991159497028' \
    -H 'Host: localhost:10098' \
```

我们指定 grant_type 为 refresh_token，并在 Authorization 请求头携带客户端信息，以及在请求参数中携带 refresh_token。如果请求顺利，我们将获取到一个新的访问令牌，如下所示：

```
{
    "RefreshToken": {
        "RefreshToken": null,
        "TokenType": "jwt",
        "TokenValue": "...",
        "ExpiresTime": "2019-09-19T17:03:00.342383+08:00"
    },
    "TokenType": "jwt",
    "TokenValue": "...",
    "ExpiresTime": "2019-09-19T12:33:00.342423+08:00"
}
```

在本小节中，我们一步一步搭建了授权服务器。客户端可以使用密码模式携带用户的账号密码凭证向授权服务器请求访问令牌。访问令牌是一段自包含的 JWT 对象，其内包含了令牌绑定的用户信息和客户端信息。在下一小节中，我们将搭建资源服务器，并会尝试使用授权服务器颁发的访问令牌访问资源服务器中的受保护资源端点。

11.3.3　资源服务器

资源服务器中持有用户授权的各类资源。只有经过用户的授权，从授权服务器中获取到访问令牌的客户端，才能够从资源服务器中请求到受保护资源。接下来我们将在授权服务器的基础上添加资源服务器的实现。

在请求资源服务器的接口时，我们默认客户端会把访问令牌放置到 Authorization 请求头中，我们将从 Authorization 请求头中获取访问令牌用于验证用户身份。

1．令牌认证

在认证令牌之前，我们需要先从请求中解析出访问令牌，我们定义 makeOAuth2 AuthorizationContext 请求处理器用于从 Authorization 请求头解析出访问令牌，然后使用 TokenService 根据访问令牌获取到用户信息和客户端信息，源码位于 ch11-security/transport/http.go 下，代码如下所示：

```
func makeOAuth2AuthorizationContext(tokenService service.TokenService,
logger log.Logger) kithttp.RequestFunc {

  return func(ctx context.Context, r *http.Request) context.Context {

    // 获取访问令牌
    accessTokenValue := r.Header.Get("Authorization")
    var err error
    if accessTokenValue != ""{
      // 获取令牌对应的用户信息和客户端信息
      oauth2Details,                              err                              :=
```

```
tokenService.GetOAuth2DetailsByAccessToken(accessTokenValue)
        if err == nil {
            return        context.WithValue(ctx,        endpoint.OAuth2DetailsKey,
oauth2Details)
        }
    } else {
        err = ErrorTokenRequest
    }
    // token 无效, 返回重新登陆错误
    return context.WithValue(ctx, endpoint.OAuth2ErrorKey, err)
  }
}
```

在上述代码中，如果访问令牌不存在或者无效，将在请求上下文设置令牌无效的错误。由于访问令牌类型为 JWT，令牌中信息是自包含的，我们在资源服务器中就可以直接从令牌中解析出用户信息和客户端信息，无需请求授权服务器的/oauth/check_token 端点。如果访问令牌中的信息不足以进行认证和权限检查，在资源服务器和授权服务器分开部署时，我们就需要使用 HTTP 的方式请求授权服务器的/oauth/check_token 端点获取令牌绑定的用户信息和客户端信息。

获取到令牌对应的用户信息和客户端信息，说明请求的客户端已经得到了用户的授权，我们把用户信息和客户端信息放入到 context 中，便于接下来的验证和检查之用。

为了在进入 Endpoint 之前统一验证 context 中的 OAuth2Details 是否存在，我们添加了 MakeOAuth2AuthorizationMiddleware 认证检查中间件，代码位于 ch11-security/endpoint/endpoint.go 中，代码如下所示：

```
func         MakeOAuth2AuthorizationMiddleware(logger         log.Logger)
endpoint.Middleware {
    return func(next endpoint.Endpoint) endpoint.Endpoint {

      return func(ctx context.Context, request interface{}) (response
interface{}, err error) {

        if err, ok := ctx.Value(OAuth2ErrorKey).(error); ok{
          return nil, err
        }
        // 检查请求上下文中是否存在用户和客户端信息
        if _, ok := ctx.Value(OAuth2DetailsKey).(*model.OAuth2Details); !ok{
          return nil, ErrInvalidUserRequest
        }
        return next(ctx, request)
      }
    }
}
```

上述代码中，在请求进入到业务处理的 Endpoint 之前，MakeOAuth2Authorization Middleware 中间件会首先检查 context 中的 OAuth2Details 是否存在，如果不存在，说明请求没有经过认证，请求将会被拒绝访问。

2．鉴权

访问资源服务器受保护资源的端点，不仅需要请求中携带有效的访问令牌，还需要访问令牌对应的用户和客户端具备足够的权限，在 makeOAuth2AuthorizationContext 请求处理器中我们获取到了用户信息和客户端信息，可以根据它们具备的权限等级，判断是否具备访问端点的权限。因此我们需要添加 MakeAuthorityAuthorizationMiddleware 权限检查中间件，它要求访问的用户必须具备预设的权限，请求才能够继续进行，源码代码如下所示：

```go
func MakeAuthorityAuthorizationMiddleware(authority string, logger
log.Logger) endpoint.Middleware {
  return func(next endpoint.Endpoint) endpoint.Endpoint {

    return func(ctx context.Context, request interface{}) (response
interface{}, err error) {

      if err, ok := ctx.Value(OAuth2ErrorKey).(error); ok{
        return nil, err
      }
      // 获取 Context 中的用户和客户端信息
      if details, ok := ctx.Value(OAuth2DetailsKey).(*model.OAuth2Details);
!ok{
        return nil, ErrInvalidClientRequest
      }else {
        // 权限检查
        for _, value := range details.User.Authorities{
          if value == authority{
            return next(ctx, request)
          }
        }
        return nil, ErrNotPermit
      }
    }
  }
}
```

在上述代码中，我们首先从 context 中获取到访问令牌中解析出的用户信息和客户端信息，然后对用户的权限进行检查，只有具备预设权限的用户才能继续访问接口，否则返回权限不足的错误。当我们需要对相应的用户和客户端权限进行检查时，可以在请求端点添加多个权限检查的中间件，使用我们 makeOAuth2AuthorizationContext 请求处理器中获取的用户信息和客户端信息进行校验。

3．访问受限资源

受保护资源是资源服务器中被保护的用户数据。请求必须持有访问令牌和访问令牌绑定的用户具备足够的权限才能够访问，也就是说请求在调用受保护资源的接口前需要被认证中间件和权限检查中间件对请求中携带的访问令牌进行校验。接下来我们添加两个端点/simple 和/admin，其中/simple 仅需要携带有效的访问令牌即可访问，而/admin 端点则需要访问令牌绑定的用户具备 Admin 权限才能够访问。

在 service 层添加 CommonService 结构体用于处理上述两个端点的请求，源码位于 ch11-security/service/common_service.go 中，代码如下所示：

```go
type Service interface {
  SimpleData(username string) string
  AdminData(username string)  string
  // HealthCheck check service health status
  HealthCheck() bool
}
type CommonService struct {
}
func (s *CommonService) SimpleData(username string) string {
  return "hello " + username + " ,simple data, with simple authority"
}

func (s *CommonService) AdminData(username string) string {
  return "hello " + username + " ,admin data, with admin authority"

}
// HealthCheck implement Service method
// 用于检查服务的健康状态，这里仅仅返回 true
func (s *CommonService) HealthCheck() bool {
  return true
}

func NewCommonService() *CommonService {
  return &CommonService{}
}
```

在上述代码中，我们添加了 SimpleData 和 AdminData 方法用于处理来自/simple 和/admin 端点的请求。在 endpoint 层中，添加对应的 Endpoint 创建方法，源码位于 ch11-security/endpoint/ endpoint.go 中，代码如下所示：

```go
type SimpleRequest struct {
}
type SimpleResponse struct {
  Result string `json:"result"`
  Error string `json:"error"`
}
type AdminRequest struct {
}

type AdminResponse struct {
  Result string `json:"result"`
  Error string `json:"error"`
}

func MakeSimpleEndpoint(svc service.Service) endpoint.Endpoint {
  return func(ctx context.Context, request interface{}) (response
interface{}, err error) {
    result                                                       :=
svc.SimpleData(ctx.Value(OAuth2DetailsKey).(*model.OAuth2Details).User.Use
rname)
    return &SimpleResponse{
      Result:result,
    }, nil
```

```
  }

 }

 func MakeAdminEndpoint(svc service.Service) endpoint.Endpoint {
  return  func(ctx  context.Context,  request  interface{})  (response
interface{}, err error) {
   result                                                          :=
svc.AdminData(ctx.Value(OAuth2DetailsKey).(*model.OAuth2Details).User.User
name)
   return &AdminResponse{
    Result:result,
   }, nil
  }
 }
```

其中 MakeSimpleEndpoint 对应/simple 端点，MakeAdminEndpoint 对应/admin 端点，它们首先从 context 中获取用户和客户端信息，然后直接调用 service 中服务接口返回。在 transport 层，我们需要将创建好的 Endpoint 通过 HTTP 的方式暴露出去，源码位于 ch11-security/transport/http.go 中，代码如下所示：

```
 oauth2AuthorizationOptions := []kithttp.ServerOption{
  kithttp.ServerBefore(makeOAuth2AuthorizationContext(tokenService,
logger)),
  kithttp.ServerErrorHandler(transport.NewLogErrorHandler(logger)),
  kithttp.ServerErrorEncoder(encodeError),
 }

 r.Methods("Get").Path("/simple").Handler(kithttp.NewServer(
  endpoints.SimpleEndpoint,
  decodeSimpleRequest,
  encodeJsonResponse,
  oauth2AuthorizationOptions...,
  ))

 r.Methods("Get").Path("/admin").Handler(kithttp.NewServer(
  endpoints.AdminEndpoint,
  decodeAdminRequest,
  encodeJsonResponse,
  oauth2AuthorizationOptions...,
  ))
```

为了保证 Endpoint 能够拿到 token 对应的用户信息和客户端信息，在请求处理前我们添加了 makeOAuth2AuthorizationContext 请求处理器从请求头中解析并验证 token。最后是在 main 函数中依次构建 service 层、endpoint 层和 transport 层，源码位于 ch11-security/main.go 中，主要代码如下所示：

```
 ……
 srv = service.NewCommonService()
  simpleEndpoint := endpoint.MakeSimpleEndpoint(srv)
  // 添加认证中间件
  simpleEndpoint = endpoint.MakeOAuth2AuthorizationMiddleware(config.KitLogger)
(simpleEndpoint)
  adminEndpoint := endpoint.MakeAdminEndpoint(srv)
 // 添加认证中间件和权限检查中间件
```

```
    adminEndpoint = endpoint.MakeOAuth2AuthorizationMiddleware(config.KitLogger)
(adminEndpoint)
    adminEndpoint = endpoint.MakeAuthorityAuthorizationMiddleware("Admin",
config.KitLogger)(adminEndpoint)

    //创建健康检查的 Endpoint
    healthEndpoint := endpoint.MakeHealthCheckEndpoint(srv)

    endpts := endpoint.OAuth2Endpoints{
      TokenEndpoint:tokenEndpoint,
      CheckTokenEndpoint:checkTokenEndpoint,
      HealthCheckEndpoint: healthEndpoint,
      SimpleEndpoint:simpleEndpoint,
      AdminEndpoint:adminEndpoint,
    }
    //创建 http.Handler
    r    :=    transport.MakeHttpHandler(ctx,    endpts,    tokenService,
clientDetailsService, config.KitLogger)
    ))
    ......
```

在上述代码中，可以发现 SimpleEndpoint 被 MakeOAuth2AuthorizationMiddleware 中间件装饰，而 AdminEndpoint 被 MakeOAuth2AuthorizationMiddleware 和 MakeAuthority Authorization Middleware 中间件同时装饰。

重新启动服务，直接访问/simple 端点，将会直接返回以下结果：

```
{
    "error": "invalid request token"
}
```

接着我们使用 simple 用户的账户名和密码申请到对应的访问令牌，再次请求，请求的 curl 命令如下：

```
curl -X GET \
 http://localhost:10098/simple \
 -H 'Authorization: ...' \
 -H 'Cache-Control: no-cache' \
 -H 'Host: localhost:10098' \
```

在 Authorization 请求头中携带了访问令牌（由于访问令牌过长，使用"..."代替），即可获取到我们期待的请求数据，如下：

```
{
    "result": "hello simple ,simple data, with simple authority",
    "error": ""
}
```

当我们以同样的访问令牌，即 simple 用户授权的访问令牌请求/admin 端点时将会返回权限不足，如下所示：

```
{
    "error": "not permit"
}
```

对此我们需要请求 admin 用户的访问令牌，请求的 curl 命令如下：

```
curl -X POST \
 'http://localhost:10098/oauth/token?grant_type=password' \
 -H 'Authorization: Basic Y2xpZW50SWQ6Y2xpZW50U2VjcmV0' \
 -H 'Content-Type: multipart/form-data
 -H 'Host: localhost:10098' \
 -F username=admin \
 -F password=123456
```

将授权的用户改为 admin，获取到访问令牌后重新访问/admin 端点，即可获取到预期的结果：

```
{
    "result": "hello admin ,admin data, with admin authority",
    "error": ""
}
```

通过组合认证中间件和权限检查中间件，我们可以检查请求中是否携带合法的访问令牌以及访问令牌绑定的用户是否具备足够的访问权限，这样就有效地在接口层级保护了数据资源。

11.4 小结

本章主要讲解了微服务架构中的统一认证与授权体系。目前常见的认证与授权方案有 OAuth、分布式 Session 和 JWT 等，而 OAuth2 作为当前流行授权行业标准，能够提供良好的授权方案和访问控制。我们通过 OAuth2 和 JWT 搭建了支持密码类型和令牌刷新类型的授权服务器，并通过请求到的访问令牌访问资源服务器中的受保护资源，资源服务器主要通过中间件的方式对访问令牌的有效性和访问令牌绑定的用户与客户端权限进行检查。

在服务系统中，服务安全是必不可少的。由于微服务业务的划分，各个服务之间的认证和鉴权变得松散，所以需要一个中心化的认证与授权组件进行统一管理和维护。很多时候，我们将服务网关部署为资源服务器，在服务的入口对请求进行认证和鉴权，避免各个微服务重复进行认证和鉴权工作，同时使用授权服务器对用户信息和权限进行统一管理，把认证和授权从业务开发中独立出来，提高服务之间的独立性。

下一章我们将介绍分布式链路追踪组件，它可以帮助开发人员快速梳理微服务中错综复杂的调用链路，是分布式系统中定位性能瓶颈和问题排查的利器。

第 12 章　分布式链路追踪

对于早期系统或者服务来说，开发人员一般通过打日志来进行埋点（常用的数据采集方式），然后再根据日志系统进行定位及分析问题，甚至可以直接连接服务器进行代码调试。随着业务越来越复杂，现代互联网服务通常使用复杂的、大规模的分布式系统来实现。传统的日志监控方式可以解决业务异常，却无法满足跟踪调用，排查问题等需求。

在分布式系统场景中，一个请求可能需要经历多个业务单元的处理才能完成响应，如果出现了错误或异常，很难定位。因此，分析性能问题的工具以及理解系统的行为变得很重要。

为了解决这个问题，业界推出了分布式链路追踪组件。Google 内部开发了 Dapper，用于收集更多的复杂分布式系统的行为信息，然后呈现给 Google 的开发者们，并发表了论文《Dapper, a Large-Scale Distributed Systems Tracing Infrastructure》介绍 Drapper 的设计思想。在该论文的影响下，Twitter 开源了分布式链路追踪组件 Zipkin。同时也有很多其他公司开发了自己的链路追踪组件。

本章首先会介绍分布式链路追踪组件产生的背景，以及分布式链路追踪的轻量级的标准化层：OpenTracing。基于这个标准，在我们的应用中可以方便地切换链路追踪组件。随后介绍市面上流行的几种分布式链路追踪组件：Zipkin、Jaeger、SkyWalking 和 Pinpoint 等。最后重点介绍基于 Zipkin 的实践，包括 Go 语言原生集成以及 Go-kit 的集成案例。

12.1　诊断分布式系统的问题

分布式系统变得日趋复杂，越来越多的系统开始走向分布式化，如微服务、分布式数据库、分布式缓存等，使得后台服务构成了一种复杂的分布式网络。

12.1.1　为什么需要分布式链路追踪

微服务极大地改变了软件的开发和交付模式，单体应用被拆分为多个微服务，单个服务的复杂度大幅降低，库之间的依赖也转变为服务之间的依赖。由此带来的问题是部署的粒度变得越来越细，众多的微服务给运维带来巨大压力，即使有了 Docker 容器和服务编排组件 Kubernetes，这依然是个严肃的问题。

随着服务数量的增多和内部调用链的复杂化，开发者仅凭借日志和性能监控，难以做到全局的监控，在进行问题排查或者性能分析时，无异于盲人摸象。分布式追踪能够帮助开发者直观分析请求链路，快速定位性能瓶颈，逐渐优化服务间的依赖，也有助于开发者从更宏观的角度更好地理解整个分布式系统。

12.1.2　什么是分布式链路追踪

在微服务架构下，原单体服务被拆分为多个微服务独立部署，客户端就无法知晓服务的具体位置。系统由大量服务组成，这些服务可能由不同的团队开发，可能使用不同的编程语言来实现，也有可能布置在了几千台服务器，横跨多个不同的数据中心。在这种环境中，当出现错误异常或性能瓶颈时，获取请求的依赖拓扑和调用详情对于解决问题是非常有效的。

分布式链路追踪就是将一次分布式请求还原成调用链路，将一次分布式请求的调用情况集中展示，比如各个服务节点上的耗时、请求具体到达哪台机器上、每个服务节点的请求状态等等。

通常使用 Tracing 表示链路追踪。这里还要提到与之相近的还有两个概念：Logging 和 Metrics。三者的关系如图 12-1 所示。

（1）Tracing：记录单个请求的处理流程，其中包括服务调用和处理时长等信息。

（2）Logging：用于记录离散的日志事件，包含程序执行到某一点或某一阶段的详细信息。

（3）Metrics：可聚合的数据，通常是固定类型的时序数据，包括 Counter、Gauge、Histogram 等。

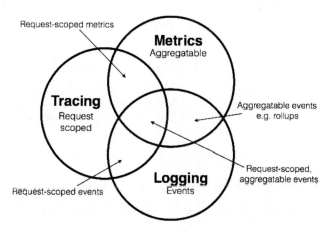

图 12-1　Logging、Metrics 和 Tracing 三者的关系

同时这三种定义相交的情况（或者说混合出现）也比较常见。

（1）Logging & Metrics：可聚合的事件。例如分析某对象存储的 Nginx 日志，统计某段时间内 GET、PUT、DELETE、OPTIONS 操作的总数。

（2）Metrics & Tracing：单个请求中的可计量数据。例如 SQL 执行总时长、gRPC 调用总次数等。

（3）Tracing & Logging：请求阶段的标签数据。例如在 Tracing 的信息中标记详细的错误原因。

针对每种分析需求，我们都有非常强大的集中式分析工具。

- Logging：ELK（Elasticsearch、Logstash、Kibana），elastic 公司提供的一套完整的日志收集以及展示的解决方案。
- Metrics：Prometheus，专业的 metric 统计系统，存储的是时序数据，即按相同时序(相同名称和标签)，以时间维度存储连续的数据的集合。随着时间推移，也许会进化为追踪系统，进而进行请求内的指标统计，但不太可能深入到日志处理领域。
- Tracing：Jaeger，是 Uber 开源的一个兼容 OpenTracing 标准的分布式追踪服务。

12.1.3 分布式链路追踪规范：OpenTracing

Tracing 是在上世纪90年代就已出现的技术,但真正让该领域流行起来的还是源于Google的一篇 Dapper 论文。分布式追踪系统发展很快，种类繁多，但无论哪种组件，其核心步骤一般有 3 步：代码埋点、数据存储和查询展示，如图 12-2 所示为链路追踪组件的组成。

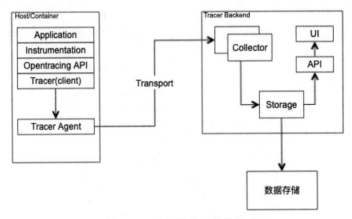

图 12-2　链路追踪组件的组成

目前流行的链路追踪组件有 Jaeger、Zipkin、Skywalking 和 Pinpoint 等。在数据采集过程中，对用户代码的入侵和不同系统 API 的兼容性，导致切换链路追踪系统需要巨大的成本。

为了解决不同的分布式追踪系统 API 不兼容的问题，诞生了 OpenTracing 规范。OpenTracing 是一个轻量级的标准化层，它位于应用程序/类库和追踪或日志分析程序之间。OpenTracing 提供了 6 种语言的中立工具：Go、JavaScript、Java、Python、Objective-C 和 C ++。如图 12-3 所示为 OpenTracing 的架构。它支持 Zipkin、LightStep 和 Appdash 等追踪组件，并且可以轻松集成到开源的框架中，例如 gRPC、Flask、Django 和 Go-kit 等。

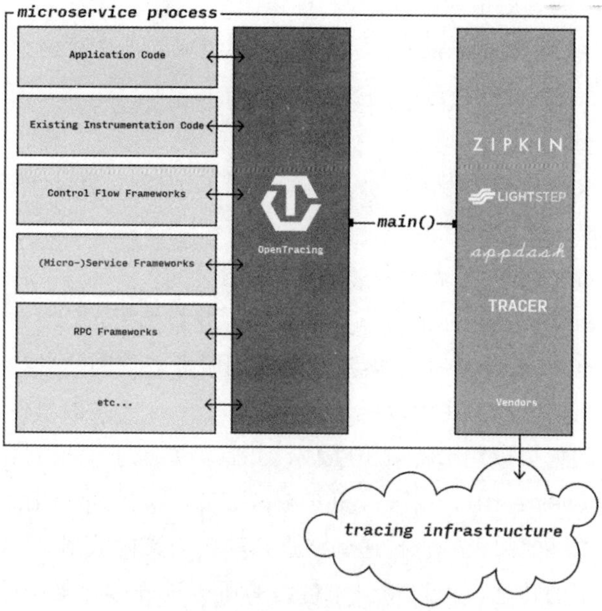

图 12-3　OpenTracing 架构

OpenTracing 是一个 Library 库，定义了一套通用的数据上报接口，要求各个分布式追踪系统都来实现这套接口。这样一来，应用程序只需要对接 OpenTracing，而无需关心后端采用的到底是什么分布式追踪系统，因此开发者可以无缝切换分布式追踪系统，也使得在通用代码库增加对分布式追踪的支持成为可能。

OpenTracing 于 2016 年 10 月加入 CNCF 基金会，是继 Kubernetes 和 Prometheus 之后，第三个加入 CNCF 的开源项目。它是一个中立的（厂商无关、平台无关）分布式追踪的 API 规范，提供统一接口，可方便开发者在自己的服务中集成一种或多种分布式追踪的实现。

12.1.4　分布式链路追踪的基础概念

在前文所提及的几种组件中，Zipkin 组件是严格按照 Google Dapper 论文实现的，下面基于 Zipkin 介绍其中涉及的基本概念。

（1）Span（基本工作单元）

一次链路调用（可以是 RPC、DB 调用等，没有特定的限制）创建一个 Span。通过一个 64 位 ID 标识 Span，通常使用 UUID，Span 中还有其他的数据，例如描述信息、时间戳、键值对的（Annotation）tag 信息、parentID 等，其中 parentID 用来表示 Span 调用链路的来源。

（2）Trace（类似于树结构的 Span 集合）

表示一条完整的调用链路，存在唯一标识。一个 Trace 代表了一个事务或者流程在（分布式）系统中的执行过程。Trace 是由多个 Span 组成的一个有向无环图，每一个 Span 代表 Trace 中被命名并计时的连续性的执行片段。

（3）Annotation（注解）

用来记录请求特定事件相关信息（例如时间），通常包含 4 个注解信息，如下：

- CS：Client Sent，表示客户端发起请求；
- SR：Server Receive，表示服务端收到请求；
- SS：Server Send，表示服务端完成处理，并将结果发送给客户端；
- CR：Client Received，表示客户端获取到服务端返回信息。

链路信息的还原依赖于两种数据，一种是各个节点产生的事件，如 CS、SS，称之为带外数据，这些数据可以由节点独立生成，并且需要集中上报到存储端；另一种数据是 TraceID、SpanID、ParentID，用来标识 Trace、Span 以及 Span 在一个 Trace 中的位置。这些数据需要从链路的起点一直传递到终点，称之为带内数据。

通过带内数据的传递，可以将一个链路的所有过程串起来；通过带外数据，可以在存储端分析更多链路的细节。

图 12-4 是 Trace 树的运行机制，大家可以先了解一个基本轮廓。

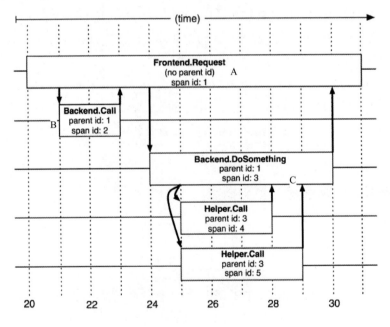

图 12-4　Trace 树

我们来分析一下图 12-4,对于每个 Trace 树,Trace 都要定义一个全局唯一的 TraceID,在这个跟踪中的所有 Span 都将获取到这个 TraceID。每个 Span 都有一个 ParentID 和它自己的 SpanID。上面图 12-4 中 Frontend Request 调用的 ParentID 为空,SpanID 为 1;然后 Backend Call 的 ParentID 为 1,SpanID 为 2;Backend DoSomething 调用的 ParentID 也为 1,SpanID 为 3,其内部还有两个调用,Helper Call 的 ParentID 为 3,SpanID 为 4,以此类推。

追踪系统中用 Span 来表示一个服务调用的开始和结束时间,也就是时间区间。追踪系统记录了 Span 的名称以及每个 SpanID 的 ParentID,如果一个 Span 没有 ParentID 则被称为 Root Span,当前节点的 ParentID 即为调用链路上游的 SpanID,所有的 Span 都挂在一个特定的追踪上,共用一个 TraceID。

12.2　几种流行的分布式链路追踪组件

在大家熟悉了分布式链路追踪中的一些基础概念之后,我们来具体了解一下这几种流行的分布式链路追踪组件。

12.2.1　简单易上手的 Twitter Zipkin

Zipkin 是一款分布式链路追踪组件,由 Twitter 开源,同样也兼容 OpenTracing API;它基于 Google Dapper 的论文设计,国内外很多公司都在用,文档资料也很丰富,其架构如图 12-5 所示。

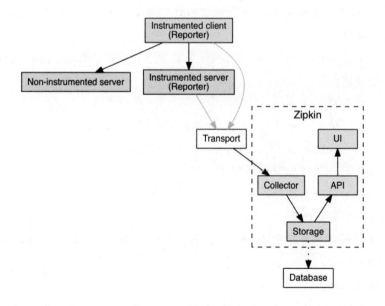

图 12-5　Zipkin 架构图

从 Zipkin 的架构图可知，Zipkin 包含如下 4 个部分：

（1）Collector：存储和索引报上来的链路数据，以供后续查找。

（2）Storage：Zipkin 的存储是可插拔的，最初是为了在 Cassandra 上存储数据而构建。除了 Cassandra，Zipkin 还原生支持 ElasticSearch 和 MySQL。

（3）Zipkin Query Service（API）：一旦数据被存储和索引，我们就需要一种方法来查看它。Zipkin 搜索提供了一个简单的 JSON API，用于查找和检索 Trace 记录。此 API 的主要使用者是 Web UI。

（4）Web UI：Zipkin 查询链路追踪的界面。Web UI 提供了一种基于服务、时间和注解查看 Trace 记录的方法。

Zipkin 分布式链路监控的优势是语言无关性，整体实现较为简单。Zipkin 支持 Java、PHP、Go 和 NodeJS 等语言客户端。社区支持的插件较为丰富，包括 RabbitMQ、Mysql 和 HTTPClient 等(具体参见 https://github.com/openzipkin/brave/tree/master/instrumentation)。Zipkin UI 界面功能较为简单，本身无告警功能，可能需要二次开发。

12.2.2　云原生链路监控组件 Uber Jaeger

Jaeger 是 CNCF 云原生项目之一，Jaeger 受 Dapper 和 OpenZipkin 的启发，由 Uber 开源的分布式追踪系统，兼容 Open Tracing API。它用于微服务的监控和排查，支持分布式上下文传播、分布式事务的监控、报错分析、服务的调用网络分析以及性能/延迟优化。Jaeger 的服务端使用 Go 语言实现，其存储支持 Cassandra、Elasticsearch 和内存，并提供了 Go、Java、Node、Python 和 C++等语言的客户端库。Jaeger 具有如下的特性：

（1）高扩展性

Jaeger 后端的分布式设计，可以根据业务需求进行扩展。例如，Uber 任意一个 Jaeger 每天通常要处理数十亿个跨度。

（2）原生支持 OpenTracing

Jaeger 后端、Web UI 和工具库的设计支持 OpenTracing 标准。

- 通过跨度引用将轨迹表示为有向无环图（不仅是树）；
- 支持强类型的跨度标签和结构化日志；
- 通过行李支持通用的分布式上下文传播机制。

（3）支持多个存储后端

Jaeger 支持两种流行的开源 NoSQL 数据库作为跟踪存储后端：Cassandra 3.4+和 Elasticsearch 5.x / 6.x。

（4）现代化 Web UI

Jaeger Web UI 是使用流行的开源框架实现的。v1.0 中发布了几项性能改进，以允许

UI 有效处理大量数据，并能够显示上万跨度的链路跟踪。

（5）支持云原生部署

Jaeger 后端支持 Docker 镜像部署。二进制文件支持各种配置方法，包括命令行选项、环境变量和多种格式（yaml、toml 等）的配置文件。可以方便地部署到 Kubernetes 集群。

（6）可观察性

默认情况下，所有 Jaeger 后端组件均开放 Prometheus 监控（也支持其他指标后端）。使用结构化日志库 zap 将日志标准输出。

（7）与 Zipkin 向后兼容

已经使用 Zipkin 库，如果我们要切换到 Jaeger，客户端也不必重写所有代码。Jaeger 通过在 HTTP 上接受 Zipkin 格式（Thrift 或 JSON v1 / v2）的跨度来提供与 Zipkin 的向后兼容性。从 Zipkin 后端切换到 Jaeger 后端变得很简单。

Jaeger 的架构如图 12-6 所示。

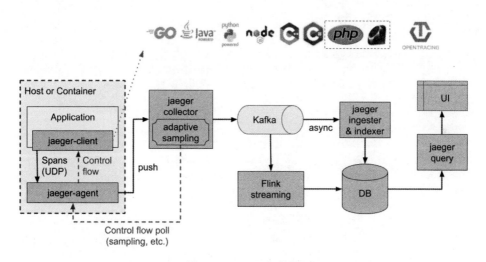

图 12-6　Jaeger 架构图

我们来分析一下 Jaeger 的架构图，Jaeger 主要由以下几部分组成：

（1）jaeger client：为不同语言实现了符合 OpenTracing 标准的 SDK。应用程序通过 API 写入数据，client library 把 trace 记录按照应用程序指定的采样策略传递给 jaeger-agent。

（2）jaeger-agent：它是一个监听在 UDP 端口上用以接收 span 数据的网络守护进程，它会将数据批量发送给 collector。它被设计成一个基础组件，部署到所有的宿主机上。jaeger-agent 将 client library 和 collector 解耦，为 client library 屏蔽了路由和发现 collector 的细节。

（3）jaeger-collector：接收 jaeger-agent 发送来的数据，然后将数据写入后端存储。jaeger-collector 被设计成无状态的组件，因此可以同时运行任意数量的 jaeger-collector。

（4）Data Store：后端存储被设计成一个可插拔的组件，支持将数据写入 Cassandra、Elastic Search。

（5）jaeger-query：接收查询请求，然后从后端存储系统中检索 trace 并通过 UI 进行展示。jaeger-query 是无状态的，我们可以启动多个实例，把它们部署在 Nginx 这样的负载均衡器后面。

下图 12-7 为 Jaeger UI 中的统计视图，还可以点击进去查看请求的链路调用详情。

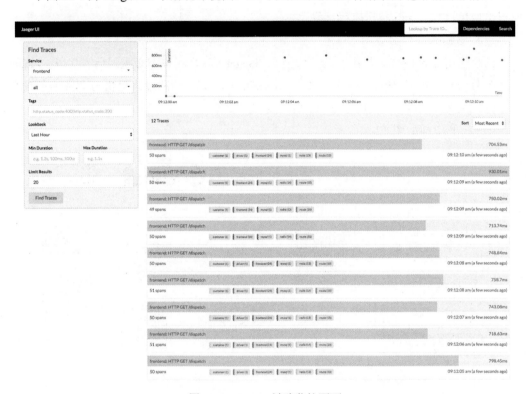

图 12-7　Jaeger 链路监控页面

列表中展示了请求的追踪记录，每次请求的时间、涉及的服务名和 Span 数量。通过统计的散列图，可以很清楚地看到请求的响应时间分布。相比于 Zipkin，Jaeger 在界面上较为丰富，但是也无告警功能。

12.2.3　探针性能低损耗的 SkyWalking

SkyWalking 是一个国产的 APM 开源组件，具有监控、跟踪和诊断云原生架构中分布式系统的功能。SkyWalking 支持多个来源和多种格式收集 Trace 和 Metric 数据，包括：

- Java、.NET Core、NodeJS 和 PHP 语言自动织入的 SkyWalking 格式

- 手动织入的 Go 客户端 SkyWalking 格式
- Istio 追踪的格式
- Zipkin v1/v2 格式
- Jaeger gRPC 格式

SkyWalking 的核心是数据分析和度量结果的存储平台，通过 HTTP 或 gRPC 方式向 SkyWalking Collecter 提交分析和度量数据。SkyWalking Collecter 对数据进行分析和聚合，并存储到数据库。最后我们可以通过 SkyWalking UI 的可视化界面对最终的结果进行查看。SkyWalking 支持从多个来源和多种格式收集数据：多种语言的 SkyWalking Agent、Zipkin v1/v2、Istio 勘测、Envoy 度量等数据格式。

如图 12-8 所示为 SkyWalking 6.x 的架构图。SkyWalking 整体架构的模块较多，但是结构比较清晰，主要就是通过收集各种格式的数据进行存储，然后展示。

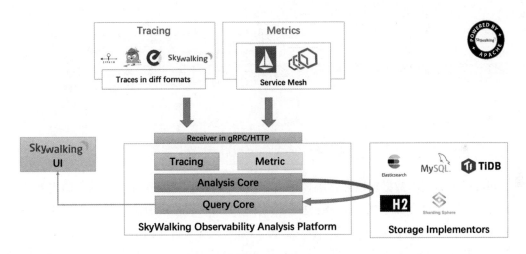

图 12-8　SkyWalking 6.x 架构图

SkyWalking 支持的存储组件有：ES、H2、Mysql、TiDB 和 Sharding Sphere。SkyWalking 的 UI 界面提供的链路追踪查询较为简单，SkyWalking 拥有非常活跃的中文社区，支持多种语言的探针，且对国产开源软件全面支持。SkyWalking 在探针性能方面表现优异，根据官方提供的基准测试结果，SkyWalking 探针的性能损耗较低。

12.2.4　链路统计详细的 Pinpoint

Pinpoint 是一个 APM 工具，适用于用 Java/PHP 编写的大型分布式系统，Go 语言项目不能直接应用 Pinpoint，如需使用则需要使用代理进行改造。这里简单进行介绍，因为其链路追踪的分析较为完善。Pinpoint 也是受 Dapper 的启发，可以通过跟踪分布式应用程序之间的调用链，帮助分析系统的整体结构以及它们中的组件是如何相互连接，如下图 12-9 所示。

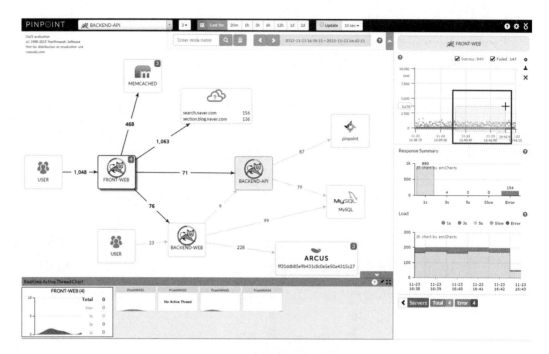

图 12-9   Pinpoint 链路监控页面

Pinpoint 的追踪数据粒度非常细，用户界面功能强大，Pinpoint 中的服务调用展示做得非常丰富，在这方面它优于市面上大多数组件。Pinpoint 使用 HBase 作为存储带来了海量存储的能力。丰富的界面背后，必然需要大量的数据采集，因此在几款常用链路追踪组件中，Pinpoint 的探针性能最低，在生产环境需要注意应用服务的采样率，过高会影响系统的吞吐量。

另外，Pinpoint 目前仅支持 Java 和 PHP 语言，采用字节码增强方式去埋点，所以在埋点时不需要修改业务代码，是非侵入式的，非常适合项目已经完成之后再增加调用链监控的实践场景。Pinpoint 并不支持除 Java、PHP 语言之外的探针，在 Go 语言项目中应用需要基于 Pinpoint 进行二次封装开发。

12.2.5   4 种分布式链路追踪组件的指标对比

如上几个小节对 4 种当前流行的链路追踪组件进行了简单介绍，我们对每个组件的组成和特性有了大概的了解，下面我们将根据表 12-1 中的几个指标对它们进行直观的对比。

表 12-1

指标/组件	Zipkin	Jaeger	SkyWalking	Pinpoint
OpenTracing 兼容	支持	支持	支持	不支持
客户端支持语言	Java、C#、Go、PHP 等	Python、Go、Node、Java、C++、C#、Ruby、PHP、Rust 等	Java, .NET Core, NodeJS 和 PHP	Java、PHP
传输协议	HTTP/MQ	UDP/HTTP	gRPC	Thrift
Web UI	弱	一般	一般	强
扩展性	强	强	一般	弱
性能损失	一般	一般	低	高
实现方式	拦截请求，侵入	拦截请求，侵入	字节码注入，无侵入	字节码注入，无侵入
告警	不支持	不支持	支持	支持

可以看出，Zipkin 和 Jaeger 在各个方面都差不多，Jaeger 是在 Zipkin 的基础上改进了 Web UI 和传输协议等方面且支持更多的客户端语言。SkyWalking 相对前面两种组件来说，功能较为齐全，探针性能损耗低，同时也支持多种语言的客户端。Pinpoint 在 Web UI 的丰富性上完胜其他三种，然而其不支持 Go 语言客户端，实际应用需要进行改造；除此之外性能和可扩展性方面的不足值得我们在选型时考虑权衡。每种组件都有其优势和劣势，笔者建议在链路追踪组件的选型时，根据自身业务系统的实际情况，哪些不能妥协，哪些可以舍弃，从而更好地选择一款最适合的组件。

当然，除了通过修改应用程序代码增加分布式追踪之外，还有一种不需要修改代码的非入侵的方式，那就是 Service Mesh。Service Mesh 一般会被翻译成服务啮合层，它是在网络层面拦截，通过 Sidecar（Sidecar 主张以额外的容器来扩展或增强主容器，而这个额外的容器被称为 Sidecar 容器）的方式为各个微服务增加一层代理，通过这层网络代理来实现一些服务治理的功能，因为是工作在网络层面，可以做到跨语言、非入侵。

本章重点介绍前一种方式，即通过修改应用程序代码增加分布式追踪。这种方式也是目前使用最多的分布式链路追踪方式。

接下来的内容我们将进入实践环节，通过一个案例向读者介绍如何应用 Zipkin 来追踪微服务请求的细节。

12.3　实践案例：应用 Zipkin 追踪 Go 微服务

笔者选择当前流行的链路追踪组件 Zipkin 作为示例，演示如何在 Go 微服务中集成

Zipkin。很多 Go 微服务框架已经封装了链路追踪模块，如 Go-kit 中本身就拥有 Trace 模块，笔者将会在 Go-kit 微服务的案例中演示集成 Zipkin。

12.3.1　微服务中集成 zipkin-go

Zipkin 社区提供了诸如：zipkin-go、zipkin-go-opentracing、go-zipkin 等 Go 客户端库。本小节将会介绍如何将其中的 zipkin-go-opentracing 集成到微服务中。

1．应用的架构图

在集成 zipkin-go 的应用示例中，包括两个微服务：Service-1 和 Service-2，另外我们实现了一个简单的调用客户端，用以发送指定的请求。微服务和客户端调用服务都会注册到 Zipkin 中。应用的架构如图 12-10 所示。

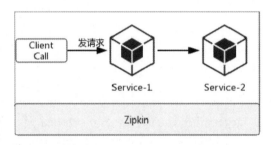

图 12-10　集成 zipkin-go 应用架构图

注：我们在本地启动了端口为 9411 的 Zipkin Server（读者可以自行下载 Zipkin 的启动包或者使用 Docker 容器启动）。

2．微服务 Service-1

Service-1 对外提供两个接口：

- concat：字符串拼接，根据传入的两个查询字符串，将拼接后的结果返回；
- sum：数字求和，Service-1 做了一层代理，将请求转发到实际进行处理的 Service-2。

Service-1 的入口函数如下所示：

```
import (
    "github.com/opentracing/opentracing-go"
    //...
    zipkin "github.com/openzipkin-contrib/zipkin-go-opentracing"
)
func main() {
    // 创建 collector，参数为上报的 Zipkin Endpoint
    collector, err := zipkin.NewHTTPCollector(zipkinHTTPEndpoint)

    // 创建 recorder，入参为服务的相关信息和创建好的 collector
    recorder    :=    zipkin.NewRecorder(collector,    debug,    hostPort,
serviceName)

    // 创建 tracer，并设置 TraceID 为 128 位
```

```
    tracer, err := zipkin.NewTracer(
        recorder,
        zipkin.TraceID128Bit(true),
    )
    // 显式地设置 Zipkin 为默认的 tracer
    opentracing.InitGlobalTracer(tracer)

    //... Service-1 的实现，传入 svc2Client 作为参数
    service := svc1.NewService(svc2Client)

    // 创建 Handler
    handler := svc1.NewHTTPHandler(tracer, service)

    // 启动服务
    HTTP.ListenAndServe(hostPort, handler)
}
```

通过以上代码的实现，我们知道在服务中增加 Zipkin 追踪，需要创建 collector，根据 collector 创建 recorder，然后再使用 recorder 作为入参创建 tracer。在创建 HTTP Handler 时，需要将 tracer 传入，以便在 Service 实现层能够织入链路调用的信息。下面我们具体看一下对外提供的两个接口的实现，代码如下：

```
func NewHTTPHandler(tracer opentracing.Tracer, service Service)
HTTP.Handler {
    // 创建 HTTP 服务
    svc := &HTTPService{service: service}

    // 创建 mux
    mux := HTTP.NewServeMux()

    // 创建 Concat handler
    var concatHandler HTTP.Handler
    concatHandler = HTTP.HandlerFunc(svc.concatHandler)

    // 封装 Concat handler
    concatHandler                =                middleware.FromHTTPRequest(tracer,
"Concat")(concatHandler)

    // 创建 Sum handler
    var sumHandler HTTP.Handler
    sumHandler = HTTP.HandlerFunc(svc.sumHandler)

    // 封装 Sum handler
    sumHandler = middleware.FromHTTPRequest(tracer, "Sum")(sumHandler)

    // 注册到 mux
    mux.Handle("/concat/", concatHandler)
    mux.Handle("/sum/", sumHandler)

    // 返回 mux 实例
    return mux
}
```

上述代码中，#NewHTTPHandler 涉及到的 concatHandler 和 sumHandler 是两个接口对应的处理器，在处理器中会解析请求的参数，并调用每个接口对应的 Service 层实现，代码如下：

```
func    (s   *HTTPService)    concatHandler(w    HTTP.ResponseWriter,    req
*HTTP.Request) {
    // 解析请求参数
    v := req.URL.Query()
    result, err := s.service.Concat(req.Context(), v.Get("a"), v.Get("b"))
    if err != nil {
        //...
    }
    w.Write([]byte(result))
}
```

因为实现较为简单，笔者就不一一列出代码详解讲解，读者可以自行查看本书提供的源码 ch12-trace/zipkin-go。

Service-1 对外提供服务，由客户端 Client 服务调用，所以在 Service-1 中提供一个封装过的 HTTPClient，代码如下：

```
import (
    opentracing "github.com/opentracing/opentracing-go"
    // ...

"github.com/openzipkin-contrib/zipkin-go-opentracing/examples/middleware"
)

    // Concat 接口
    func (c *client) Concat(ctx context.Context, a, b string) (string, error)
{
        // 创建 span，如果 context 有 span，则作为父 span，否则当前 span 作为根
        span, ctx := opentracing.StartSpanFromContext(ctx, "Concat")
        defer span.Finish()

        // 组装请求的 URL，两个请求参数
        url := fmt.Sprintf(
            "%s/concat/?a=%s&b=%s", c.baseURL, url.QueryEscape(a), url.QueryEscape (b),
        )

        // 创建 HTTP 请求
        req, err := HTTP.NewRequest("GET", url, nil)

        // 传递 trace 的 context
        req = c.traceRequest(req.WithContext(ctx))

        // 执行请求
        resp, err := c.HTTPClient.Do(req)
        defer resp.Body.Close()

        // 解析响应体
        data, err := ioutil.ReadAll(resp.Body)
        if err != nil {
            // span 标注 error
            span.SetTag("error", err.Error())
            return "", err
        }
        return string(data), nil
    }
    // ... Sum 接口
    // NewHTTPClient 返回 Service-1 的客户端实例
    func NewHTTPClient(tracer opentracing.Tracer, baseURL string) Service {
        return &client{
```

```
        baseURL:      baseURL,
        HTTPClient:    &HTTP.Client{},
        tracer:        tracer,
        traceRequest: middleware.ToHTTPRequest(tracer),
    }
}
```

Service-1 在 HTTPClient 中提供了两个接口，在创建了 Service-1 的客户端实例后，即可调用对外提供的接口。在接口的调用实现中，会传入 trace 的 context 上下文。创建 span 时，如果 context 有 span，则将其作为父 span，否则当前 span 作为根；然后构造请求、传递 trace 的 context、解析响应体，并标记异常的 span；最后返回请求调用的结果。

3. 微服务 Service-2

Service-2 相对 Service-1 来讲要简单些，Service-1 调用 Service-2 来计算 Sum 的结果，Service-2 模拟数据库访问并记录 Span。我们主要看一下 Sum 接口的实现，代码如下：

```
import (
    // ...
    "github.com/opentracing/opentracing-go"
    "github.com/opentracing/opentracing-go/ext"
)
func (s *svc2) Sum(ctx context.Context, a int64, b int64) (int64, error)
{
    // 解析 context 中的 span
    span := opentracing.SpanFromContext(ctx)

    // key-value 的 tag
    span.SetTag("service", "svc2")
    span.SetTag("string", "some value")
    span.SetTag("int", 123)
    span.SetTag("bool", true)

    //时间戳的事件，用于及时记录事件的存在
    span.LogEvent("MyEventAnnotation")

    // 模拟访问 DB
    s.fakeDBCall(span)

    // 检查溢出的情况
    if (b > 0 && a > (Int64Max-b)) || (b < 0 && a < (Int64Min-b)) {
        span.SetTag("error", ErrIntOverflow.Error())
        return 0, ErrIntOverflow
    }
    // 计算并返回结果
    return a + b, nil
}

func (s *svc2) fakeDBCall(span opentracing.Span) {
    resourceSpan := opentracing.StartSpan(
        "myComplexQuery",
        opentracing.ChildOf(span.Context()),
    )
    defer resourceSpan.Finish()
    // 标识 span 的类型为 resource
    ext.SpanKind.Set(resourceSpan, "resource")
    // 命名 resource
```

```
    ext.PeerService.Set(resourceSpan, "PostgreSQL")
    // resource 的配置信息
    ext.PeerHostname.Set(resourceSpan, "localhost")
    ext.PeerPort.Set(resourceSpan, 3306)
    // 标识执行的操作
    resourceSpan.SetTag(
        "query", "SELECT recipes FROM cookbook WHERE topic = 'world
domination'",
    )
}
```

可以看出，在 Service-2 的 Sum 接口记录了 Sum 方法和模拟 DB 调用的方法。另外，我们设置了基于键值对 tag 和时间戳事件的注解，这些打点的信息都会在调用链路中看到，方便以后的问题排查和定位解决。

4．Client 调用

Client 模拟外部请求，调用将会依赖 Service-1 和 Service-2 提供的接口，这里主要是 Service-1 服务，Service-2 是由 Service-1 在内部进行调用，实现代码如下：

```
func main() {
    collector, err := zipkin.NewHTTPCollector(zipkinHTTPEndpoint)
    recorder    :=    zipkin.NewRecorder(collector,    debug,    hostPort,
serviceName)
    tracer, err := zipkin.NewTracer(
        recorder,
        zipkin.ClientServerSameSpan(sameSpan),
        zipkin.TraceID128Bit(traceID128Bit),
    )
    opentracing.InitGlobalTracer(tracer)

    // 创建访问 Service-1 的 client
    client := svc1.NewHTTPClient(tracer, svc1Endpoint)

    // 创建与 Service-1 交互的 Root Span
    span := opentracing.StartSpan("Run")

    // 在 context 中设置 Root Span
    ctx := opentracing.ContextWithSpan(context.Background(), span)

    // 调用 Concat 方法
    span.LogEvent("Call Concat")
    res1, err := client.Concat(ctx, "Hello", " World!")
    // 调用 Sum
    span.LogEvent("Call Sum")
    res2, err := client.Sum(ctx, 10, 20)

    span.Finish()
    collector.Close()
}
```

上述代码中，可以看到在 Client 中创建 collector、recorder、tracer，这些和之前的实现一样。创建访问 Service-1 的 client，并创建和设置 context 中的根 span，然后调用 Service-1 客户端中提供的 Concat 和 Sum 接口。最后关闭 collector 以确保在退出前所有的 span 都已经上传。

5．结果验证

我们来验证一下，是否符合我们的预期；分别启动 Service-1、Service-2 和 Client 服务。可以看到，Client 控制台输出了执行的结果：

```
Concat: Hello World! Err: <nil>
Sum: 30 Err: <nil>
```

打开 http://localhost:9411/zipkin，可以看到我们的请求记录如图 12-11 所示。

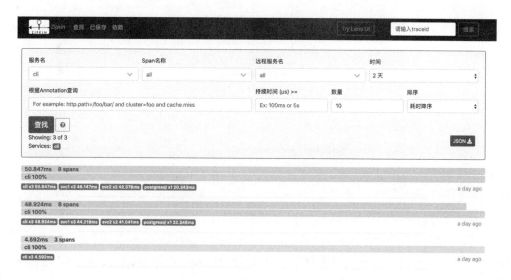

图 12-11　zipkin-go 请求记录

Zipkin 支持按照服务名、Span、Remote Service 、Annotation 和时间进行筛选。我们查看 Client 执行的链路调用情况，如图 12-12 所示。

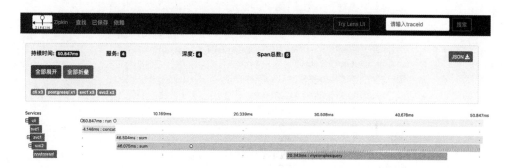

图 12-12　zipkin-go 链路详情

可以从图 12-12 中得知，Client 调用涉及到 4 个服务，5 个 Span，总的调用时长为 50 ms。再点击查看 Service-1 的 Sum Span 情况，如图 12-13 所示。

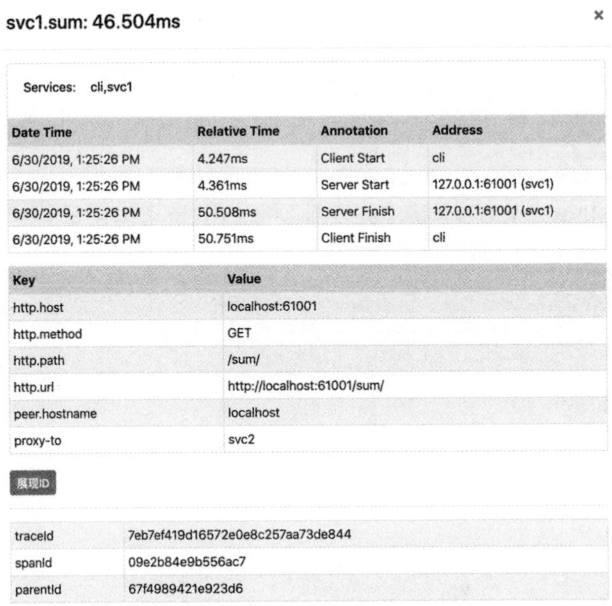

svc1.sum: 46.504ms ✕

Services:	cli,svc1		
Date Time	**Relative Time**	**Annotation**	**Address**
6/30/2019, 1:25:26 PM	4.247ms	Client Start	cli
6/30/2019, 1:25:26 PM	4.361ms	Server Start	127.0.0.1:61001 (svc1)
6/30/2019, 1:25:26 PM	50.508ms	Server Finish	127.0.0.1:61001 (svc1)
6/30/2019, 1:25:26 PM	50.751ms	Client Finish	cli

Key	**Value**
http.host	localhost:61001
http.method	GET
http.path	/sum/
http.url	http://localhost:61001/sum/
peer.hostname	localhost
proxy-to	svc2

展现ID

traceId	7eb7ef419d16572e0e8c257aa73de844
spanId	09e2b84e9b556ac7
parentId	67f4989421e923d6

图 12-13　Sum Span 详情

从图 12-13 中可以清楚地看到 Service-1 的 Sum 方法的调用时间以及下游调用 Service-2 的情况。在 Service-2 中我们还设置了基于键值对的 tag 和时间戳事件的注解，那我们来看一下这些信息在链路追踪中的显示，如图 12-14 所示。

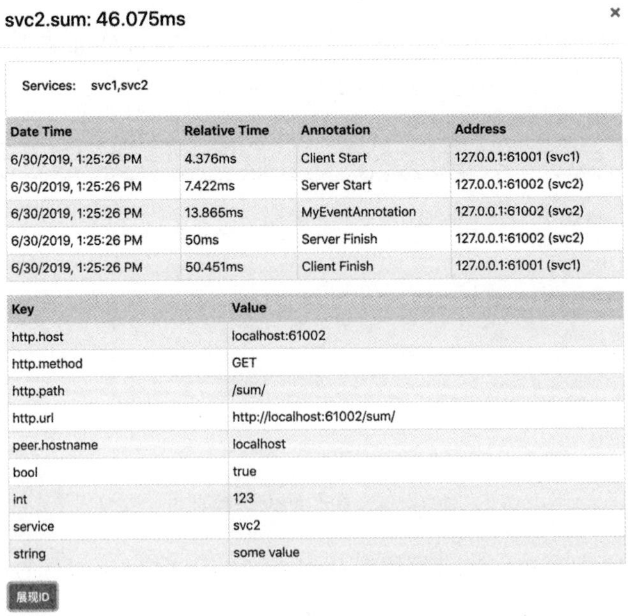

svc2.sum: 46.075ms ✕

Services:	svc1,svc2		
Date Time	**Relative Time**	**Annotation**	**Address**
6/30/2019, 1:25:26 PM	4.376ms	Client Start	127.0.0.1:61001 (svc1)
6/30/2019, 1:25:26 PM	7.422ms	Server Start	127.0.0.1:61002 (svc2)
6/30/2019, 1:25:26 PM	13.865ms	MyEventAnnotation	127.0.0.1:61002 (svc2)
6/30/2019, 1:25:26 PM	50ms	Server Finish	127.0.0.1:61002 (svc2)
6/30/2019, 1:25:26 PM	50.451ms	Client Finish	127.0.0.1:61001 (svc1)

Key	**Value**
http.host	localhost:61002
http.method	GET
http.path	/sum/
http.url	http://localhost:61002/sum/
peer.hostname	localhost
bool	true
int	123
service	svc2
string	some value

展现ID

图 12-14　Service-2 中的调用详情

模拟的 Postgres 数据库查询操作信息显示如图 12-15 所示。

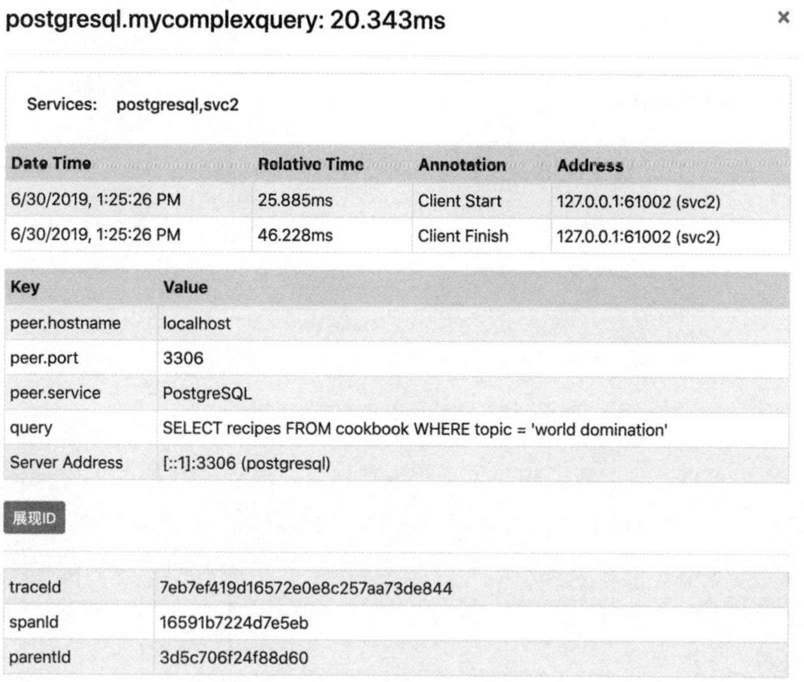

postgresql.mycomplexquery: 20.343ms ✕

Services: postgresql,svc2

Date Time	Relative Time	Annotation	Address
6/30/2019, 1:25:26 PM	25.885ms	Client Start	127.0.0.1:61002 (svc2)
6/30/2019, 1:25:26 PM	46.228ms	Client Finish	127.0.0.1:61002 (svc2)

Key	Value
peer.hostname	localhost
peer.port	3306
peer.service	PostgreSQL
query	SELECT recipes FROM cookbook WHERE topic = 'world domination'
Server Address	[::1]:3306 (postgresql)

展现ID

traceId	7eb7ef419d16572e0e8c257aa73de844
spanId	16591b7224d7e5eb
parentId	3d5c706f24f88d60

图 12-15 数据库节点详情

通过 Zipkin 上报 Go 语言应用数据的实践过程并不复杂，总结来说先是代码埋点；其次是创建 Tracer。Tracer 对象可以用来创建 Span 对象（记录分布式操作时间）；然后记录请求数据，同时为了快速排查问题，我们可以为某个记录添加一些自定义标签，例如记录是否发生错误、请求的返回值等；最后上报数据，在分布式系统中发送 RPC 请求时会带上 Tracing 数据，包括 TraceId、ParentId 和 SpanId 等。

12.3.2 Go-kit 微服务框架集成 Zipkin 实现链路追踪

Go-kit 微服务框架的 tracing 包为服务提供了 Dapper 样式的请求追踪。Go-kit 支持 OpenTracing API，并使用 opentracing-go 包为其服务器和客户端提供追踪中间件。Zipkin、LightStep 和 AppDash 是已支持的追踪组件，通过 OpenTracing API 与 Go-kit 一起使用。

本小节将会介绍如何在 Go-kit 中集成 Zipkin 进行链路调用的追踪，包括 HTTP 和 gRPC 两种调用方式。

在具体介绍两种调用方式之前，我们先来看一下 Go-kit 集成 Zipkin 的应用架构。

应用的架构如图 12-16 所示。

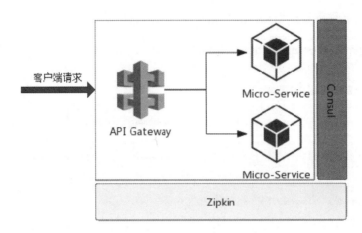

图 12-16   Go-kit 集成 Zipkin 的架构

从架构图中可以看到，我们构建了一个服务网关，通过 API 网关调用具体的微服务，所有的服务都注册到 Consul 上。当客户端的请求到来之时，网关作为服务端的门户，根据配置的规则，从 Consul 中获取对应服务的信息，并将请求反向代理到指定的服务实例。本次示例包含以下几个部分：

- Consul，本地安装；
- Zipkin，本地启动；
- API Gateway，微服务网关；
- String Service，字符串服务，基于 Kit 构建，提供基本的字符串操作。

1．HTTP 调用方式的链路追踪

（1）API 网关

在网关 gateway 中增加链路追踪的采集逻辑，同时在反向代理中增加追踪 tracer 设置。

Go-kit 在 tracing 包中默认添加了 Zipkin 的支持，所以集成工作将会比较轻松。在开始之前，需要下载以下依赖：

```
# zipkin 官方库
go get github.com/openzipkin/zipkin-go

# 下面三个包都是依赖，按需下载
git clone https://github.com/googleapis/googleapis.git [your GOPATH]/
src/google.golang.org/genproto

git clone https://github.com/grpc/grpc-go.git [your GOPATH]/src/google.
golang.org/grpc

git clone https://github.com/golang/text.git [your GOPATH]/src/golang.
org/text
```

gateway 将作为链路追踪的第一站和最后一站，我们需要截获到达 gateway 的所有请求，记录追踪信息。在这个例子中，gateway 作为外部请求的服务端，同时作为算术运算

服务的客户端（反向代理内部实现）。代码实现如下：

```
// 创建环境变量
var (
    // consul 环境变量省略
    zipkinURL = flag.String("zipkin.url", "HTTP://localhost:9411/api/
v2/spans", "Zipkin server url")
    )
flag.Parse()

var zipkinTracer *zipkin.Tracer
{
    var (
        err          error
        hostPort     = "localhost:9090"
        serviceName  = "gateway-service"
        useNoopTracer = (*zipkinURL == "")
        reporter     = zipkinHTTP.NewReporter(*zipkinURL)
    )
    defer reporter.Close()
    zEP, _ := zipkin.NewEndpoint(serviceName, hostPort)
    zipkinTracer, err = zipkin.NewTracer(
        reporter, zipkin.WithLocalEndpoint(zEP), zipkin.WithNoopTracer
(useNoopTracer),
    )
    if err != nil {
        logger.Log("err", err)
        os.Exit(1)
    }
    if !useNoopTracer {
        logger.Log("tracer", "Zipkin", "type", "Native", "URL",
*zipkinURL)
    }
}
```

我们使用的传输方式为 HTTP，可以使用 zipkin-go 提供的 middleware/HTTP 包，它采用装饰者模式把我们的 HTTP.Handler 进行封装，然后启动 HTTP 监听即可，代码如下所示：

```
//创建反向代理
proxy := NewReverseProxy(consulClient, zipkinTracer, logger)

tags := map[string]string{
    "component": "gateway_server",
}

handler := zipkinHTTPsvr.NewServerMiddleware(
    zipkinTracer,
    zipkinHTTPsvr.SpanName("gateway"),
    zipkinHTTPsvr.TagResponseSize(true),
    zipkinHTTPsvr.ServerTags(tags),
) (proxy)
```

gateway 接收请求后，会创建一个 span，其中的 traceId 将作为本次请求的唯一编号，gateway 必须把这个 traceID 传递给字符串服务，字符串服务才能为该请求持续记录追踪信息。在 ReverseProxy 中能够完成这一任务的就是 Transport，我们可以使用 zipkin-go 的

middleware/HTTP 包提供的 NewTransport 替换系统默认的 HTTP.DefaultTransport。代码如下所示：

```
// NewReverseProxy 创建反向代理处理方法
func NewReverseProxy(client *api.Client, zikkinTracer *zipkin.Tracer,
logger log.Logger) *HTTPutil.ReverseProxy {

    //创建 Director
    director := func(req *HTTP.Request) {
        //省略
    }

    // 为反向代理增加追踪逻辑，使用如下 RoundTrip 代替默认 Transport
    roundTrip,    _    :=    zipkinHTTPsvr.NewTransport(zikkinTracer,
zipkinHTTPsvr.TransportTrace(true))

    return &HTTPutil.ReverseProxy{
        Director: director,
        Transport: roundTrip,
    }
}
```

至此，API Gateway 服务的搭建完成。

（2）string-service 构建

创建追踪器与 Gateway 的处理方式一样，不再描述。字符串服务对外提供了两个接口：字符串操作(/op/{type}/{a}/{b})和健康检查(/health)，定义如下：

```
endpoint := MakeStringEndpoint(svc)
//添加追踪，设置 span 的名称为 string-endpoint
endpoint = Kitzipkin.TraceEndpoint(zipkinTracer, "string-endpoint")
(endpoint)

    //创建健康检查的 Endpoint
healthEndpoint := MakeHealthCheckEndpoint(svc)

    //添加追踪，设置 span 的名称为 health-endpoint
healthEndpoint = Kitzipkin.TraceEndpoint(zipkinTracer, "health-endpoint")
(healthEndpoint)
```

Go-kit 提供了对 zipkin-go 的封装，上面的实现中，直接调用中间件 TraceEndpoint 对字符串服务的两个 Endpoint 进行设置。

除了 Endpoint，还需要追踪 Transport。修改 transports.go 的 MakeHTTPHandler 方法。增加参数 zipkinTracer，然后在 ServerOption 中设置追踪参数。代码如下：

```
// MakeHTTPHandler make HTTP handler use mux
func MakeHTTPHandler(ctx context.Context, endpoints ArithmeticEndpoints,
zipkinTracer *gozipkin.Tracer, logger log.Logger) HTTP.Handler {
    r := mux.NewRouter()

    zipkinServer    :=    zipkin.HTTPServerTrace(zipkinTracer,    zipkin.Name
("HTTP-transport"))

    options := []KitHTTP.ServerOption{
        KitHTTP.ServerErrorLogger(logger),
```

```
        KitHTTP.ServerErrorEncoder(KitHTTP.DefaultErrorEncoder),
        zipkinServer,
    }

    // ...

    return r
}
```

至此，所有的代码修改工作已经完成，下一步就是启动测试了。

（3）结果验证

我们可以访问 http://localhost:9090/string-service/op/Diff/abc/bcd，查看字符串服务的请求结果如图 12-17 所示。

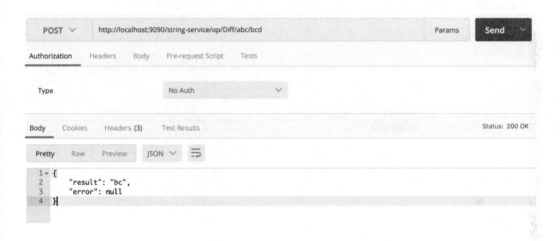

图 12-17　字符串服务的请求结果

可以看到，通过网关，我们可以正常访问字符串服务提供的接口。下面我们通过 Zipkin UI 来查看本次链路调用的信息，如图 12-18 所示。

图 12-18　Zipkin 控制台

在浏览器请求之后，可以在 Zipkin UI 中看到发送的请求记录（单击上方"Try Lens UI"，切换成了 Lens UI，效果还不错），点击查看详细的链路调用情况，如图 12-19 所示。

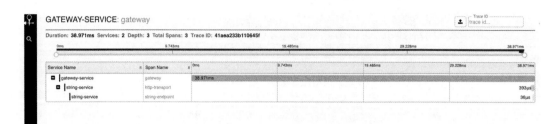

图 12-19　Zipkin 调用链

从调用链中可以看到，本次请求涉及到两个服务：gateway-service 和 string-service。

整个链路有 3 个 Span：gateway、HTTP-transport 和 string-endpoint，确实如我们所定义一样，我们主要看一下网关中的 Gateway Span 详情，如图 12-20 所示。

图 12-20　Gateway Span 详情

Gateway 访问字符串服务的时候，其实是作为一个客户端建立连接并发起调用，然后等待 Server 写回响应结果，最后结束客户端的调用。通过图 12-20 的展开，我们清楚地了解这次调用（Span）打的标签（tag），包括 method、path、response code 等。

2．gRPC 调用方式的链路追踪

上面小节介绍了微服务中 HTTP 调用方式的链路追踪，Go-kit 中的 transport 层可以方便的切换 RPC 调用方式，本小节将会介绍基于 gRPC 调用方式的链路追踪。本案例的实现是在上一小节 HTTP 调用的代码基础上进行修改，并增加测试的调用客户端。

（1）定义 protobuf 文件

我们首先来定义 protobuf 文件及生成对应的 Go 文件。

```
syntax = "proto3";
```

```
package pb;

service StringService{
    rpc Diff(StringRequest) returns (StringResponse){}
}

message StringRequest {
    string request_type = 1;
    string a = 2;
    string b = 3;
}

message StringResponse {
    string result = 1;
    string err = 2;
}
```

这里提供了字符串服务中的 **Diff** 方法，客户端通过 gRPC 调用字符串服务。使用 proto 工具生成对应的 Go 语言文件：

```
protoc string.proto --go_out=plugins=grpc:.
```

生成的 **string.pb.go** 可以参见本书对应的章节源码，此处不再展开。

（2）定义 gRPC Server

在字符串服务中增加 gRPC server 的实现，并织入 gRPC 链路追踪的相关代码。

```
//grpc server
go func() {
    fmt.Println("grpc Server start at port" + *grpcAddr)
    listener, err := net.Listen("tcp", *grpcAddr)
    if err != nil {
        errChan <- err
        return
    }
    serverTracer         :=         kitzipkin.GRPCServerTrace(zipkinTracer,
kitzipkin.Name("string-grpc-transport"))

    handler := NewGRPCServer(ctx, endpts, serverTracer)
    gRPCServer := grpc.NewServer()
    pb.RegisterStringServiceServer(gRPCServer, handler)
    errChan <- gRPCServer.Serve(listener)
}()
```

要增加 Trace 的中间件，其实就是在 gRPC 的 ServerOption 中追加 GRPCServerTrace。我们增加的通用 span 名为：**string-grpc-transport**。接下来就是在 endpoint 中，增加暴露接口的 gRPC 实现，代码如下：

```
func (se StringEndpoints) Diff(ctx context.Context, a, b string) (string,
error) {
    resp, err := se.StringEndpoint(ctx, StringRequest{
        RequestType: "Diff",
        A:          a,
        B:          b,
```

```
    })
    response := resp.(StringResponse)
    return response.Result, err
}
```

在构造 StringRequest 时，我们根据调用的 Diff 方法，指定了请求参数为 "Diff"，下面即可定义 RPC 调用的客户端。

（3）定义服务 gRPC 调用的客户端

字符串服务提供对外的客户端调用，定义方法名为 StringDiff，返回 StringEndpoint，代码如下：

```
import (
grpctransport "github.com/go-kit/kit/transport/grpc"
kitgrpc "github.com/go-kit/kit/transport/grpc"
"github.com/longjoy/Micro-Go-book/ch12-trace/zipkin-kit/pb"
endpts
"github.com/longjoy/Micro-Go-book/ch12-trace/zipkin-kit/string-service/end
point"
"github.com/longjoy/Micro-Go-book/ch12-trace/zipkin-kit/string-service
/service"
"google.golang.org/grpc"
)

func StringDiff(conn *grpc.ClientConn, clientTracer kitgrpc.ClientOption)
service.Service {

var ep = grpctransport.NewClient(conn,
    "pb.StringService",
    "Diff",
    EncodeGRPCStringRequest, // 请求的编码
    DecodeGRPCStringResponse, // 响应的解码
    pb.StringResponse{}, //定义返回的对象
    clientTracer, //客户端的 GRPCClientTrace
).Endpoint()

StringEp := endpts.StringEndpoints{
    StringEndpoint: ep,
}
return StringEp
}
```

从客户端调用的定义可以看到，传入的是 grpc 连接和客户端的 trace 上下文。这边需要注意的是 GRPCClientTrace 的初始化，测试 gRPC 调用的客户端时将会传入该参数。

（4）测试 gRPC 调用的客户端

编写 client_test.go，调用我们在前面已经定义的 client.StringDiff 方法，代码如下：

```
//... zipkinTracer 的构造省略
tr := zipkinTracer
// 设定根 span 的名称
parentSpan := tr.StartSpan("test")
defer parentSpan.Flush() // 写入上下文

ctx := zipkin.NewContext(context.Background(), parentSpan)
//初始化 GRPCClientTrace
```

```
clientTracer := kitzipkin.GRPCClientTrace(tr)
conn, err := grpc.Dial(*grpcAddr, grpc.WithInsecure(), grpc.WithTimeout
(1*time.Second))
if err != nil {
    fmt.Println("gRPC dial err:", err)
}
defer conn.Close()
// 获取 rpc 调用的 endpoint，发起调用
svr := client.StringDiff(conn, clientTracer)
result, err := svr.Diff(ctx, "Add", "ppsdd")
if err != nil {
    fmt.Println("Diff error", err.Error())

}

fmt.Println("result =", result)
```

客户端在调用之前，我们构建了要传入的 GRPCClientTrace，作为获取 rpc 调用的 endpoint 的参数，设定调用的父 span 名称，这个上下文信息会传入 Zipkin 服务端。调用输出的结果如下：

```
ts=2019-10-24T15:27:06.817056Z  caller=client_test.go:51  tracer=Zipkin
type=Native URL=http://localhost:9411/api/v2/spans
result = dd
```

测试用例的调用结果正确，我们来看一下 Zipkin 中记录的调用链信息。点击查看详情，查看本次请求涉及到的两个服务：test-service 和 string-service，如图 12-21 所示。

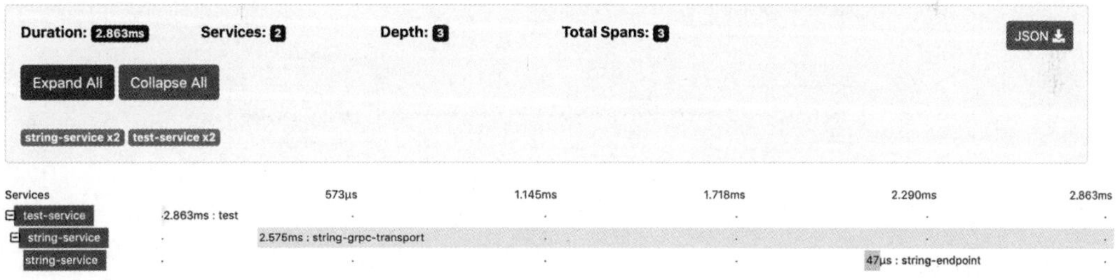

图 12-21　Zipkin 链路调用

根据我们定义的 3 个 span：test、string-grpc-transport 和 string-endpoint，可以很方便地定位代码的位置，降低问题排查的难度。我们以 string-grpc-transport 为例，查看 span 的详情，如图 12-22 所示。

可以看到，该 span 花费时间为 2.57 ms。自客户端发起请求的每个调用动作的相对时间都会在 Span 详情中展示。链路调用组件基本都会提供服务调用的依赖分析，即生成服务调用拓扑图。我们查看一下之前的调用依赖，如图 12-23 所示。

图 12-23 所示的依赖拓扑还看不出其威力，因为我们案例涉及的服务只有两个；当服务数量很大、服务之间的调用关系错综复杂时，依赖的分析将会卓有成效地帮助我们梳

理不合理的代码逻辑和业务架构上的缺陷。

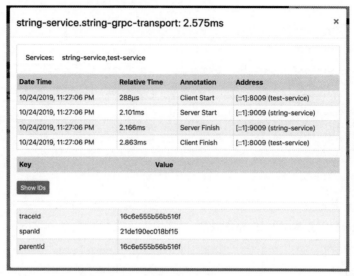

图 12-22　string-grpc-transport 详情

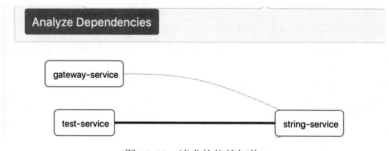

图 12-23　请求的依赖拓扑

12.4　小结

分布式链路追踪在分布式集群环境，尤其是在微服务架构中广泛应用，全链路调用的追踪变得越来越重要。通过在架构中引入全链路追踪组件，实现对请求调用的追踪，帮助我们快速发现错误根源以及监控分析每条请求链路上的性能瓶颈。

在 Go 语言的微服务实现中，市面上流行的链路追踪组件都提供了 Go 客户端的库支持。Go 的微服务框架，如 Mirco、Go-kit 也都集成了 Trace 模块，方便我们接入各种链路追踪组件。在接入 Go 语言的链路追踪客户端时，都需要我们自行埋点，定义调用链路中的重要 Span。为了快速排查问题，我们通常可以为某个记录添加一些自定义标签，例如记录是否发生错误、请求的返回值等。

至此，我们完成了微服务中主要组件的讲解，下面将会进入综合实战章节。通过综合实战，将各个微服务组件在项目中应用起来，搭建一个完整的微服务架构项目。

第 13 章　综合实战：秒杀系统的设计与实现

在前面 12 个章节中，本书分门别类地介绍了 Go 语言微服务生态环境中的各种组件和相关领域知识，包括 Web 基础、分布式配置中心、服务注册与发现、API 网关、RPC 通信、微服务的容错处理、统一认证与授权以及链路追踪。

学习后端技术，不仅需要像庖丁解牛一般，了解各个组件以及技术点的细节和使用，也要站在整体的高度上进行架构设计，考虑业务需求、性能以及架构长期稳定性等。所以，本书在最后一章以商品秒杀系统为实践案例，详细讲述完整的 Go 语言项目是如何构建的，之前章节中讲述的组件是如何相互协作的。除此之外，也会讲述高并发场景相关的知识和经验。

13.1　秒杀系统简介

说起秒杀，读者一定不会感到陌生，这两年来，从双十一到春节抢红包，再到 12306 抢火车票，"秒杀"的场景处处可见。简单来说，秒杀就是在同一个时刻有大量的请求购买同一个数量有限商品并完成交易的过程，用技术的行话就是有大量的并发读和并发写。

并发是软件开发中最令开发者头痛的部分。同样，对于一个软件而言也是这样，你可以很快通过增删改查做出一个秒杀系统，但是要让它支持高并发访问就没有那么容易了。比如说，如何让系统面对百万级的请求流量而不出故障；如何保证高并发情况下数据的一致性；完全靠堆服务器来解决吗？这些显然并不是最好的解决方案。依笔者而言，秒杀系统本质上就是一个满足大并发、高性能和高可用的分布式系统。

秒杀系统不单单适用于电商的抢购场景，其实一切涉及到大并发的技术细节也适用于很多后端业务场景，例如互联网金融业务中的抢加息券等，整个方案中使用到的技术也是日常工作中经常用到的技术。

一般而言，秒杀场景中最大的问题在于容易产生大并发请求、超卖现象和性能问题，下面我们分别分析以下 3 个问题：

（1）瞬时大并发：秒杀系统给人最深刻的印象是超大的瞬时并发。对于热门商品的抢购场景中甚至会有超过 10 万的用户同时访问同一个商品页面去抢购，这就是典型的瞬时大并发。如果系统没有经过限流或者熔断处理，那么系统瞬间就会崩掉。

（2）超卖：秒杀除了大并发这样的难点，还有一个所有电商都会遇到的头疼问题，那就是超卖缺货，电商搞大促最怕什么？最怕的就是超卖，产生超卖了以后会影响到用户体验，会导致订单系统、库存系统、供应链等等下游环节全部出现问题。而且产生的问题往往是一系列的连锁反应，所以电商都不希望超卖发生。但是在大并发的场景最容易发生的就是超卖，不同线程读取到的当前库存数据可能在下一毫秒就被其他线程修改了，如果没有一定的锁库存机制，那么库存数据必然出错，都不用上万并发，几十个并发就可以导致商品超卖。

（3）性能：当遇到大并发和超卖问题后，必然会引出另一个问题，那就是性能问题。保证在大并发请求下，系统能够有好的性能，从而让用户获取更好的体验，不然每个用户都等几十秒才能知道结果，那体验必然是很糟糕的。

考虑到上述三大问题，类似商品秒杀这种超大并发读写、高性能以及高可用的系统在设计时一般也要考虑到以下 5 个原则或要素：分别是数据要尽量少、请求数要尽量少、路径要尽量短、依赖要尽量少和尽量不要有单点。

（1）数据尽量少，首先是指用户请求的数据能少就少。请求的数据包括上传给系统的数据和系统返回给用户的数据。客户端和服务器的数据在网络上传输需要时间，而且不管请求数据还是返回数据都需要服务器做处理，而服务器在处理网络数据时通常都要做压缩和字节编码，这些都非常消耗 CPU 资源，所以减少用户请求数据可以显著减少 CPU 的使用。

（2）请求数尽量少。用户请求的页面返回后，浏览器渲染这个页面还要包含其他的额外请求，比如说，这个页面依赖的 CSS/JavaScript 文件、图片以及 Ajax 请求等都可以定义为"额外请求"，这些额外请求应该尽量少。因为浏览器每发出一个请求都会建立网络连接，消耗资源，例如建立连接要做三次握手。另外，如果不同请求的域名不一样的话，还涉及这些域名的 DNS 解析问题，可能会耗时更久。所以减少请求数可以显著减少以上这些因素导致的资源消耗。

（3）路径要尽量短，是指用户发出请求到返回数据这个过程中，需求经过的中间的服务节点数要尽可能的少。这些节点就是业务系统或者系统中间件，比如说消息队列。每经过一个节点，一般都会产生新的网络请求。然而，每增加一次网络请求都会增加新的不确定性和延时。从概率统计上来说，假如一次请求经过 5 个节点，每个节点的可用性是 99%的话，那么整个请求的可用性是：99%的 5 次方，约等于 95%。所以缩短请求路径不仅可以增加可用性，同样可以有效提升性能，并减少延时。

（4）依赖要尽量少，指的是要完成一次用户请求必须依赖的系统或者服务数量要少。举个例子，比如说商品详情页面，而这个页面必须强依赖商品信息；还有其他如商品评价、交易列表等这些对商品详情来说不是必须的信息（弱依赖），这些弱依赖在紧急情况下就可以去掉。根据系统的重要性，我们可以给系统进行分级，比如 0 级系统、1 级系统、2 级系统等等；0 级系统如果是最重要的系统，那么 0 级系统强依赖的系统也同样是最重要的系统。注意，每一级系统要尽量减少对其下级系统的强依赖，防止重要的系统被不重要的系统拖垮。例如商品系统是 0 级系统，而评价系统是 1 级系统的话，在极端情况下可以把评价系统给降级，防止商品系统被评价这个低级系统给拖垮。

（5）尽量不要有单点。系统中的单点可以说是系统架构上的一个大忌，因为单点意味着没有备份，风险不可控，一旦发生问题，就会导致整个系统不可用。如图 13-1 的接入系统就是一个单点。

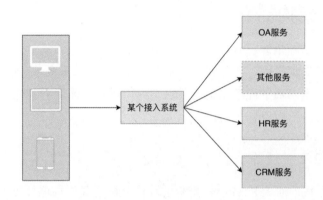

图 13-1　单点系统示意图

避免单点关键是避免将服务的状态和机器绑定，即把服务无状态化，这样服务就可以多实例化并且随意增加或者减少实例数量。应用无状态化也是有效避免单点的一种方式，但是像存储服务本身很难无状态化，因为数据要存储在磁盘上，本身就要和机器绑定，那么这种场景一般要通过冗余多个备份的方式来解决单点问题。

架构是一种平衡的艺术，而最好的架构一旦脱离了它所适应的场景，一切都将是空谈。希望读者记住的是，这里所说的几点注意事项都只是一个个方向，你应该尽量往这些方向上去努力，但也要考虑平衡其他因素。

结合上述的讲解，整个秒杀系统的架构核心理念还是通过缓存、异步和限流来保证系统的高并发和高可用。下面从一笔秒杀交易的流程来描述下秒杀系统架构设计：

（1）对于大促时的秒杀活动，一般运营会配置静态的活动页面，因为秒杀活动页的流量是大促期间最大的，通过配置成静态页面可以将页面发布在公有云上动态地横向扩展。

（2）将秒杀活动的静态页面提前刷新到 CDN 节点，通过 CDN 节点的页面缓存来缓解公司网络带宽压力，CDN 上缓存 JavaScript、CSS 和图片。

（3）将活动 H5 页面部署在公有云的网站服务器上，使用公有云最大的好处就是能够根据活动的火爆程度动态扩容而且成本较低，同时将访问压力隔离在公司系统外部。

（4）在提供真正商品秒杀业务功能的应用服务器上，需要进行请求限流和熔断控制，防止因为秒杀请求影响到其他正常服务的提供。在限流和熔断方面使用了 Hystrix，在核心交易的接口中通过 Hystrix 进行交易并发限流控制，当请求流量超出我们设定的限流最大值时，会对新请求进行熔断处理，直接返回静态失败响应。

（5）服务降级处理，除了上面讲到的限流和熔断控制，我们还设定了降级开关，对于首页、购物车、订单查询等功能都会进行一定程度的服务降级，例如历史订单的查询会提供时间周期较短的查询。通过这样的降级处理能够很好地保证整个系统在秒杀期间能够正常地提供最基本的服务，保证用户能够正常下单完成付款。

13.2 项目架构简介

大流量下的秒杀场景涉及到后端架构中很多层面的难点，甚至会影响到后端应用的基础架构，多数秒杀业务也往往会从业务系统中独立出去，形成单独的秒杀服务。此外，不同秒杀业务场景所形成的业务架构也往往不同，所以下面我们就先来简单介绍分析一下该秒杀示例项目的架构信息。

13.2.1 项目简述

通过对秒杀系统的研究和 Go-kit 框架的特性分析，我们将项目架构设定为微服务架构，有专门的秒杀系统，依赖统一的用户和鉴权系统，这些系统都注册到统一的服务注册中心，依赖统一的配置中心进行业务配置，而且这些服务都在统一的 API 网关之后，并会有专门的链路监控系统监控整个系统的运行情况。

13.2.2 架构信息

本章节实战项目的架构如图 13-2 所示。

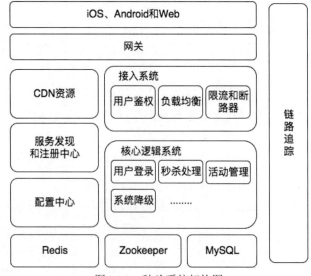

图 13-2　秒杀系统架构图

移动端和前端应用通过网关与后端服务进行交互，进行网络请求。接入系统包括用户鉴权、负载均衡以及限流和断路器，这是每个请求处理都需要的基础功能组件。后端核心逻辑有用户登录、秒杀处理、秒杀活动管理和系统降级等，这些服务都注册到服务注册中心，并通过配置中心进行自身业务数据的配置。链路监控时刻监控着系统的状态。最底层是缓存层的 Redis 以及持久化层 MySQL 和 Zookeeper。

项目具体的包接口如下图 13-3 所示。

图 13-3　秒杀项目包结构图

下面我们来具体了解一下秒杀实例项目的具体包结构。

- pkg 包下是基础组件，其中包含所有项目都会用到的基础组件：
  - bootstrap 是服务启动时的初始化组件；
  - client 是用户和鉴权等系统提供给其他系统的 RPC 调用 Client；
  - common 是共同依赖，定义了一些基础结构；
  - config 是分布式配置中心接入组件；
  - discover 是服务注册与发现组件；
  - loadbalance 是客户端负载均衡组件；
  - mysql 是 MySQL 数据库客户端组件；
  - ratelimiter 是限流组件。
- gateway 是统一业务 API 网关，主要是用来转发前端或者移动端的请求到各个系统，拦截非法请求，调用用户和鉴权系统进行权限校验。
- oauth-service 是鉴权系统，生成用户登录 token。
- sk-admin 是秒杀活动管理系统，主要是为秒杀活动管理者提供创建，修改和删除秒杀活动及秒杀商品配置的功能。

- sk-app 是秒杀业务系统，主要是接收用户的秒杀请求，处理用户黑白名单等，然后将秒杀请求通过 Redis 发送给 sk-core 系统。
- sk-core 是秒杀核心系统，主要是处理 sk-app 通过 Redis 发送过来的秒杀请求，判断是否秒杀成功，修改剩余商品数量并生成秒杀成功的 token。
- user-service 是用户系统，主要提供用户账号、用户密码等用户管理功能。

13.2.3 流程简介

秒杀实战项目的基础功能流程如图 13-4 所示。其中涉及的步骤在后续小节中都会进行详细的介绍。

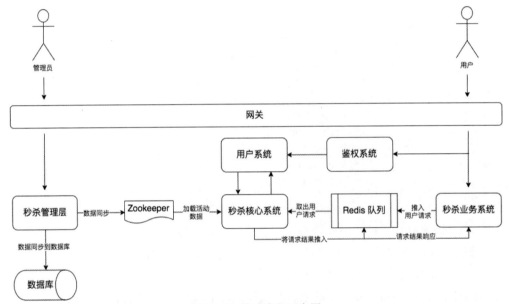

图 13-4   秒杀流程示意图

普通用户进行秒杀时，首先与秒杀业务系统进行交互，秒杀业务系统主要负责对请求进行限流、用户黑白名单过滤、并发限制和用户数据签名校验。秒杀业务系统的工作流程如下：

（1）从 ZooKeeper 中加载秒杀活动数据到内存当中。

（2）监听 ZooKeeper 中的数据变化，实时更新缓存在内存中的秒杀活动数据。

（3）从 Redis 中加载黑名单数据到内存当中。

（4）设置白名单。

（5）对用户请求进行黑名单限制。

（6）对用户请求进行流量限制、秒级限制、分级限制。

（7）将用户数据进行签名校验、检验参数的合法性。

（8）将用户请求通过 Redis 传递给业务核心系统进行处理。

（9）接收秒杀核心系统返回的秒杀处理结果，并返回给用户。

秒杀核心系统主要负责进行真正的秒杀逻辑判断，依次处理 Redis 队列中的用户请求，限制用户购买次数，根据商品抢购概率和频次对用户请求进行处理，并对获得抢购资格的用户生成对应的资格 token。

（1）从 ZooKeeper 中加载秒杀活动数据到内存当中。

（2）监听 ZooKeeper 中的数据变化，实时更新缓存在内存中的秒杀活动数据。

（3）处理 Redis 队列中秒杀业务系统传递过来的请求。

（4）限制用户对商品的购买次数。

（5）对商品的抢购频次进行限制。

（6）对商品的抢购概率进行限制。

（7）对合法的请求给予生成抢购资格 Token 令牌，并通过 Redis 传递给秒杀业务系统。

秒杀管理系统主要服务于秒杀活动管理人员，进行活动信息和秒杀商品信息的管理。

（1）配置并管理商品数据，提供对商品数据的增加和查询接口。

（2）配置并管理秒杀活动数据，提供对秒杀活动的增加和查询接口。

（3）将秒杀活动数据同步到 Zookeeper。

（4）将秒杀活动数据持久化到数据库。

13.3　整合升级：各个微服务脚手架的组装

本小节主要讲述之前章节的微服务中各个组件是如何集成到该项目中的，并且展示详细的代码以及代码讲解。

13.3.1　服务注册和发现

服务注册和发现组件在 pkg/discover 文件夹下。实战案例仍然使用 Consul 作为服务注册和发现的组件，各个核心业务服务都会注册到 Consul 并查询要通信的服务实例信息。

在 Go-kit 框架中默认提供了对 Consul、Zookeeper、Etcd、Eureka 等常用注册中心的支持，通过使用 Go-kit 中提供的服务注册与发现组件，可以轻松实现微服务中服务注册与发现的机制。

但是在实际工作中，通过自定义的方式会取得更好的效果，本章的秒杀实例项目中，为了更好地适配项目的各个组件，笔者自定义了一套服务注册和发现组件抽象接口。

1．服务实例相关的抽象接口和结构体

首先是 ServiceInstance 结构体，它表示一个服务实例，它有以下属性：主机 ip、HTTP 网络服务的端口号、负载权重和 RPC 服务的端口号。

```
type ServiceInstance struct {
Host     string // Host
Port     int    // Port
Weight   int    // 权重
CurWeight int   // 当前权重
GrpcPort int
}
```

接着，我们定义了 DiscoveryClient 接口来表示服务注册与发现客户端，它提供了 3
个方法，如下表 13-1 所示。

表 13-1

方法名称	描　　述
Register	服务注册接口，用于将服务自身注册到服务注册与发现中心上
DeRegister	服务注销接口，用于注销服务
DiscoverServices	服务发现接口，根据服务名称获取当前注册在服务注册和发现中心上的服务实例列表

具体代码定义如下所示：

```
type DiscoveryClient interface {
/**
 * 服务注册接口
 * @param serviceName 服务名
 * @param instanceId 服务实例 Id
 * @param instancePort 服务实例端口
 * @param healthCheckUrl 健康检查地址
 * @param weight 权重
 * @param meta 服务实例元数据
 */
Register(instanceId, svcHost, healthCheckUrl, svcPort string, svcName
string, weight int, meta map[string]string, tags []string, logger *log.Logger)
bool

/**
 * 服务注销接口
 * @param instanceId 服务实例 Id
 */
DeRegister(instanceId string, logger *log.Logger) bool
/**
 * 发现服务实例接口
 * @param serviceName 服务名
 */
DiscoverServices(serviceName string, logger *log.Logger) []*ServiceInstance
}
```

最后我们定义 DiscoveryClientInstance 结构体，具体代码如下，它会实现 DiscoveryClient
接口的方法，并且存储一些额外的属性，比如说 Consul 的客户端和相关配置以及本地缓
存的服务实例哈希表。本实例中的 DiscoveryClientInstance 依赖 Consul 作为服务注册与发
现中心，读者可以自行实现依赖其他服务注册与发现中心的 Discovery Client。

```
type DiscoveryClientInstance struct {
Host string //  Host
Port int    //  Port
// 连接 consul 的配置
```

```
config *api.Config
client consul.Client
mutex  sync.Mutex
// 服务实例缓存字段
instancesMap sync.Map
}
```

2. 注册服务方法具体实现

DiscoveryClientInstance 结构体的 Register 方法主要进行了以下两步工作：

（1）构建服务实例元数据结构体 api.AgentServiceRegistration，提供的元数据主要有服务实例 ID、服务名、服务地址、服务端口、健康检查地址等。

（2）调用 consul.client 的 Register 方法将服务实例元数据注册到 Consul。

实现代码如下所示：

```
func (consulClient *DiscoveryClientInstance) Register(instanceId, svcHost,
healthCheckUrl,  svcPort  string,  svcName  string,  weight  int,  meta
map[string]string, tags []string, logger *log.Logger) bool {
    port, _ := strconv.Atoi(svcPort)

    // 1. 构建服务实例元数据
    fmt.Println(weight)
    serviceRegistration := &api.AgentServiceRegistration{
        ID:      instanceId,
        Name:    svcName,
        Address: svcHost,
        Port:    port,
        Meta:    meta,
        Tags:    tags,
        Weights: &api.AgentWeights{
            Passing: weight,
        },
        Check: &api.AgentServiceCheck{
            DeregisterCriticalServiceAfter: "30s",
            HTTP: "http://" + svcHost + ":"
+ strconv.Itoa(port) + healthCheckUrl,
            Interval:                 "15s",
        },
    }

    // 2. 发送服务注册到 Consul 中
    err := consulClient.client.Register(serviceRegistration)

    if err != nil {
        logger.Println("Register Service Error!")
        return false
    }
    logger.Println("Register Service Success!")
    return true
}
```

3. 注销服务方法具体实现

服务注销方法 DeRegister 首先构造 AgentServiceRegistration 结构体，设置自身的 instanceId，然后将其作为参数直接调用 consul.client 的 Deregister 方法实现服务注销功能，代码如下所示：

```
func (consulClient *DiscoveryClientInstance) DeRegister(instanceId
string,
    logger *log.Logger) bool {

    // 构建包含服务实例 ID 的元数据结构体
    serviceRegistration := &api.AgentServiceRegistration{
        ID: instanceId,
    }
    // 发送服务注销请求
    err := consulClient.client.Deregister(serviceRegistration)

    if err != nil {
        logger.Println("Deregister Service Error!")
        return false
    }
    logger.Println("Deregister Service Success!")

    return true
}
```

4. 查询服务实例方法具体实现

DiscoverServices 方法用于根据服务名称获取服务注册与发现中心的服务实例列表。该方法会将从 Consul 中获取的服务实例列表缓存在 DiscoverClientInstance 的 instancesMap 表中，并且注册对该服务实例状态的监控，之后再调用该方法来获取服务实例时则直接从本地缓存表获取。当有新的服务实例上线或者旧的服务实例下线时，对服务实例状态监控就可以及时发现，并更新本地缓存的服务实例表，该方法的实现代码如下所示：

```
func (consulClient *DiscoveryClientInstance) DiscoverServices(service
Name string, logger *log.Logger) []*common.ServiceInstance {

    // 该服务已监控并缓存
    instanceList, ok := consulClient.instancesMap.Load(serviceName)
    if ok {
        return instanceList.([]*common.ServiceInstance)
    }
    // 申请锁
    consulClient.mutex.Lock()
    // 再次检查是否监控
    instanceList, ok = consulClient.instancesMap.Load(serviceName)
    if ok {
        return instanceList.([]*ServiceInstance)
    } else {
        // 注册监控
    }
    defer consulClient.mutex.Unlock()
    // 根据服务名请求服务实例列表
    entries, _, err := consulClient.client.Service(serviceName, "", false, nil)
    if err != nil {
        consulClient.instancesMap.Store(serviceName, []*common.ServiceInstance
{})
        logger.Println("Discover Service Error!")
        return nil
    }
    instances := make([]*ServiceInstance, len(entries))
    for i := 0; i < len(instances); i++ {
```

```
        instances[i] = newServiceInstance(entries[i].Service)
    }
    consulClient.instancesMap.Store(serviceName, instances)
    return instances
}
```

使用协程来执行注册监控 Consul 服务状态变更的匿名函数，当 serviceName 对应的服务状态发生变化时，watch 的 Handler 就会执行。在 Hardler 方法中将 Consul 传递来的数据转换为本地缓存的 instancesMap 表，实现代码如下：

```
// 启动协程来对 Consul 上的服务状态进行监控
go func() {
    params := make(map[string]interface{})
    params["type"] = "service"
    params["service"] = serviceName
    plan, _ := watch.Parse(params)
    plan.Handler = func(u uint64, i interface{}) {
        if i == nil {
            return
        }
        v, ok := i.([]*api.ServiceEntry)
        if !ok {
            return // 数据异常，忽略
        }

        // 没有服务实例在线
        if len(v) == 0 {
            consulClient.instancesMap.Store(serviceName, []*common.Service
Instance{})
        }

        var healthServices []*common.ServiceInstance

        for _, service := range v {
            if service.Checks.AggregatedStatus() == api.HealthPassing {
                healthServices = append(healthServices, newServiceInstance
(service.Service))
            }
        }
        consulClient.instancesMap.Store(serviceName, healthServices)
    }
    defer plan.Stop()
    plan.Run(consulClient.config.Address)
}()
```

至此，我们就基于 Consul 构建了一套简单的服务注册与发现客户端组件，在本项目的 loadbalance 组件中会有对其的使用。loadbalance 组件使用它获取服务实例列表，根据一定策略进行负载均衡。

13.3.2　负载均衡策略

带有负载均衡策略的服务实例集群可以很好地抵抗较大的并发流量，结合服务注册与发现，可以进行服务实例数量动态增加和减少，以应对不同的并发流量。

当存在多个可以调用的服务实例时，将流量合理的分配给各个服务实例的策略就十分重要,这一小节中我们将基于 13.3.1 小节定义的 ServiceInstance 结构体来构建负载均衡策略体系。

首先是定义负载均衡策略的接口,它只有一个 SelectService 方法,接受 ServiceInstance 列表作为参数,根据一定负载均衡策略从服务实例列表中选择一个服务实例返回。

```
// 负载均衡器
type LoadBalance interface {
SelectService(service    []*common.ServiceInstance)    (*common.Service
Instance, error)
}
```

这里我们简单介绍两种负载均衡策略,一种是完全随机策略,另一种是带权重平滑轮询策略。

1. 完全随机策略

完全随机策略的实现极其简单,首先定义 RandomLoadBalance 结构体,然后实现其 SelectService 方法。完全随机策略的 SelectService 方法使用 rand.Intn 随机从数组中选择一个 ServiceInstance 作为返回值,具体代码如下:

```
type RandomLoadBalance struct {
}

// 随机负载均衡
func    (loadBalance    *RandomLoadBalance)    SelectService(services
[]*common.ServiceInstance) (*common.ServiceInstance, error) {

if services == nil || len(services) == 0 {
    return nil, errors.New("service instances are not exist")
}

return services[rand.Intn(len(services))], nil
}
```

完全随机策略可以把请求完全分散到各个服务实例,达到接近平均的流量分配。但是由于不同服务实例运行的硬件资源不同,导致不同服务实例的处理请求的能力也不同,需要根据服务实例的能力,分配相匹配的请求数量。带权重的平滑轮询策略就是这样一种负载均衡策略。

2. 带权重的平滑轮询策略

带权重的平滑轮询策略会根据各个服务的权重比例,将请求平滑地分配到各个服务实例中,其具体实现如下所示:

```
type WeightRoundRobinLoadBalance struct {
}

// 权重平滑负载均衡
func (loadBalance *WeightRoundRobinLoadBalance) SelectService(services
[]*common.ServiceInstance) (best *common.ServiceInstance, err error) {

if services == nil || len(services) == 0 {
    return nil, errors.New("service instances are not exist")
}
```

```
total := 0
for i := 0; i < len(services); i++ {
    w := services[i]
    if w == nil {
        continue
    }

    w.CurWeight += w.Weight

    total += w.Weight
    if best == nil || w.CurWeight > best.CurWeight {
        best = w
    }
}

if best == nil {
    return nil, nil
}

best.CurWeight -= total
return best, nil
}
```

带权重的平滑轮询策略需要根据 ServiceInstance 中的 Weight 和 CurWeight 这两个属性值进行计算，这两个权重的具体定义如下所示：

（1）Weight 配置的服务实例权重，固定不变；

（2）CurWeight 是服务实例目前的权重，一开始为 0，之后会动态调整。

每次当请求到来，选取服务实例时，该策略会遍历服务实例队列中的所有服务实例。对于每个服务实例，让它的 CurWeight 增加它的 weight 值；同时累加所有服务实例的 Weight，并保存为 total。

遍历完所有服务实例之后，如果某个服务实例的 CurWeight 最大，就选择这个服务实例处理本次请求，最后把该服务实例的 CurWeight 减去 total 值。

比如说 A、B、C 三个服务实例的权重 Weight 分别为 3、2、1，初始 CurWeight 全为 0，本策略的计算过程如下表 13-2 所示。

表 13-2

请求序号	计算前的 CurWeight	选择的实例	计算后的 CurWeight
1	{0,0,0}	a	{-3,2,1}
2	{-3,2,1}	b	{0,-2,2}
3	{0,-2,-2}	a	{-3,0,3}
4	{-3,0,-3}	c	{0,2,-2}
5	{0,2,-2}	b	{3,-2,-1}
6	{3,-2,-1}	a	{0,0,0}

通过上述过程，可以得到以下结论：

（1）6个请求中，A、B、C 分别被选到 3、2、1 次，符合它们的权重值。

（2）6个请求中，A、B、C 被选取的顺序为 A、B、A、C、B、A，分布均匀，权重大的服务实例 A 并没有被连续选取。

（3）每经过 6 个请求后，A、B、C 的 CurWeight 值会回到初始值 0，因此上述流程会不断循环。

13.3.3　RPC 客户端装饰器

在微服务架构中，内部系统之间往往通过 RPC 调用相互交互，但是在 RPC 调用的基础上往往要添加服务注册与发现、负载均衡、断路器和重试等通用机制才能支撑大流量下的请求处理。这些通用机制独立于业务提供的 RPC 接口之外，可以形成统一切面。于是，我们在秒杀示例项目中构建了 RPC 客户端装饰器组件，用于统一封装业务服务提供的 RPC 接口客户端，提供上述通用能力。

1．AuthClient 示例

我们以 Auth 服务所提供的 RPC 接口为例来讲述该组件是如何运作的。首先定义 OAuthClient 接口，它定义了 CheckToken 方法用于校验用户 Token，代码如下：

```
type OAuthClient interface {
  CheckToken(ctx context.Context, tracer opentracing.Tracer, request
*pb.CheckTokenRequest) (*pb.CheckTokenResponse, error)
}
```

然后定义 OAuthClientImpl 结构体，它定义了客户端管理器、服务名称、负载均衡策略和链路追踪系统，这些属性都是可以配置的。

```
type OAuthClientImpl struct {
manager     ClientManager // 客户端管理器
serviceName string // 服务名称
loadBalance loadbalance.LoadBalance // 负载均衡策略
tracer      opentracing.Tracer // 链路追踪系统
}
```

NewOAuthClient 是生成 OAuthClient 的工厂方法，它会初始化 OAuthClientImpl 实例，并配置其各种属性，比如说ClientManger、serviceName 以及负载均衡策略，具体代码如下：

```
func NewOAuthClient(serviceName string, lb loadbalance.LoadBalance,
tracer opentracing.Tracer) (OAuthClient, error) {
  if serviceName == "" {
    serviceName = "oauth"
  }
  if lb == nil {
    lb = defaultLoadBalance
  }
  return &OAuthClientImpl{
    manager: &DefaultClientManager{
      serviceName: serviceName,
      loadBalance: lb,
      discoveryClient:discover.ConsulService,
```

```
        logger:discover.Logger
    },
    serviceName: serviceName,
    loadBalance: lb,
    tracer:      tracer,
}, nil

}
```

OAuthClientImpl 结构体也实现了 CheckToken 方法，对于使用该 RPC 客户端的业务服务就可以直接初始化 OAuthClientImpl 实例，然后调用其 CheckToken 接口进行用户 Token 校验，就像是在调用本地方法一样，但是方法内部其实是进行了 RPC 调用，代码如下：

```
func (impl *OAuthClientImpl) CheckToken(ctx context.Context, tracer
opentracing.Tracer, request *pb.CheckTokenRequest) (*pb.CheckTokenResponse,
error) {
    response := new(pb.CheckTokenResponse)
    if err := impl.manager.DecoratorInvoke("/pb.OAuthService/CheckToken",
"token_check", tracer, ctx, request, response); err == nil {
        return response, nil
    } else {
        return nil, err
    }
}
```

2．Client 的装饰器方法

OAuthClientImpl 中的 CheckToken 方法主要是调用了其 ClientManager 的 DecoratorInvoke 方法，并将对应的 RPC 请求路径、方法名称、链路追踪系统、上下文以及请求和响应作为参数传递到方法中。我们直接来看 DefaultClientManager 的 DecoratorInvoke 方法，代码如下：

```
func (manager *DefaultClientManager) DecoratorInvoke(path string,
hystrixName string,
    tracer opentracing.Tracer, ctx context.Context, inputVal interface{},
outVal interface{}) (err error) {
    // 1.回调函数
    for _, fn := range manager.before {
        if err = fn(); err != nil {
            return err
        }
    }
    // 2．使用 Hystrix 的 Do 方法构造对应的断路器保护
    if err = hystrix.Do(hystrixName, func() error {
        // 3 服务发现
        instances := manager.discoveryClient.DiscoverServices (manager.
serviceName, manager.logger)
        // 4 负载均衡
        if instance, err := manager.loadBalance.SelectService(instances); err
== nil {
            if instance.GrpcPort > 0 {
                // 5 获得 RPC 端口并且发送 RPC 请求
                if conn, err := grpc.Dial(instance.Host+":"+strconv.
```

```
Itoa(instance.GrpcPort), grpc.WithInsecure(),

    grpc.WithUnaryInterceptor(otgrpc.OpenTracingClientInterceptor(genTrace
r(tracer), otgrpc.LogPayloads())), grpc.WithTimeout(1*time.Second)); err ==
nil {
                    if err = conn.Invoke(ctx, path, inputVal, outVal); err !=
nil {
                        return err
                    }
                } else {
                    return err
                }
            } else {
                return ErrRPCService
            }
        } else {
            return err
        }
        return nil
    }, func(e error) error {
        manager.logger.Println(e.Error())
        return e
    }); err != nil {
        return err
    } else {
        for _, fn := range manager.after {
            if err = fn(); err != nil {
                return err
            }
        }
        return nil
    }
}
```

上述代码中，DecoratorInvoke 方法主要做了以下六件事：

（1）调用 ClientManager 的 before 回调函数，进行发送 RPC 请求前的统一回调处理。

（2）使用 Hystrix 的 Do 方法构造对应的断路器保护。

（3）调用 DiscoveryClient 的 DiscoverServices 方法获得服务提供方的服务实例列表。

（4）调用配置的负载均衡策略来从服务实例列表中选取一个合适的服务实例。

（5）向选取的服务实例发送对应的 RPC 请求，并返回响应值。

（6）调用 ClientManager 的 after 回调函数。

13.3.4　限流

在秒杀场景中，由于业务应用系统的负载能力有限，为了防止非预期的请求对系统造成过大的压力而拖垮业务应用系统，每个 API 接口都有访问频率上限。API 接口的流量控制策略有分流、降级、限流等。本小节讨论限流策略，虽然降低了服务接口的访问频率和并发量，却换来了服务接口和业务应用系统的高可用。

1．漏桶算法

漏桶算法（Leaky Bucket）是网络世界中流量整形（Traffic Shaping）或速率限制（Rate Limiting）时经常使用的一种算法，它的主要目的是控制数据注入到系统的速率，平滑对系统的突发流量。为系统提供一个稳定的请求流量。

漏桶算法思路很简单，水（请求）先进入到漏桶里，漏桶以一定的速度出水（按照接口的响应速率），当水流入速度过大会直接溢出（访问频率超过接口响应速率），然后就拒绝请求，可以看出漏桶算法能强行限制数据的传输速率。示意图如下图 13-5 所示。

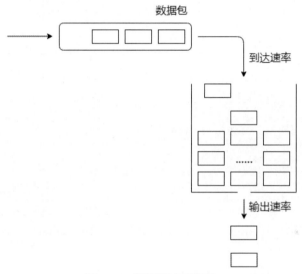

图 13-5　漏桶算法示意图

2．令牌桶算法

令牌桶算法则是一个存放固定容量令牌的桶，按照固定速率往桶里添加令牌。桶中存放的令牌数有最大上限，超出之后就被丢弃。当流量或者网络请求到达时，每个请求都要获取一个令牌，如果能够获取到，则直接处理，同时令牌桶会删除一个令牌。如果获取不到，该请求就要被限流，要么直接丢弃，要么在缓冲区等待。

令牌桶和漏桶相比，有如下差异：

（1）令牌桶是按照固定速率往桶中添加令牌，请求是否被处理需要看桶中令牌是否足够，当令牌数减为零时则拒绝新的请求；漏桶则是按照常量固定速率流出请求，流入请求速率任意，当流入的请求数累积到漏桶容量时，则新流入的请求被拒绝。

（2）令牌桶限制的是平均流入速率，允许突发请求，只要有令牌就可以处理，支持一次拿 3 个或 4 个令牌；漏桶限制的是常量流出速率，即流出速率是一个固定常量值，比如都是 1 的速率流出，而不能一次是 1，下次又是 2，从而起到了平滑突发流入速率的效果。

（3）令牌桶允许一定程度的突发流量，而漏桶则不允许。

3．使用 rate 实现限流

Go 语言标准库中就有进行限流的组件，即 golang.org/x/time/rate。该限流器是基于令牌桶限流算法实现的。

在秒杀示例项目中，为了通过 endpoint.Middleware 为每个 Endpoint 提供限流功能，我们在 instrument.go 中添加方法 NewTokenBucketLimitterWithBuildIn，在其中使用 x/time/rate 实现限流功能，代码实现如下：

```go
// NewTokenBucketLimitterWithBuildIn 使用 x/time/rate 创建限流中间件
func NewTokenBucketLimitterWithBuildIn(bkt *rate.Limiter)
 endpoint.Middleware {
 return func(next endpoint.Endpoint) endpoint.Endpoint {
    return func(ctx context.Context, request interface{}) (response
interface{}, err error) {
       // 使用 Limiter 的 Allow 方法，如果限流器不放行，则直接返回限流异常
       if !bkt.Allow() {
            return nil, ErrLimitExceed
       }
       return next(ctx, request)
    }
 }
}
//add ratelimit,refill every second,set capacity 3
ratebucket := rate.NewLimiter(rate.Every(time.Second*1), 3)
endpoint = NewTokenBucketLimitterWithBuildIn(ratebucket)(endpoint)
```

本章的秒杀实例中使用 NewTokenBucketLimitterWithBuildIn 方法，传入对应的限流 rate.Limiter 结构体，返回用于生成带限流功能的 Endpoint 中间件 Middleware。该 Middleware 可以接收 Endpoint 作为参数，为该 Endpoint 添加限流功能，使用方式如下所示：

```go
ratebucket := rate.NewLimiter(rate.Every(time.Second*1), 100)
userPoint = plugins.NewTokenBucketLimitterWithBuildIn
(ratebucket)(userPoint)
```

13.3.5　Go 语言 Redis 使用简介

Redis 是目前最为流行的高性能 key-value 数据库，Go 语言官方已经提供了对 Redis 的支持，但是没有 Redis Client 的官方实现，而 go-redis/redis 是目前较为成熟的第三方库之一，目前托管在 Github 上。相比其他开源的 Go 语言的 redis 客户端库，其上手更简单，方法命名上保持了与 Redis 原生命令的一致，见名知义，稍微研究下就可以马上着手使用。

在秒杀示例项目中，使用了 Redis 的多种操作，比如说 Set、Get、LPush 和 BRPop 等，这里只是简单地介绍秒杀示例项目涉及的这些 Redis 操作，更多的 Redis 操作，比如说事务、管道、Lua 脚本等，读者可以自行阅读并学习相应的文档。

1．安装与测试

首先使用 get 命令进行安装。

```
go get -u github.com/go-redis/redis
```

使用前要导入对应的包名。

```
import "github.com/go-redis/redis"
```

使用 redis.NewClient 方法可以连接到 redis-server，并获得 Client 结构体。

```
client := redis.NewClient(&redis.Options{
      Addr: "localhost:6379",
      Password: "",             //默认空密码
      DB: 0,                     //使用默认数据库
   })

defer client.Close()           //最后关闭
```

可以使用 client 的 Ping 方法来检测是否连接成功。如果 Ping 方法收到返回的信息 pong，则表示连接成功，具体代码如下所示：

```
pong, err := client.Ping().Result()
if err != nil {
   log.Fatal(err)
}
fmt.Println("Connected result: ", pong)
```

2．数据类型

String 是 Redis 最基本的数据类型，一个 key 对应一个 value。value 的最大数据长度是 512 M，只要不超过这个值，就可以直接存放任意格式的数据。

```
// 设置 String
client.Set("str1", "hello redis",0)
// 读取设定的值
str := client.Get("str1")
fmt.Println(str)
// 删除键
client.Del("strtest")
```

3．字符串列表

在 Redis 里，list 是简单列表，可以添加一个元素到列表的头部和尾部。可以使用 LPush 插入一个值，如果 key 不存在，则会新建一个列表，再将值插入。

```
client.LPush("list","one","two","three") //rpush 则在尾部插入
client.LRem("list",2,"three") //删除 list 中前 2 个 value 为 'three'的元素
client.LPop("list") //删除头部的值
Client.BPop("list") //删除尾部的值。
list, _ := client.LRange("list", 0, 2).Result()
fmt.Println("List: ", list)

client.LRem("list",1,"three")    //删除一个"three"
list,   := client.LRange("list", 0, 2).Result()
fmt.Println("List: ", list) //从输出发现 list 中只剩下 two 和 one，遍历完 list
后又从头开始遍历再输出一个 two
```

列表还支持 BRPop 操作，该操作移出并获取列表的最后一个元素，如果列表没有元素，会阻塞列表直到等待超时或发现可弹出元素为止。秒杀实例项目中就使用该指令来实现生产者和消费者队列模式。

13.3.6　Zookeeper 集成

　　Zookeeper 分布式服务框架是 Apache Hadoop 的开源项目，它主要是用来解决分布式应用中经常遇到的数据管理问题，比如：统一命名服务、状态同步服务、集群管理、分布式应用配置项的管理等。

　　本章的秒杀项目会将秒杀活动和秒杀商品的信息存储在 Zookeeper 中，其他服务可以从 Zookeeper 加载秒杀活动或者秒杀商品信息，并且可以使用 Zookeeper 的 watcher 机制，实时更新信息。

　　下面我们来看一下上述业务逻辑中涉及的 Zookeeper 操作的具体代码实现，分别是初始化 Zookeeper 连接、设置和读取 Zookeeper 对应路径上的数值以及对 Zookeeper 数值变化的监控。

　　秒杀案例项目中使用 InitZK 函数来初始化 Zookeeper 的连接，调用 zk.Connect 函数，传入 Zookeeper 的地址，获取到 Zookeeper 的 Connection，代码如下：

```
func InitZk() {
    var hosts = []string{"39.98.179.73:2181"}
    conn, _, err := zk.Connect(hosts, time.Second*5)
    if err != nil {
     fmt.Println(err)
     return
    }
    conf.Zk.ZkConn = conn
    conf.Zk.SecProductKey = "/product"
}
```

　　秒杀案例项目设置秒杀活动数据时需要使用 Zookeeper 的 Connection 来判断一个路径下是否存在值，可以调用其 Exists 函数。如果存在，则调用其 Set 方法重新设置该路径上的值；否则调用 Create 方法新建这个路径和它的值，实现代码如下：

```
conn := conf.Zk.ZkConn

   var byteData = []byte(string(data))
var flags int32 = 0
// permission
var acls = zk.WorldACL(zk.PermAll)

// create or update
exisits, _, _ := conn.Exists(zkPath)
if exisits {
  _, err_set := conn.Set(zkPath, byteData, flags)
  if err_set != nil {
    fmt.Println(err_set)
  }
} else {
  _, err_create := conn.Create(zkPath, byteData, flags, acls)
  if err_create != nil {
    fmt.Println(err_create)
  }
}
```

秒杀项目中秒杀业务系统需要监控秒杀活动数据的变更，所以需要注册 Zookeeper 的 Watcher 来观测秒杀活动数据是否发生改变。注册 Zookeeper 监听器的代码如下所示：

```
option := zk.WithEventCallback(waitSecProductEvent)
conn, _, err := zk.Connect(hosts, time.Second*5, option)

func waitSecProductEvent(event zk.Event) {
log.Println("path:", event.Path)
log.Println("type:", event.Type.String())
log.Println("state:", event.State.String())
if event.Path == conf.Zk.SecProductKey {
    ....
}
}
```

在建立 Zookeeper 连接时就要将配置了回调函数的 option 结构体传给 zk.Connect 方法，这样建立的 Zookeeper 连接就会注册对应的监控，当有数值发生改变时，会调用 waitSecProductEvent 方法，传入对应的 zk.Event。Event 中会携带本次事件涉及的路径、类型和状态。

13.3.7　Go-kit 开发利器 Truss

Go-kit 需要编写较多的封装代码，所以本项目使用 Go-kit 的专属代码生成工具 Truss 来快速生成部分 Go-kit 所需的繁杂代码，并生成支持 HTTP 和 gRPC 两种调用方式的服务。

首先要安装 Truss 工具。如果读者还未安装 Protoc 3，请先安装这个工具，因为需要使用它来生成具体代码。

```
go get -u -d github.com/metaverse/truss
cd $GOPATH/src/github.com/metaverse/truss
make dependencies
make
```

然后编写 proto 文件定义项目中的服务。使用 package 定义包名，使用 service 定义服务名称，在 service 中定义方法，方法输入参数为 SecRequest，输出参数为 SecResponse，并且可以使用 options 来将其绑定到 HTTP 或者 gRPC 的 path 路径上，具体定义如下所示：

```
syntax = "proto3";
package echo;
import
"github.com/metaverse/truss/deftree/googlethirdparty/annotations.proto";

service SkAppService {
    // Echo "echos" the incoming string
    rpc Seckill (SecRequest) returns (SecResponse) {
        option (google.api.http) = {
        // All fields (In) are query parameters of the http request unless
otherwise specified
        post: "/sec"

        additional_bindings {
          // Trailing slashes are different routes
          post: "/sec/"
        }
```

```
        };
        }

        // Louder "echos" the incoming string with `Loudness` additional
exclamation marks
        rpc SecInfo (SecInfoRequest) returns (SecInfoResponse) {
            option (google.api.http) = {
                get: "/sec/info"

                additional_bindings {
                // Trailing slashes are different routes
                get: "/sec/info"
            }
        };
        }
message SecRequest {
        int32 ProductId = 1;
        string Source = 2;
        string AuthCode = 3;
        int64 SecTime = 4;
        string Nance = 5;
        int32 UserId = 6;
        string UserAuthSign = 7;
        string ClientAddr = 8;
        string ClientReference = 9;
}

message SecResponse {
        int32 ProductId = 1;
        int32 UserId = 2;
        string Token = 3;
        int64 TokenTime = 4;
        int32 Code = 5;
}
```

执行 Truss 命令 truss *.proto，生成服务的项目结构和代码，可以在 handlers 文件夹下中实现需要的中间件，如日志、服务发现、负载均衡、Metrics、限流器、断路器等。handlers/handlers.go 文件中实现服务的业务逻辑。也可以根据项目需要，将生成的代码重新分包。使用 Truss 可以帮忙开发者减少不必要的代码输入工作成本，让开发者更加专注于业务逻辑的实现。

13.4　秒杀核心逻辑

下面我们来讲解有关秒杀的核心逻辑，也就是秒杀业务系统、秒杀核心系统和秒杀管理系统这 3 个系统的相关处理逻辑。

下面代码是秒杀系统中通用的数据结构，分别是秒杀活动 Activity、秒杀商品信息 ProductInfo、秒杀请求 SecRequest 和秒杀结果响应 SecRespone。

```
message Activity {
        int64 ActivityId = 1;    // 活动 Id
        string ActivityName = 2; // 活动名称
        int64 ProductId = 3;     // 商品 Id
        int64 StartTime = 4;     // 开始时间
```

```
    int64 EndTime = 5;        // 结束时间
    int64 Total = 6;          // 商品总数
    int64 Status = 7;         // 状态
    string StartTimeStr = 8; //
    string EndTimeStr = 9;
    string StatusStr = 10;
    int64 Speed = 11;
    int64 BuyLimit = 12;
    double BuyRate = 13;
}

message ProductInfo {
    int64 ProductId = 1; // 商品 id
 int64 StartTime = 2; // 开始时间
    int64 EndTime = 3;    // 结束时间
    int64 Status = 4;     // 状态
    int64 Total = 5;      // 商品总数
    int64 Left = 6;       // 剩余商品数量
    int64 OnePersonBuyLimit = 7; // 一个人购买限制
    double BuyRate = 8; // 买中几率
    int64 SoldMaxLimit = 9; // 每秒最多能卖多少个
}

message SecRequest {
    int64 ProductId = 1;
    string Source = 2;
    string AuthCode = 3;
    string SecTime = 4;
    string Nance = 5;
    int64 UserId = 6;
    string UserAuthSign = 7;
    int64 AccessTime = 8;
    string ClientAddr = 9;
    string ClientReference = 10;
}

message SecResponse {
    int64 ProductId = 1;
    int64 UserId = 2;
    string Token = 3;
    int64 TokenTime = 4;
    int64 Code = 5;
}
```

（1）秒杀活动信息包括活动 ID、活动名称、商品 ID、开始时间、结束时间、商品总数、状态、购买上限、购买比率等。

（2）秒杀商品信息包括商品 ID、总数、剩余数量、单人购买数量、买中比率、每秒最多能卖出的数量等。

（3）秒杀请求信息包括秒杀商品 ID、来源、用户信息、用户访问时间、用户权限码等。而秒杀响应信息包括秒杀结果和秒杀成功的购买 Token。

这些数据结构在 3 个系统中都有涉及，按照第一小节讲述的数据要尽量少的原则，这些数据结构没有任何一个多余的字段，以便于在系统之间传输地尽可能快。

13.4.1　秒杀业务系统

秒杀业务系统主要为前端和移动端提供秒杀活动查询和进行秒杀的 HTTP 接口，处理有关用户和 IP 黑白名单和流量限制的逻辑，并通过 Redis 将合法的秒杀请求发送给秒杀核心业务，并将秒杀核心业务的处理结果返回给前端或移动端。

接下来，我们将从初始化秒杀数据、初始化 Redis 连接，初始化工作协程来了解该系统启动时的操作，然后深入了解进行秒杀接口的具体实现。

1．初始化秒杀数据

秒杀业务系统启动时会从 Zookeeper 中加载秒杀活动数据到内存当中。

首先从统一配置中读取有关 Zookeeper 配置信息；然后使用这些配置信息初始化 Zookeeper 客户端；最后调用 loadSecConf 函数去拉取秒杀活动信息。实现代码如下：

```go
func InitZk() {
var hosts = []string{"ip:port"}
option := zk.WithEventCallback(waitSecProductEvent)
conn, _, err := zk.Connect(hosts, time.Second*5, option)
if err != nil {
    fmt.Println(err)
    return
}

conf.Zk.ZkConn = conn
conf.Zk.SecProductKey = "/product"
go loadSecConf(conn)
}

//加载秒杀商品信息
func loadSecConf(conn *zk.Conn) {
log.Printf("Connect zk sucess %s", conf.Zk.SecProductKey)
v, _, err := conn.Get(conf.Zk.SecProductKey)
if err != nil {
    log.Printf("get product info failed, err : %v", err)
    return
}
log.Printf("get product info ")
var secProductInfo []*conf.SecProductInfoConf
err1 := json.Unmarshal(v, &secProductInfo)
if err1 != nil {
    log.Printf("Unmsharl second product info failed, err : %v", err1)
}
updateSecProductInfo(secProductInfo)
}
```

waitSecProductKey 函数能监听 Zookeeper 中的数据变化，根据 Zookeeper 返回的事件信息，更新秒杀活动或者秒杀商品信息，代码如下：

```go
//监听秒杀商品配置
```

```
func updateSecProductInfo(secProductInfo []*conf.SecProductInfoConf) {
tmp := make(map[int]*conf.SecProductInfoConf, 1024)
for _, v := range secProductInfo {
    log.Printf("updateSecProductInfo %v", v)
    tmp[v.ProductId] = v
}
conf.SecKill.RWBlackLock.Lock()
conf.SecKill.SecProductInfoMap = tmp
conf.SecKill.RWBlackLock.Unlock()
}
```

2. 建立 Redis 连接

秒杀业务系统接着会建立 Redis 连接，从 Redis 中拉取用户 ID 以及用户 IP 的黑白名单配置，以此限制用户的抢购行为。秒杀业务系统也会按时进行名单相关的配置同步。

建立 Redis 连接的代码如下所示，建立连接所需要的 Redis 服务器信息都由 config 进行统一配置，存储在对应的 git 库中。使用 Redis 的 NewClient 方法获取连接，并且使用其 Ping 方法验证是否成功建立连接，然后将连接保存到 conf 的 Reids 结构体中，供后续使用，具体实现代码如下：

```
func InitRedis() {
    client := redis.NewClient(&redis.Options{
    Addr:     "ip:port", //conf.Redis.Host,
    Password: "082203",           //conf.Redis.Password,
    DB:       conf.Redis.Db,
    })

  _, err := client.Ping().Result()
  if err != nil {
    log.Printf("Connect redis failed. Error : %v", err)
  }
  log.Printf("init redis success")
  conf.Redis.RedisConn = client

  loadBlackList(client)
  initRedisProcess()
}
```

建立完连接后，会分别调用 loadBlackList 和 initRedisProcess 方法。

3. 从 Redis 加载黑名单信息

loadBlackList 函数使用 Redis 连接的 HGetAll 方法获取到 Redis 服务器中存储的名单数据，将其转换为对应的 IDBlackMap 和 IPBlackMap。然后启动协程调用 syncIdBalckList 和 syncIpBlackList 来定时更新黑名单，实现代码如下：

```
//加载黑名单列表
func loadBlackList(conn *redis.Client) {
  conf.SecKill.IPBlackMap = make(map[string]bool, 10000)
  conf.SecKill.IDBlackMap = make(map[int]bool, 10000)

  //用户 Id
  idList, err := conn.HGetAll(conf.Redis.IdBlackListHash).Result()

  if err != nil {
    log.Printf("hget all failed. Error : %v", err)
```

```
      return
   }

   for _, v := range idList {
      id, err := com.StrTo(v).Int()
      if err != nil {
         log.Printf("invalid user id [%v]", id)
         continue
      }
      conf.SecKill.IDBlackMap[id] = true
   }

   //用户 Ip
   ipList, err := conn.HGetAll(conf.Redis.IpBlackListHash).Result()
   if err != nil {
      log.Printf("hget all failed. Error : %v", err)
      return
   }

   for _, v := range ipList {
      conf.SecKill.IPBlackMap[v] = true
   }

   go syncIpBlackList(conn)
   go syncIdBlackList(conn)
   return
}
```

syncIpBlackList 无限循环地使用 Redis 的 BRPop 方法阻塞获取 IpBlackListQueue 队列中的数据，然后更新或者新增 IpBlackMap 中的数据，SyncIdBlackList 方法与之类似，具体代码如下：

```
//同步用户 IP 黑名单
func syncIpBlackList(conn *redis.Client) {
   var ipList []string
   lastTime := time.Now().Unix()

   for {
      ipArr, err := conn.BRPop(time.Minute, conf.Redis.IpBlackListQueue).Result()
      if err != nil {
         log.Printf("brpop ip failed, err : %v", err)
         continue
      }

      ip := ipArr[1]
      curTime := time.Now().Unix()
      ipList = append(ipList, ip)

      if len(ipList) > 100 || curTime-lastTime > 5 {
         conf.SecKill.RWBlackLock.Unlock()
         {
            for _, v := range ipList {
               conf.SecKill.IPBlackMap[v] = true
            }
         }
         conf.SecKill.RWBlackLock.UnLock()
```

```
            lastTime = curTime
            log.Printf("sync ip list from redis success, ip[%v]", ipList)
        }
    }
}
```

4．启动工作协程

initRedisProcess 方法根据系统业务配置数据中配置的属性值，启动对应数量的协程来执行 WriteHandle 和 ReadHandle 函数，将 SecReqChan 中的请求发送到 Redis 的对应队列中；并使用 BPpop 监听 Redis 的对应队列，获得秒杀核心系统的返回值，并将其发送到 resultChan 中，实现代码如下：

```
//初始化 redis 进程
func initRedisProcess() {
 for i := 0; i < conf.SecKill.AppWriteToHandleGoroutineNum; i++ {
     go srv_redis.WriteHandle()
 }

 for i := 0; i < conf.SecKill.AppReadFromHandleGoroutineNum; i++ {
     go srv_redis.ReadHandle()
 }
}
//写数据到 Redis
func WriteHandle() {
 for {
     fmt.Println("wirter data to redis.")
     req := <-config.SkAppContext.SecReqChan
     fmt.Println("accessTime : ", req.AccessTime)
     conn := conf.Redis.RedisConn

     data, err := json.Marshal(req)
     if err != nil {
         log.Printf("json.Marshal req failed. Error : %v, req : %v",
err, req)
         continue
     }

     err = conn.LPush(
conf.Redis.Proxy2layerQueueName, string(data)).Err()
     if err != nil {
         log.Printf("lpush req failed. Error : %v, req : %v", err, req)
         continue
     }
     log.Printf("lpush req success. req : %v", string(data))
 }
}

//从 redis 读取数据
func ReadHandle() {
 for {
     conn := conf.Redis.RedisConn
     //阻塞弹出
     data, err := conn.BRPop(time.Second,
 conf.Redis.Layer2proxyQueueName).Result()
     if err != nil {
```

```
        //log.Printf("brpop layer2proxy failed. Error : %v", err)
        continue
    }

    var result *model.SecResult
    err = json.Unmarshal([]byte(data[1]), &result)
    if err != nil {
        log.Printf("json.Unmarshal failed. Error : %v", err)
        continue
    }

    userKey := fmt.Sprintf("%d_%d", result.UserId, result.ProductId)
    fmt.Println("userKey : ", userKey)
    config.SkAppContext.UserConnMapLock.Lock()
    resultChan, ok := config.SkAppContext.UserConnMap[userKey]
    config.SkAppContext.UserConnMapLock.Unlock()
    if !ok {
        log.Printf("user not found : %v", userKey)
        continue
    }
    log.Printf("request result send to chan")

    resultChan <- result
    log.Printf("request result send to chan succeee, userKey : %v",
userKey)
    }
}
```

如图 13-6 所示，秒杀业务系统和秒杀核心系统之间通过 Redis 的队列进行交互，所以上述代码中的 WriteHandle 就是将 SecReqChan 中的请求发送到 Redis 的 App2CoreQueue 队列中。秒杀核心系统会从该队列中取出请求并推入到 Read2HandleChan 中，等待系统中的秒杀核心处理器处理，处理器处理完秒杀请求后，会将秒杀结果推入到 Handle2WriteChan 中。秒杀核心系统会将 Handle2WriteChan 的结果发送到 Redis 的 Core2AppQueue 中，秒杀业务系统的 ReadHandle 函数从其中拉取秒杀结果。

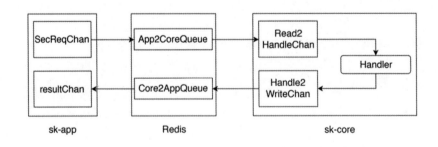

图 13-6　交互示意图

5. 启动 HTTP 服务

秒杀业务层启动的最后一步是初始化服务，它使用 Go-kit 的 transport 设置网络请求路由，如下代码所示，将请求 /sec/info、/sec/list 和 /sec/kill 路由分配给 endpoint 的 GetSecInfoEndpoint、GetSecInfoListEndpoint 和 SecKillEndpoint 处理。

```go
func InitServer(host string, servicePort string) {
    ….// 代码省略
    skAppService = service.SkAppService{}

    // 增加 log 和限流的中间件，不同接口可以使用不同的限流 ratebucket，达到更加细粒度的控制
    skAppService        =        plugins.SkAppLoggingMiddleware(config.Logger)
(skAppService)
    skAppService  =  plugins.SkAppMetrics(requestCount,  requestLatency)
(skAppService)

    healthCheckEnd := endpoint.MakeHealthCheckEndpoint(skAppService)
    healthCheckEnd = plugins.NewTokenBucketLimitterWithBuildIn(ratebucket)
(healthCheckEnd)
    healthCheckEnd = kitzipkin.TraceEndpoint(config.ZipkinTracer, "heath-check")
(healthCheckEnd)

    GetSecInfoEnd := endpoint.MakeSecInfoEndpoint(skAppService)
    GetSecInfoEnd = plugins.NewTokenBucketLimitterWithBuildIn(ratebucket)
(GetSecInfoEnd)
    GetSecInfoEnd = kitzipkin.TraceEndpoint(config.ZipkinTracer, "sec-info")
(GetSecInfoEnd)

    GetSecInfoListEnd := endpoint.MakeSecInfoListEndpoint(skAppService)
    GetSecInfoListEnd = plugins.NewTokenBucketLimitterWithBuildIn(ratebucket)
(GetSecInfoListEnd)
    GetSecInfoListEnd    =    kitzipkin.TraceEndpoint(config.ZipkinTracer,
"sec-info-list")(GetSecInfoListEnd)

    SecKillEnd := endpoint.MakeSecKillEndpoint(skAppService)
    SecKillEnd   =   plugins.NewTokenBucketLimitterWithBuildIn(ratebucket)
(SecKillEnd)
    SecKillEnd = kitzipkin.TraceEndpoint(config.ZipkinTracer, "sec-kill")
(SecKillEnd)

    endpts := endpoint.SkAppEndpoints{
        SecKillEndpoint:        SecKillEnd,
        HeathCheckEndpoint:     healthCheckEnd,
        GetSecInfoEndpoint:     GetSecInfoEnd,
        GetSecInfoListEndpoint: GetSecInfoListEnd,
    }
    ctx := context.Background()
    //创建 http.Handler,将对应的路由转发给对应的 endpoint 执行
    r   :=   transport.MakeHttpHandler(ctx,   endpts,   config.ZipkinTracer,
config.Logger)

    //http server
    go func() {
        fmt.Println("Http Server start at port:" + servicePort)
        //启动前执行注册
        register.Register()
        handler := r
        errChan <- http.ListenAndServe(":"+servicePort, handler)
    }()

    go func() {
        c := make(chan os.Signal, 1)
        signal.Notify(c, syscall.SIGINT, syscall.SIGTERM)
        errChan <- fmt.Errorf("%s", <-c)
```

```
}()

error := <-errChan
//服务退出取消注册
register.Deregister()
fmt.Println(error)
}
```

GetSecInfoEndpoint、GetSecInfoListEndpoint 和 SecKillEndpoint 会将请求结构体转换为 service 层对应的数据结构，然后调用 service 层函数进行对应的逻辑处理，最后将 service 层返回的数据组装成响应返回给调用方，下面就是 SecKillEndpoint 的源码，它将 transport 层传递来的 request 转换为 SecRequest，然后调用 service 层对应的 SecKill 方法，最后将其返回值组装成 Response 返回。

```
func MakeSecKillEndpoint(svc service.Service) endpoint.Endpoint {
  return func(ctx context.Context, request interface{}) (response
interface{}, err error) {
    req := request.(model.SecRequest)
    ret, code, calError := svc.SecKill(&req)
    return Response{Result: ret, Code: code, Error: calError}, nil
  }
}
```

6. SecKill 函数

Service 层的 SecKill 函数是秒杀业务系统的关键逻辑实现。它首先对用户请求进行黑名单校验，然后进行流量限制、秒级限制和分级限制；接着查询秒杀的商品信息进行活动信息校验，然后将请求推入到 Redis 中传递给秒杀核心系统；最后从 Redis 中接收秒杀核心系统的结果实时返回给用户。SecKill 函数的整体流程大致如图 13-7 所示。

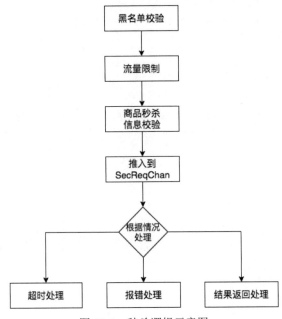

图 13-7 秒杀逻辑示意图

SecKill 的源码如下所示。它的操作分为以下 6 个步骤：

（1）调用 limit 的 AntiSpam 函数进行 ID 和 IP 的黑名单校验。

（2）AntiSpam 函数中也针对 ID 和 IP 进行流量限制，限制秒级和分级的访问频率。

（3）调用 SecInfoById 获取秒杀商品信息，根据返回 Code 进行异常处理。

（4）将请求推入到 SecReqChan 队列中，该 Chan 中的请求会经过 Redis 队列，最终被秒杀核心系统处理，并将结果经由 Redis 另外一个队列发送到 ResultChan 中。

（5）根据业务数据配置，启动一个定时器。

（6）使用 select 语句，进行不同结果的响应。

```go
func (s SkAppService) SecKill(req *model.SecRequest) (map[string]inter
face{}, int, error) {

    var code int

    err := srv_limit.UserCheck(req)
    if err != nil {
        code = srv_err.ErrUserCheckAuthFailed
        log.Printf("userId[%d] invalid, check failed, req[%v]", req.Us
erId, req)
        return nil, code, err
    }

    err = srv_limit.AntiSpam(req)
    if err != nil {
        code = srv_err.ErrUserServiceBusy
        log.Printf("userId[%d] invalid, check failed, req[%v]", req.Us
erId, req)
        return nil, code, err
    }
    // 根据 productId 查询秒杀活动的相关信息，判断是否在秒杀活动期间，并根据购买比
率计算是否放入到核心系统
    data, code, err := SecInfoById(req.ProductId)

    if err != nil {
        log.Printf("userId[%d] secInfoById Id failed, req[%v]", req.Us
erId, req)
        return nil, code, err
    }

    userKey := fmt.Sprintf("%d_%d", req.UserId, req.ProductId)
    ResultChan := make(chan *model.SecResult, 1)
    config.SkAppContext.UserConnMapLock.Lock()
    config.SkAppContext.UserConnMap[userKey] = ResultChan
    config.SkAppContext.UserConnMapLock.Unlock()

    //将请求送入通道并推入到 redis 队列当中
    config.SkAppContext.SecReqChan <- req

    ticker := time.NewTicker(time.Millisecond * time.Duration(conf.Sec
Kill.AppWaitResultTimeout))

    defer func() {
```

```
        ticker.Stop()
        config.SkAppContext.UserConnMapLock.Lock()
        delete(config.SkAppContext.UserConnMap, userKey)
        config.SkAppContext.UserConnMapLock.Unlock()
    }()

    select {
    case <-ticker.C:
        code = srv_err.ErrProcessTimeout
        err = fmt.Errorf("request timeout")
        return nil, code, err
    case <-req.CloseNotify:
        code = srv_err.ErrClientClosed
        err = fmt.Errorf("client already closed")
        return nil, code, err
    case result := <-ResultChan:
        code = result.Code
        if code != 1002 {
            return data, code, srv_err.GetErrMsg(code)
        }
        log.Printf("secKill success")
        data["product_id"] = result.ProductId
        data["token"] = result.Token
        data["user_id"] = result.UserId
        return data, code, nil
    }
}
```

limit 的 AntiSpam 函数首先判断用户的 ID 或 IP 是否在用户 ID 或 IP 黑名单中，也就是之前从 Zookeeper 中同步下来的 IDBlackMap 和 IPBlackMap。接着会计算用户 ID 和 IP 在一秒内的访问次数和一分钟内的访问次数，判断这些次数是否大于系统预先设置的阈值，如果大于，则直接返回系统正忙的结果。

```
//防作弊
func AntiSpam(req *config.SecRequest) (err error) {
    //判断用户 Id 是否在黑名单
    _, ok := conf.SecKill.IDBlackMap[req.UserId]
    if ok {
        err = fmt.Errorf("invalid request")
        log.Printf("user[%v] is block by id black", req.UserId)
        return
    }

    //判断客户端 IP 是否在黑名单
    _, ok = conf.SecKill.IPBlackMap[req.ClientAddr]
    if ok {
        err = fmt.Errorf("invalid request")
        log.Printf("userId[%v] ip[%v] is block by ip black", req.UserId,
req.ClientAddr)
    }

    var secIdCount, minIdCount, secIpCount, minIpCount int
    //加锁
    SecLimitMgrVars.lock.Lock()
    {
```

```go
    //用户 Id 频率控制
    limit, ok := SecLimitMgrVars.UserLimitMap[req.UserId]
    if !ok {
      limit = &Limit{
        secLimit: &SecLimit{},
        minLimit: &MinLimit{},
      }
      SecLimitMgrVars.IpLimitMap[req.ClientAddr] = limit
    }

    secIdCount = limit.secLimit.Count(req.AccessTime) //获取该秒内该用户
访问次数
    minIdCount = limit.secLimit.Count(req.AccessTime)  //获取该分钟内该用
户访问次数

    //客户端 Ip 频率控制
    limit, ok = SecLimitMgrVars.IpLimitMap[req.ClientAddr]
    if !ok {
      limit = &Limit{
        secLimit: &SecLimit{},
        minLimit: &MinLimit{},
      }
      SecLimitMgrVars.IpLimitMap[req.ClientAddr] = limit
    }

    secIpCount = limit.secLimit.Count(req.AccessTime)  //获取该秒内该 IP
访问次数
    minIpCount = limit.minLimit.Count(req.AccessTime)  //获取该分钟内该 IP
访问次数
  }
  //释放锁
  SecLimitMgrVars.lock.Unlock()

  //判断该用户一秒内访问次数是否大于配置的最大访问次数
  if secIdCount > conf.SecKill.AccessLimitConf.UserSecAccessLimit {
    err = fmt.Errorf("invalid request")
    return
  }

  //判断该用户一分钟内访问次数是否大于配置的最大访问次数
  if minIdCount > conf.SecKill.AccessLimitConf.UserMinAccessLimit {
    err = fmt.Errorf("invalid request")
    return
  }

  //判断该 IP 一秒内访问次数是否大于配置的最大访问次数
  if secIpCount > conf.SecKill.AccessLimitConf.IPSecAccessLimit {
    err = fmt.Errorf("invalid request")
    return
  }

  //判断该 IP 一分钟内访问次数是否大于配置的最大访问次数
  if minIpCount > conf.SecKill.AccessLimitConf.IPMinAccessLimit {
    err = fmt.Errorf("invalid request")
    return
  }

  return
}
```

秒杀业务系统并未真正进行秒杀核心逻辑的处理，而是将合法的秒杀请求通过 Redis 交给秒杀核心系统处理，接下来，我们来了解一下秒杀核心系统的原理和具体实现。

13.4.2 秒杀核心系统

和秒杀业务系统的启动过程类似，秒杀核心系统启动也会进行相应的初始化操作。

首先，从 Zookeeper 中加载秒杀活动数据到内存当中，监听 Zookeeper 中的数据变化，实时更新数据到内存中，这一步骤和秒杀业务系统类似，这里不再赘述。

然后初始化 Redis 连接，监听 Redis 队列。依次处理 Redis 队列中的请求。runProcess 会从 Redis 队列中读取用户请求信息，然后调用协程执行 HandleReader 操作。除了读取操作外，runProcess 还会将响应信息推入到 Redis 队列中。相关的流程图可参考介绍秒杀业务系统 Redis 时的图 13-5。

```
func RunProcess() {
for i := 0; i < conf.SecKill.CoreReadRedisGoroutineNum; i++ {
    config.SecLayerCtx.WaitGroup.Add(1)
    go HandleReader()
}

for i := 0; i < conf.SecKill.CoreWriteRedisGoroutineNum; i++ {
    config.SecLayerCtx.WaitGroup.Add(1)
    go HandleWrite()
}

for i := 0; i < conf.SecKill.CoreHandleGoroutineNum; i++ {
    config.SecLayerCtx.WaitGroup.Add(1)
    go HandleUser()
}

log.Printf("all process goroutine started")
config.SecLayerCtx.WaitGroup.Wait()
log.Printf("wait all goroutine exited")
return
}
```

下面，我们就分别介绍一下 HandleReader、HandleUser 和 HandleWrite 方法，以及最终进行秒杀逻辑判定和秒杀数据更新的 HandleSkill 方法。

1. HandleRead 方法

HandleReader 是将 Redis 的 App2CoreQueue 队列中的数据转换为业务层能处理的数据，并推入到 Read2HandleChan 中，同时进行超时判断，设置超时时间和超时回调，并等待处理器进行秒杀处理。

```
func HandleReader() {
log.Printf("read goroutine running %v", conf.Redis.Proxy2layerQueueName)
for {
    conn := conf.Redis.RedisConn
    for {
        //从 Redis 队列中取出数据
        data,          err          :=          conn.BRPop(time.Second,
conf.Redis.Proxy2layerQueueName).Result()
```

```
            if err != nil {
                //log.Printf("HandleReader blpop from data failed, err : %v", err)
                continue
            }
            log.Printf("brpop from proxy to layer queue, data : %s\n", data)

            //转换数据结构
            var req config.SecRequest
            err = json.Unmarshal([]byte(data[1]), &req)
            if err != nil {
                log.Printf("unmarshal to secrequest failed, err : %v", err)
                continue
            }

            //判断是否超时
            nowTime := time.Now().Unix()
            //int64(config.SecLayerCtx.SecLayerConf.MaxRequestWaitTimeout)
            fmt.Println(nowTime, " ", req.SecTime, " ", 100)
            if      nowTime-req.SecTime      >=      int64(conf.SecKill.
MaxRequestWaitTimeout) {
                log.Printf("req[%v] is expire", req)
                continue
            }

            //设置超时时间
            timer   :=   time.NewTicker(time.Millisecond   *   time.Duration
(conf.SecKill.CoreWaitResultTimeout))
            select {
            case config.SecLayerCtx.Read2HandleChan <- &req:
            case <-timer.C:
                log.Printf("send to handle chan timeout, req : %v", req)
                break
            }
        }
    }
}
```

2. HandleUser 方法

HandlerUser 函数会从 Read2HandleChan 中获取请求，然后调用 HandleSeckill 函数对用户秒杀请求进行处理，将返回结果推入 Handle2WriteChan 中去等待结果写入 Redis，并设置结果写入 Redis 操作的超时时间和超时回调。

```
func HandleUser() {
  log.Println("handle user running")
  for req := range config.SecLayerCtx.Read2HandleChan {
      log.Printf("begin process request : %v", req)
      res, err := HandleSeckill(req)
      if err != nil {
          log.Printf("process request %v failed, err : %v", err)
          res = &config.SecResult{
              Code: srv_err.ErrServiceBusy,
          }
      }
      fmt.Println("处理中~~ ", res)
      timer    :=              time.NewTicker(time.Millisecond             *
time.Duration(conf.SecKill.SendToWriteChanTimeout))
      select {
```

```
        case config.SecLayerCtx.Handle2WriteChan <- res:
        case <-timer.C:
            log.Printf("send to response chan timeout, res : %v", res)
            break
        }
    }
    return
}
```

3. HandleWrite 方法

HandleWrite 方法就是将 HandleUser 写入 Handle2WriteChan 的处理数据读取出来，调用 sendToRedis 发送到 Redis 的 Core2AppQueue 队列中。秒杀业务系统会从该队列拉取返回的秒杀结果数据。

```
func HandleWrite() {
log.Println("handle write running")

for res := range config.SecLayerCtx.Handle2WriteChan {
    fmt.Println("===", res)
    err := sendToRedis(res)
    if err != nil {
        log.Printf("send to redis, err : %v, res : %v", err, res)
        continue
    }
}
}

//将数据推入到 Redis 队列
func sendToRedis(res *config.SecResult) (err error) {
data, err := json.Marshal(res)
if err != nil {
    log.Printf("marshal failed, err : %v", err)
    return
}

fmt.Printf("推入队列前~~ %v", conf.Redis.Layer2proxyQueueName)
conn := conf.Redis.RedisConn
err = conn.LPush(conf.Redis.Layer2proxyQueueName, string(data)).Err()
fmt.Println("推入队列后~~")
if err != nil {
    log.Printf("rpush layer to proxy redis queue failed, err : %v", err)
    return
}
log.Printf("lpush layer to proxy success. data[%v]", string(data))

return
}
```

4. HandleSeckill 方法

HandleSeckill 方法会限制用户对商品的购买次数，对商品的抢购频次进行限制。对商品的抢购概率进行限制。对合法的请求给予生成抢购资格 Token 令牌。

```
func HandleSkill(req *config.SecRequest) (res *config.SecResult, err error) {
config.SecLayerCtx.RWSecProductLock.RLock()
defer config.SecLayerCtx.RWSecProductLock.RUnlock()
```

```go
    res = &config.SecResult{}
    res.ProductId = req.ProductId
    res.UserId = req.UserId

    product, ok := conf.SecKill.SecProductInfoMap[req.ProductId]
    if !ok {
        log.Printf("not found product : %v", req.ProductId)
        res.Code = srv_err.ErrNotFoundProduct
        return
    }

    if product.Status == srv_err.ProductStatusSoldout {
        res.Code = srv_err.ErrSoldout
        return
    }

    nowTime := time.Now().Unix()

    config.SecLayerCtx.HistoryMapLock.Lock()
    userHistory, ok := config.SecLayerCtx.HistoryMap[req.UserId]
    if !ok {
        userHistory = &srv_user.UserBuyHistory{
            History: make(map[int]int, 16),
        }
        config.SecLayerCtx.HistoryMap[req.UserId] = userHistory
    }
    historyCount := userHistory.GetProductBuyCount(req.ProductId)
    config.SecLayerCtx.HistoryMapLock.Unlock()

    if historyCount >= product.OnePersonBuyLimit {
        res.Code = srv_err.ErrAlreadyBuy
        return
    }

    curSoldCount := config.SecLayerCtx.ProductCountMgr.Count(req.ProductId)
    if curSoldCount >= product.Total {
        res.Code = srv_err.ErrSoldout
        product.Status = srv_err.ProductStatusSoldout
        return
    }

    userHistory.Add(req.ProductId, 1)
    config.SecLayerCtx.ProductCountMgr.Add(req.ProductId, 1)

    //用户 Id、商品 id、当前时间、密钥
    res.Code = srv_err.ErrSecKillSucc
    tokenData := fmt.Sprintf("userId=%d&productId=%d&timestamp=%d&security=%s",
req.UserId, req.ProductId, nowTime, conf.SecKill.TokenPassWd)
```

```
res.Token = fmt.Sprintf("%x", md5.Sum([]byte(tokenData))) //MD5 加密
res.TokenTime = nowTime


return
}
```

上述代码中，HandleSeckill 方法首先获取了读写锁，因为要对秒杀数据进行计算和更新，然后根据秒杀活动和秒杀奖品的数据判断此次秒杀是否成功；如果成功了，则根据用户 ID、商品 ID、当前时间和密钥生成秒杀 Token，供后续订单系统使用。

上述就是用户进行秒杀操作的相关流程的详细介绍，下面我们来了解一下秒杀管理端是如何创建和管理秒杀活动的。

13.4.3 秒杀管理系统

秒杀管理层的逻辑较为简单，只是将秒杀活动信息和秒杀商品信息分别存储到 MySQL 并同步到 Zookeeper，供后续秒杀业务系统和秒杀核心系统使用。

秒杀管理系统和秒杀业务系统层次类似，它们都是通过 Go-kit 的 transport 层来提供 HTTP 服务接口，并通过 endpoint 层将 HTTP 请求转发给 service 层对应的方法。下面我们就来看一下创建秒杀活动的 CreateActivity 方法。它会将秒杀活动信息保存到 MySQL 数据中，并调用 SyncToZk 方法同步到 Zookeeper 中，实现代码如下：。

```
func (p ActivityServiceImpl) CreateActivity(activity *model.Activity)
error {
    log.Printf("CreateActivity")
    //写入到数据库
    activityEntity := model.NewActivityModel()
    err := activityEntity.CreateActivity(activity)
    if err != nil {
        log.Printf("ActivityModel.CreateActivity, err : %v", err)
        return err
    }

    log.Printf("syncToZk")
    //写入到 Zk
    err = p.syncToZk(activity)
    if err != nil {
        log.Printf("activity product info sync to etcd failed, err : %v", err)
        return err
    }
    return nil
}
```

SyncToZk 方法会将新创建的 Activity 数据同步到 Zookeeper 上，它首先将会从 Zookeeper 上拉取存储的数据，如果数据不为空，则将其转换为 secProductInfoList，然后将新创建的 Activity 添加到列表中，再更新到 Zookeeper 上，实现代码如下：

```go
func (p ActivityServiceImpl) syncToZk(activity *model.Activity) error {

    zkPath := conf.Zk.SecProductKey
    secProductInfoList, err := p.loadProductFromZk(zkPath)
    if err != nil {
        secProductInfoList = []*model.SecProductInfoConf{}
    }

    var secProductInfo = &model.SecProductInfoConf{}
    secProductInfo.EndTime = activity.EndTime
    secProductInfo.OnePersonBuyLimit = activity.BuyLimit
    secProductInfo.ProductId = activity.ProductId
    secProductInfo.SoldMaxLimit = activity.Speed
    secProductInfo.StartTime = activity.StartTime
    secProductInfo.Status = activity.Status
    secProductInfo.Total = activity.Total
    secProductInfo.BuyRate = activity.BuyRate
    secProductInfoList = append(secProductInfoList, secProductInfo)

    data, err := json.Marshal(secProductInfoList)
    if err != nil {
        log.Printf("json marshal failed, err : %v", err)
        return err
    }

    conn := conf.Zk.ZkConn

    var byteData = []byte(string(data))
    var flags int32 = 0
    // permission
    var acls = zk.WorldACL(zk.PermAll)

    // create or update
    exisits, _, _ := conn.Exists(zkPath)
    if exisits {
        _, err_set := conn.Set(zkPath, byteData, flags)
        if err_set != nil {
            fmt.Println(err_set)
        }
    } else {
        _, err_create := conn.Create(zkPath, byteData, flags, acls)
        if err_create != nil {
            fmt.Println(err_create)
        }
    }

    log.Printf("put to zk success, data = [%v]", string(data))
    return nil
}
```

上述代码中可以看到，当创建 Acitivity 时，Zookeeper 的路径还不一定存在数据，所以必须先调用 conn 的 Exists 方法判断是否存在，如果存在则调用 Set 方法去更新数据，否则调用 Create 方法去创建新数据路径。

至此，我们已经完成了商品秒杀系统的代码编写与实现；但是其功能和性能是否能满足秒杀场景的要求，下一节中我们通过性能压测来验证一下。

13.5 性能压测

在本小节，我们将对商品秒杀项目进行性能压测。

13.5.1 查看服务的配置文件

Config-service 这个 Git 项目 Repo 中保存了所有服务的配置文件，如下图 13-8 所示。

图 13-8 config-service 配置图

我们这里只展示 sk-app 项目与压测性能相关的配置信息。这些配置信息的作用我们在之前的章节中已经进行了详细的说明和介绍，这里不再赘述。

```
service:
  ip_sec_access_limit: 1000
  ip_min_access_limit: 1000
  user_sec_access_limit: 1000
  user_min_access_limit: 1000
  write_proxy2layer_goroutine_num: 100
  read_proxy2layer_goroutine_num: 100
  cookie_secretkey: zxfyazzaa
  refer_whitelist: test,test1
  AppWriteToHandleGoroutineNum: 10
  AppReadFromHandleGoroutineNum: 10
  CoreReadRedisGoroutineNum: 10
  CoreWriteRedisGoroutineNum: 10
```

```
CoreHandleGoroutineNum: 10
AppWaitResultTimeout: 400
CoreWaitResultTimeout: 200
MaxRequestWaitTimeout: 200
SendToWriteChanTimeout: 200
SendToHandleChanTimeout: 200
TokenPassWd: go

redis:
  host: localhost: 6379
  password: 6378
  db: 0
  Proxy2layerQueueName: proxy2layer
  Layer2proxyQueueName: Layer2proxy
  IdBlackListHash: IdBlackListHash
  IpBlackListHash: IpBlackListHash
  IdBlackListQueue: IdBlackListQueue
  IpBlackListQueue: IpBlackListQueue

etcd:
  host: localhost
  product_key: zxfyazzaa

http:
  host: localhost

mysql:
  host: 114.67.98.210
  port: 3396
  user: root
  pwd: root_test
  db: sk-admin

trace:
  host: 114.67.98.210
  port: 9411
  url: /api/v2/spans
```

13.5.2　压测实验

一般来说，可以使用 jemter 来进行简单的接口级别的压测，我们对查看秒杀接口和进行秒杀接口这两个接口进行压测，具体测试步骤如下。

（1）使用 postman 模拟秒杀管理人员新建秒杀活动。

创建名称为"测试秒杀"的活动，秒杀产品 ID 为 2，秒杀开始时间为 19 年 12 月 20 日 23 点 4 分 22 秒，秒杀结束时间为 19 年 12 月 22 日 0 点 0 分 0 秒，商品总数为 1000，购买最大数量为 10，购买比率为 0.2，如下图 13-9 所示。

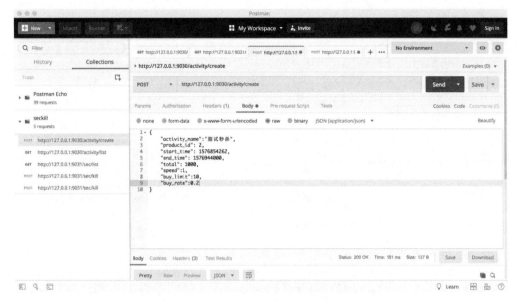

图 13-9　postman 创建秒杀活动截图

（2）配置 jmeter 的压测脚本。

首先配置压测的线程数量和每个线程的循环执行数量，配置如下图 13-10 所示，设定
线程数为 2 000，循环次数为 20。

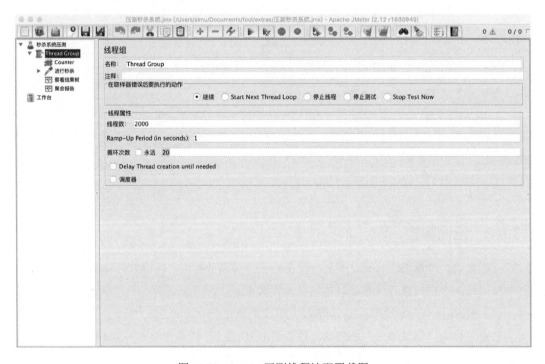

图 13-10　jmeter 压测线程池配置截图

需要根据压测机器的配置逐步调整或提高线程数量和循环次数。笔者发起压测和部署服务的机器配置和网络环境如下表 13-3 所示。

表 13-3

指　　标	数　　据
CPU	16 核 2.40 GHz
内存	16G
网络	内网
硬盘	SSD

（3）配置进行秒杀活动 HTTP 请求。

这里只展示进行秒杀活动 HTTP 请求的配置界面，如下图 13-11 所示；在请求的 body 中，使用了 jmeter 提供的 random 函数来随机生成 userId 值，设定最小值为 10000000，最大值为 99999999；除此之外，使用了时间函数来获取当前时间。

最后我们单击 jmeter 上方的绿色执行按钮，开始执行压测任务。压测任务执行结束后，我们可以在查看结果树和聚合报表选项卡中查看所有请求的结果或者聚合数据。

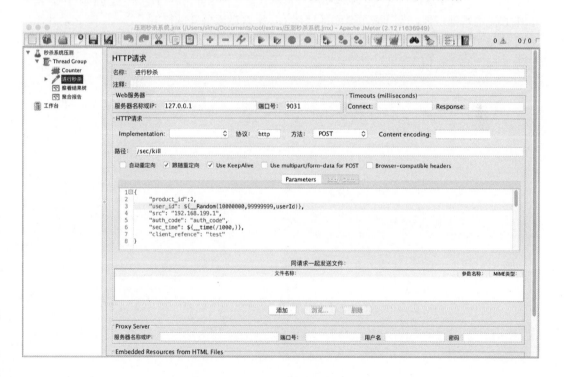

图 13-11　jmeter 压测请求配置截图

一般压测时都使用 jmeter 的命令行模式启动压测脚本，会生成测试报告的网页，浏览器打开可以查看压测统计数据，其中关于接口性能的统计数据如图 13-12 所示。

Statistics												
Requests	Executions			Response Times (ms)						Throughput	Network (KB/sec)	
Label	#Samples	KO	Error %	Average	Min	Max	90th pct	95th pct	99th pct	Transactions/s	Received	Sent
Total	10000	492	4.92%	39.26	1	183	94.00	105.00	161.00	10638.30	1678.76	3438.75
进行秒杀	10000	492	4.92%	39.26	1	183	94.00	105.00	161.00	10638.30	1678.76	3438.75

图 13-12　统计数据截图

由图 13-12 可知，进行秒杀接口的平均时长为 39ms，吞吐量为 10638 次每秒，基本上满足一般场景下秒杀活动所需要的性能指标。如果预计秒杀流量大于该指标，则可以部署多个系统实例来提高处理能力，并引入限流机制保护系统不被超出预期的流量冲垮。

13.6　小结

本章以商品秒杀系统作为 Go 语言微服务实战的真实案例，展示了微服务架构中各个组件的组合使用，并且自己开发了服务注册与发现、负载均衡和 RPC 客户端装饰器等微服务项目中必需的基础组件，为读者更全面地理解 Go 语言微服务开发打下了基础。除此之外，本章还讲解了 Go 语言在高并发场景下的一些开发技巧和经验，让读者对 Go 语言高并发的支持有了更加直观的认识。